高等职业教育系列教材

自动化生产线组建与调试
——YL-335B 数字孪生虚实调试技术

第3版

乡碧云 编著

机械工业出版社

本书以 YL-335B 自动化生产线设备为对象，采用“西门子 NX-MCD+三菱 FX_{3U}+三菱 MX-OPC”技术方案实现数字孪生虚实调试，全面介绍了自动化生产线组建与调试的应用技术。

本书内容包括：认识自动化生产线、生产线机械结构虚拟仿真准备、设备单站虚拟仿真、设备控制与调试、虚实调试、触摸屏组态、FX 系列 PLC 的 N∶N 网络通信控制、YL-335B 综合控制。8 个项目循序渐进、系统地介绍了智能制造中使用数字孪生技术进行自动化设备的组建与调试。本书简单易懂，操作方式容易实现。

本书适合作为高职高专、职业本科院校相关课程的教材，也可作为相关工程技术人员研究自动化生产线组建与调试的参考用书。

本书配有微课视频、工作站模型、电子课件等，需要的教师可登录 www.cmpedu.com 免费注册，审核通过后下载，或联系编辑获取（微信：13261377872，电话：010-88379739）。

图书在版编目(CIP)数据

自动化生产线组建与调试：YL-335B 数字孪生虚实调试技术 / 乡碧云编著. --3 版. --北京：机械工业出版社，2022.8(2026.2 重印)
高等职业教育系列教材
ISBN 978-7-111-71227-5

Ⅰ. ①自… Ⅱ. ①乡… Ⅲ. ①自动生产线-高等职业教育-教材
Ⅳ. ①TP278

中国版本图书馆 CIP 数据核字(2022)第 125488 号

机械工业出版社(北京市百万庄大街 22 号 邮政编码 100037)
策划编辑：李文轶 责任编辑：李文轶
责任校对：张艳霞 责任印制：刘 媛

北京富资园科技发展有限公司印刷

2026 年 2 月第 3 版 · 第 4 次印刷
184mm×260mm · 18.75 印张 · 465 千字
标准书号：ISBN 978-7-111-71227-5
定价：69.00 元

电话服务
客服电话：010-88361066
010-88379833
010-68326294

网络服务
机 工 官 网：www.cmpbook.com
机 工 官 博：weibo.com/cmp1952
金 书 网：www.golden-book.com
机工教育服务网：www.cmpedu.com

Preface

前 言

机电一体化技术从系统的观点出发，综合运用了机械、微电子、自动控制、计算机、信息、传感测控以及软件编程等技术。机电一体化设备除了要求精度、动力和速度以外，理需要自动化、柔性化、信息化和智能化，逐步实现自适应、自控制、自组织。而作为智能化制造的关键技术之一，数字化工厂借助于信息化和数字化技术，通过集成、仿真、分析、控制等手段，可为制造工厂的生产全过程提供全面管控的一套整体解决方案。

数字孪生即数字化双胞胎（Digital Twin）技术，它是数字化工厂的核心部分，包括“产品数字化双胞胎”、“生产工艺流程数字化双胞胎”和“设备数字化双胞胎”，它用虚拟的方式完整真实地再现了总体设计、工艺规划、制造流程的整个虚拟过程。

本书将“设备数字化双胞胎”作为设计对象，以亚龙 YL-335B 自动化生产线设备为载体，基于真实物理世界存在的设备，实现它的数字化虚拟设备。帮助企业在实际投入物理对象（如设备资源）之前即能在虚拟环境中进行设计、规划、优化、仿真、测试等，这些数字化技术包括设计方法、软件应用和虚实调试等。本书采用“西门子 NX MCD+三菱 FX_{3U}+三菱 MX-OPC”完成虚实联调。

亚龙 YL-335B 自动化生产线实训考核装备能够模拟一个与真实生产情况十分接近的过程，缩短了理论教学与实际应用之间的距离，适合学习自动化生产线组建与调试的需要。最新的亚龙 YL-335B 自动化生产线设备在原有型号的基础上增加了设备及相关配套软件的应用，使原有设备和功能得到扩充和发展。

本书以能力培养为目标，突出组建与调试自动化生产线综合技术的实用性，在编写过程中，每一段程序的编写与调试，都在 YL-335B 自动化生产线设备上得到使用验证；虚实联调技术也在设备上同步展开。本书从实际应用角度出发组织教材内容，内容包括：认识自动化生产线、生产线机械结构虚拟仿真准备、设备单站虚拟仿真、设备控制与调试、虚实调试、触摸屏组态、FX 系列 PLC 的 N:N 网络通信控制、YL-335B 综合控制。

本次改版对亚龙 YL-335B 自动化生产线原有实训任务进行了完善，增加了 NX-MCD 机电一体化概念设计的各单站的虚拟仿真和虚实调试的内容，并在全线联网控制下实现虚实同步联调。本生产线以三菱 FX PLC 为主，装配单元Ⅱ单站虚拟仿真采用的是西门子 S7-1500 PLC。除了将自动生产线安装与调试技能竞赛的知技点和职业素养融入本书内容中，实现以赛促教，还把最新的数字孪生技术融入项目学习。

本书结构清晰，各模块既独立又关联，理论与实践相结合，带领初学者学习自动化生产线组建和机电一体化设备虚实调试技术，也可供相关工程技术人员学习和参考。

本书由顺德职业技术学院乡碧云编著，顺德职业技术学院学生陈炜瑶、潘亚甲、莫作喜等参与整理资料以及实操验证。本书编写过程中得到了顺德职业技术学院智能制造学院机电一体化技术专业各位老师的大力支持，在此表示感谢。

由于时间仓促，编者水平有限，疏漏之处敬请广大读者批评、指正。

编 者

目 录 Contents

项目 4 设备控制与调试 …… 92

项目 5 虚实调试 …… 211

项目 6 触摸屏组态 …… 226

项目 1 认识自动化生产线

自动生产线（以下简称产线）不仅要求产线上各种机械加工装置能自动地完成预定的各道工序及其工艺过程，使产品成为合格的制品，而且要求在工件装卸、定位夹紧、工件输送、工件分拣甚至包装等都能自动地进行，使其按照规定的程序自动地进行工作。本项目以高度仿真的YL-335B 自动化生产线为教学载体，介绍自动化生产线的基本组成、产线布局、生产工艺流程。

[知识目标]

1. 了解客户需求，分析设计功能。
2. 了解产线各部分的组成以及熟悉组成产线的单机联网方案。
3. 了解设备运行调试的基本方法。
4. 理解产线机电系统的功能。

[能力目标]

1. 能进行多设备机电系统的调试。
2. 能够准确操作运行并检测设备，确定机电系统能够以正常状态运行。
3. 能根据产线的布局组织设备生产。
4. 能按照安全规范进行操作，培养严守规程、安全操作的职业素养。

任务 1.1 初识 YL-335B 生产线

1.1.1 基本组成及基本功能

亚龙 YL-335B 自动生产线实训考核装备由安装在铝合金导轨式实训台上的供料单元、加工单元、装配单元、分拣单元和输送单元组成。其外观如图 1-1-1 所示，其俯视图如图 1-1-2 所示。

（1）供料单元的基本功能

供料单元是 YL-335B 中的起始单元，起着向系统中的其他单元提供原料的作用。其具体的功能是：按照需要将放置在料仓中待加工工件（原料）自动地推出到物料台上，以便输送单元的机械手将其抓取，输送到其他单元上。图 1-1-3 所示为供料单元实物图。

（2）加工单元的基本功能

把物料台上的工件（工件由输送单元的抓取机械手装置送来）送到冲压机构下面，完成一次冲压加工动作，再送回到物料台上，由输送单元的抓取机械手装置取出。如图 1-1-4 所示为加工单元实物图。

（3）装配单元的基本功能

完成将该单元料仓内的黑色或白色小圆柱工件嵌入到已加工的工件中的装配过程。装配单元实物图如图 1-1-5 所示。

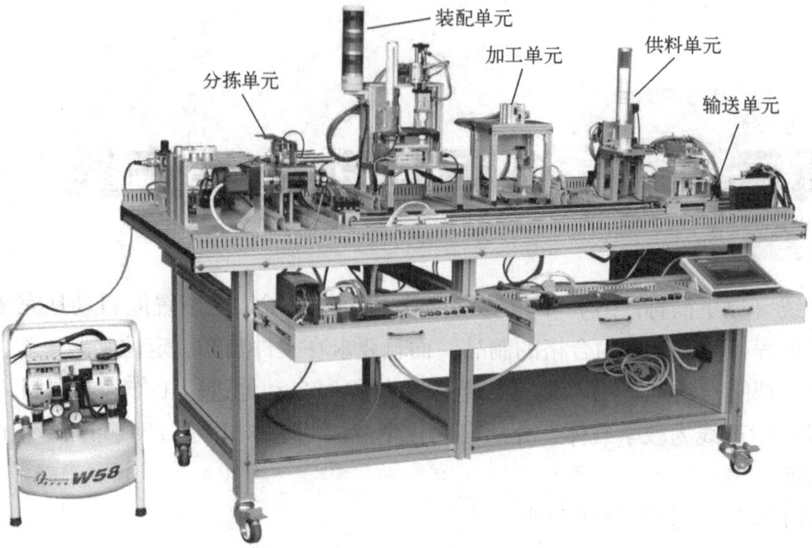

图 1-1-1 YL-335B 实训台外观

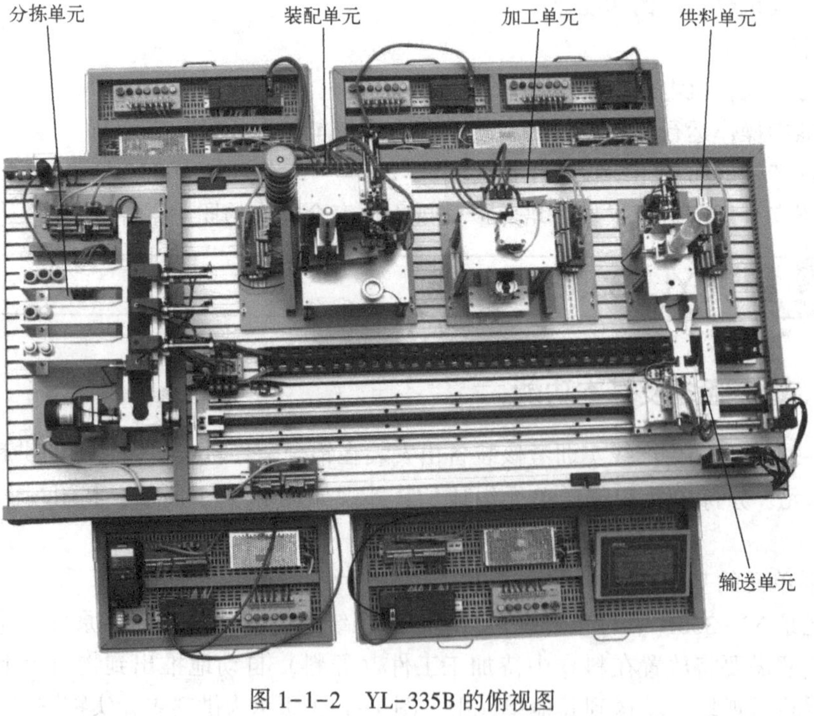

图 1-1-2 YL-335B 的俯视图

（4）分拣单元的基本功能

完成将装配单元送来的已加工的、装配的工件进行分拣，使不同颜色的工件从不同的料槽分流。图 1-1-6 所示为分拣单元实物图。

（5）输送单元的基本功能

该单元通过直线运动传动机构驱动抓取机械手装置到指定单元的物料台上并精确定位，然后在该物料台上抓取工件，把抓取到的工件输送到指定地点并放下，以实现传送工件的功能。

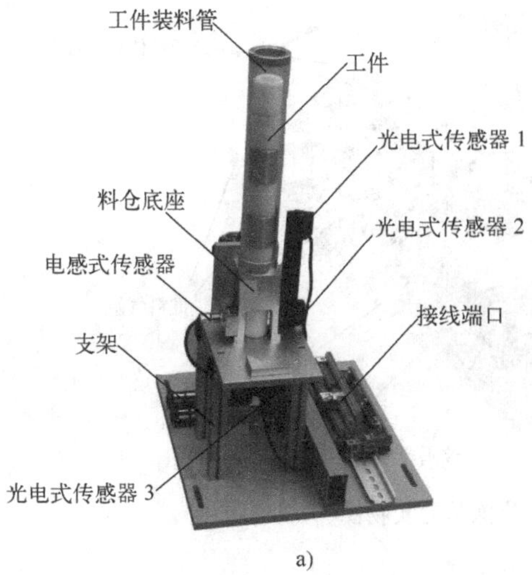

图 1-1-3　供料单元实物图

a）前视图　b）侧视图

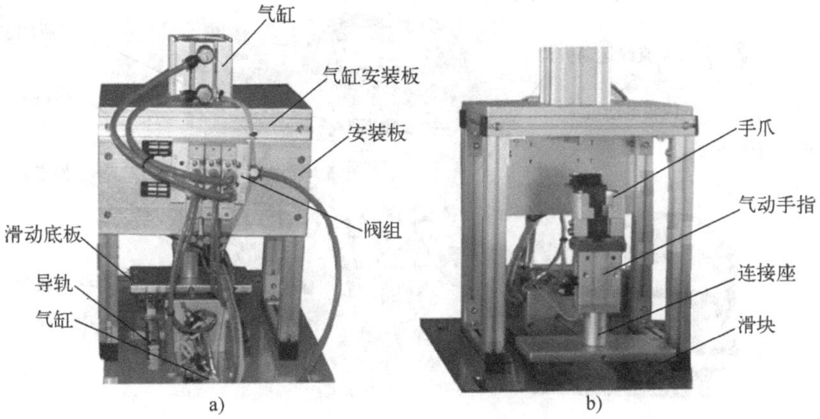

图 1-1-4　加工单元实物图

a）后视图　b）前视图

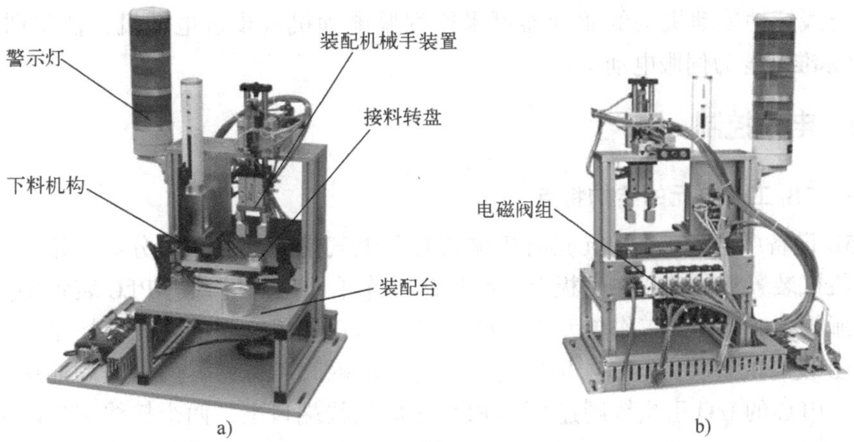

图 1-1-5　装配单元实物图

a）前视图　b）后视图

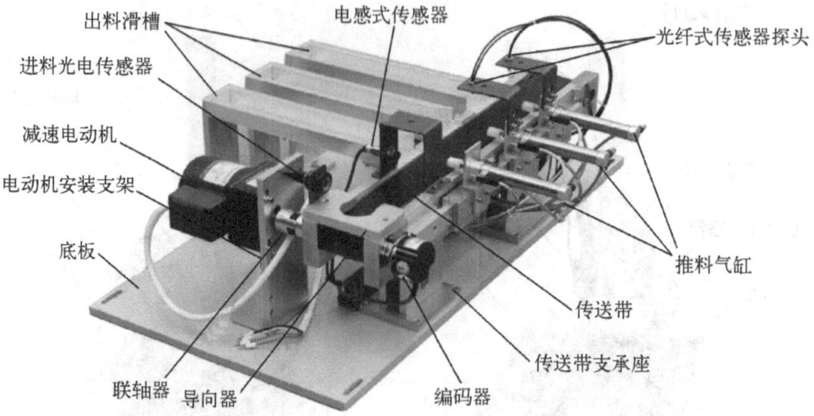

图 1-1-6　分拣单元实物图

输送单元实物如图 1-1-7 所示。

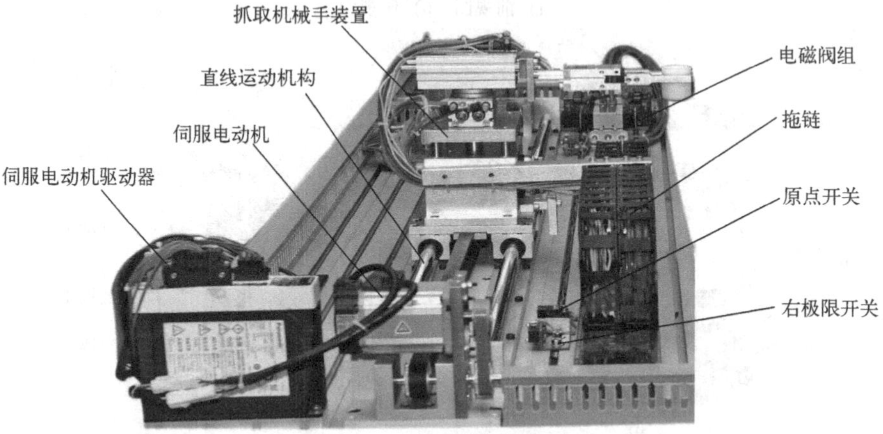

图 1-1-7　输送单元实物图

说明：直线运动传动机构的驱动器可采用伺服电动机或步进电动机，视实训目的而定。YL-335B 的标准配置为伺服电动机。

1.1.2　电气控制

1. YL-335B 工作单元的结构特点

YL-335B 设备中的各工作单元具有机械装置和电气控制部分相对分离的结构特点。每一工作单元中机械装置整体安装在底板上，而控制工作单元生产过程的 PLC 装置则安装在工作台两侧的抽屉板上。因此，工作单元中机械装置与 PLC 装置之间的信息交换是一个关键的问题。YL-335B 设备的解决方案是：机械装置上的各电磁阀和传感器的引线均连接到装置侧的接线端口上。PLC 的 I/O 引出线则连接到 PLC 侧的接线端口上。两个接线端口间通过多芯信号电缆互连。图 1-1-8 和图 1-1-9 分别是装置侧接线端口和 PLC 侧接线端口。

图 1-1-8 所示装置侧接线端口的接线端子采用三层端子结构，上层端子用以连接 DC 24 V 电源的 24 V 端，底层端子用以连接 DC 24 V 电源的 0 V 端，中间层端子用以连接各信号线。

图 1-1-8　装置侧接线端口

图 1-1-9　PLC 侧接线端口

图 1-1-9 所示 PLC 侧接线端口的接线端子采用两层端子结构，上层端子用以连接各信号线，其端子号与装置侧的接线端口的接线端子相对应。底层端子用以连接 DC 24 V 电源的 24 V 端和 0 V 端。

装置侧接线端口和 PLC 侧接线端口之间通过专用电缆连接。其中 25 针接头电缆连接 PLC 的输入信号，15 针接头电缆连接 PLC 的输出信号。

2. YL-335B 的控制系统

YL-335B 的每一工作单元都可自成一个独立的系统，同时也可以通过网络互连构成一个分布式的控制系统。

1）当工作单元自成一个独立的系统时，其设备运行的主令信号以及运行过程中的状态显示信号，来源于该工作单元按钮指示灯模块。按钮指示灯模块如图 1-1-10 所示。模块上的指示灯和按钮的端脚全部引到端子排上。

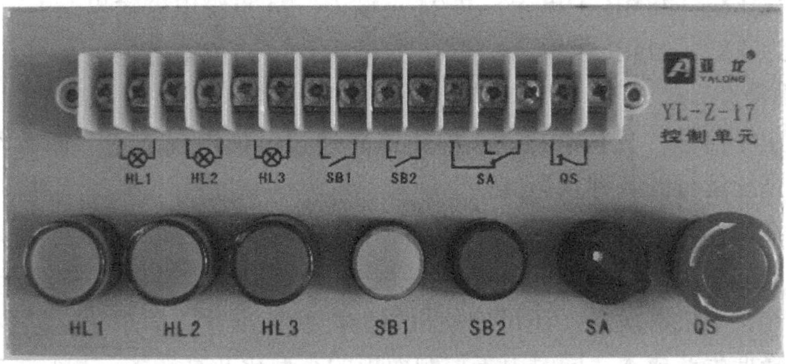

图 1-1-10　按钮指示灯模块

该模块包括指示灯和主令器件。

① 指示灯（DC 24 V）：黄色（HL1）、绿色（HL2）、红色（HL3）各一只。

② 主令器件：绿色常开按钮（SB1）一只、红色常开按钮（SB2）一只、选择开关（SA，一对转换触点）和急停按钮（QS，一个常闭触点）各一个。

2）当各工作单元通过网络互连构成一个分布式的控制系统时，对于采用三菱 FX 系列 PLC 的设备，YL-335B 的标准配置是采用了基于 RS-485 串行通信的 N : N 网络通信方式。设备出厂时设置的通信控制方案如图 1-1-11 所示。

三菱 PLC 系统的组成方案有：方案一中 FX_{1N}+FX_{2N} 为主单元；方案二中 PLC 全部升级，FX_{3U} 为主单元。

方案一中各工作单元 PLC 配置如下。

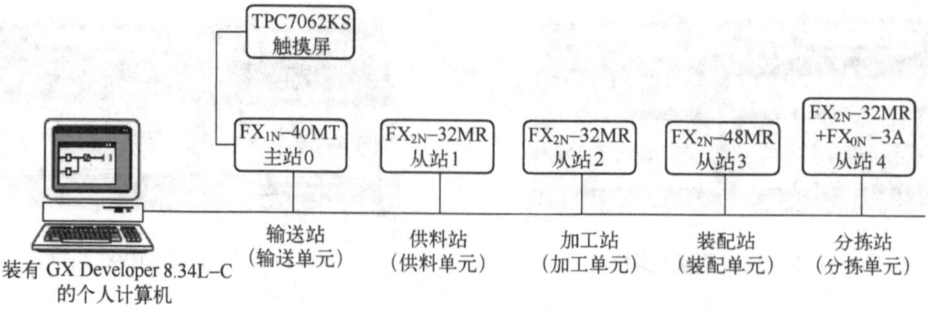

图 1-1-11　YL-335B 的通信控制方案

① 输送单元：FX_{1N}-40MT 主单元，共 24 点输入，16 点晶体管输出。
② 供料单元：FX_{2N}-32MR 主单元，共 16 点输入，16 点继电器输出。
③ 加工单元：FX_{2N}-32MR 主单元，共 16 点输入，16 点继电器输出。
④ 装配单元：FX_{2N}-48MR 主单元，共 24 点输入，24 点继电器输出。
⑤ 分拣单元：FX_{2N}-32MR 主单元，共 16 点输入，16 点继电器输出。

方案二中各工作单元 PLC 配置如下。

① 输送单元：FX_{3U}-48MT 主单元，共 24 点输入，24 点晶体管输出。
② 供料单元：FX_{3U}-32MR 主单元，共 16 点输入，16 点继电器输出。
③ 加工单元：FX_{3U}-32MR 主单元，共 16 点输入，16 点继电器输出。
④ 装配单元：FX_{3U}-48MR 主单元，共 24 点输入，24 点继电器输出。
⑤ 分拣单元：FX_{3U}-32MR 主单元，共 16 点输入，16 点继电器输出。

3）人机界面简介。

系统运行的主令信号（复位、启动、停止等）通过触摸屏（人机界面）给出。同时，人机界面上也显示系统运行的各种状态信息。

人机界面是在操作人员和机器设备之间双向沟通的桥梁。人机界面能够明确指示并告知操作员机器设备目前的状况，使操作变得简单生动，并且可以减少操作上的失误，即使是新手也可以很轻松地操作整个机器设备。还可以使机器的配线标准化、简单化，减少 PLC 控制器所需的 I/O 点数，降低生产成本，同时由于控制面板的小型化及高性能，相对提升了整套设备的附加价值。

YL-335B 采用了昆仑通态的 TPC7062KS 触摸屏作为它的人机界面。TPC7062KS 是一款以嵌入式低功耗 CPU（主频 400 MHz）为核心的高性能嵌入式一体化工控机。该产品设计采用了 7 in 高亮度 TFT 液晶显示屏（分辨率 800×480 像素），四线电阻式触摸屏（分辨率 4096×4096 像素），同时还预装了微软嵌入式实时多任务操作系统 Windows CE. NET（中文版）和 MCGS 嵌入式组态软件。TPC7062KS 触摸屏的使用、人机界面的组态方法，将在“项目 6 触摸屏组态”中介绍。

1.1.3　供电电源

外部供电电源为三相五线制 AC 380 V/220 V，图 1-1-12 为供电电源模块一次回路原理图。图中，总电源开关选用 DZ47LE-32/C32 型三相四线漏电开关。系统各主要负载通过自动开关单独供电。其中，变频器电源通过 DZ47C16/3P 三相自动开关供电；各工作单元 PLC 均采用

DZ47C5/1P 单相自动开关供电。此外，系统配置 4 台 DC 24 V 6 A 开关稳压电源分别作为供料、加工、分拣及输送单元的直流电源。配电箱设备安装图如图 1-1-13 所示。

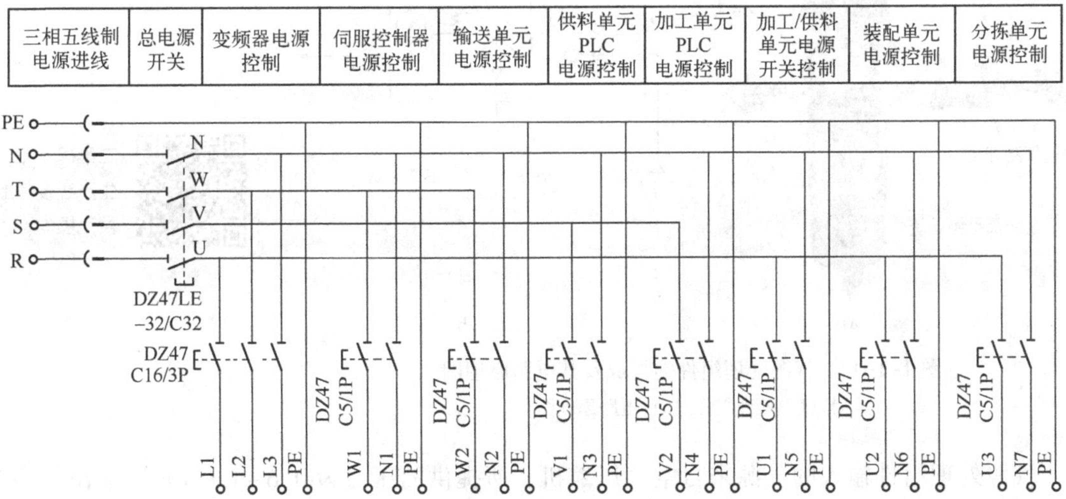

图 1-1-12　供电电源模块一次回路原理图

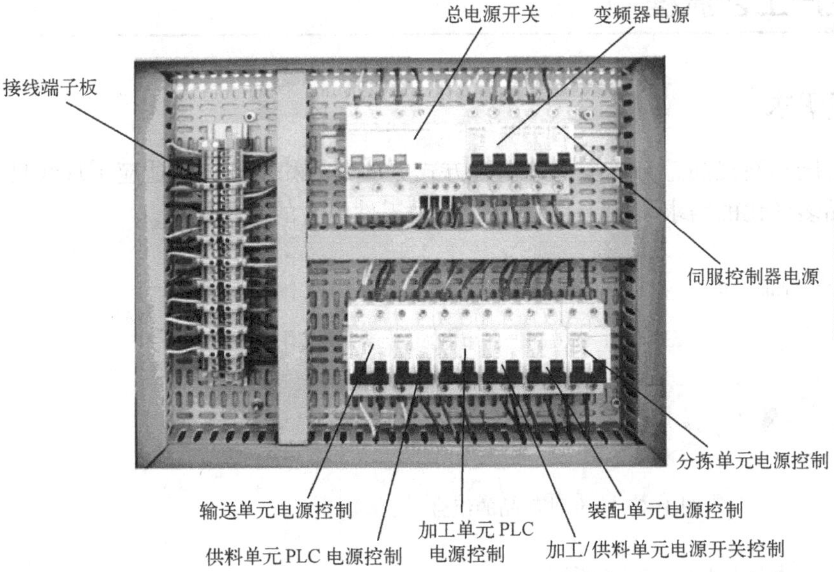

图 1-1-13　配电箱设备安装图

二维码 1-1
生产线设备上电安全操作

1.1.4　气源处理装置

YL-335B 的气源处理组件的构成及其电路原理图如图 1-1-14 所示。气源处理组件是气动控制系统中的基本组成器件，它的作用是除去压缩空气中所含的杂质及凝结水，调节并保持恒定的工作压力。在使用时，应注意经常检查过滤器中凝结水的水位，在超过最高标线以前，必须排放，以免被重新吸入。气源处理组件的气路入口处安装一个快速气路开关，用于启/闭气源，当把气路开关向左拔出时，气路接通气源；当把气路开关向右推入时，气路关闭。

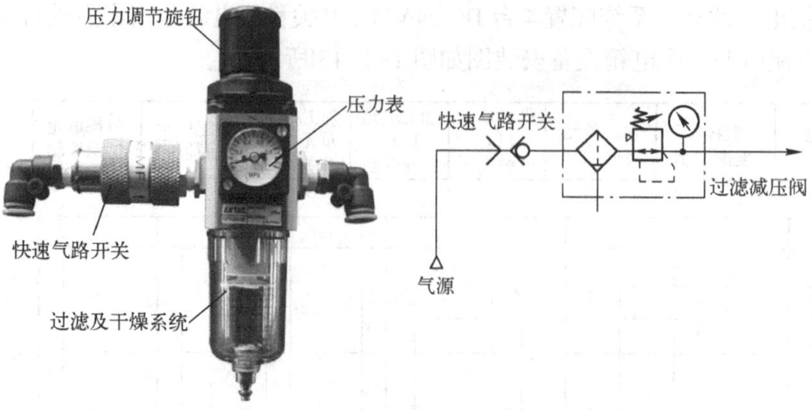

二维码 1-2
生产线设备上供气操作

图 1-1-14 气源处理组件的构成及其电路原理图
a）气源处理组件 b）电路原理图

气源处理组件输入的气源来自空气压缩机，所提供的压力为 0.6~1.0 MPa，输出压力为 0~0.8 MPa 可调。输出的压缩空气通过快速三通接头和气管输送到各工作单元。

任务 1.2 制定生产工艺流程

1.2.1 了解产品需求

随着生产线柔性化程度不断提高，分拣零件的组合方式更加灵活和多样，它适应了现代自动化生产线柔性化、产品多样化的需求。图 1-2-1 是工件中零件组合的 9 种产品。

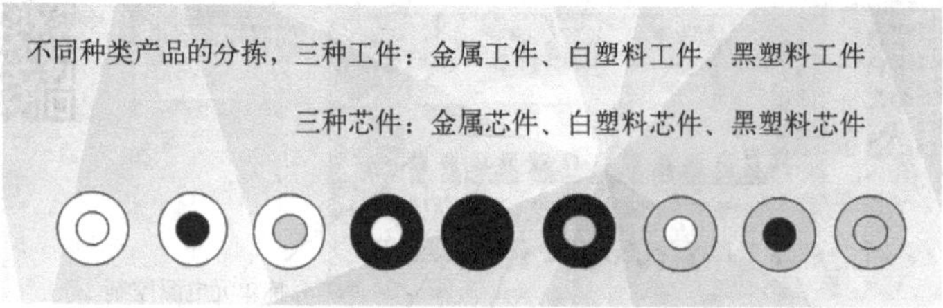

图 1-2-1 9 种产品的组合

符合产品分拣规格 1 的成品如图 1-2-2 所示。

图 1-2-2 符合产品分拣规格 1 的成品

符合产品分拣规格 2 的成品如图 1-2-3 所示。

图 1-2-3　符合产品分拣规格 2 的成品

[案例 1] 生产线的工作目标是把供料站提供的白色塑料先加工后装配，把装配单元料仓内的白色或黑色的小圆柱芯件嵌入到加工后的工件中，然后送往分拣单元，按照产品分拣规格 1 或者产品分拣规格 2 的要求进行分拣。

[案例 2] 生产线的供料单元提供一批白塑料金属芯或黑色芯，或黑塑料白色芯成品工件，假设它们的重量分别为：白塑料黑色芯工件为 20 g，黑塑料白色芯工件为 30 g，白塑料金属芯工件为 40 g。料仓提供的工件中还混杂着尚未进行芯件装配的非成品工件。图 1-2-4 所示是成品工件。

成品自动分拣生产线模拟一台按成品总重量装箱的设备，即：把成品工件直接送往分拣单元，然后分拣到工位一或工位二中，当某工位推入的成品累计重量达到装箱规定重量 100 g 时，打包完成一次装箱任务。对于尚未进行装配的非成品工件则首先送往装配单元进行芯件装配，然后送往分拣单元进行成品分送。

[案例 3] 自动生产线的工作目标是把装配单元料仓内的白色或黑色的芯件嵌入到供料站提供的白色塑料待装配工件中，进行压紧加工后送往分拣单元，按工位号顺序均匀地分别送到各生产工位中。图 1-2-5 所示是已完成装配和压紧加工的工件。

图 1-2-4　成品工件

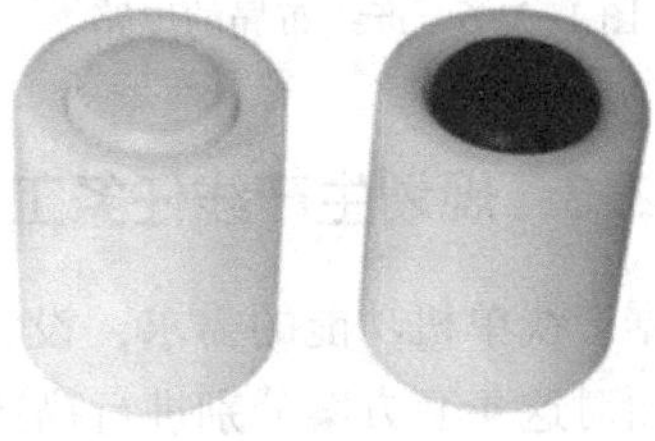

图 1-2-5　已完成装配和压紧加工的工件

1.2.2　制定生产线布局的总体方案

根据需求布局产线，按照图 1-2-6 所示的思路设计产线的布局，初步构思的自动生产线设备布局如图 1-2-7 所示。

由此得出产线布局的构成如表 1-2-1 所列。本表参照各年度全国职业院校技能大赛高职组“自动化生产线安装与调试赛项（简称国赛）要求整理。

表 1-2-1　产线布局的构成

自动化生产线装置机构（根据国赛现确定 3 个以上机构进行组合）				
序号	名称	工作单元结构	数量	备注
1	供料单元	工件库、工件锁紧装置、工件推出装置； 包括：井式工件库、直线气缸、光电传感器、工作定位装置等	1 套	

（续）

自动化生产线装置机构（根据国赛现确定3个以上机构进行组合）				
序号	名称	工作单元结构	数量	备注
2	输送单元	直线移动装置、工件取送装置； 包括：步进电动机、薄型气缸、摆台、双导杆气缸、气动手指、行程开关、磁性开关等	1套	2009年国赛中驱动装置改为伺服电动机
3	加工单元	工件搬运装置、工件加工装置； 包括：导轨、直线气缸、薄型气缸、工作夹紧装置等	1套	
4	成品分拣单元	皮带输送线；成品分拣装置； 包括：直线带传动装置、三相异步电动机等	1套	
5	装配单元	装配工件库、装配工件搬运装置、装配装置 包括有：工件库、摆台、导杆气缸、气动手指、直线气缸、光电传感器等	1套	2017年国赛中装配站2设为未知站

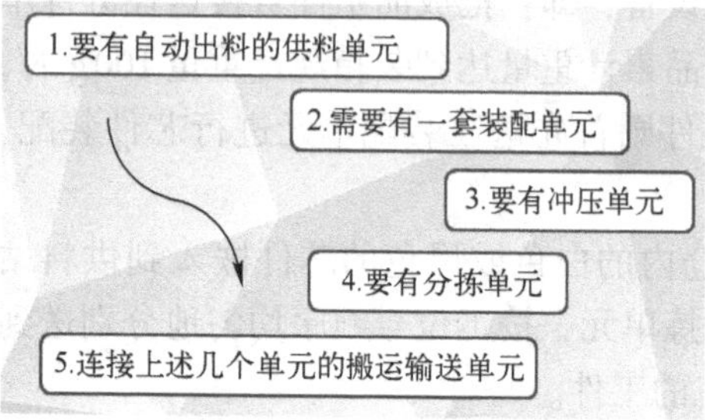

图 1-2-6 产线布局的思路

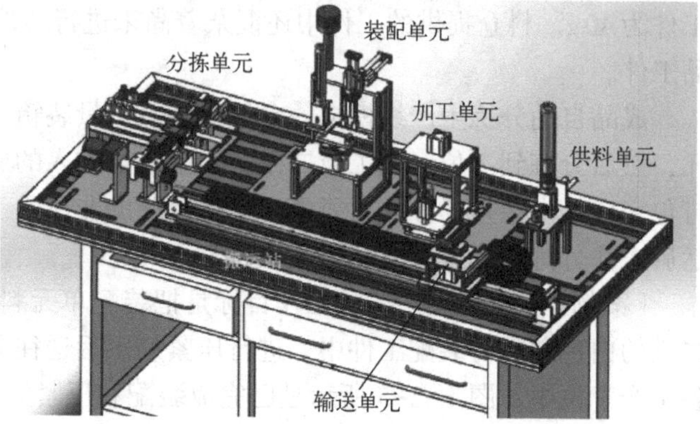

图 1-2-7 自动化生产线设备布局

1.2.3 规划生产线任务工艺路线

根据产线单机功能的需求，设计了4套产线布局方案。布局方案参照各年度国赛要求做成。下面对这4套方案分别进行描述。

1）产线布局方案1如图1-2-8所示，生产任务工艺路线是供料—加工—装配—分拣，由输送单元协调物料的流向，调整生产节奏，调节生产效率。常见布局顺序的定位尺寸可以自行设定。

2）产线布局方案2如图1-2-9所示，生产任务工艺路线是供料—装配—加工—分拣，由输送单元协调物料的流向，调整生产节奏，调节生产效率。

该生产线的工作过程：将来自供料单元的工件送往装配单元完成芯件的嵌入装配，然后送往加工单元，经过压紧加工工序，获得的成品工件送往分拣单元进行分拣。

3）产线布局方案3如图1-2-10所示，生产任务工艺路线是供料—装配—加工—分拣，分拣站横向放置，便于那些是合格成品但不符合本次分拣条件的产品回收，由输送单元协调物料的流向，调整生产节奏，调节生产效率。

该生产线的工作过程：把装配单元料仓内的芯件嵌入到供料单元提供的待装配工件中，经过压紧加工后送往分拣单元，并按一定的套件关系进行成品分拣。不符合分拣条件的成品退给回收盒。

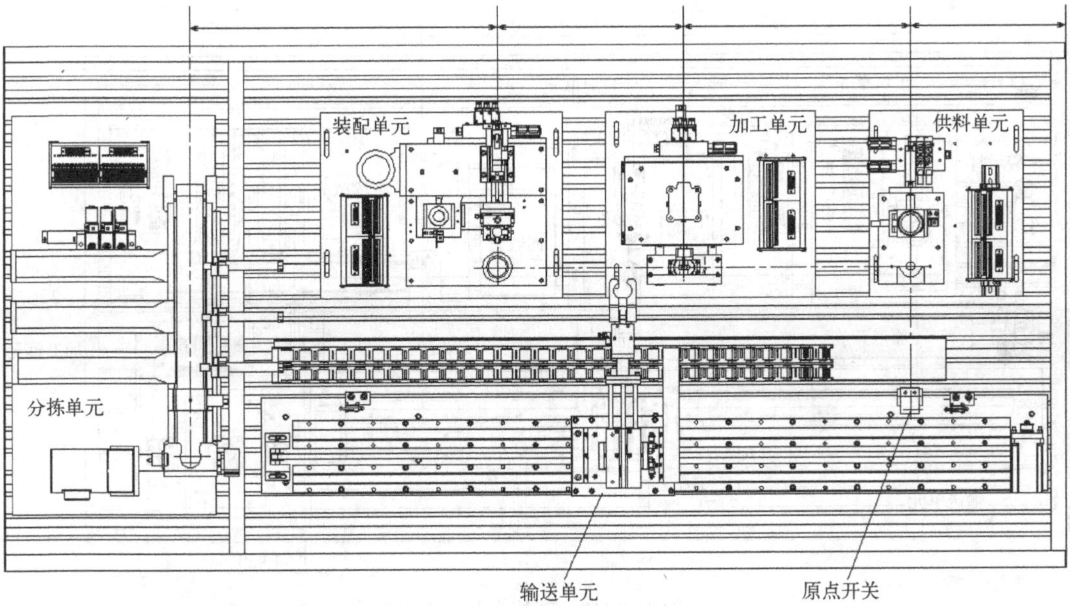

图 1-2-8 产线布局方案 1

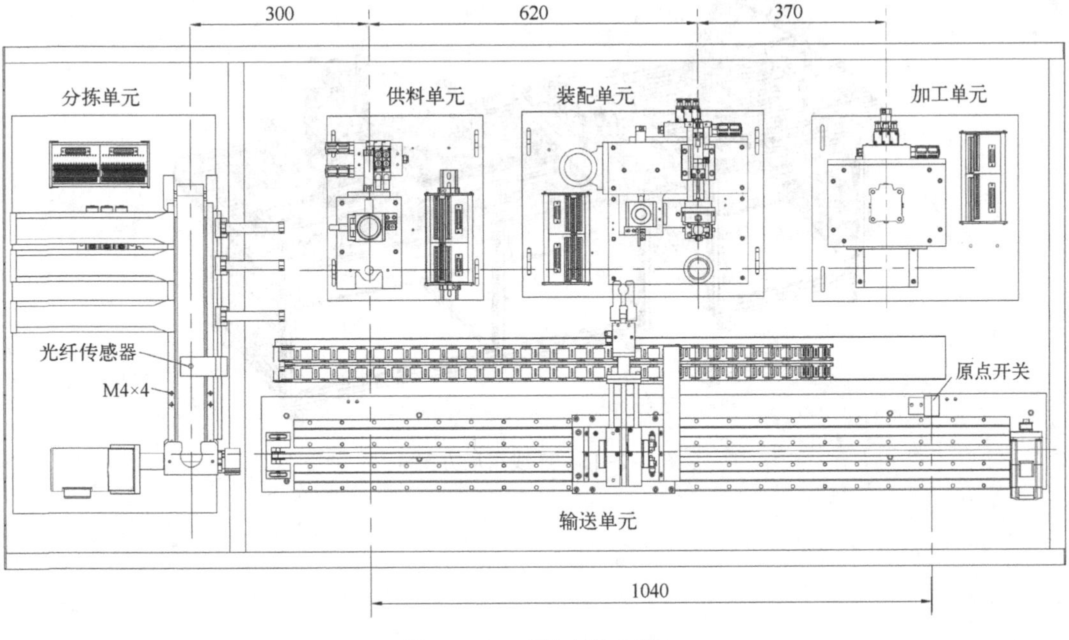

图 1-2-9 产线布局方案 2

4）产线布局方案 4 如图 1-2-11 所示。该方案增加了工业机器人码垛单站，完成分拣好的产品的组合码垛或者打包。

该生产线的工作过程：按计划对一批工件进行嵌入芯件的装配和压紧加工，然后进行成品分拣，最后由机器人搬运到码垛上。

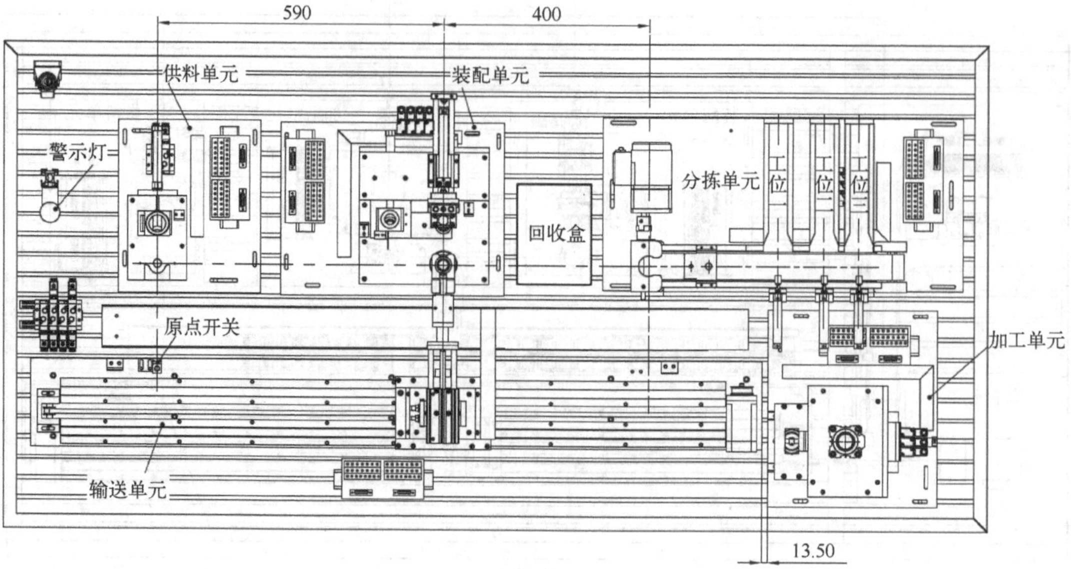

图 1-2-10 产线布局方案 3

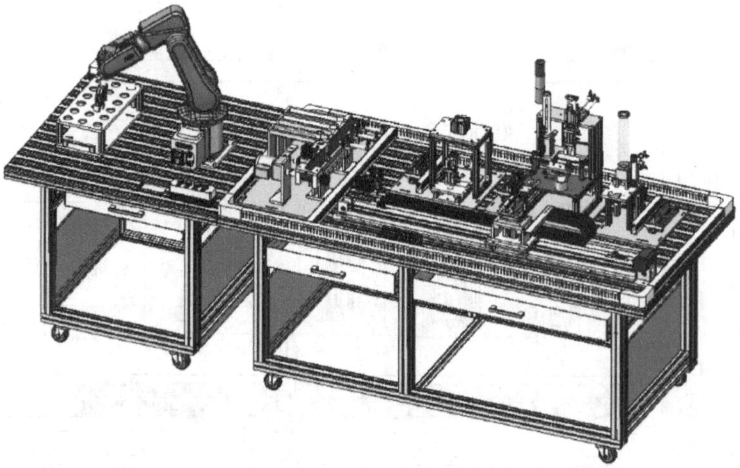

图 1-2-11 产线布局方案 4

项目 2　生产线机械结构虚拟仿真准备

在 Windows 环境下进行机械设计的软件很多，可以方便地进行零部件设计、装配体设计、钣金设计，比较常见的软件有 SolidWorks 和 UG 等。要把建好的模型导入到机电一体化平台做虚拟仿真前，首先要进行文件的格式转换，并进行机电一体化设计的各种定义。由于目前有部分企业采用的是 SolidWorks 软件进行模型设计，本项目以 SolidWorks 建模的生产线机械结构为例，介绍虚拟仿真的建立步骤以及 NX UG 的基本操作和属性定义。

［知识目标］

1. 了解软件及运行环境。
2. 认识文件格式和资源类型。
3. 了解零件和资源定义。

［能力目标］

1. 能进行软件安装及应用，会配备运行环境。
2. 了解模型文件格式的定义类型和文件类型的转换。
3. 了解定义产线中模型的资源分类和各模型的功能。
4. 能根据设备中各机械结构的属性进行零件定义。
5. 能根据设备中各机械结构的功能属性进行信号定义。

任务 2.1　建立 SolidWorks 生产线模型

SolidWorks 生产线模型的准备工作如下。

2.1.1　非标件

根据实物使用 SolidWorks 软件绘制生产线非标零件，如图 2-1-1 所示。

图 2-1-1　非标件

非标零件是相对于标准零件提出来的。非标准件主要是没有严格的标准规格，没有规定相关的参数，由企业自由设计和实现的配件。

2.1.2 标准件

标准件是指结构、尺寸、画法、标记等已经完全标准化，并由工厂生产的常用的零（部）件，如螺纹件、键、销、滚动轴承等。广义标准件包括标准化的紧固件、连接件、传动件、密封件、液压元件、气动元件、轴承、弹簧等机械零件。

标准件可在 Solidworks 软件设计库中直接导出，或者可以下载“迈三维设计迪工具集”导出，还可以在怡合达等供应商网站提取，如图 2-1-2 所示。

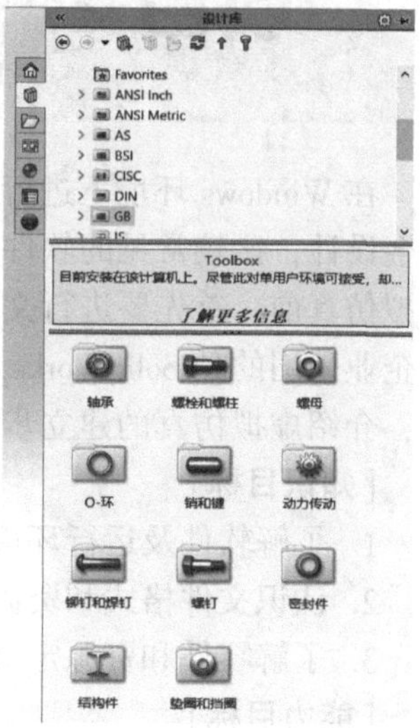

图 2-1-2 标准件

2.1.3 气缸

气缸是引导活塞在缸内进行直线往复运动的圆筒形金属机件。空气在发动机气缸中通过膨胀将热能转化为机械能；气体在压缩机气缸中接受活塞压缩而提高压力。

气缸选型可在亚德客官网查找并下载，如图 2-1-3 所示；也可以在今日制造软件下载，如图 2-1-4 所示。

图 2-1-3 亚德客气缸模组图库

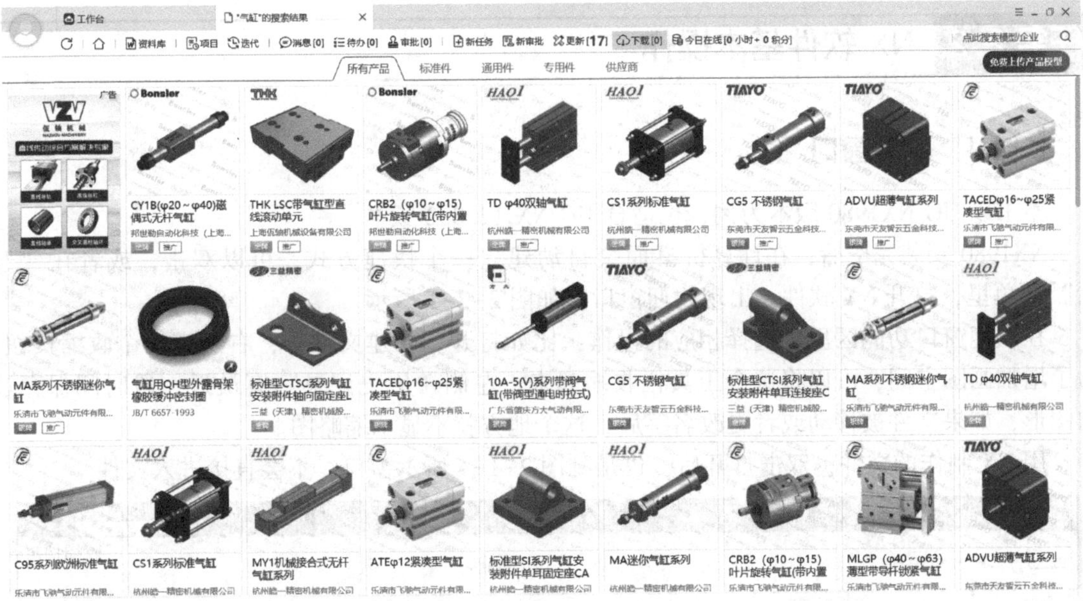

图 2-1-4　今日制造气缸模组图库

2.1.4　装配体

组装和建立供料单元（图 2-1-5）、分拣单元（图 2-1-6）、输送单元（图 2-1-7）的装配体模型。装配体模型文件见本书配套的电子资源。

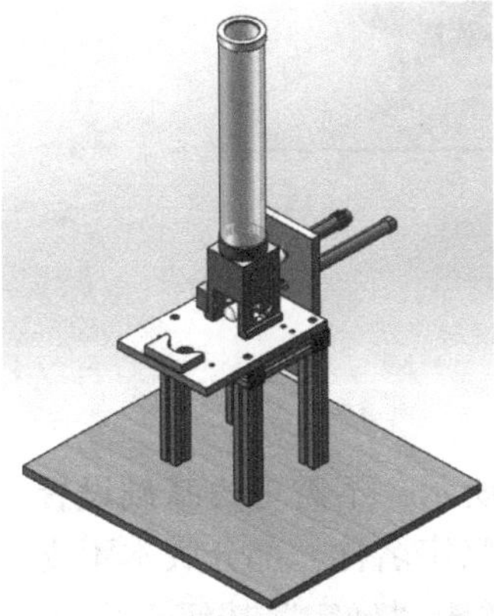

图 2-1-5　供料单元装配体模型

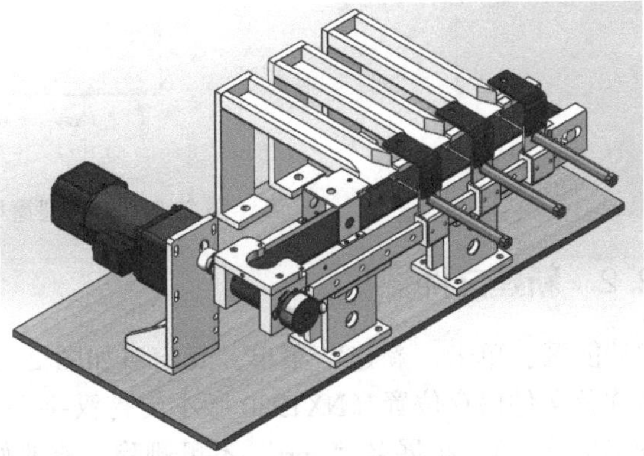

图 2-1-6　分拣单元装配体模型

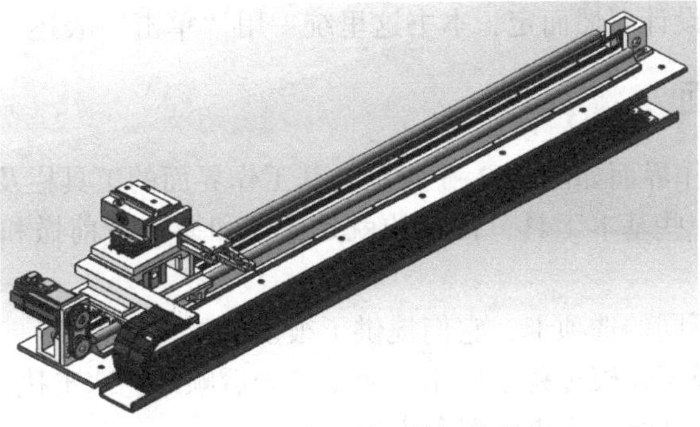

图 2-1-7　输送单元装配体模型

任务 2.2 NX 软件基本操作

2.2.1 欢迎窗口

本书以 UG NX1980 版本为例，也适合 UG NX 12.0.2 版本。

NX1980 安装完毕后，在计算机桌面会自动建立一个快捷方式，可以双击，或者在“开始”菜单里，打开 NX 软件，出现欢迎窗口，如图 2-2-1 所示。

在欢迎窗口功能区里，选择相应的操作，比如打开、新建文件等，右侧有一个收缩按钮，为了增加画图空间，可以将这个工具栏收缩起来。左侧“历史记录”有最近一段时间保存过的图形，如果文件被移动或者更改名字后，这个地方就不显示缩略图。

用 NX 制作的文件，双击打开后，也是到图 2-1-1 所示窗口，不会直接进入文件。

图 2-2-1　欢迎窗口

2.2.2 新建文件

选中功能区，单击“新建”菜单，其窗口如图 2-2-2 所示，不需更改基础设置，可以更改文件名称及文件保存位置（NX1980 版本支持汉字路径和汉字名称，部分版本不支持，因此最好设置字母路径），扩展名“.prt”不可删除，修改好后单击“确定”按钮。

注：因为“按一下鼠标左键”或“按一下鼠标中键”都可实现该功能，该快捷键的设置可由操作者根据自己的设计习惯而定，本书这里统一用“单击”表述。

2.2.3 工作界面

新建模型文件的工作界面如图 2-2-3 所示，其工作界面的工具栏及导航器栏目介绍如下。

1）标题栏，包括一些基本工具，常用的就是保存和撤销（前撤和后撤）、重复上一个命令等。

2）工具栏，包括不同的选项卡，它们提供了很多工具。

3）导航器，记录模型建模过程中应用的命令和先后顺序，双击执行。

4）基准坐标系，包括绝对零点位置和方向。

图 2-2-2　新建文件

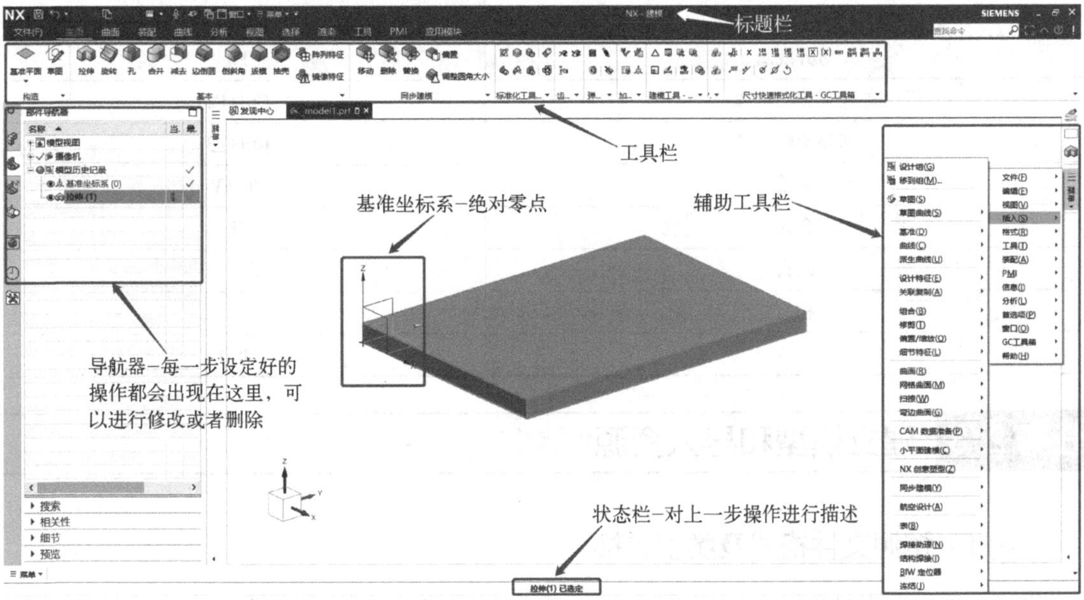

图 2-2-3　工作界面

2.2.4　快捷键

NX 软件部分常用快捷键见表 2-2-1。

表 2-2-1 常用快捷键

功　能	快 捷 键
新建文件	Ctrl+N
打开文件	Ctrl+O
保存文件	Ctrl+S
另存文件	Ctrl+Shift+A
选择性粘贴	Ctrl+ALT+V
删除	Ctrl+D
全选	Ctrl+A
对象显示	Ctrl+J
隐藏对象	Ctrl+B
显示对象	Ctrl+Shift+K
全部显示对象	Ctrl+Shift+U
移动对象	Ctrl+T
全屏显示	Alt+Enter
显示正三轴测图	Home
显示正等测图	End
显示俯视图	Ctrl+Alt+T
显示前视图	Ctrl+Alt+F
显示右视图	Ctrl+Alt+R
显示左视图	Ctrl+Alt+L
对齐视图	F8
设置旋转参考	Ctrl+F2
清除旋转参考	Ctrl+F3
粘贴	Ctrl+V
合并	H
减去	J
相交	I
缝合	Alt+F

任务 2.3 建立模型和导入资源

2.3.1 资源文件格式及类型转换

将 SolidWorks 装配体文件另存为“*.step”格式，如图 2-3-1 所示，命名为“总装配体”。SolidWorks 和 NX 等三维制图软件都可以打开扩展名为“.step”的文件。

打开 NX 软件之后，在“打开文件”选项中，选择“所有文件”或“STEP 文件”，然后选择“.step”格式保存，名称为“总装配体”，如图 2-3-2 所示。

“*.step”格式装配体文件在 NX 软件中打开后，装配体中的零件会自动导出并保存为

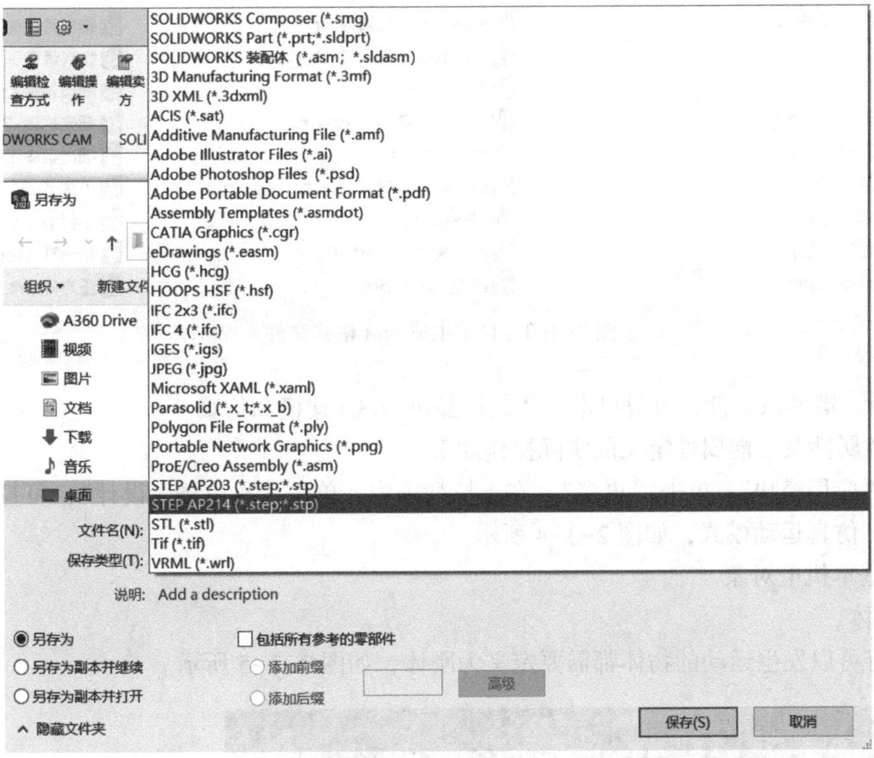

图 2-3-1 另存为的格式

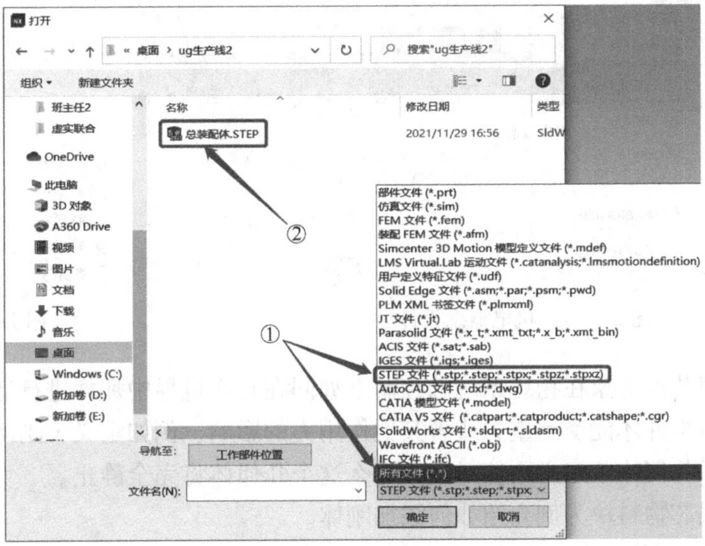

图 2-3-2 打开 . step 格式文件

“. prt” 格式，如图 2-3-3 所示。

2. 3. 2 零件属性及功能属性定义

机电一体化概念设计解决方案（MCD）是一种全新的解决方案，适用于机电一体化产品

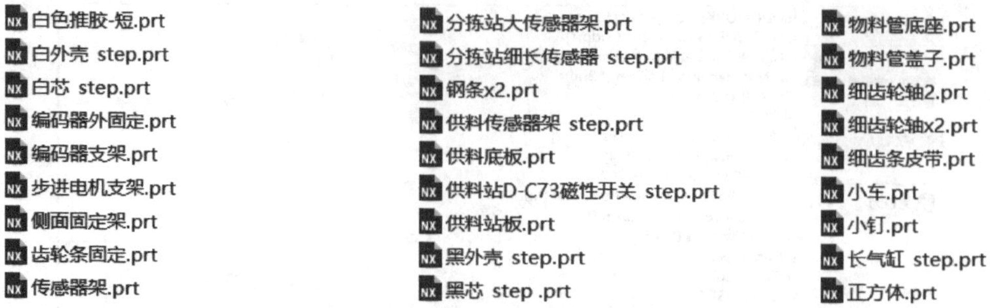

图 2-3-3 自动生成 . prt 格式文件

的概念设计。借助该软件，可对机电一体化产品进行 3D 建模和仿真。

其零件属性及功能属性定义的实际操作如下。

单击“应用模块”，单击“更多”，在下拉列表中，单击“机电概念设计”，可打开“机电概念设计”仿真运动模式，如图 2-3-4 所示。

（1）基本机电对象

1）刚体。

对所有可以发生运动的物体都需要定义为刚体，如图 2-3-5 所示。

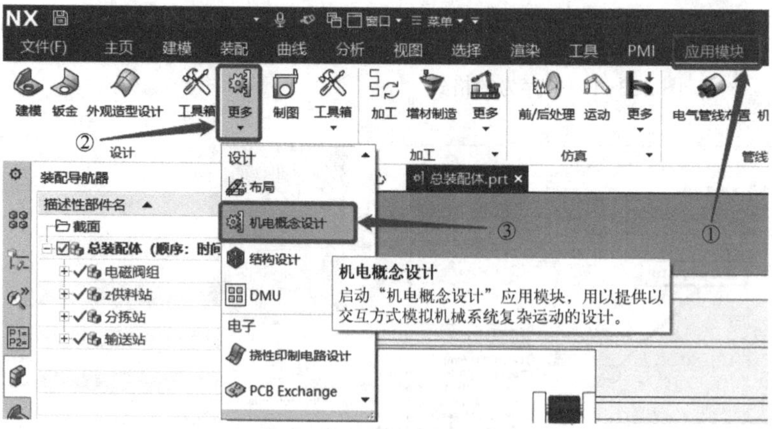

图 2-3-4 机电概念设计

图 2-3-5 刚体

刚体组件可使几何对象在物理系统的控制下如同在真实世界中那样进行运动。任何几何对象只有添加了刚体组件才能受到重力或者其他作用力的影响，例如定义了刚体的几何体受重力影响会落下。如果几何体未定义刚体对象，那么这个几何体将完全静止。

下面以黑壳黑芯物料块为例介绍如何添加刚体。

单击功能区“主页”下的“机械”组中的“刚体”下拉按钮，在下拉列表中选择“刚体”图标，如图 2-3-6 所示。弹出的“刚体”对话框如图 2-3-7 所示，定义刚体参数，刚体对象选择为“黑壳黑芯”（高亮显示部分），质量属性选择“自动”，名称改为“黑黑”，单击“确定”按钮。

2）碰撞体。

碰撞体是物理组件的一类，它要与刚体一起添加到几何对象上才能触发碰撞。如果两个刚体相互撞在一起，除非两个对象都定义有碰撞体时系统才会计算碰撞。没有碰撞体的刚体会彼

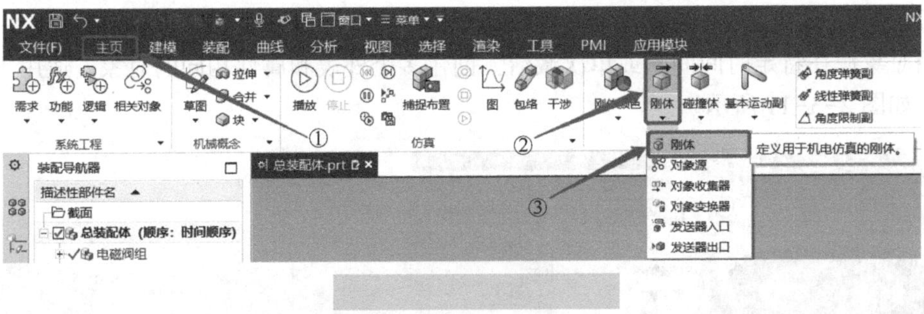

图 2-3-6　打开刚体

此互相穿过。

添加碰撞体用以限制刚体运动位置，使刚体在仿真动画中表现与现实表现大致相同，如图 2-3-8 所示。

图 2-3-7　添加刚体

图 2-3-8　碰撞体

以黑壳黑芯物料块为例介绍如何添加碰撞体：

单击功能区“主页”下的“机械”组中的“碰撞体”下拉按钮，在下拉列表中选择“碰撞体”图标，如图 2-3-9 所示。弹出的“碰撞体”对话框如图 2-3-10 所示，定义碰撞体参数，碰撞体对象选择为“黑壳黑芯”（高亮显示部分），碰撞形状根据需要选择，在此选择为“圆柱”，碰撞材料根据需要更改，类别改为“3”（碰撞类别为“0”的碰撞体可以碰撞所有数字的碰撞体，其余碰撞类别的碰撞体只能碰撞相同类别的碰撞体），取消勾选“碰撞时高亮显示”，名称改为“黑黑”，单击“确定”按钮。

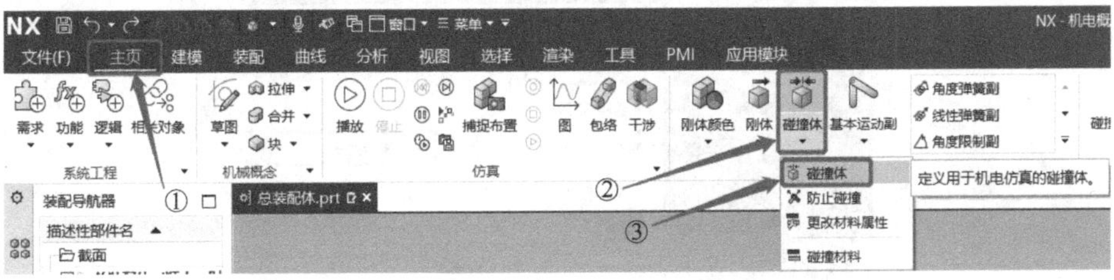

图 2-3-9　打开碰撞体

3）对象源。

利用对象源在特定时间间隔或单次激活，创建多个外表和属性相同的对象。适用于物料流案例中，如图 2-3-11 所示。

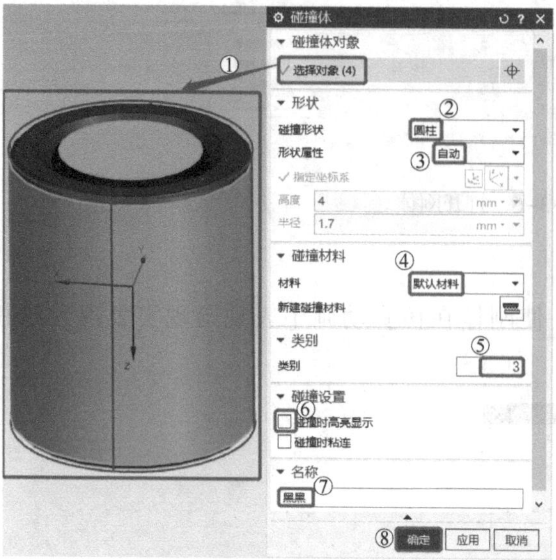

图 2-3-10 添加碰撞体

图 2-3-11 对象源

下面以黑壳黑芯物料块为例介绍如何创建对象源。

单击功能区“主页”下的“机械”组中的“刚体”下拉按钮，在下拉列表中选择“对象源”图标，如图 2-3-12 所示。弹出的“对象源”对话框如图 2-3-13 所示，定义对象源参数，对象选择“黑壳黑芯”刚体，触发设置为“每次激活时一次”，名称改为“黑黑”，单击“确定”按钮。

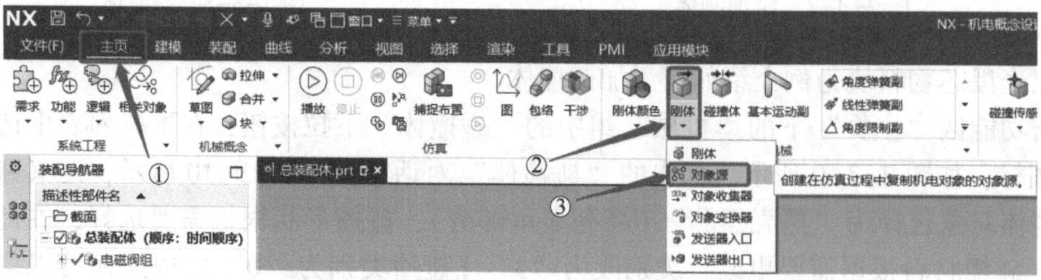

图 2-3-12 打开对象源

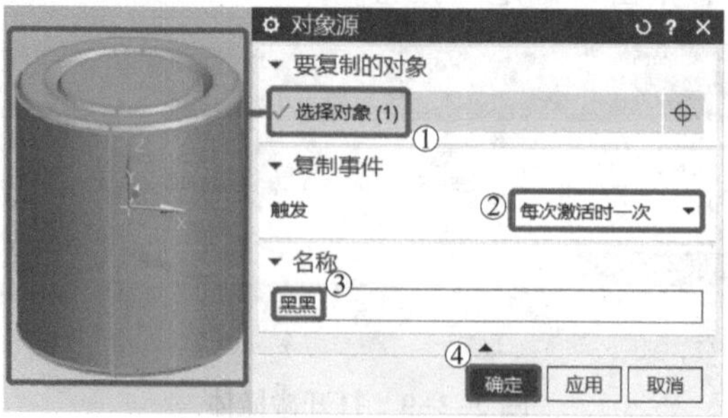

图 2-3-13 添加对象源

(2) 运动副与约束

1) 滑动副。

滑动副是组成运动副的两个构件之间只能按照某一方向做相对移动的运动副，具有一个平移自由度。如果几何体未定义刚体对象，那么这个几何体将完全静止。

下面以供料站推料气缸为例介绍如何添加滑动副。

单击功能区“主页”下的“机械”组中的“基本运动副”，在列表中选择“滑动副”图标，如图 2-3-14 所示。弹出的“滑动副”对话框如图 2-3-15 所示，定义滑动副参数，连接件选择供料单元推料气缸活动部件，指定轴矢量选择推杆前进方向，设置滑动副运动的上下限，名称修改为“供料下推”，单击“确定”按钮。

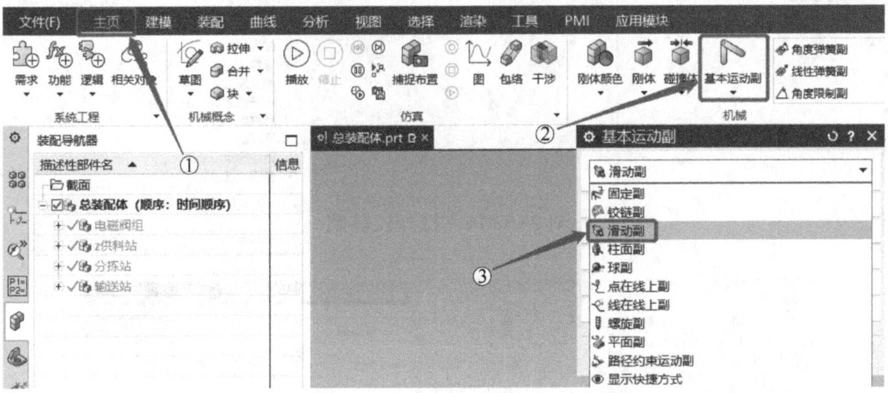

图 2-3-14　打开滑动副

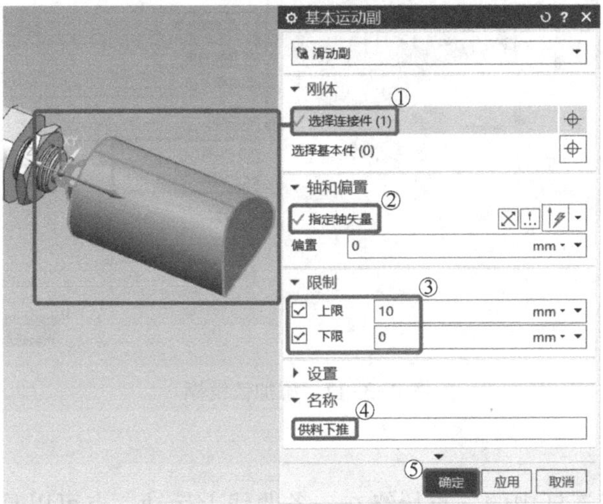

图 2-3-15　添加滑动副

2) 铰链副。

铰链副是对两部件添加约束使组成运动副的两个构件只能绕公共轴线做相对转动的运动副，相当于销钉连接，具有一个旋转自由度。

下面以输送站手爪为例介绍如何添加铰链副。

单击功能区“主页”下的“机械”组中的“基本运动副”，在列表中选择“铰链副”图标，如图 2-3-16 所示。弹出的“铰链副”对话框如图 2-3-17 所示，定义铰链副参数，连接件选择输送单元手爪活动部件，基本件为主动件，连接件为从动件，指定轴矢量选择手爪旋转平面的垂线，指定锚点选择旋转轴中点，设置铰链副旋转的上下限，名称修改为“输送旋转”，单击“确定”按钮。

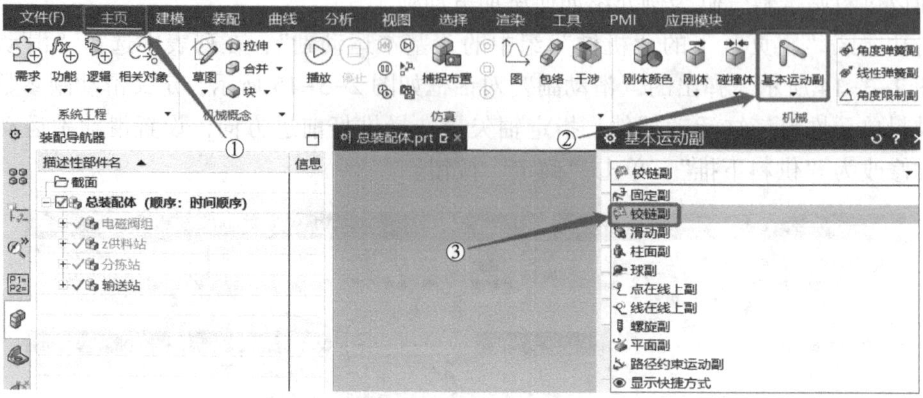

图 2-3-16 打开铰链副

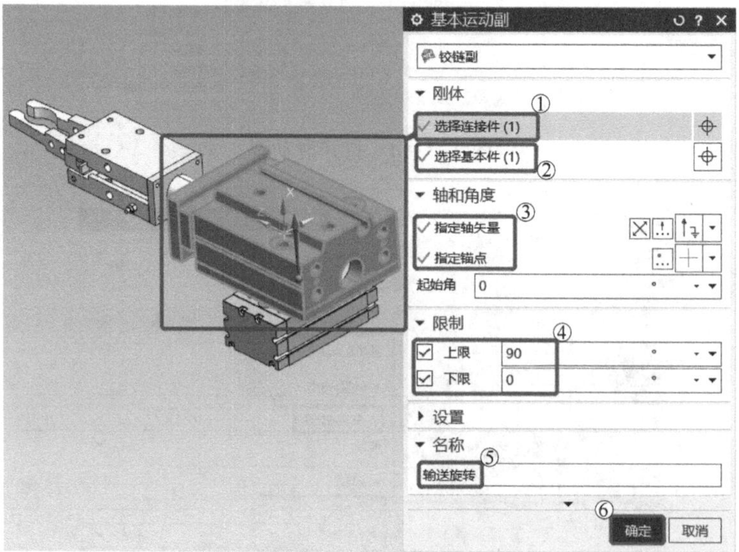

图 2-3-17 添加铰链副

3）点在线上副。

点在线上副可以使连杆中的一点始终在一条曲线上运动。点可以是基准点或元件中的顶点，曲线可以是草绘的平面曲线或 3D 曲线。由于机构在运动时不会考虑连杆之间的干涉，所以在创建连接时要注意点和曲线的相对位置。

下面以输送站拖链块为例介绍如何添加点在线上副。

单击功能区“主页”下的“机械”组中的“基本运动副”，在列表中选择“点在线上副”图标，如图 2-3-18 所示。弹出的“点在线上副”对话框如图 2-3-19 所示，定义点在线上副参数，连接件选择输送拖链块刚体，曲线选择为草图绘制的拖链运动轨迹，指定零点位置选择为拖链块与草图的就近接触部分，因拖链块数量较多，此处名称不做修改，单击“确定”按钮。

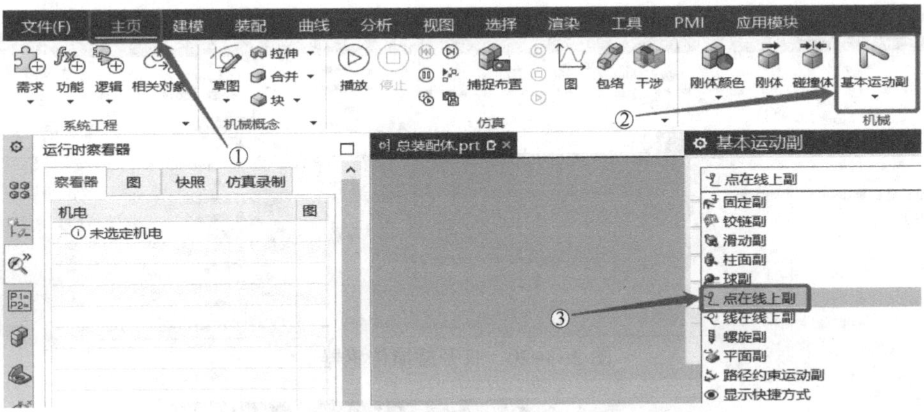

图 2-3-18　打开点在线上副

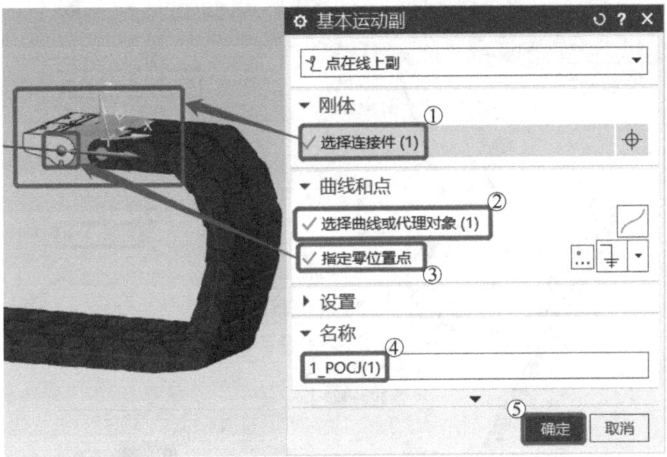

图 2-3-19　添加点在线上副

（3）传感器和执行器

1）碰撞传感器。

利用碰撞传感器来收集碰撞事件。碰撞事件可以用来停止或者触发“操作”或者“执行机构”。

碰撞传感器有以下两个属性。

① Triggered：记录碰撞事件，true 表示发生碰撞，false 表示没有碰撞。

② Active：记录对象是否激活，true 表示激活，false 表示未激活。

注：只有定义了起作用的类别才会触发碰撞事件，碰撞传感器和碰撞体拥有同一个类别系统。

下面以供料物料台为例介绍如何添加碰撞传感器。

单击功能区“主页”下的“电气”组中的“碰撞传感器”下拉按钮，在下拉列表中选择“碰撞传感器”图标，如图 2-3-20 所示。弹出的“碰撞传感器”参数对话框如图 2-3-21 所示，定义碰撞传感器参数，对象选择草图绘制的球，可在后期把球的实体隐藏，碰撞形状选择“球”，因为供料单元物料台处传感器可识别所有感应到的物体，所以碰撞传感器类别设为“0”，取消勾选“碰撞时高亮显示”，名称改为“供料到位”，单击“确定”按钮。

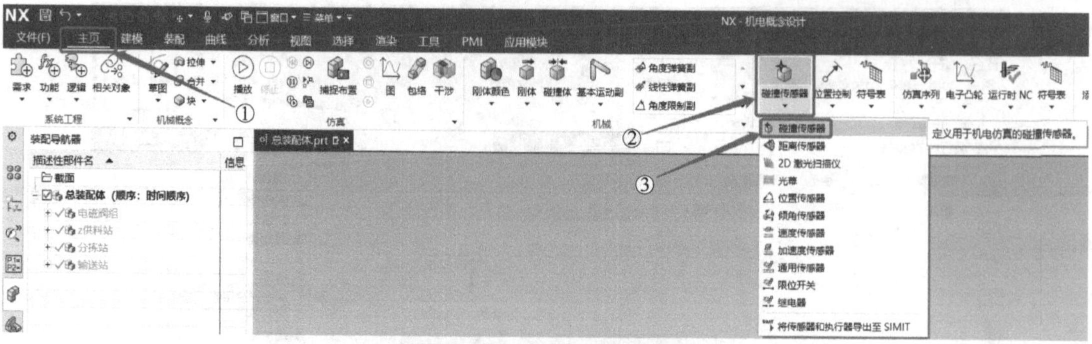

图 2-3-20　打开碰撞传感器

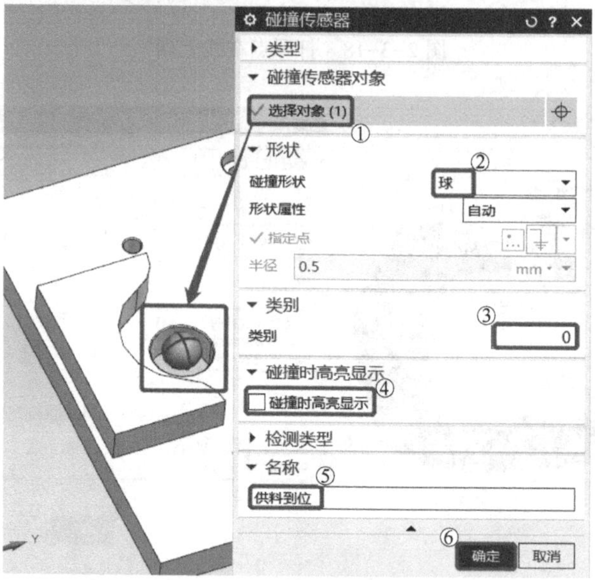

图 2-3-21　添加碰撞传感器

2）位置控制。

位置控制用以驱动运动副的轴以一预设的恒定速度运动到预设的位置，还用以限制运动副的自由度，如图 2-3-22 所示。完成运动所需的时间为位移除以速度。

播放仿真动画时，单击“播放”，按一下鼠标右键（书中统一称右击）“位置控制”，再单击“位置”，可控制已设定的对象的定位，如图 2-3-23 所示。

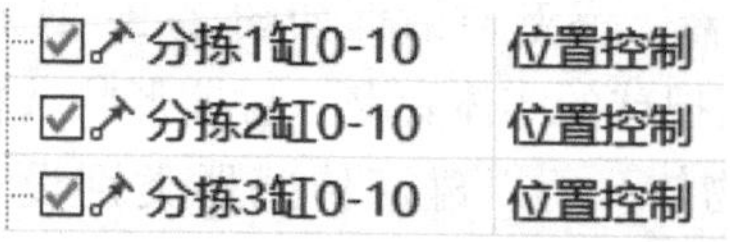

图 2-3-22　位置控制

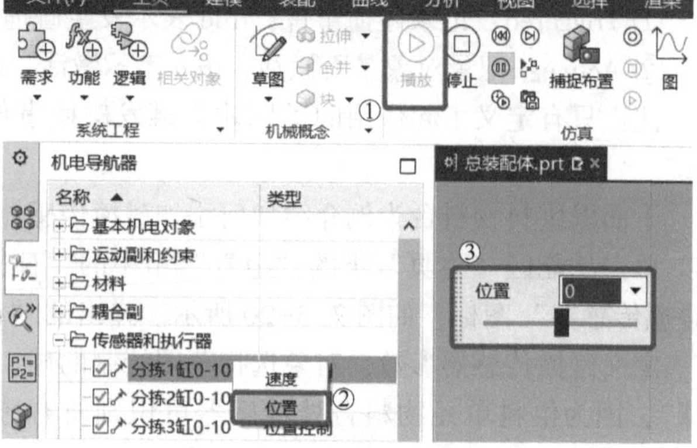

图 2-3-23　位置控制的作用

下面以分拣单元气缸 1 滑动副为例介绍如何添加位置控制。

单击功能区“主页”下的“电气”组中的“位置控制”下拉按钮，在下拉列表中选择“位置控制”图标，如图 2-3-24 所示。弹出的“位置控制”参数对话框如图 2-3-25 所示，定义位置控制参数，对象选择“分拣缸 1-滑动副”，因为后面需要设置仿真序列，所以要先把位置控制的目标值设为“0”，否则会和仿真序列中的语句发生冲突，速度改为“50”，名称改为“分拣 1 缸 0-10”，其中“0-10”作为分拣气缸 1 滑动副滑动距离的上下限，单击“确定”按钮。

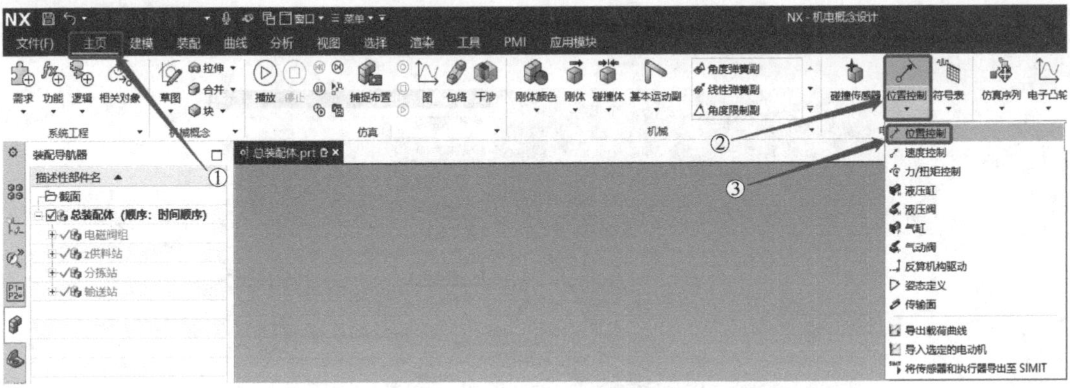

图 2-3-24　打开位置控制

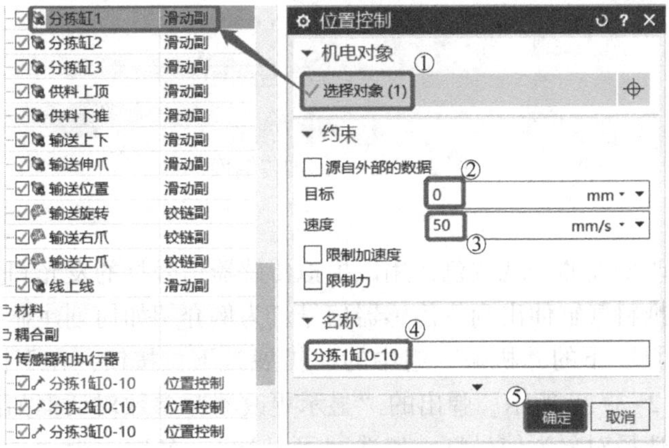

图 2-3-25　添加位置控制

3）传输面。

传输面用以赋予碰撞体功能，使传输面上的刚体发生移动。

下面以分拣单元传送带为例介绍如何创建传输面。

单击功能区“主页”下的“电气”组中的“位置控制”下拉按钮，在下拉列表中选择“传输面”图标，如图 2-3-26 所示。弹出的“传输面”参数对话框如图 2-3-27 所示，定义传输面参数，需先将物体设置为碰撞体/面，再选择碰撞面为传输面，运动类型为“直线”，指定矢量为刚体的传输方向，因为后面需要设置仿真序列，所以把平行速度设为“0”，否则会与仿真序列中的语句发生冲突，名称改为“分拣传送带”，单击“确定”按钮。

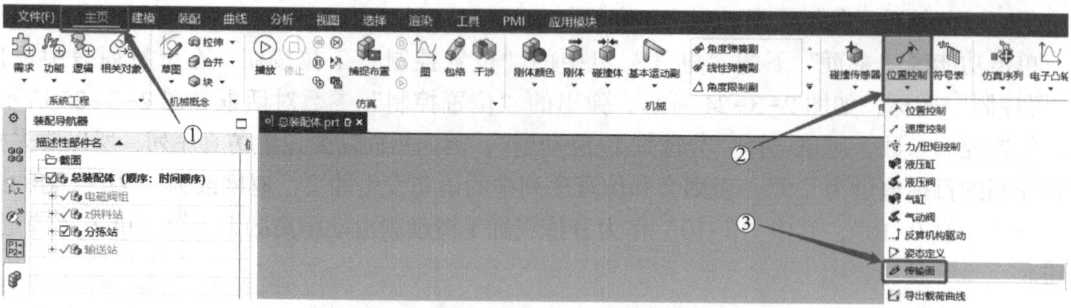

图 2-3-26　打开传输面

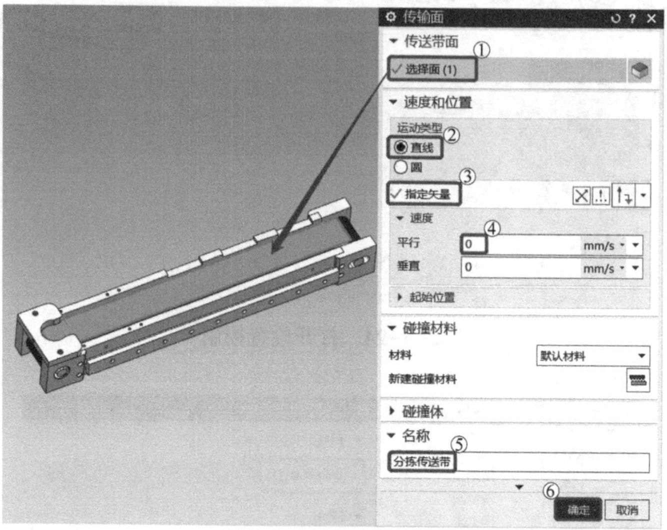

图 2-3-27　添加传输面

4）显示更改器。

显示更改器可以改变面的表现颜色，用以模拟传感器信号灯的发光和变色。

下面以供料单元推料气缸伸出到位传感器信号灯为例介绍如何创建显示更改器。

单击功能区“主页”下的“机械”组中的“扩展”下拉按钮，在下拉列表中选择“显示更改器”图标，如图 2-3-28 所示。弹出的“显示更改器”参数对话框如图 2-3-29 所示，定义显示更改器参数，选择对象为信号灯，勾选“可见性”，名称改为“供料灯下推伸出”，单击“确定”按钮。

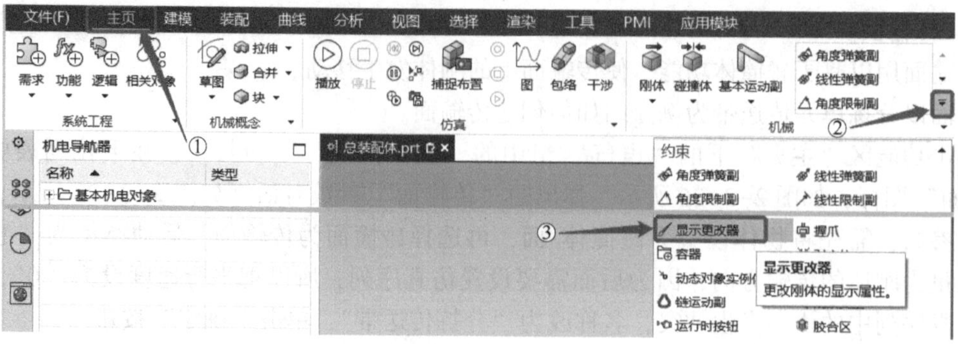

图 2-3-28　打开显示更改器

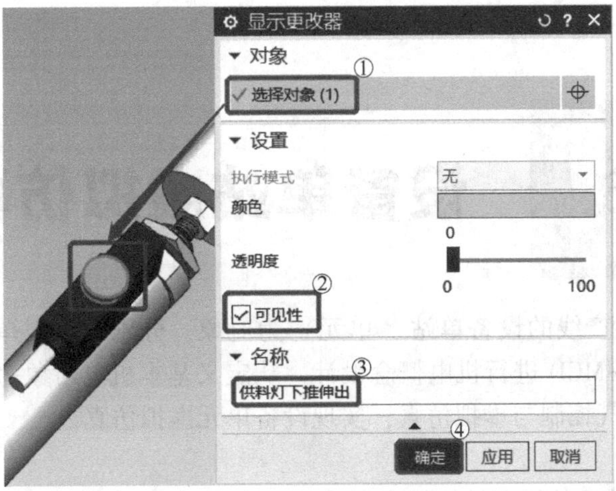

图 2-3-29　添加显示更改器

综上所述，仿真设计前需要做好以下建模及定义。

1）创建 UG/NX 生产线建模文件。

2）打开“机电概念设计”仿真运动模式。

3）定义基本零件属性及功能属性。

项目 3　设备单站虚拟仿真

本项目以自动化生产线的设备单站（单元）为对象，分别对供料单元、分拣单元、输送单元和装配单元用 NX-MCD 进行机电概念设计，从定义基本机电对象-定义运动副与约束-定义传感器及执行器-电气控制与虚拟仿真，实现设备单元虚拟仿真。

[知识目标]

1. 理解生产线各单元的机电结构组成与功能。
2. 理解机械设计方案实现虚拟仿真的方案制定与步骤实施的知识。

[能力目标]

1. 能建立生产线各单元模型。
2. 会进行传感器及机电信号的定义。
3. 能进行各单元工作过程的虚拟仿真。

任务 3.1　供料单元虚拟仿真

3.1.1　定义基本机电对象

(1) 刚体

将供料单元中所有可以发生运动的物体都定义为刚体，包括 6 种物料块、顶料气缸活动部件、推料气缸活动部件，如图 3-1-1 所示。

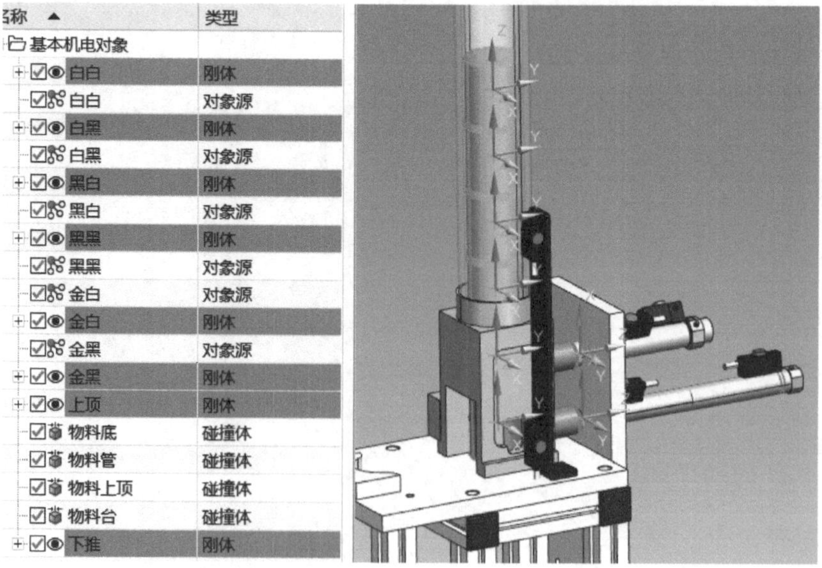

图 3-1-1　供料单元刚体

下面以推料气缸活动部件为例介绍如何添加刚体。

打开“刚体”对话框，如图 3-1-2 所示，定义刚体参数，刚体对象选择“推料气缸活动部件”（高亮显示部分），质量属性选择“自动”，“名称”改为“下推”，单击“确定”按钮。其余刚体设置方法一样。

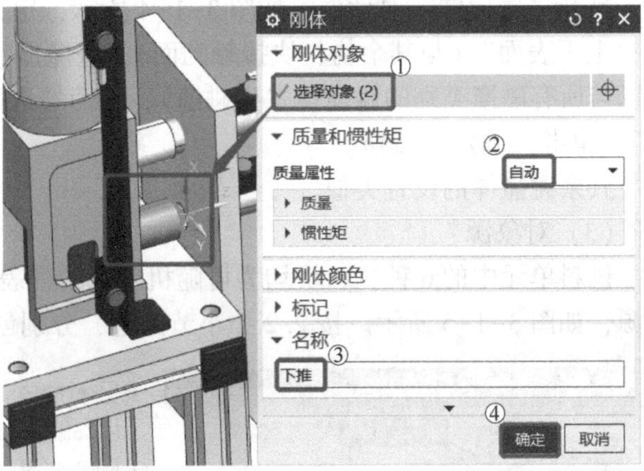

图 3-1-2　添加供料单元刚体

（2）碰撞体

将供料单元中所有可能发生碰撞接触的物体或面都定义为碰撞体，包括 6 种物料块、顶料气缸塑料推件、推料气缸塑料推件、料仓内壁、料仓底座、物料台等，如图 3-1-3 所示。

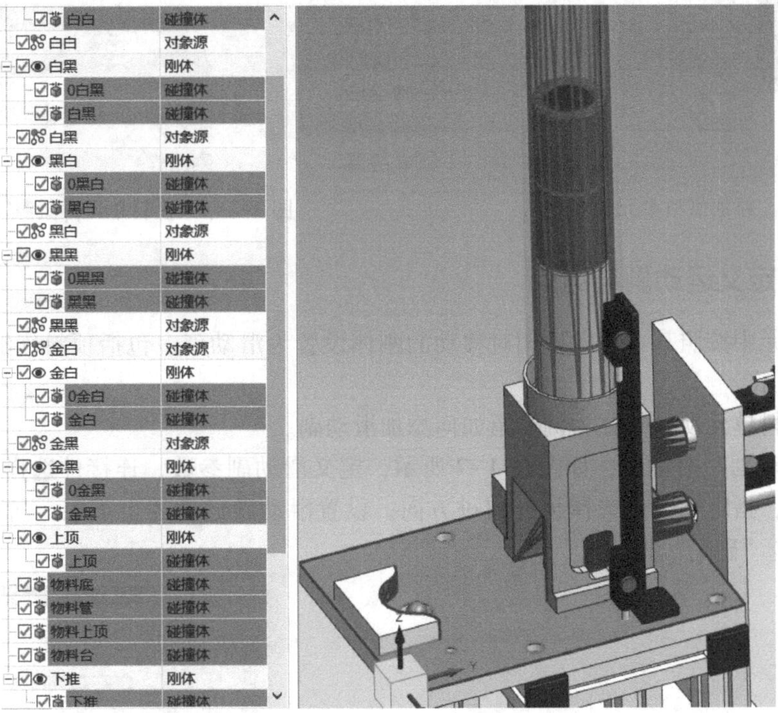

图 3-1-3　供料单元碰撞体

下面以黑壳黑芯物料块为例介绍如何添加碰撞体。

为了便于分拣单元对 6 种物料块的分拣，按 2.2.2 小节示例添加碰撞体，将 6 种物料块创建为碰撞类别为“1、2、3”的碰撞体，分别对应分拣单元中的推杆 1、推杆 2 和推杆 3。

6 种物料块的碰撞类别各不相同，各种物料块之间不产生碰撞但可相互穿透，然而在物料管中，6 种物料块是从上到下一个接一个地上下连续碰撞而叠加的，因此还需对 6 种物料块设置相同类别的碰撞面。

打开“碰撞体”对话框，如图 3-1-4 所示，定义碰撞体参数，碰撞体对象选择为黑壳黑芯“上下表面”（与其余物料块接触的面），碰撞形状选择为“网格面”，类别改为“0”（“0”可以与所有碰撞类别的碰撞体发生碰撞），取消勾选“碰撞时高亮显示”，“名称”改为“0 黑黑”，单击“确定”按钮。

其余碰撞体的设置类似。

（3）对象源

供料单元中的 6 种物料块均为可随机生成的外表和属性相同的对象，因此将它们设置为对象源，如图 3-1-5 所示。按 2.2.2 小节内容，分别创建 6 种物料块的对象源。

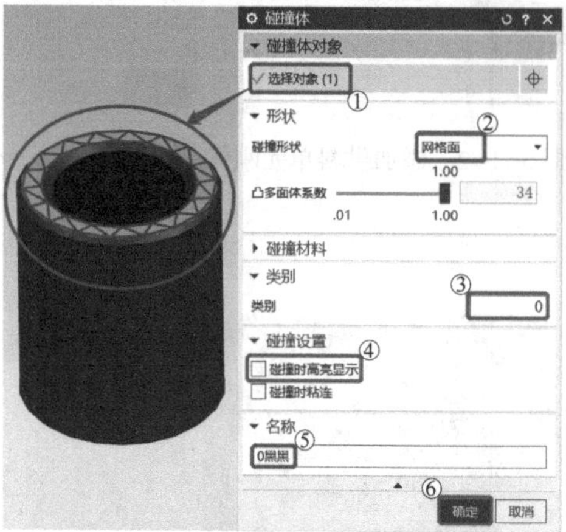

图 3-1-4　添加供料单元碰撞体

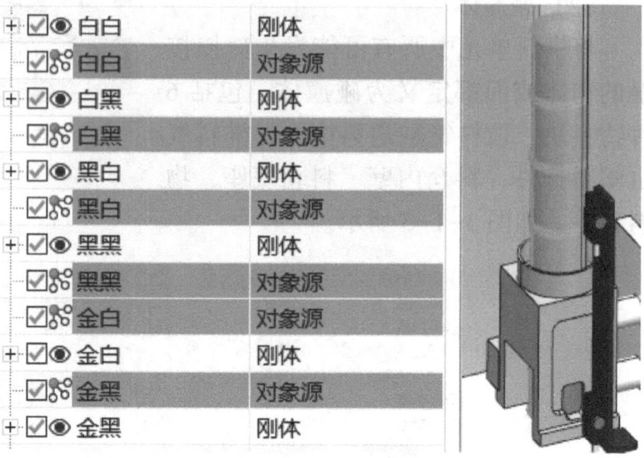

图 3-1-5　供料单元对象源

3.1.2　定义运动副与约束

将供料单元中按照某一方向做相对移动的刚体设置为滑动副，包括顶料气缸、推料气缸，如图 3-1-6 所示。

下面以供料单元顶料气缸为例介绍如何添加滑动副。

打开“滑动副”对话框，如图 3-1-7 所示，定义滑动副参数，连接件选择供料单元顶料气缸活动部件，指定轴矢量选择顶杆前进方向，设置滑动副运动的上下限，名称修改为“供料上顶”，单击“确定”按钮。

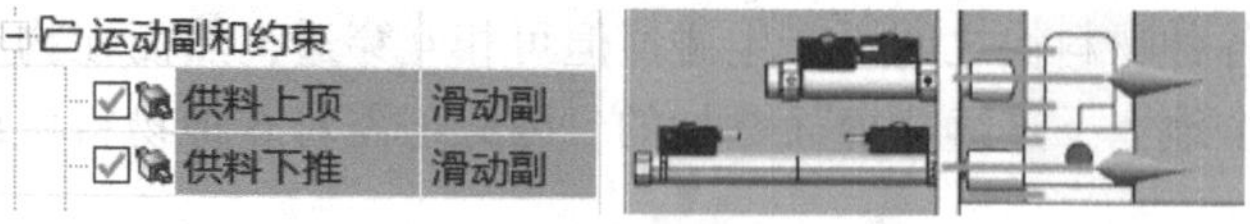

图 3-1-6　供料单元滑动副

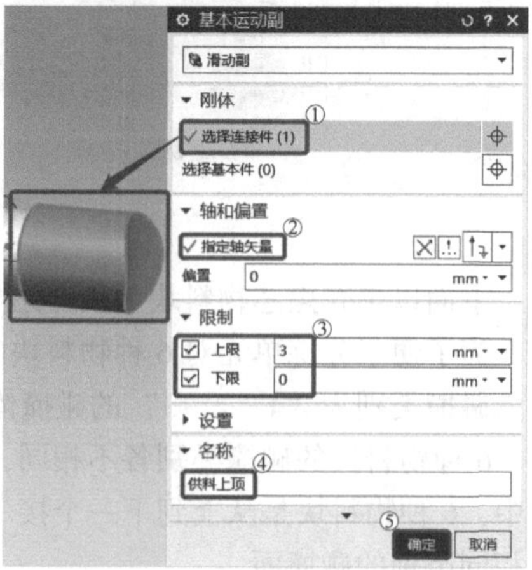

图 3-1-7　添加供料单元滑动副

推料气缸滑动副的设置类似。

3.1.3　定义传感器及执行器

（1）碰撞传感器

在供料单元仿真模型中，按照实际传感器监控的位置，绘制如图 3-1-18 所示球状实体，作为碰撞传感器的仿真模型。

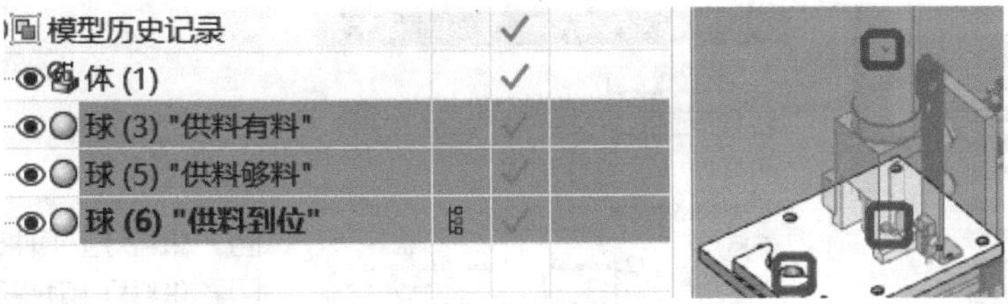

图 3-1-8　创建碰撞传感器载体

下面以供料单元料仓底层碰撞传感器为例介绍如何添加碰撞传感器。

打开“碰撞传感器”参数对话框，如图 3-1-9 所示，定义碰撞传感器参数，对象选择草图绘制的球，碰撞形状选择“球”，因为供料单元料仓底层处传感器可识别所有感应到的物体，所以碰撞传感器类别设为“0”，“名称”改为“供料有料”，单击“确定”按钮。

其余碰撞体传感器的设置类似。

（2）位置控制

在供料单元已设置的运动副的基础上添加位置控制，包括顶料气缸、推料气缸，如图 3-1-10 所示。

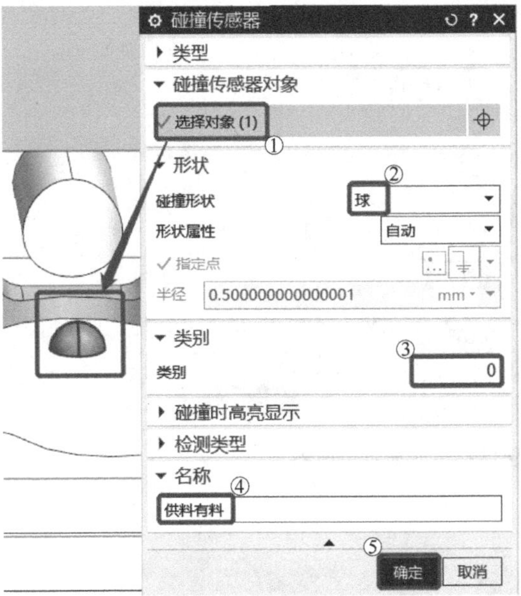

图 3-1-9　添加碰撞传感器

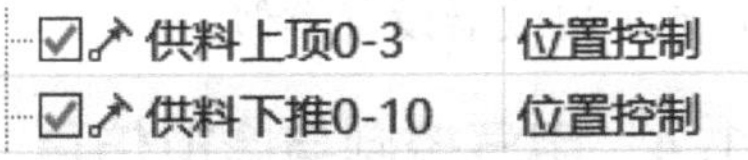

图 3-1-10　供料单元位置控制

下面以供料单元顶料气缸滑动副为例介绍如何添加位置控制。

打开“位置控制”参数对话框，如图 3-1-11 所示，定义位置控制参数，对象选择“供料上顶-滑动副”，速度为“50”，“名称”为“供料上顶0-3”，其中“0-3”作为供料站顶料气缸滑动副的滑动距离上下限，单击“确定”按钮。

推料气缸位置控制设置类似。

(3) 显示更改器

对供料单元所有传感器信号灯创建显示更改器，如图3-1-12所示，用以模拟传感器信号灯的发光和变色。

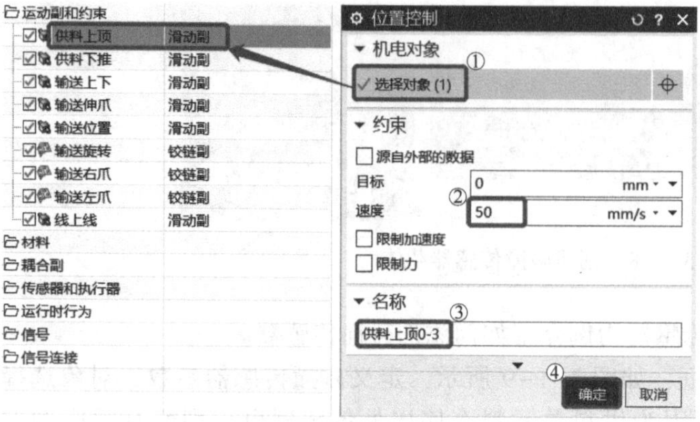

图 3-1-11 添加供料单元位置控制

图 3-1-12 供料单元显示更改器

下面以供料单元顶料气缸伸出到位传感器信号灯为例介绍如何创建显示更改器。

打开“显示更改器”参数对话框，如图3-1-13所示，定义显示更改器的参数，选择对象为信号灯，勾选“可见性”，“名称”改为“供料灯上顶伸出”，单击“确定”按钮。

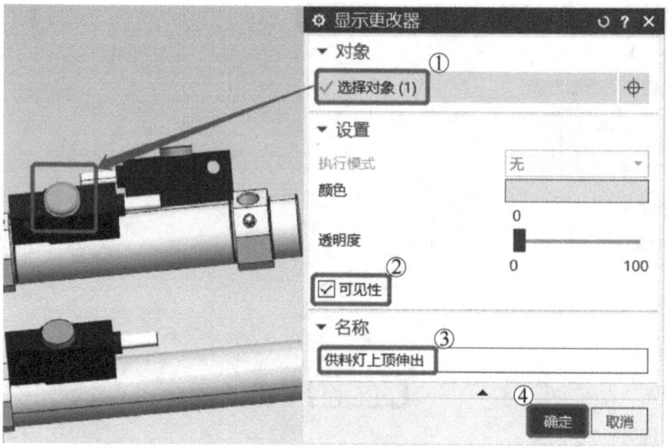

图 3-1-13 创建供料单元显示更改器

其余显示更改器设置类似。

3.1.4 电气控制与虚拟仿真

(1) 仿真序列

仿真序列是NX-MCD平台处理机构动作的逻辑关系与仿真演示的快捷方式，可以将各个执行器与传感器进行关联，从而实现逻辑控制。

仿真序列对象可以是任何对象的控制元素（位置控制、速度控制、刚体、碰撞体、传感器等），条件里的“And”和“Or”类似数字电路中“与”和“或”运算。

为实现供料单元虚拟仿真，定义供料单元的仿真序列，如图 3-1-14 所示。

下面以供料单元顶料气缸为例介绍如何定义仿真序列。

单击功能区“主页”下的“自动化”组中的“仿真序列”图标，如图 3-1-15 所示，弹出“仿真序列”参数对话框，如图 3-1-16 所示，定义仿真序列参数，选择对象为“供料上顶 0-3-位置控制”，运行时参数中“位置”为推杆推顶物料块时，可到达的最大距离为“1.82 mm”，选择条件对象为“供料有料”为“true”且“供料到位”为“false”时执行，单击“确定”按钮。

图 3-1-14　供料站仿真序列

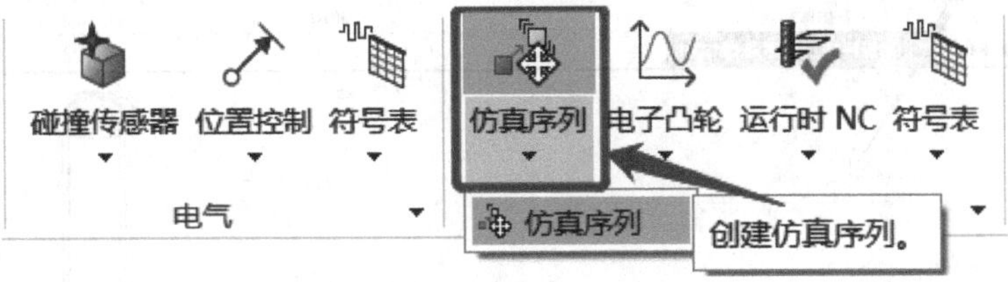

图 3-1-15　打开仿真序列

用类似方法可以定义其余供料单元仿真序列。

（2）序列编辑器

序列编辑器用以显示机械系统中创建的所有仿真序列，用于管理仿真序列在何时或何种条件下开始执行，控制执行机构或者其他对象在不同时刻的不同状态，如图 3-1-17 所示。

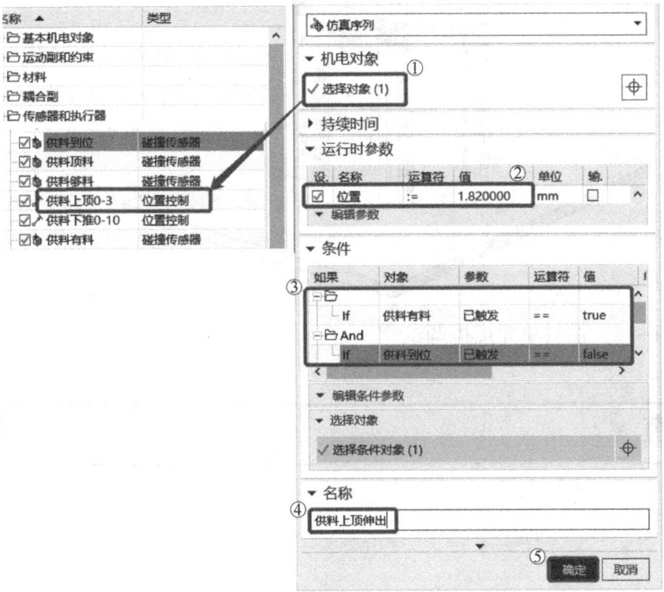

图 3-1-16　添加供料单元仿真序列

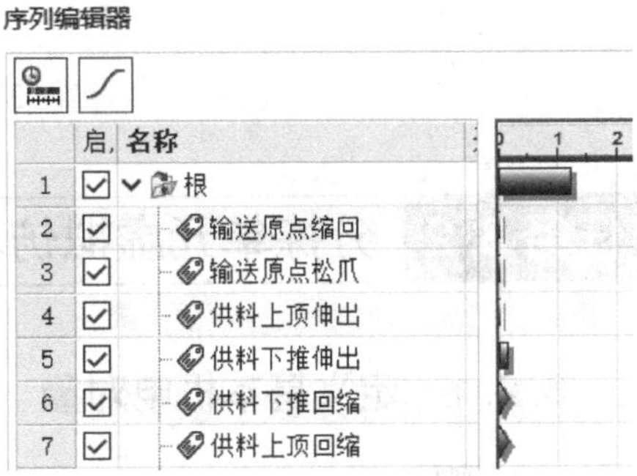

图 3-1-17　序列编辑器

3.1.5 供料单元虚拟调试

这里是检验 NX-MCD 动画仿真效果。

二维码 3-1 供料单元虚拟仿真

单击“播放”，播放动画，激活物料块对象源，顶料气缸顶料，推料气缸推料，物料块到达指定位置。检验 NX-MCD 仿真效果是否与实物运动效果相同，如图 3-1-18 所示。NX 运动仿真和装配约束是分开的，相比较于 SolidWorks，NX 仿真更为便捷，不会受装配约束限制。

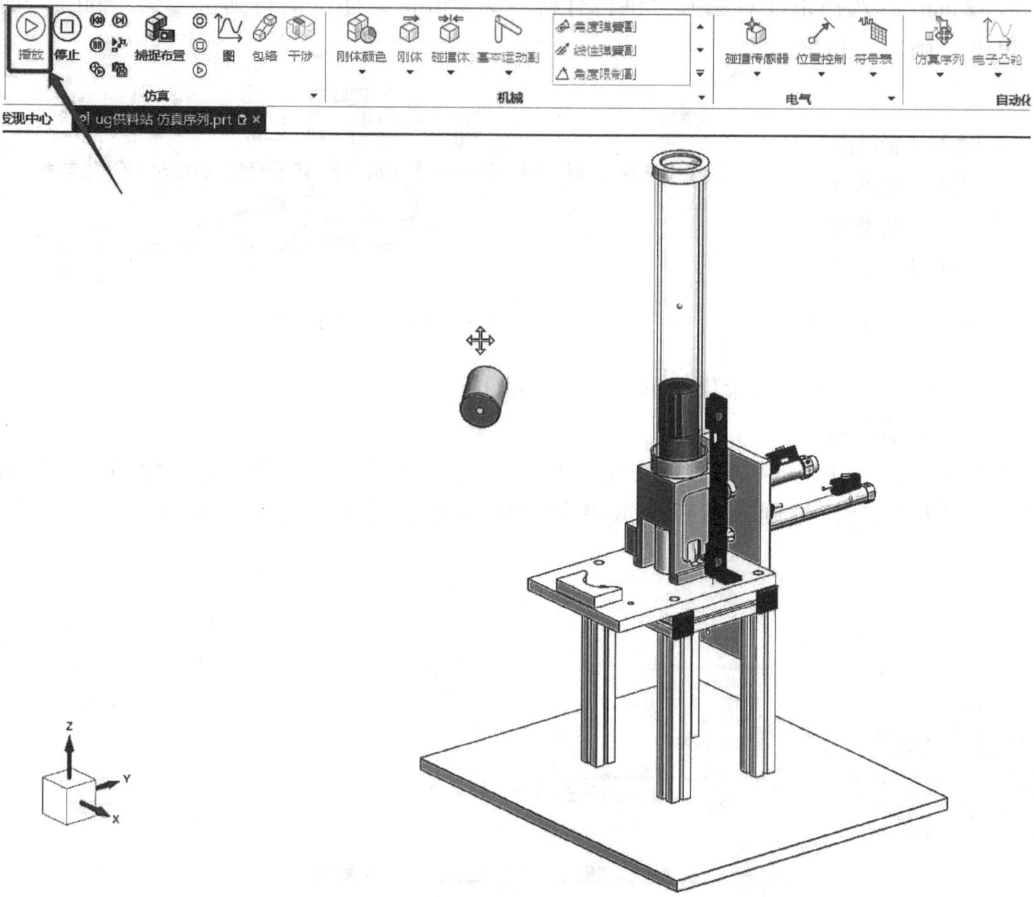

图 3-1-18 供料单元虚拟调试

任务 3.2 分拣单元虚拟仿真

3.2.1 定义基本机电对象

(1) 刚体

将分拣单元中所有可以发生运动的物体都定义为刚体，包括气缸 1 活动部件、气缸 2 活动部件、气缸 3 活动部件，如图 3-2-1 所示。

下面以气缸 3 活动部件为例介绍如何添加刚体。

打开“刚体”对话框，如图3-2-2所示，定义刚体参数，刚体对象选择为“推料气缸活动部件”（高亮显示部分），“质量属性”选择“自动”，“名称”改为“缸3”，单击“确定”按钮。

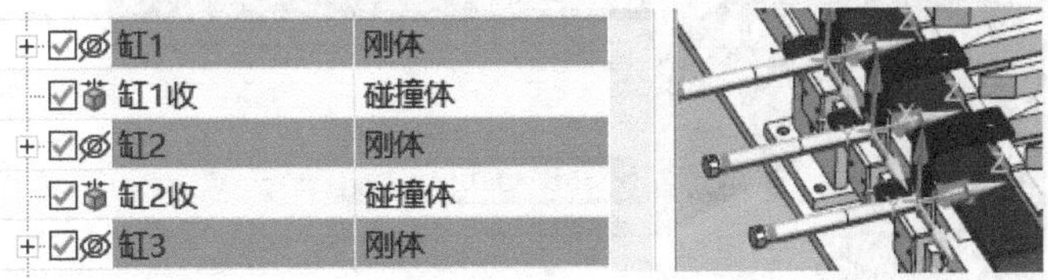

图3-2-1　分拣单元刚体

图3-2-2　添加分拣单元刚体

其余刚体设置类似。

（2）碰撞体

将分拣单元中所有可能发生碰撞接触的物体或面都定义为碰撞体，包括分拣传送带、气缸1推胶、气缸2推胶、气缸3推胶、料槽1、料槽2和料槽3等，如图3-2-3所示。

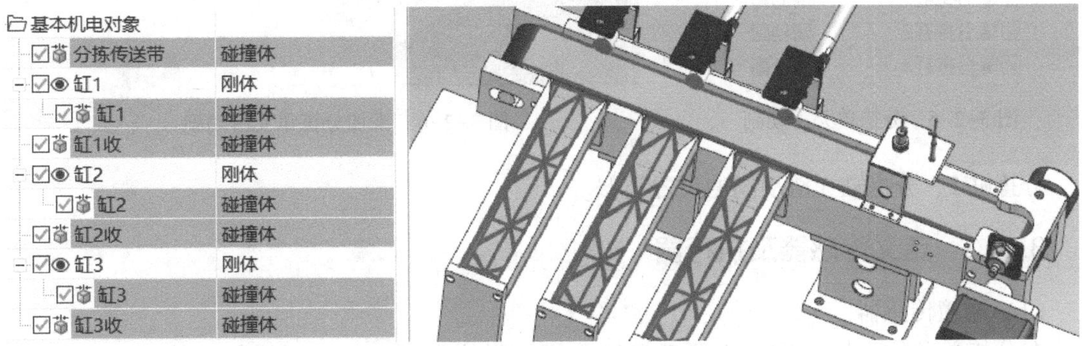

图3-2-3　分拣单元碰撞体

下面以为气缸1推胶为例介绍如何添加碰撞体。

打开“碰撞体”对话框，如图3-2-4所示，定义碰撞体参数，碰撞体对象选择为气缸1推胶的圆弧面，是与物料块接触的面；碰撞形状选择为“网格面”，类别改为“1”，“1”只可以与碰撞类别为“0”或“1”的碰撞体发生碰撞；“名称”改为“缸1”，单击“确定”按钮。

其余碰撞体设置类似。

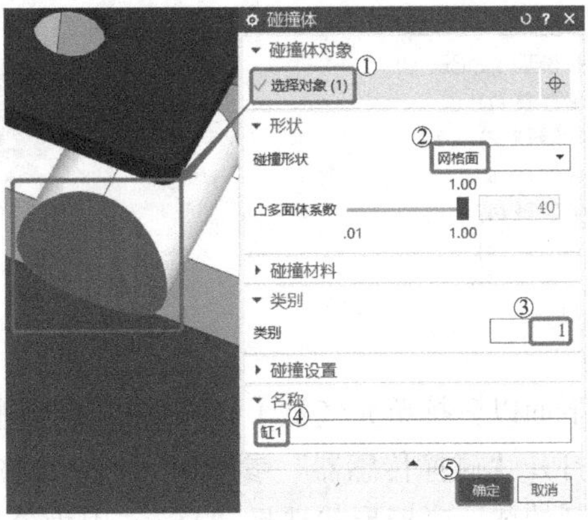

图3-2-4　添加分拣单元刚体

3.2.2　定义运动副与约束

将分拣单元中按照某一方向做相对移动的刚体设置为滑动副，包括缸 1、缸 2、缸 3，如图 3-2-5 所示。

下面以分拣单元缸 1 为例介绍如何添加滑动副。

打开“基本运动副”对话框，如图 3-2-6 所示，定义滑动副参数，连接件选择分拣缸 1 活动部件，指定轴矢量选择推杆前进方向，设置滑动副运动的上下限，名称修改为“供料上顶”，单击“确定”按钮。

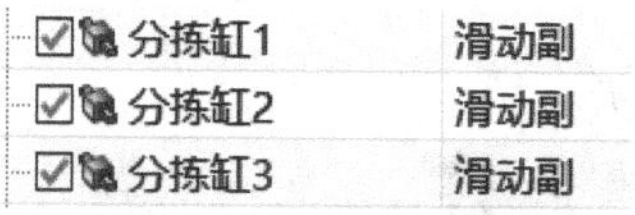

图 3-2-5　分拣单元滑动副

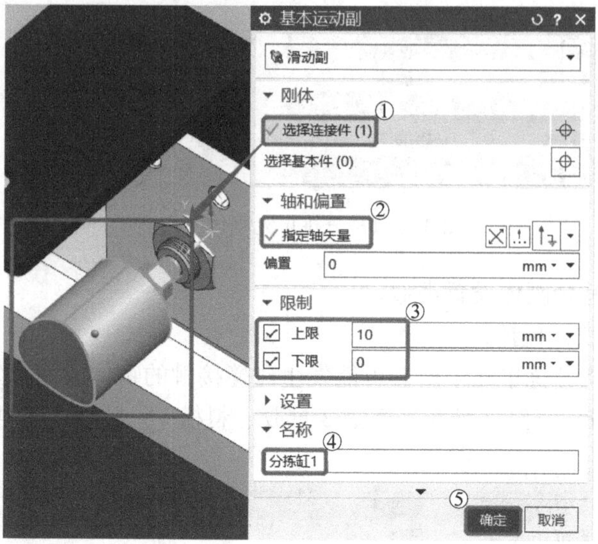

图 3-2-6　添加分拣单元滑动副

分拣缸 2、分拣缸 3 滑动副的设置类似。

3.2.3　定义传感器及执行器

（1）碰撞传感器

在分拣单元仿真模型中，为便于气缸分辨物料块类别，绘制图示位置的球状实体，如图 3-2-7 所示，作为碰撞传感器的仿真模型。

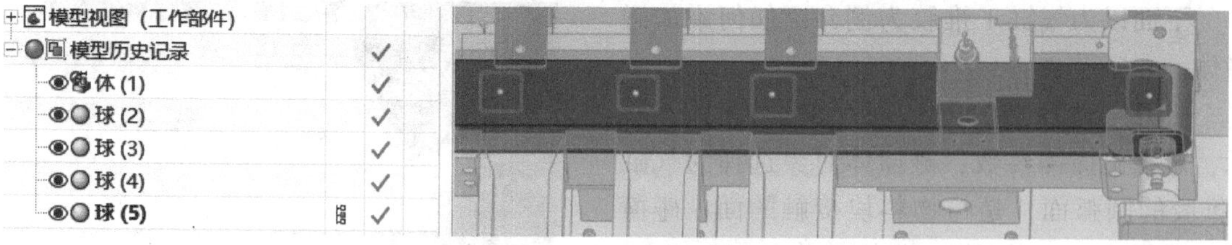

图 3-2-7　分拣单元碰撞传感器

下面以分拣单元气缸 1 碰撞传感器为例介绍如何添加碰撞传感器。

打开“碰撞传感器”参数对话框，如图 3-2-8 所示，定义碰撞传感器参数，对象选择草图绘制的球，碰撞形状选择“球”，因为分拣单元气缸 1 需要推出类别为“1”的物料块，所以碰撞传感器类别设为“1”，“名称”改为“分拣缸 1”，单击“确定”按钮。

其余碰撞体传感器的设置类似。

(2) 位置控制

在分拣单元已设置的运动副的基础上添加位置控制，包括分拣 1 缸、分拣 2 缸、分拣 3 缸，如图 3-2-9 所示。

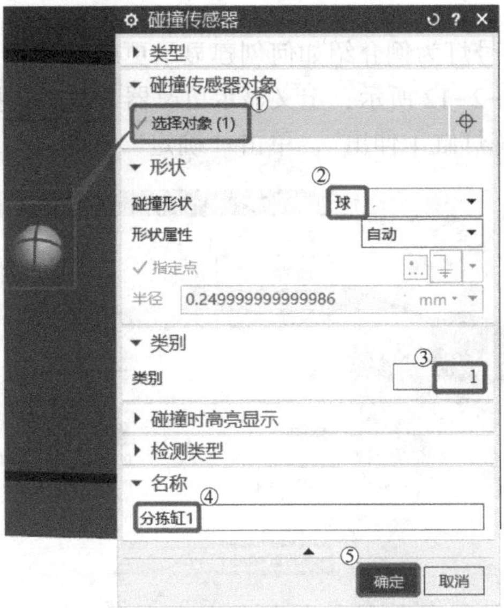

图 3-2-8　添加分拣单元碰撞传感器

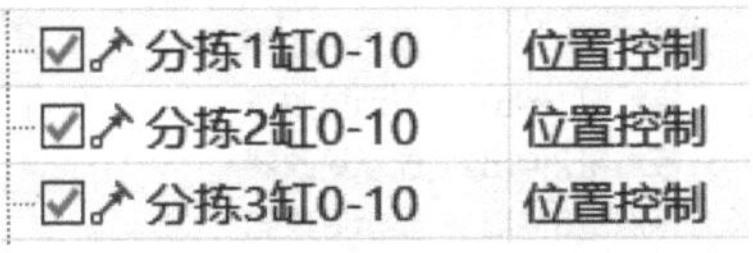

图 3-2-9　分拣单元位置控制

下面以分拣单元分拣 2 缸滑动副为例介绍如何添加位置控制。

打开“位置控制”参数对话框，如图 3-2-10 所示，定义位置控制参数，对象选择“分拣缸 2-滑动副”，速度改为“50”，“名称”改为“分拣 2 缸 0-10”，其中“0-10”为分拣缸 2 滑动副滑动距离的上下限，单击“确定”按钮。

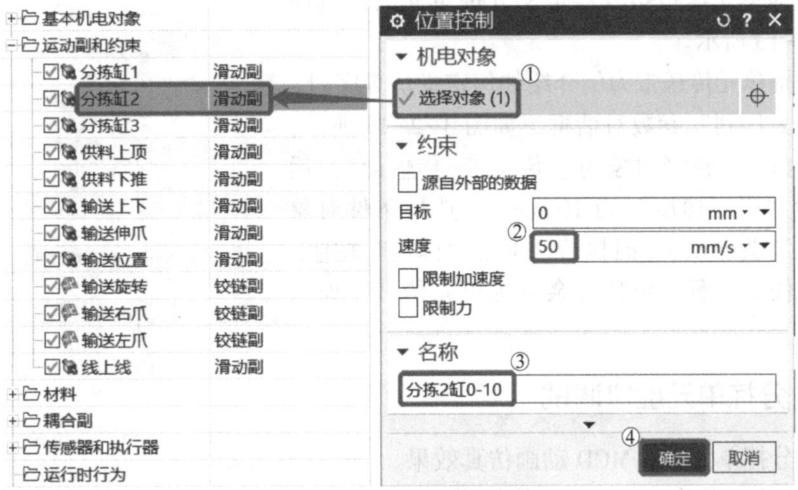

图 3-2-10　添加分拣单元位置控制

分拣 1 缸、分拣 3 缸位置控制的设置类似。

(3) 传输面

为分拣单元传送带创建传输面，用以传输物料块到指定位置。

以分拣单元传送带为例，创建传输面，具体操作详见 2.2.2 小节。

(4) 显示更改器

对分拣单元所有传感器信号灯创建显示更改器，如图 3-2-11 所示，用以模拟传感器信号灯的发光和变色。

下面以分拣单元气缸 1 伸出到位传感器信号灯为例介绍如何创建显示更改器。

打开“显示更改器”参数对话框，如图 3-2-12 所示，定义显示更改器参数，选择对象为信号灯，勾选“可见性”，“名称”改为“分拣灯缸 1 伸出”，单击“确定”按钮。

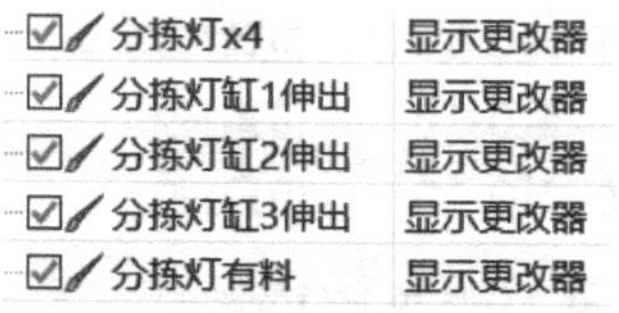

图 3-2-11　分拣单元创建显示更改器

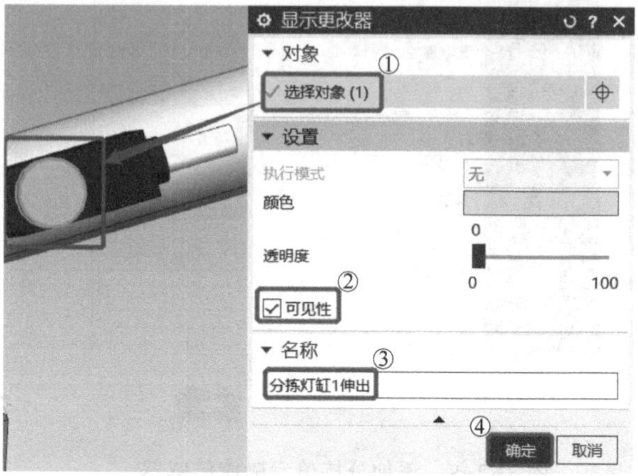

图 3-2-12　添加分拣单元显示更改器

其余显示更改器的设置类似。

3.2.4　电气控制与虚拟仿真

为实现分拣单元虚拟仿真，定义分拣单元的仿真序列，如图 3-2-13 所示。

下面以分拣单元传送带为例介绍如何定义仿真序列。

打开“仿真序列”参数对话框，如图 3-2-14 所示，定义仿真序列参数，选择对象为“传送带-传输面”，运行时参数设置“平行速度”为 10 mm/s，选择条件对象为“物料到位”为“true”时执行，单击“确定”按钮。

根据工作任务流程，定义其余分拣单元仿真序列的方法类似。

图 3-2-13　分拣单元仿真序列

3.2.5　分拣单元虚拟调试

这里检验分拣单元 NX-MCD 动画仿真效果。

单击“播放”，播放动画，激活物料块对象源，分拣单元碰撞传感器识别 6 种物料块，气缸将到达指定位置的物料块推出到位。检验 NX-MCD 仿真效果是否与实物运动效果相同，如图 3-2-15 所示。

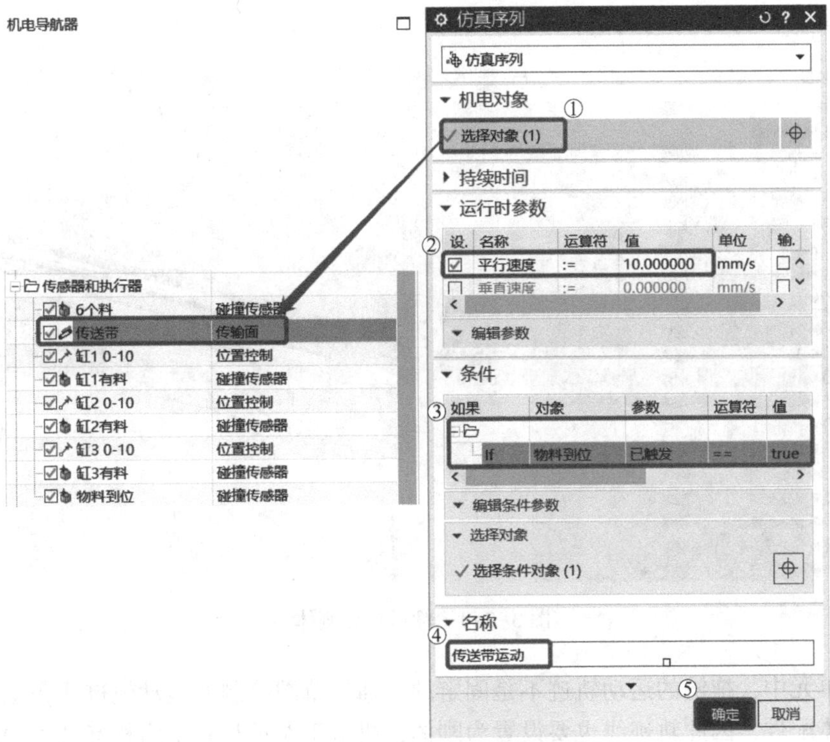

图 3-2-14　定义分拣单元仿真序列

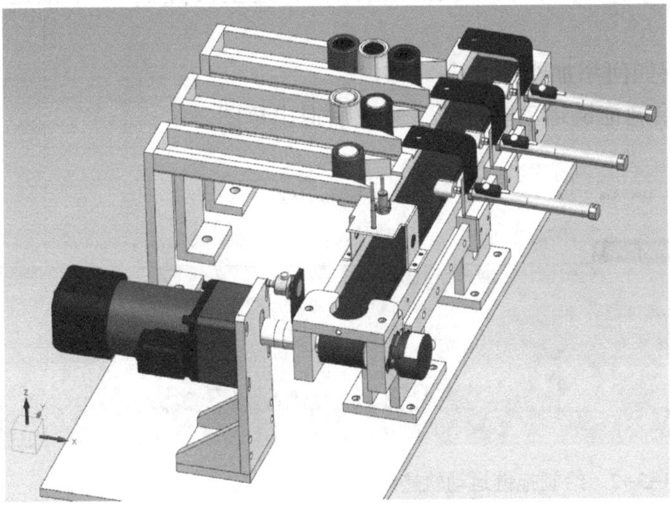

图 3-2-15　分拣单元虚拟调试

二维码 3-2
分拣单元虚拟仿真

任务 3.3　输送单元虚拟仿真

3.3.1　定义基本机电对象

（1）刚体

将输送单元中所有可以发生运动的物体都定义为刚体，包括拖链、小车、机械手、机械手手爪和拖链运动轨迹线等，如图 3-3-1 所示。

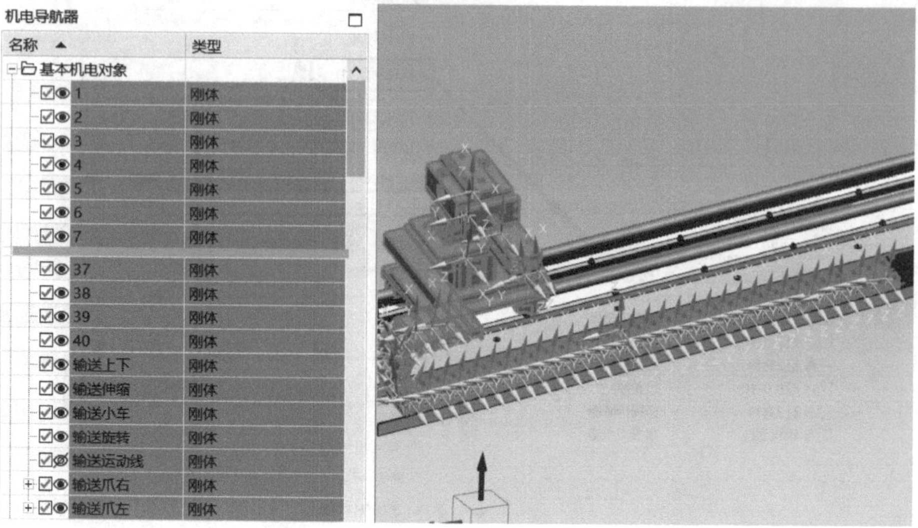

图 3-3-1 输送单元刚体

在输送单元中，拖链的运动轨迹不是固定的，通过草图绘制的运动轨迹线条也属于可以发生运动的物体配件，因此轨迹线也要设置为刚体；机械手左爪与右爪为相互独立的运动件，要将它们设置为分开独立的两个刚体；拖链运动时可以将拖链拆分为无数个小块，每个小块分别沿拖链运动轨迹线运动，因此拖链小块要设置为分开独立的刚体，这里设置了 40 个拖链块刚体。

下面以拖链运动轨迹线为例介绍如何添加刚体。

打开草图，如图 3-3-2 所示，绘制拖链运动轨迹线，完成后退出草图。

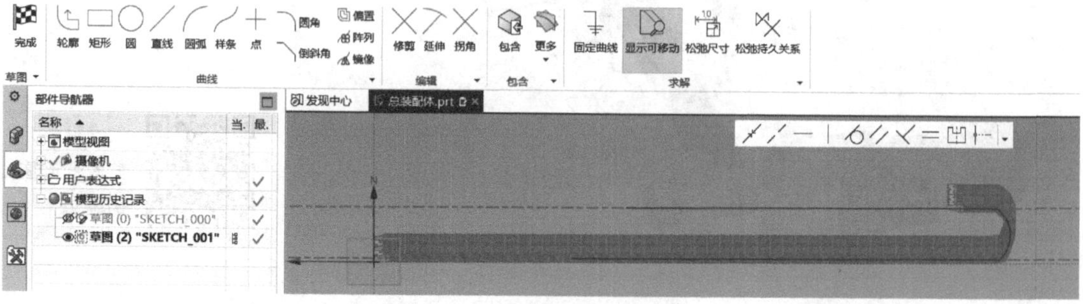

图 3-3-2 绘制拖链运动轨迹线

打开“刚体”对话框，如图 3-3-3 所示，定义刚体参数，刚体对象选择为“拖链运动轨迹线”（高亮显示部分），因为一根线条的体积太小，质量也非常小，因此这里质量属性选择“用户定义”，质量改为“1 kg”，若轨迹线滑动副运行中产生塌陷，需把质量数值改小，“名称”改为“输送运动线”，单击“确定”按钮。

其余刚体的设置类似。

（2）碰撞体

将输送单元中所有可能发生碰撞接触的物体或面都定义为碰撞体，包括机械手手爪等，如

图 3-3-4 所示。

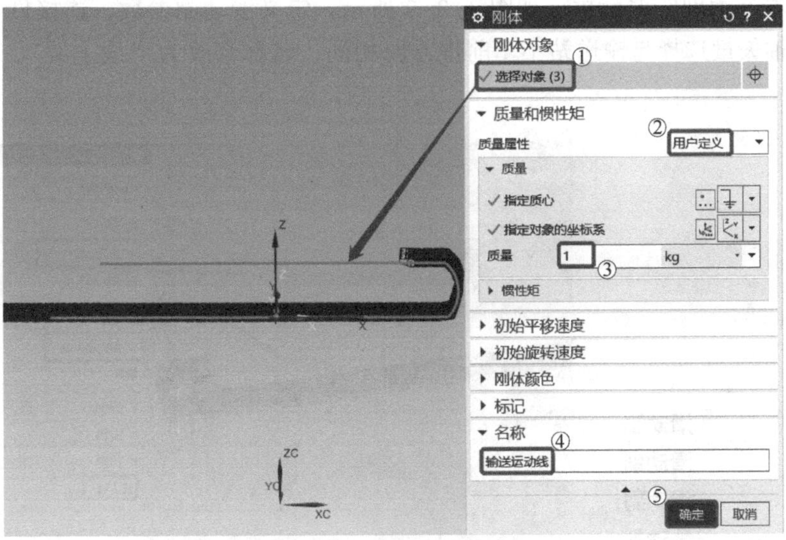

图 3-3-3　添加输送单元刚体

下面以为机械手左手爪为例介绍如何添加碰撞体。

打开“碰撞体”对话框，如图 3-3-5 所示，定义碰撞体参数，碰撞体对象选择为机械手左爪的圆弧面（与物料块接触的面），碰撞形状在此选择为“网格面”，类别改为“0”，“名称”改为“爪左”，单击“确定”按钮。

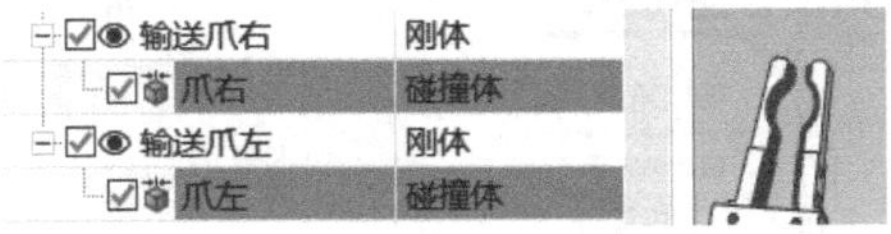

图 3-3-4　输送单元碰撞体

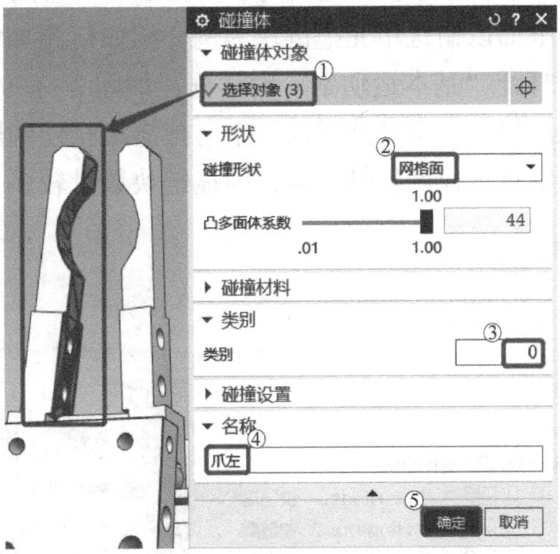

图 3-3-5　添加输送单元碰撞体

其余碰撞体的设置类似。

3.3.2　定义运动副与约束

（1）滑动副

将输送单元中按照某一方向做相对移动的刚体设置为滑动副，包括机械手上升和下降运动、机械手伸出和缩回运动、输送单元小车运动和拖链运动轨迹线等，如图 3-3-6 所示。

下面以拖链运动轨迹线为例介绍如何添加滑动副。

打开“基本运动副”对话框，如图3-3-7所示，定义滑动副参数，连接件选择拖链运动轨迹线，指定轴矢量选择与输送站小车前进方向相同，名称修改为“线上线”，单击“确定”按钮。

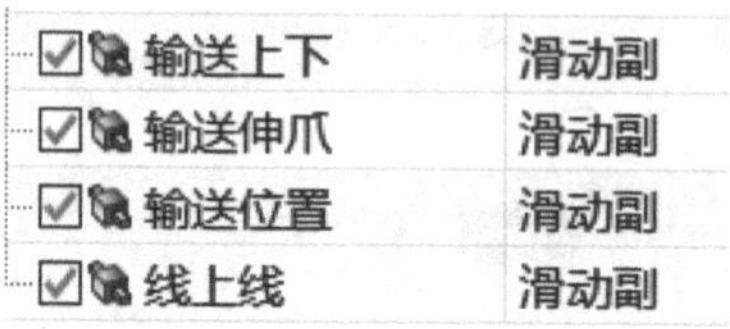

图3-3-6 输送单元滑动副

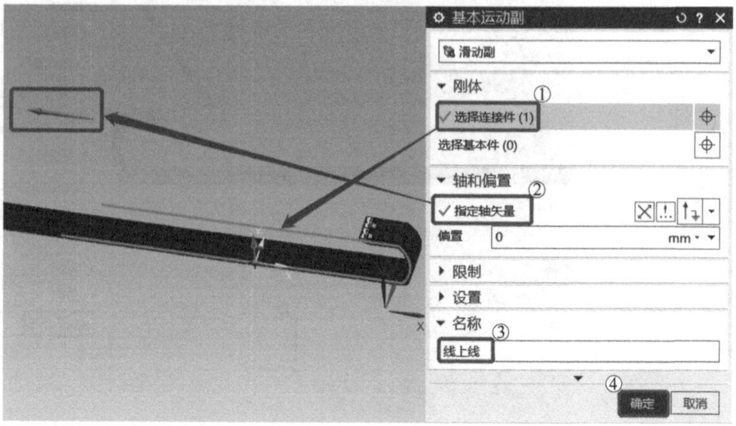

图3-3-7 添加输送单元滑动副

其余滑动副的设置类似。

(2) 铰链副

为输送单元绕公共轴线做相对运动的部件添加铰链副，包括拖链块、机械手旋转气缸的旋转运动、机械手夹爪运动等，如图3-3-8所示。

下面以输送单元拖链块为例介绍如何添加铰链副。

打开“基本运动副”对话框，如图3-3-9所示，定义铰链副参数，连接件选择当前运动的拖链块，基本件选择前一个与拖链块相连的刚体，指定轴矢量选择拖链块旋转平面的垂线，指定锚点选择旋转轴中点，因拖链块数量较多，这里名称不做修改，单击“确定”按钮。

图3-3-8 输送单元铰链副

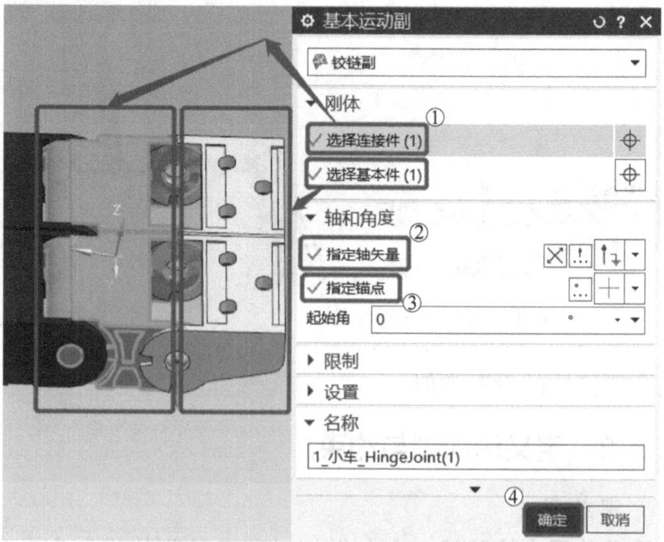

图3-3-9 添加输送单元铰链副

其余铰链副的设置类似。

(3) 齿轮副

齿轮副用以定义机械手手爪铰链副之间的相对关系，使机械手左爪和右爪可以同时做相对运动，用以夹料、放料，如图 3-3-10 所示。

图 3-3-10 齿轮副

下面以输送单元机械手手爪为例介绍如何添加齿轮副。

单击功能区“主页”下的“机械”组中的“扩展”下拉按钮，在下拉列表中选择“齿轮”图标，如图 3-3-11 所示。弹出的“齿轮”参数对话框，如图 3-3-12 所示，定义齿轮副参数，主对象和从对象分别选择“输送右爪-铰链副”和“输送左爪-铰链副”，主倍数和从倍数皆为“1”，“名称”改为“爪”，单击“确定”按钮。

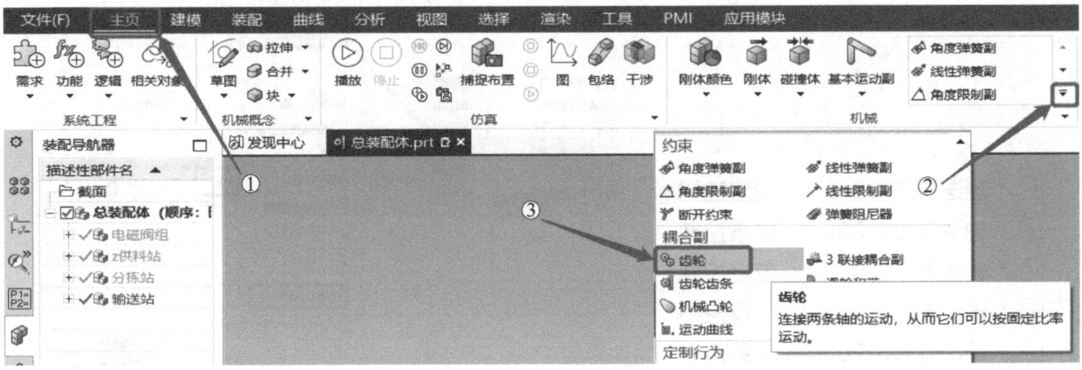

图 3-3-11 打开齿轮副

(4) 点在线上副

为使得拖链块能始终按固定的轨迹运动设置点在线上副，如图 3-3-13 所示，点为拖链块，线为草绘的拖链运动轨迹线。由于机构在运动时不会考虑连杆之间的干涉，所以在创建连接时要注意点和曲线的相对位置。

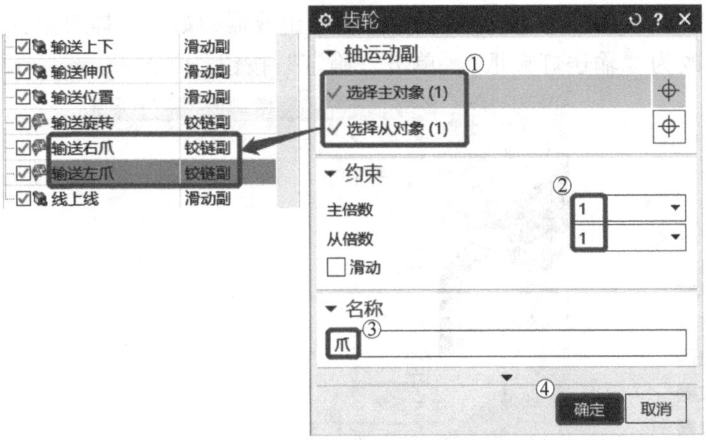

图 3-3-12 添加输送单元齿轮副

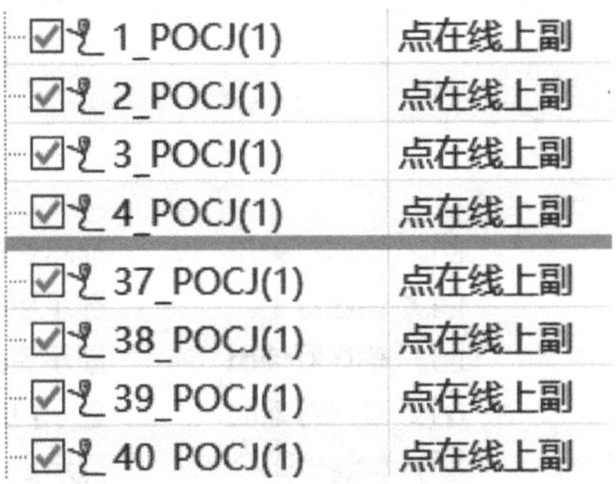

图 3-3-13 输送单元点在线上副

以输送单元拖链块为例，添加点在线上副，具体操作详见 2.2.2 小节。

3.3.3 定义传感器及执行器

(1) 位置控制

在输送单元已设置的运动副的基础上添加位置控制，包括机械手上升和下降运动、机械手伸出和缩回运动、输送单元小车运动、机械手旋转气缸的旋转运动和机械手夹爪运动等，如图 3-3-14所示。

下面以输送单元旋转气缸的铰链副为例介绍如何添加位置控制。

打开“位置控制”参数对话框，如图 3-3-15 所示，定义位置控制参数，对象选择“输送旋转-铰链副”，速度改为“300”，“名称”改为“输送旋转 0-90”，其中“0-90”为输送单元旋转气缸铰链副旋转角度的上下限，单击“确定”按钮。

图 3-3-14 输送单元位置控制

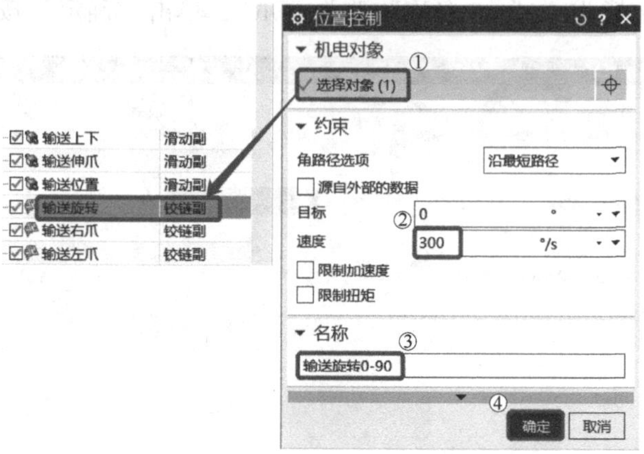

图 3-3-15 添加输送单元位置控制

其余位置控制设置类似。

(2) 显示更改器

对输送单元所有传感器信号灯创建显示更改器，如图 3-3-16 所示，用以模拟传感器信号灯的发光和变色。

下面以输送单元机械手夹爪传感器信号灯为例介绍如何创建显示更改器。

打开“显示更改器”参数对话框，如图 3-3-17 所示，定义显示更改器参数，选择对象为信号灯，勾选“可见性”，“名称”改为“输送灯夹爪”，单击“确定”按钮。

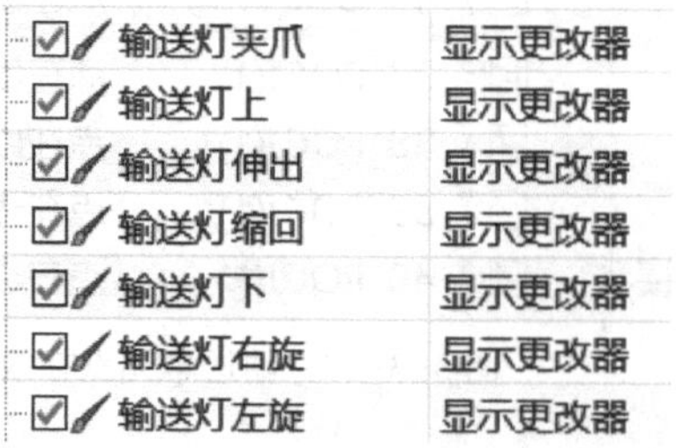

图 3-3-16 输送单元显示更改器

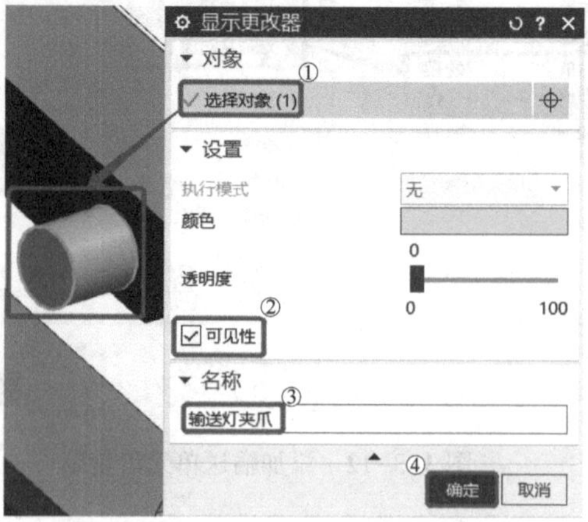

图 3-3-17 添加输送单元显示更改器

其余的显示更改器设置相似。

3.3.4 电气控制与虚拟仿真

为实现输送站虚拟仿真，定义输送单元的仿真序列，如图3-3-18所示。

下面以输送单元的供料伸爪为例介绍如何定义仿真序列。

打开“仿真序列”参数对话框，如图3-3-19所示，定义仿真序列参数，选择对象为“输送单元机械手”，运行时“位置”为6.2 mm，选择条件对象为“输送定位负3-100-位置≤0.1”“输送夹松0-20-位置≥19”“输送旋转0-90-位置≤0.2”且“供料到位-已触发”为“true”时执行，单击“确定”按钮。

图3-3-18 输送单元仿真序列

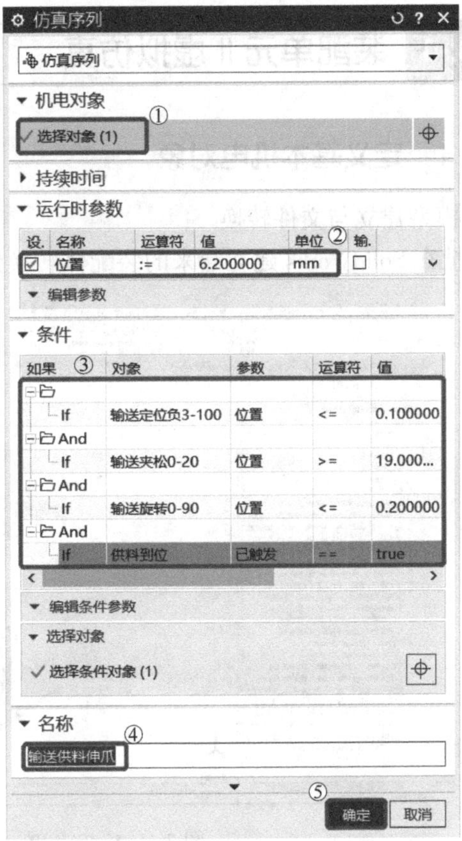

图3-3-19 添加输送单元仿真序列

根据工作任务流程，定义其余输送单元仿真序列的方法类似。

3.3.5 输送单元虚拟调试

这里检验输送单元NX-MCD动画仿真效果。

二维码3-3 输送站虚拟仿真

单击“播放”，播放动画，激活物料块对象源，输送单元进行机械手夹料、放料动作，拖链运动，旋转气缸运动。检验NX-MCD仿真效果是否与实物运动效果相同，如图3-3-20所示。

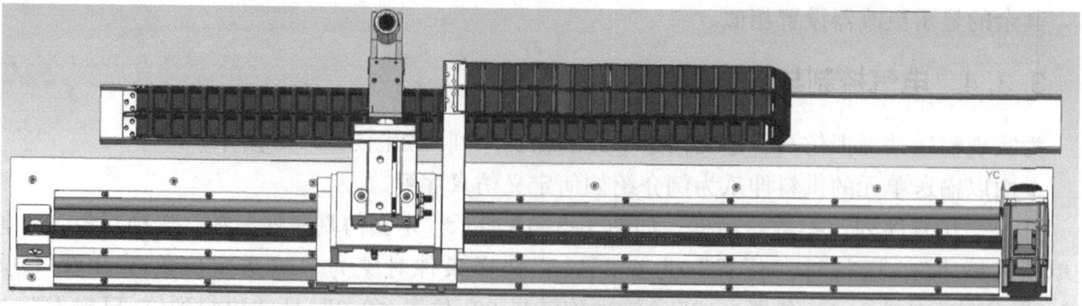

图 3-3-20 输送单元虚拟调试

任务 3.4 装配单元Ⅱ虚拟仿真

3.4.1 定义基本机电对象

（1）模型建立与文件转换

可以把在 SolidWorks 建立起来的装配体转换到 NX 中使用，如图 3-4-1 所示。

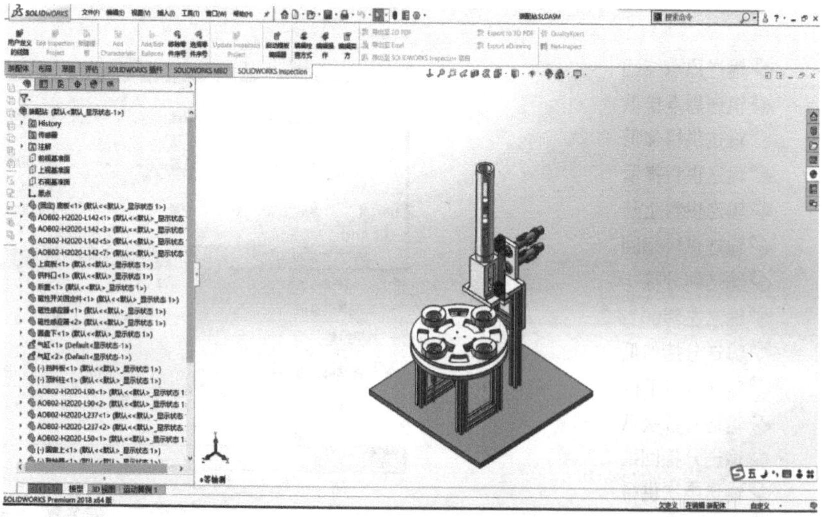

图 3-4-1 SolidWorks 中的装配单元

1）首先将 SolidWorks 装配体文件另存为“＊.step”格式，命名为“装配站 1”。用 SolidWorks 和 UG 等软件可以打开后缀名为 .step 的文件，如图 3-4-2 所示。

2）打开 NX，单击“打开”选项，在弹出的“打开”对话框中选择文件类型为“所有文件（＊.＊）”，然后选择步骤 1）中保存的“装配站 1.STEP”文件并打开。等待 NX 对 STEP 文件读取及转换完成后，就可在 NX 中打开用 SolidWorks 建好的装配体模型。这样就完成了装配单元的模型文件从 SolidWorks 到 NX 之间的格式转换，如图 3-4-3 所示。

3）待 NX 加载完文件后，单击“应用模块”选项，在窗口最右边单击“更多”选项，在弹出来的下拉列表中选择“机电概念设计”选项，即可进入 NX 的机电概念设计，对模型进行属性的定义，对传感器和执行器等进行设置，也可通过仿真序列对动作进行虚拟仿真设置，如

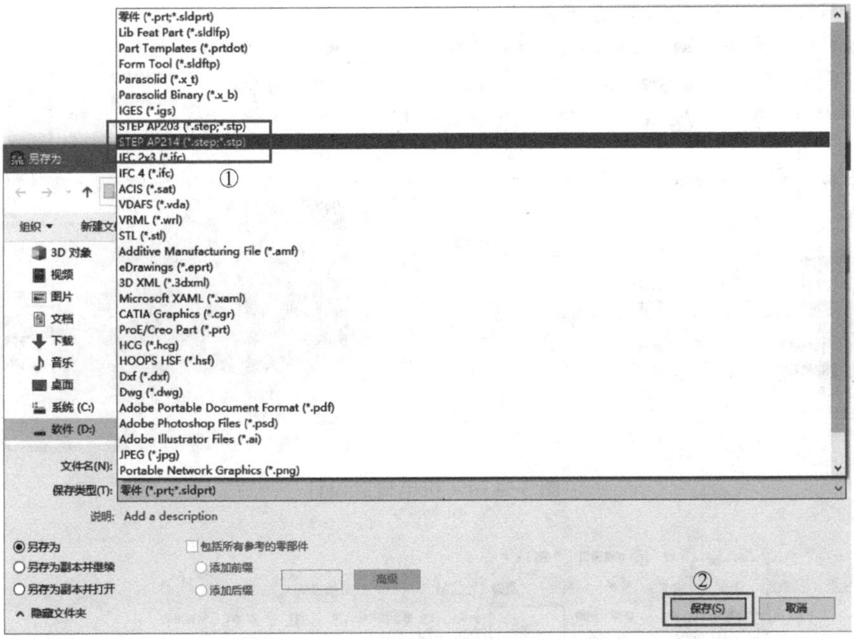

图 3-4-2　设置文件格式

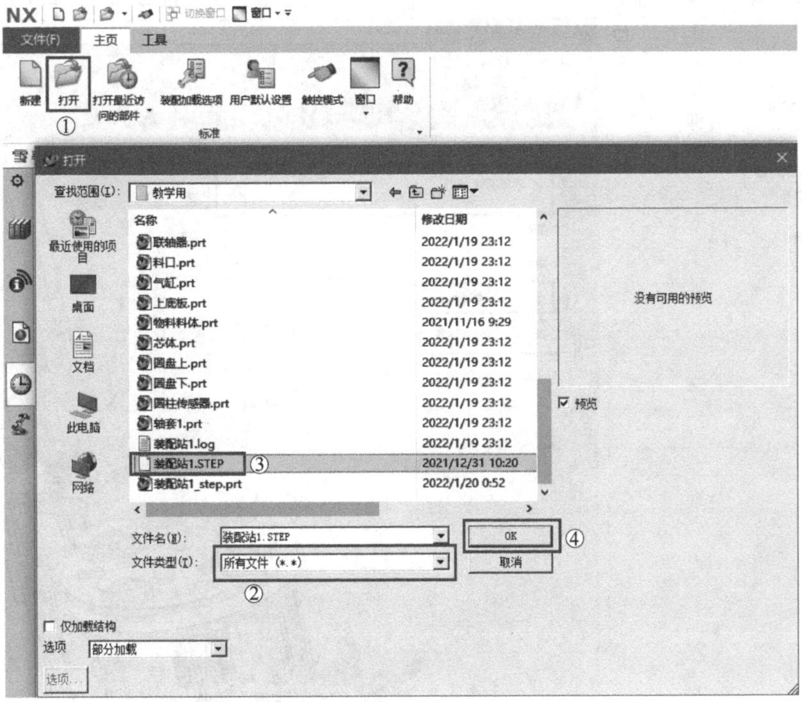

图 3-4-3　打开 . STEP 文件

图 3-4-4 所示。

（2）调整坐标系

如图 3-4-5 所示设置坐标系。首先单击“装配”选项卡，再单击“移动组件”选项，在弹出来的“移动组件”对话框中单击“选择组件”选项，选择模型中的所有组件即按下键盘

图 3-4-4　机电概念设计

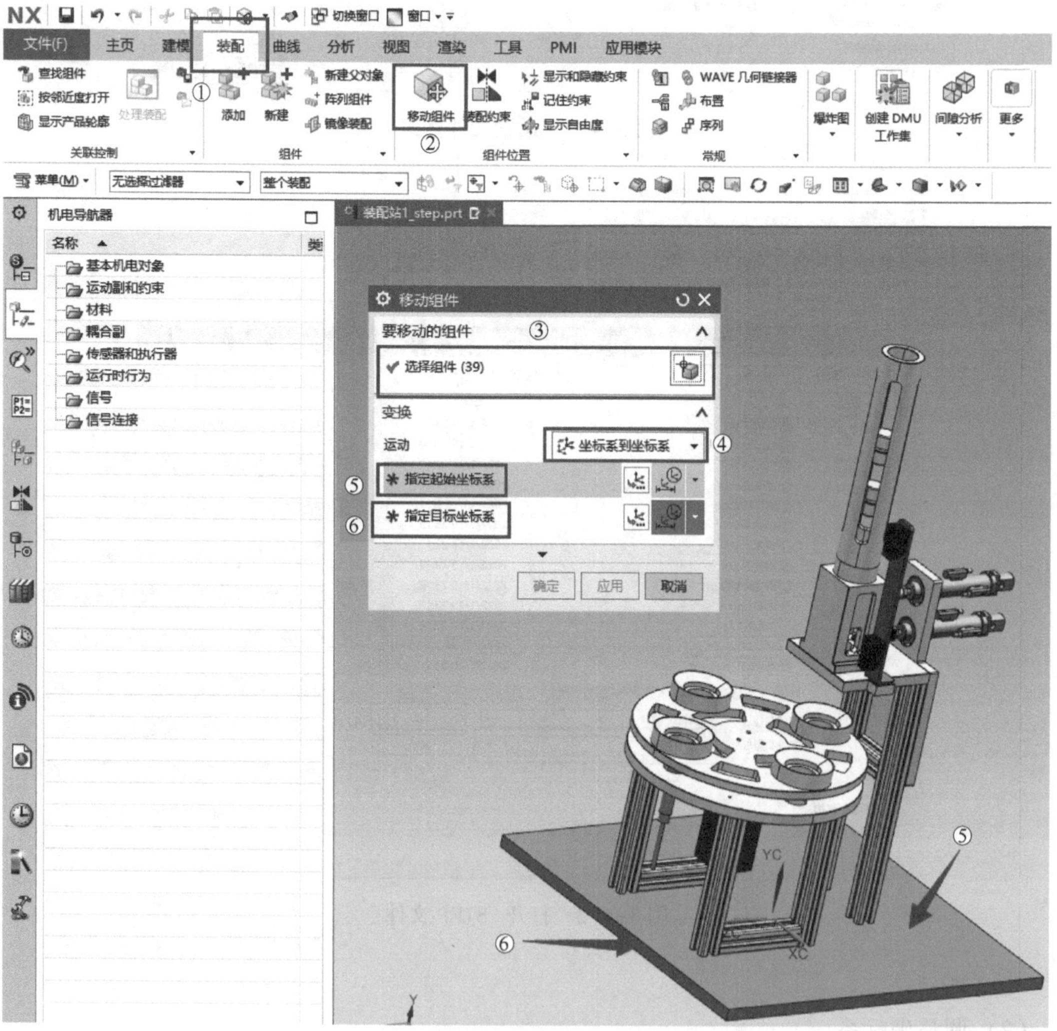

图 3-4-5　设置坐标系

〈ctrl+A〉组合键然后选择运动类型为“坐标系到坐标系”，接着“指定起始坐标系选项”选择图中⑤所指的面，“指定目标坐标系”选择图中⑥所指的面，单击“确定”按钮后，可将NX中的工件坐标系调整为与绝对坐标系相同的坐标系中。

调整完坐标系后，按下键盘上的〈Home〉键，即可把视角调回到三视图，查看调整坐标系是否成功，不成功则要重新设置。

3.4.2 定义运动副与约束

(1) 定义刚体

单击“主页”选项卡，在主页窗口中单击“刚体”按钮，在弹出的对话框中选择“选择对象”选择框，单击所需要设置为刚体的部件，推料气缸中设置了气缸推杆以及推板，因此选择对象显示为“(2)”。然后刚体名称更改为“顶料气缸”，再单击“确定”按钮，即可完成对顶料气缸刚体的设置。以此类推，完成对推料气缸、转盘以及物料芯体的刚体设置，如图3-4-6~图3-4-9所示。

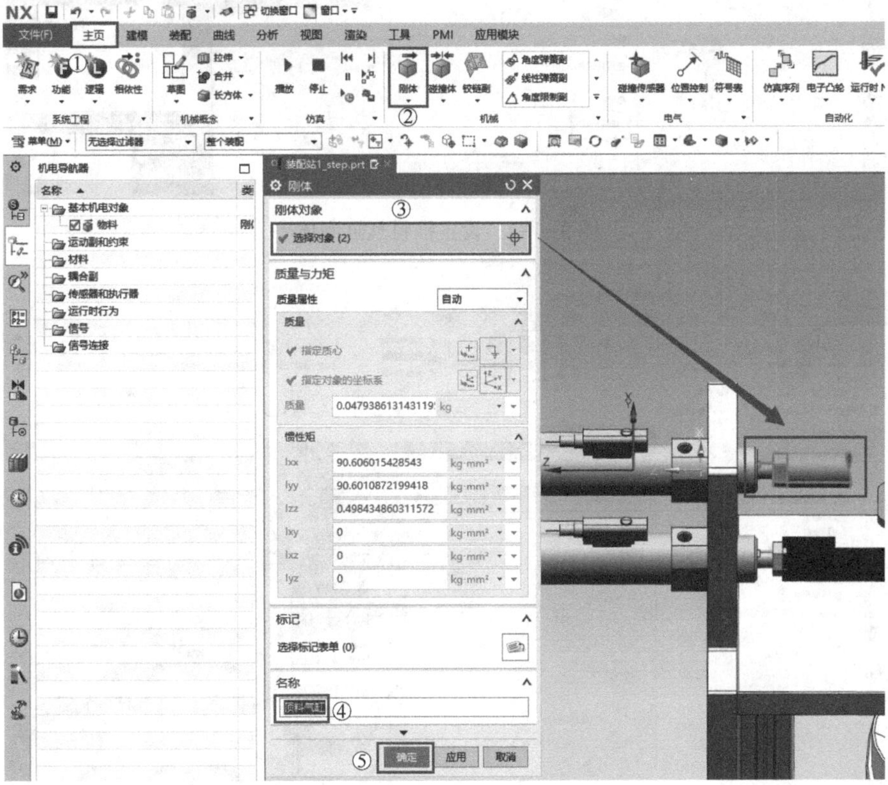

图3-4-6 设置顶料气缸刚体

(2) 定义运动副

1) 设置滑动副。

单击“主页”选项卡，在主页窗口中单击“滑动副”按钮，若该位置不是滑动副，单击该位置的下拉箭头可看到滑动副选项，在弹出的对话框中选择“选择连接件”选择框，单击所需要设置为滑动副的部件，接着选择“指定轴矢量”选择框，轴矢量需选择与气缸运动方向相同的轴矢量。然后滑动副名称更改为“顶料气缸”，然后单击“确定”按钮，完成对顶料气缸滑动

图 3-4-7 设置推料气缸刚体

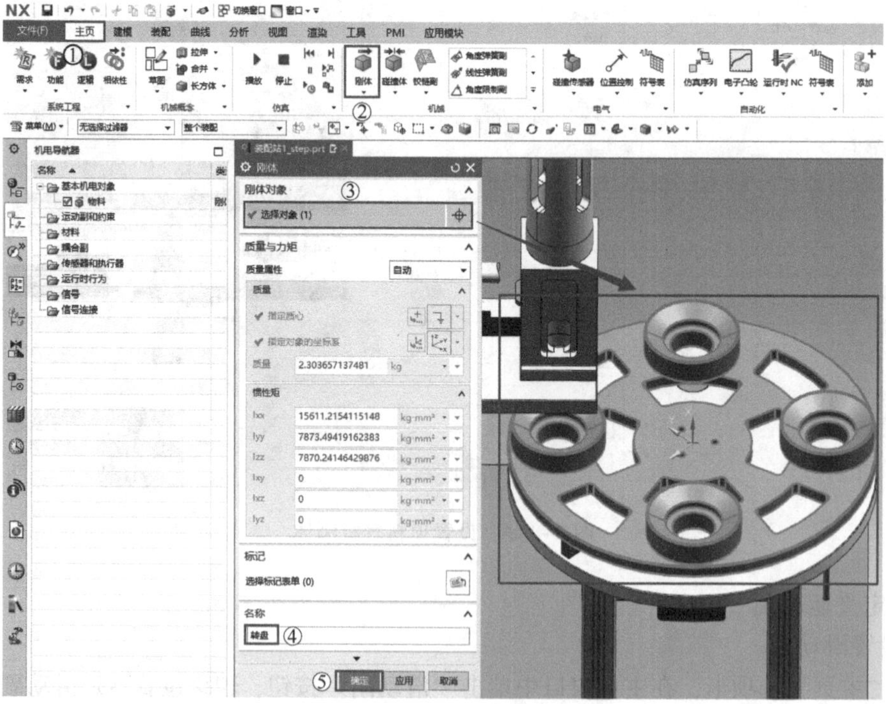

图 3-4-8 设置转盘刚体

副的设置，如图 3-4-10 所示。以此类推，完成对挡料气缸滑动副的设置，如图 3-4-11 所示。

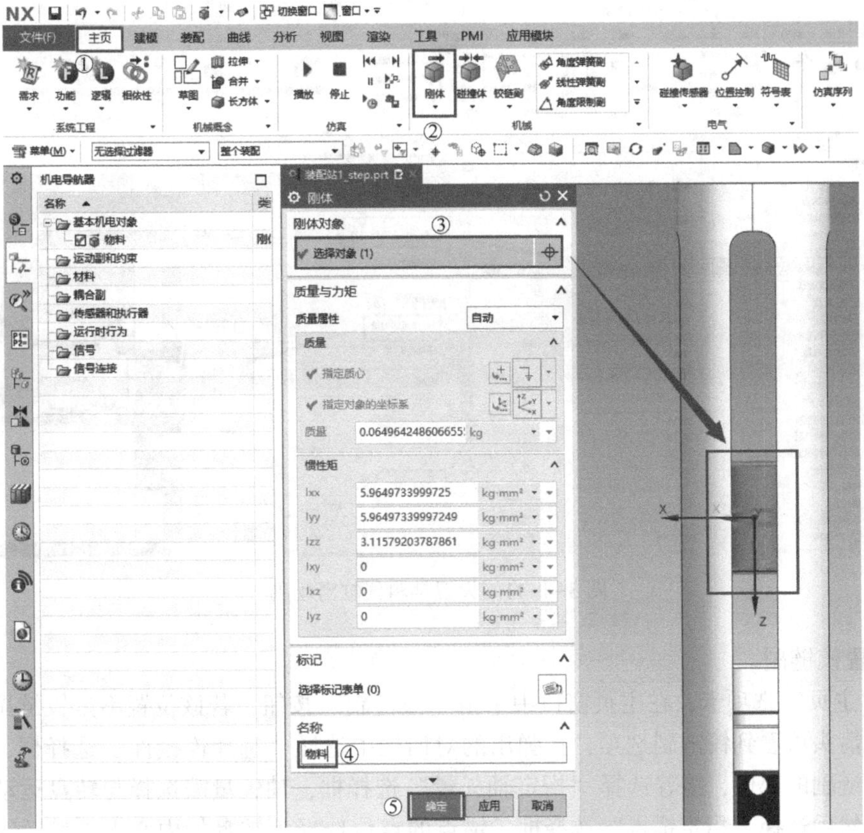

图 3-4-9　设置物料芯体刚体

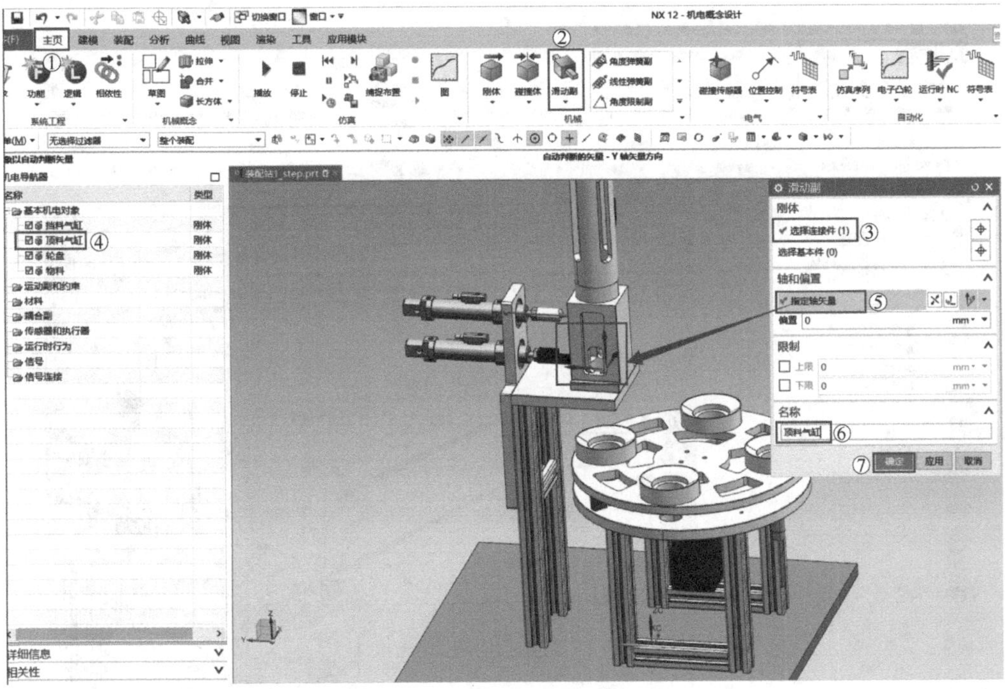

图 3-4-10　设置顶料气缸滑动副

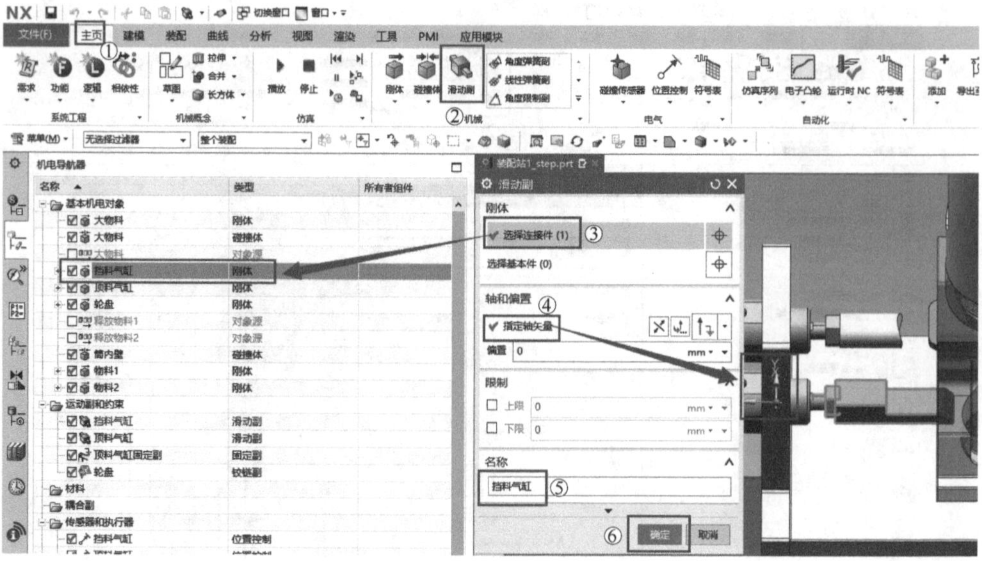

图 3-4-11　设置挡料气缸滑动副

2）设置铰链副。

单击“主页”选项卡，在主页窗口中单击“铰链副”按钮，若该位置不是铰链副，单击该位置的下拉箭头可看到铰链副选项，在弹出的对话框中选择“选择连接件”选择框，单击所需要设置为铰链副的部件，接着选择“指定轴矢量”选择框，轴矢量需选择与转盘运动方向垂直的轴矢量。然后选择“指定锚点”选择框，锚点的点位选择为转盘的中心点。最后铰链副名称改为“转盘转动”，然后单击“确定”按钮，完成对铰链副的设置，如图 3-4-12 所示。

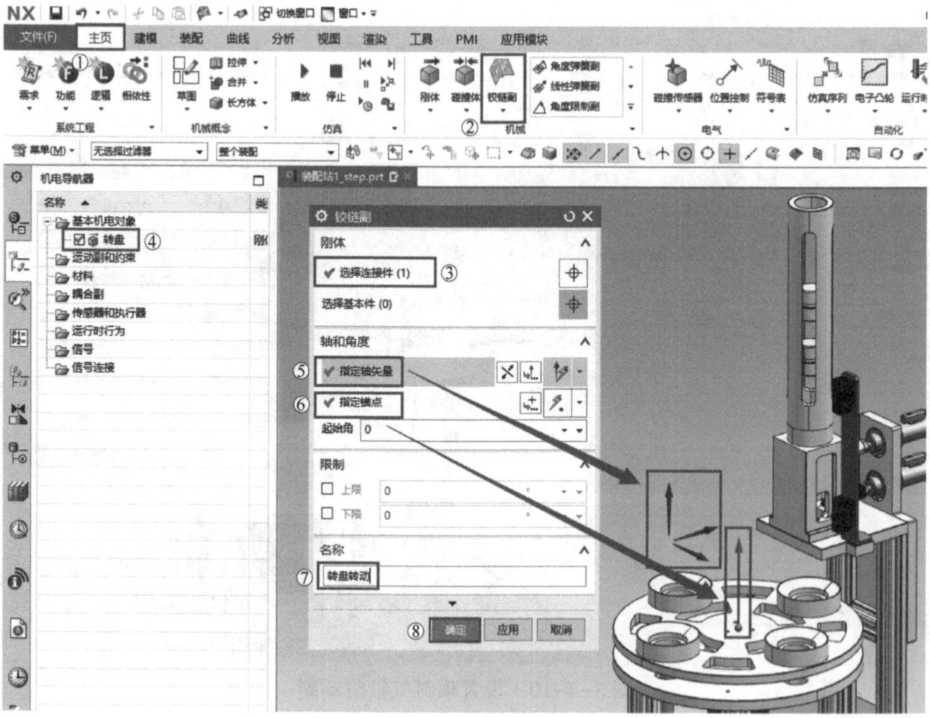

图 3-4-12　设置铰链副

（3）定义碰撞体

单击“主页”选项卡，在主页窗口中单击“碰撞体”按钮，若该位置不是碰撞体，单击该位置的下拉箭头可看到碰撞体选项，在弹出的对话框中选择碰撞形状为“圆柱”形。一般选择与物体最接近的形状，若物体为不规则形状，则碰撞形状应选择网格面。选择“选择对象”选择框，在物体上选择相应的面，直至碰撞形状与物体结合。最后碰撞体名称改为“物料”，然后单击“确定”按钮，完成对物料碰撞体的设置。以此类推，如图 3-4-13~图 3-4-17 所示，设置挡料气缸碰撞面、顶料气缸碰撞面筒内壁碰撞面、轮盘进料口碰撞面。

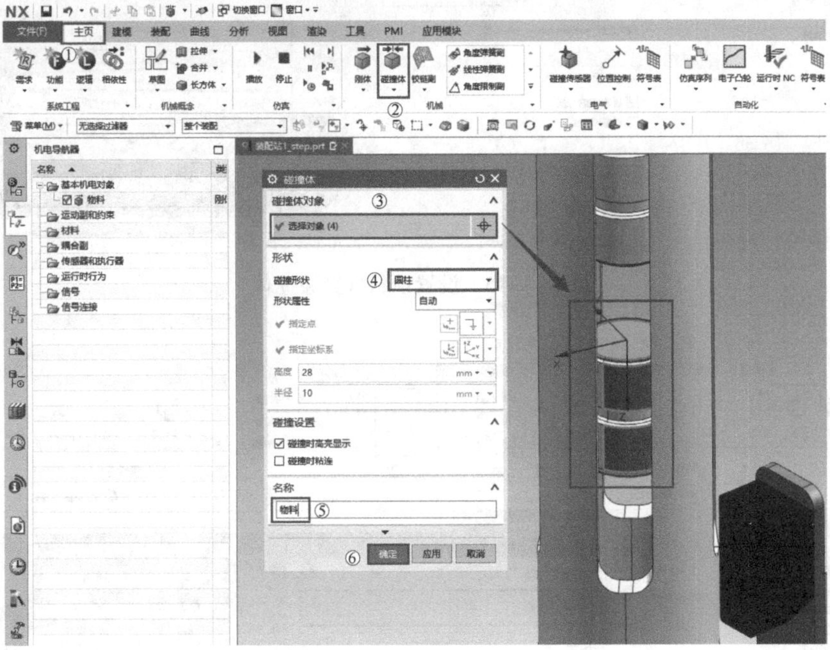

图 3-4-13　设置物料芯体碰撞体

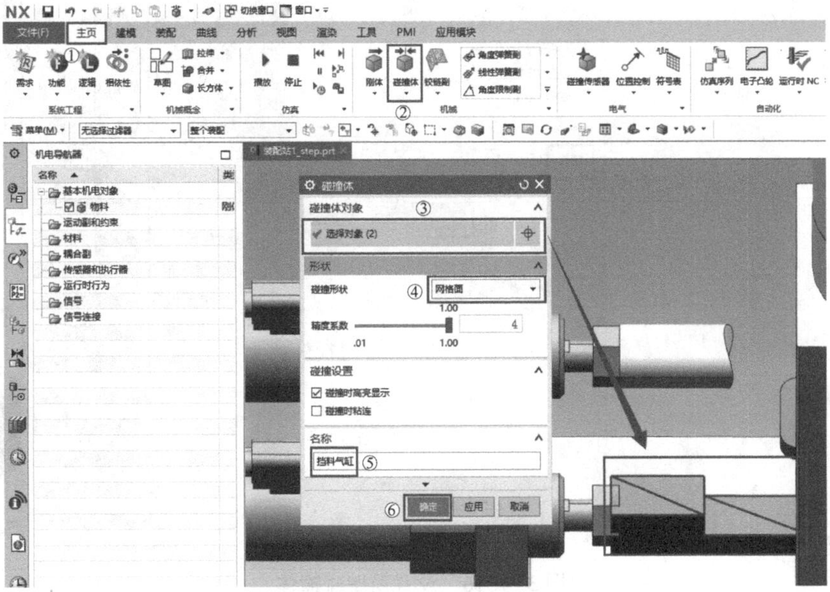

图 3-4-14　设置挡料气缸碰撞体

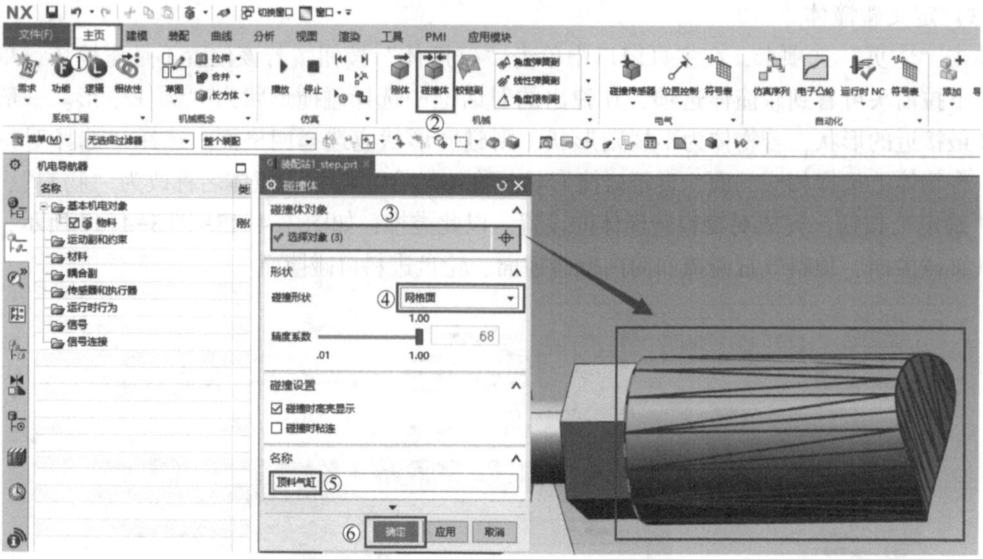

图 3-4-15　设置顶料气缸碰撞体

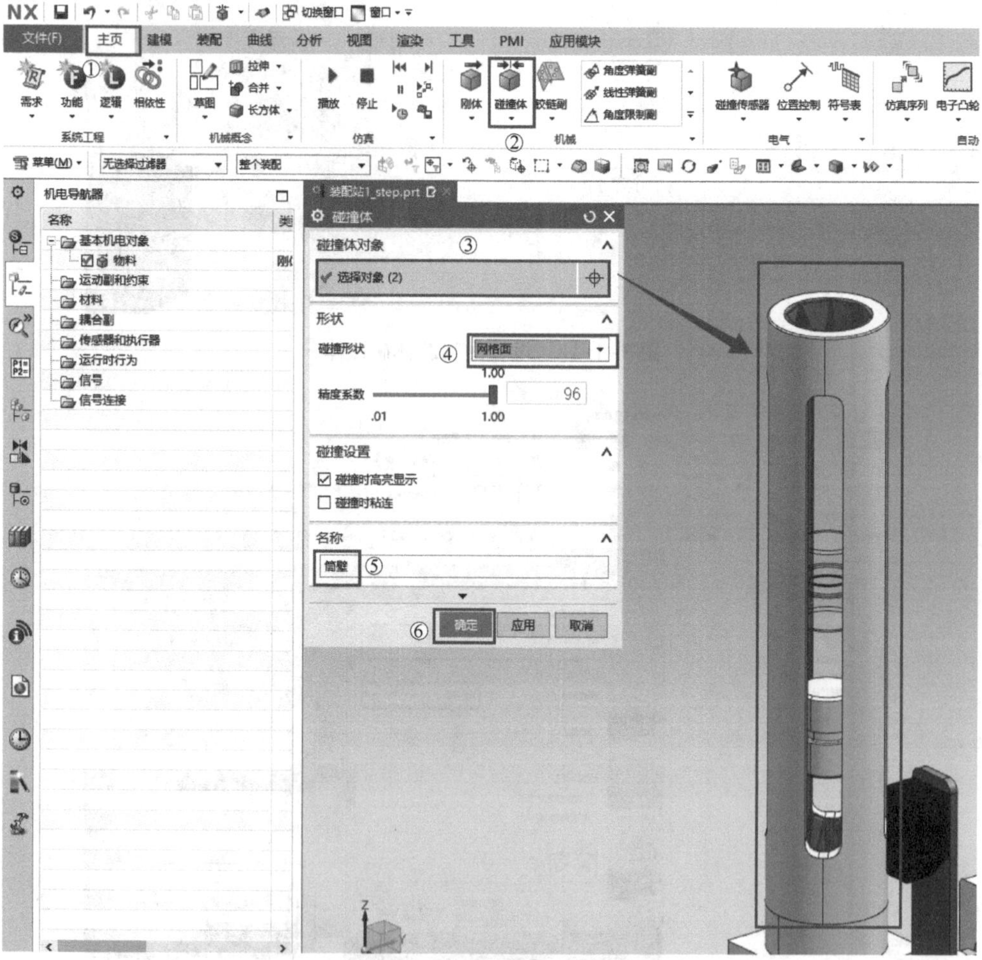

图 3-4-16　设置筒壁碰撞体

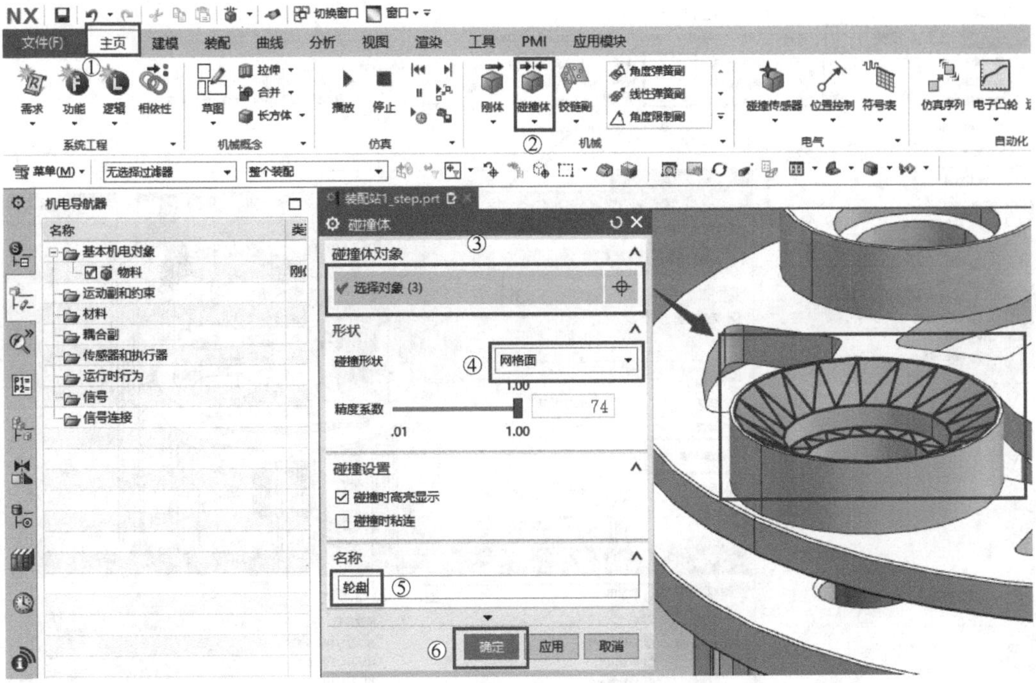

图 3-4-17　设置轮盘进料口碰撞体

(4) 定义对象源

有两种属性的物料，一种是外壳，另一种是内嵌小芯件，现分别把它们定义为对象源。

1) 添加物料外壳。

添加新部件，如图 3-4-18 所示。

① 单击“装配”选项卡。

② 单击“添加”按钮。

③ 在“添加组件”对话框中，单击“打开”按钮来添加物料外壳。

④ 在“部件名”对话框中选择“物料料体”部件。

⑤ 选中部件后单击“OK”按钮。

⑥ 选择部件操作完成后，在“添加组件”对话框中单击“选择对象”选项，然后在窗口空白处单击，即可将物料外壳添加进 NX 中。

⑦ 单击“确定”按钮，完成添加物料外壳的操作。

⑧ 单击“移动组件”按钮，将物料外壳移动至转盘进料口的正上方，作为物料仿真动作起点。

2) 将物料外壳定义为对象源。

设置物料外壳为对象源，如图 3-4-19 所示。

① 单击“主页”选项卡。

② 单击“对象源”按钮。

③ 单击“选择对象”选项。

④ 单击步骤 1) 中设置好的“物料外壳”。

⑤ 将触发选项改为“每次激活时一次”。

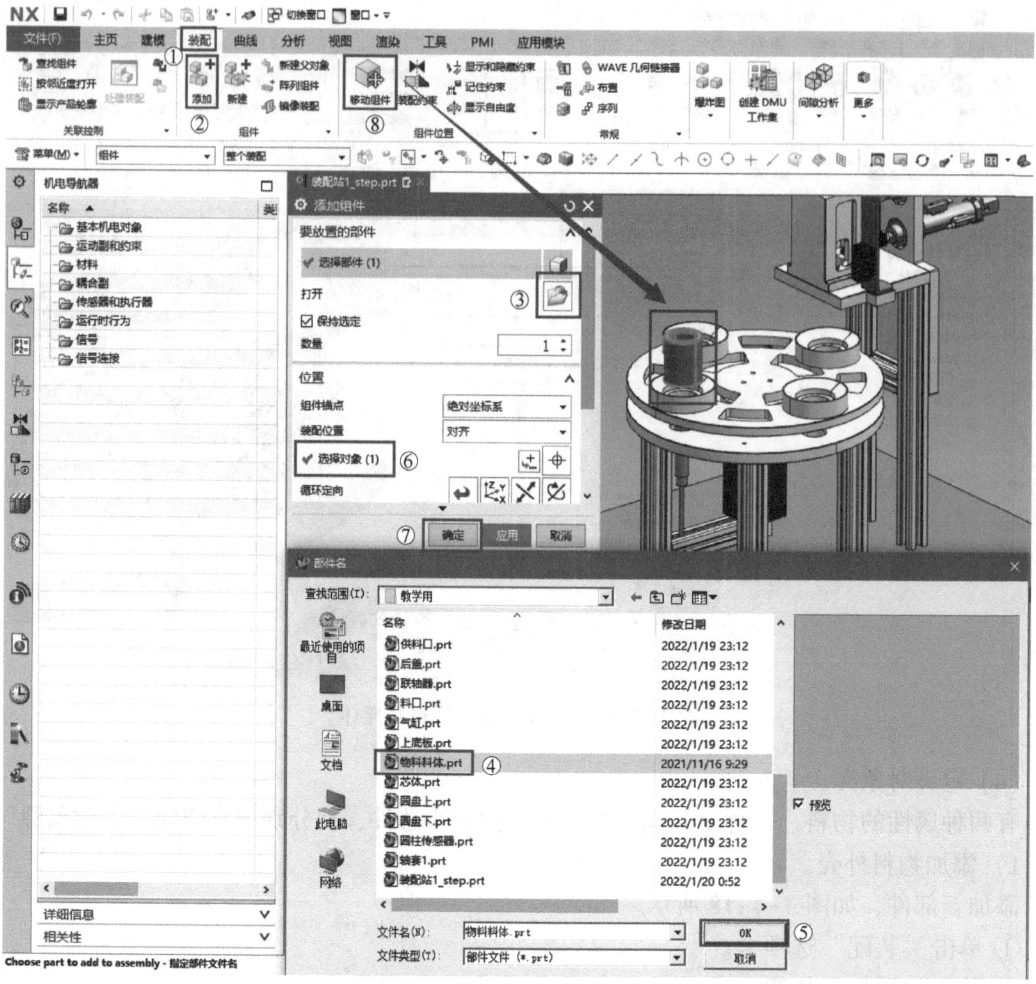

图 3-4-18　添加新部件

⑥ 将对象源名称改为“物料外壳”。

⑦ 单击“确定”按钮，可将物料外壳定义为对象源。

⑧ 设置完成后，将基本机电对象中的对象源取消，单击复选框，即将物料外壳前面复选框的对勾去掉。

⑨ 单击“播放”，再单击基本机电对象中的对象源，选中物料外壳前面的复选框，就可以看到有物料外壳从设定好的位置出现，然后掉落至转盘的进料口中。

3）以添加物料外壳的步骤和将物料外壳定义为对象源的步骤为例子，将物料芯体添加为机电对象，将其放进料筒中，并设置成对象源，如图 3-4-20 所示。然后验证是否设置成功。

3.4.3　定义传感器及执行器

（1）定义传感器

1）以旋转料台底下的进料传感器为例，定义传感器，如图 3-4-21 所示。

① 单击“主页”选项卡。

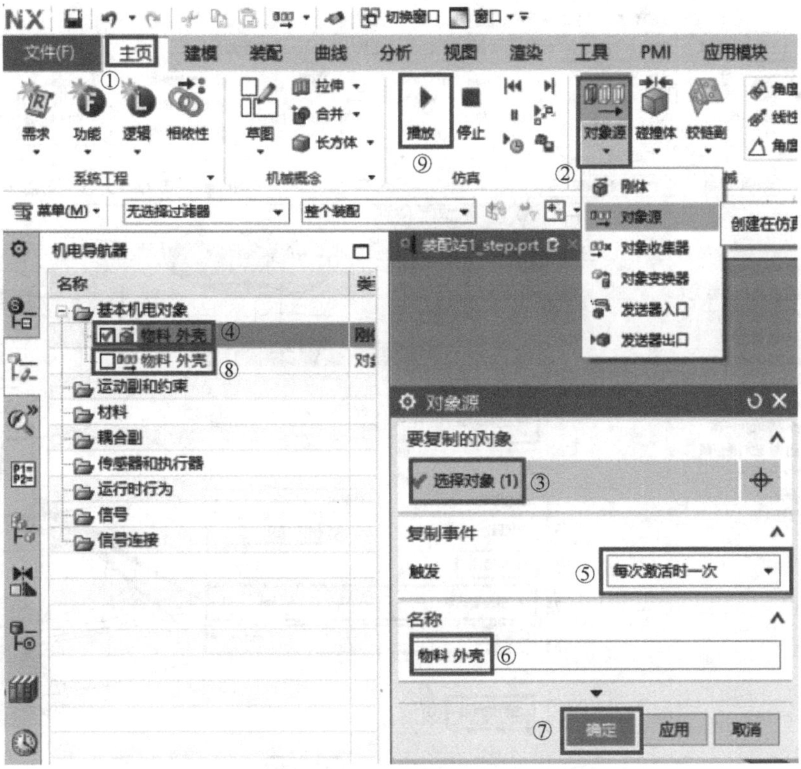

图 3-4-19　设置物料外壳为对象源

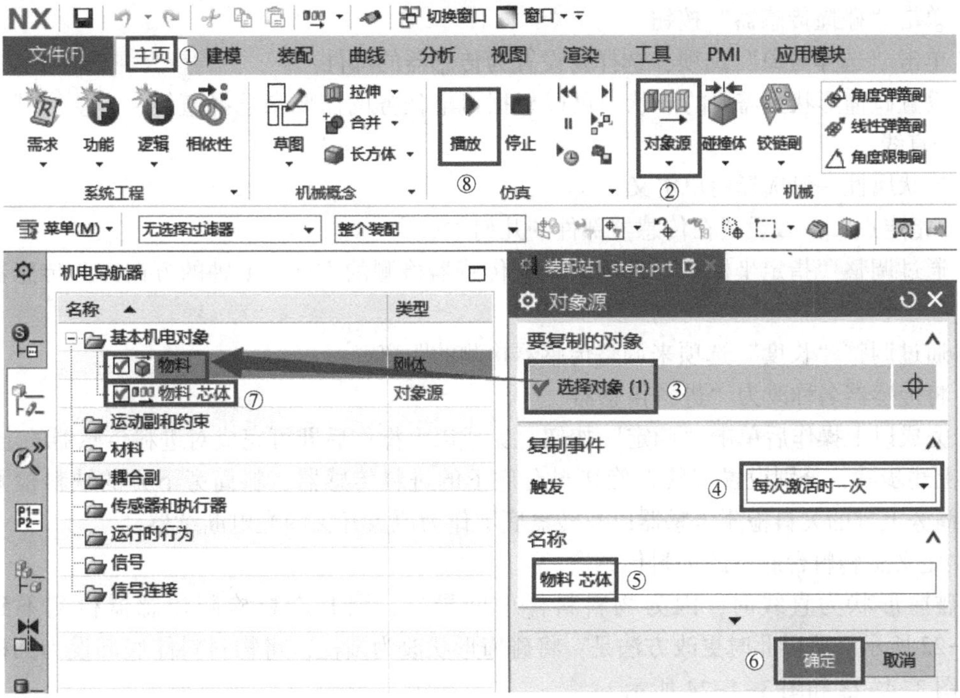

图 3-4-20　设置物料芯体为对象源

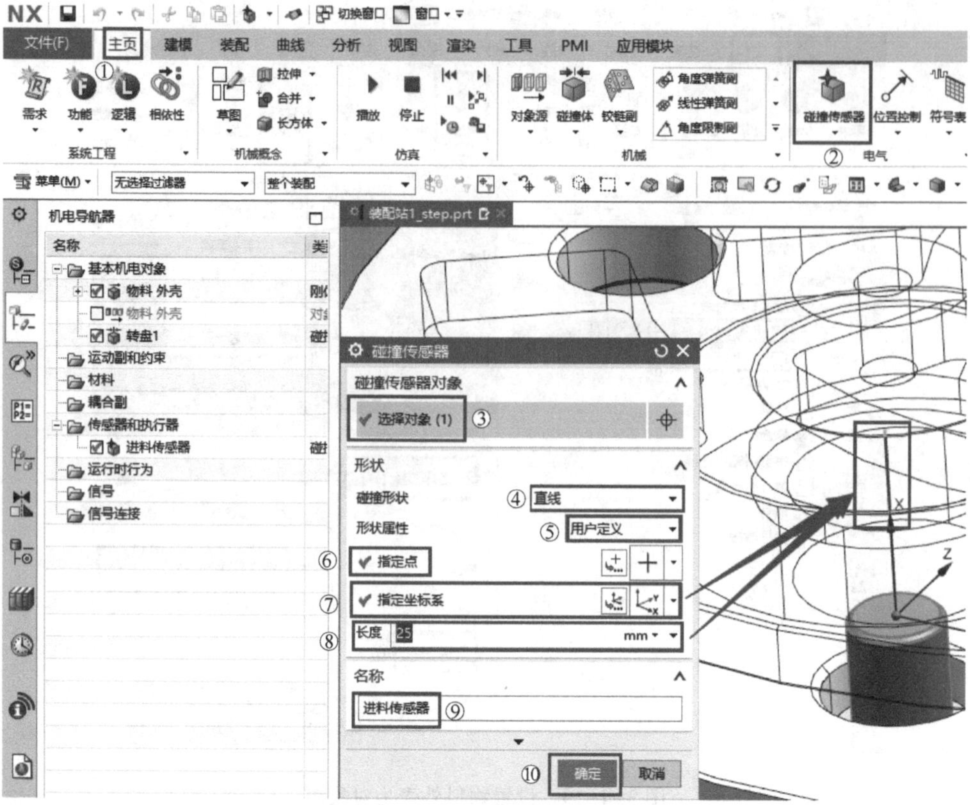

图 3-4-21 设置进料传感器

② 单击“碰撞传感器”按钮。

③ 单击“选择对象”选项，选择要设置为传感器的部件。

④ 设置碰撞形状为需要的形状，可以根据机电任务的需要来选择直线、方块或球，这里选择的是直线。

⑤ 形状属性一般选择用户定义。

⑥“指定点”一般设置在传感器部件的几何中心。

⑦ 通过调整“指定坐标系”选项来调整传感器检测的方向，X 轴的方向即为传感器检测的方向。

⑧ 通过调整“长度”选项来调整传感器检测的距离。

⑨ 将传感器名称改为“进料传感器”。

⑩ 完成以上操作后单击“确定”按钮；完成以上操作后即可完成对进料传感器的定义。

以上述步骤，分别设置安装在旋转料台底下的进料传感器、料筒旁下方的缺料检测传感器、料筒旁上方的欠料检测传感器以及转盘底下作为原点开关的光电断续器。

2）定义旋转料台底下的进料传感器。

当碰撞形状为直线时，因为物料料体中间导空，因此进料检测传感器检测不到，如图 3-4-22 所示。所以此时更改方法是：将碰撞形状改为圆柱，将物料料体底部设为圆柱碰撞面，如图 3-4-23 和图 3-4-24 所示。

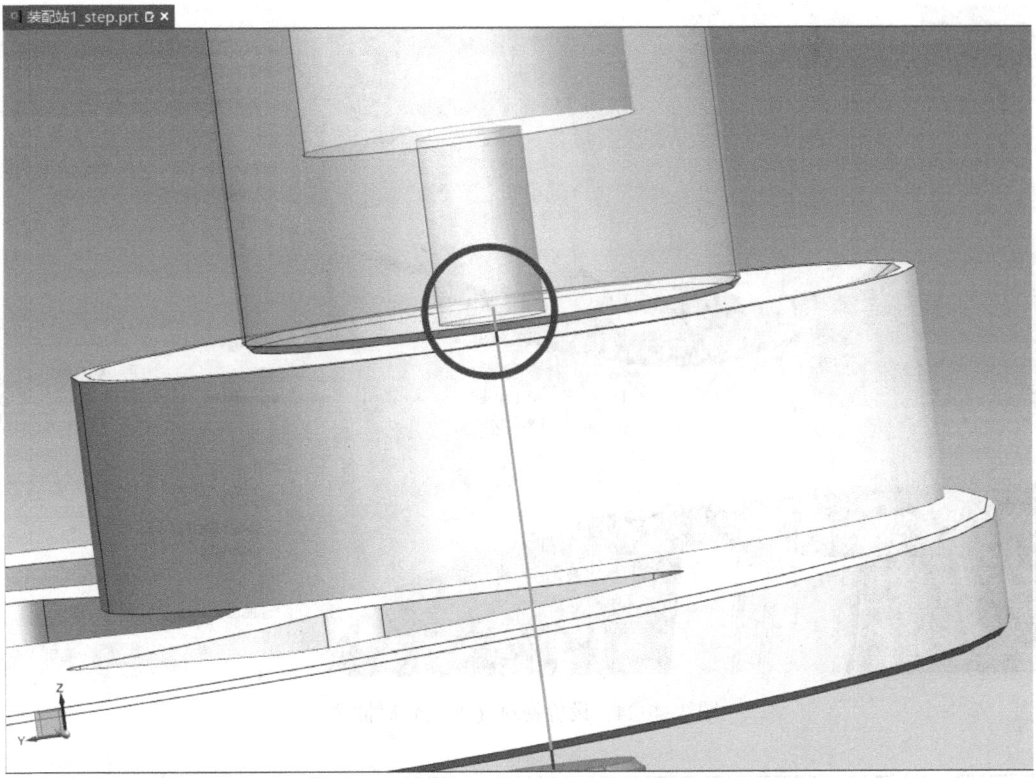

图 3-4-22　检测失败示意图

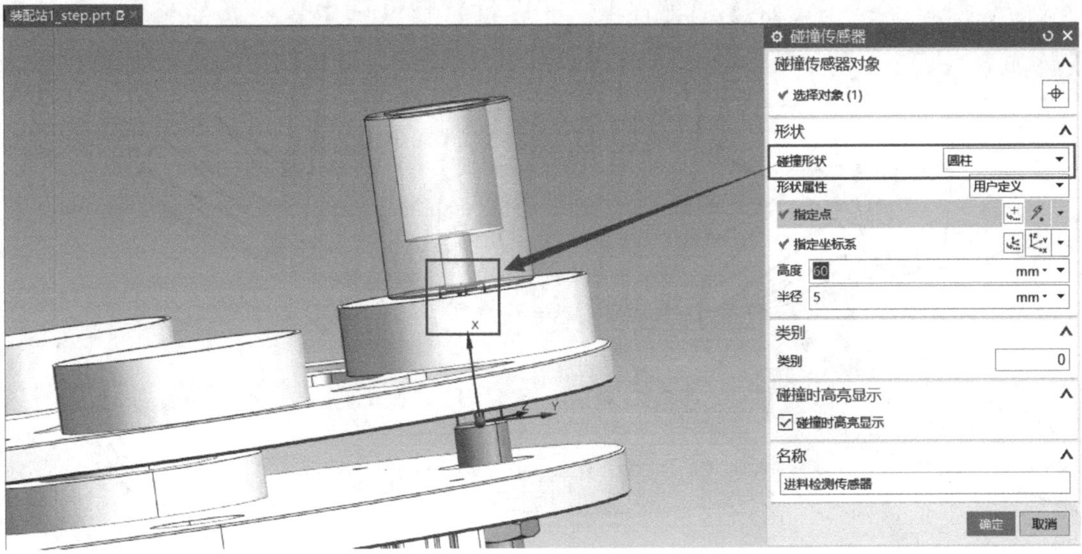

图 3-4-23　更换传感器碰撞形状

设置时可以同时使用两种方式，也可以根据实际情况定义，能接通传感器就行。传感器接通测试，单击“播放”后，再单击物料料体对象源可观察到连接效果，如图 3-4-25 所示。按组合键〈Ctrl+j〉可更改物体透明度，显示绿线表示传感器已接通。

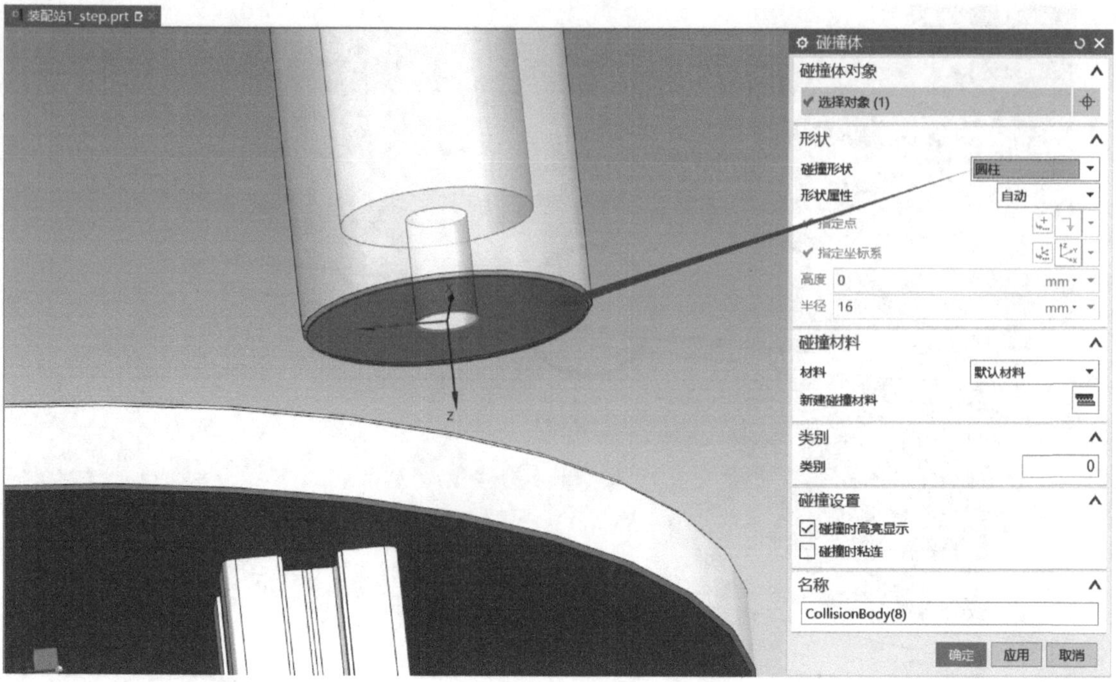

图 3-4-24 设置物料（外壳）碰撞体

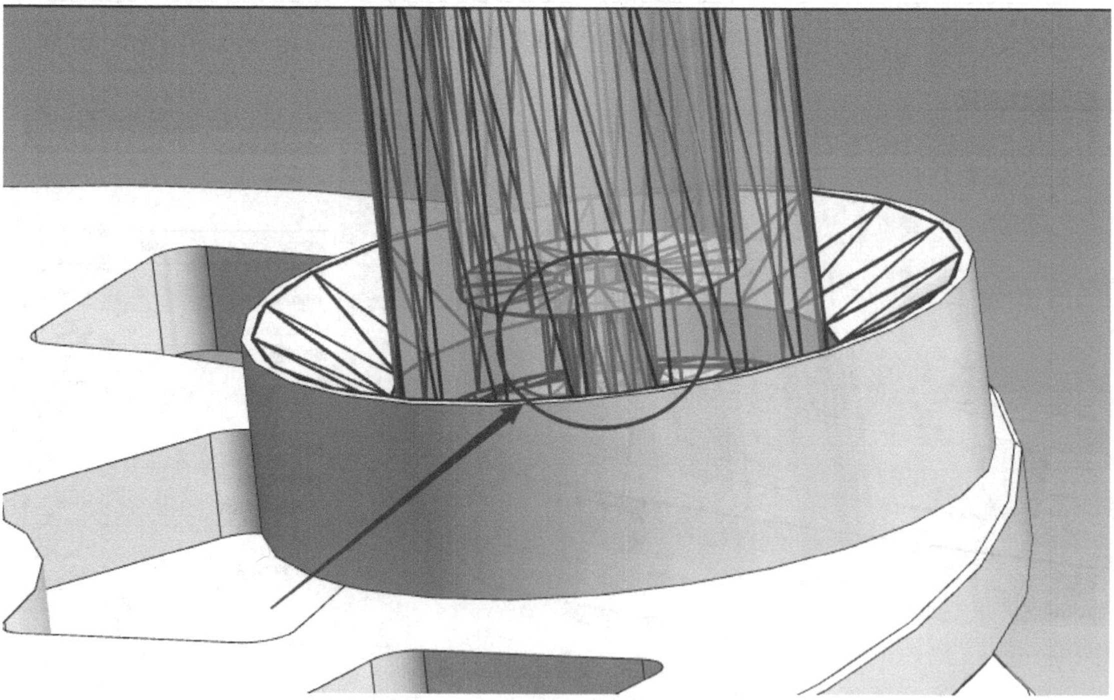

图 3-4-25 传感器接通测试示意图

3）定义缺料检测传感器，如图 3-4-26~图 3-4-31 所示。

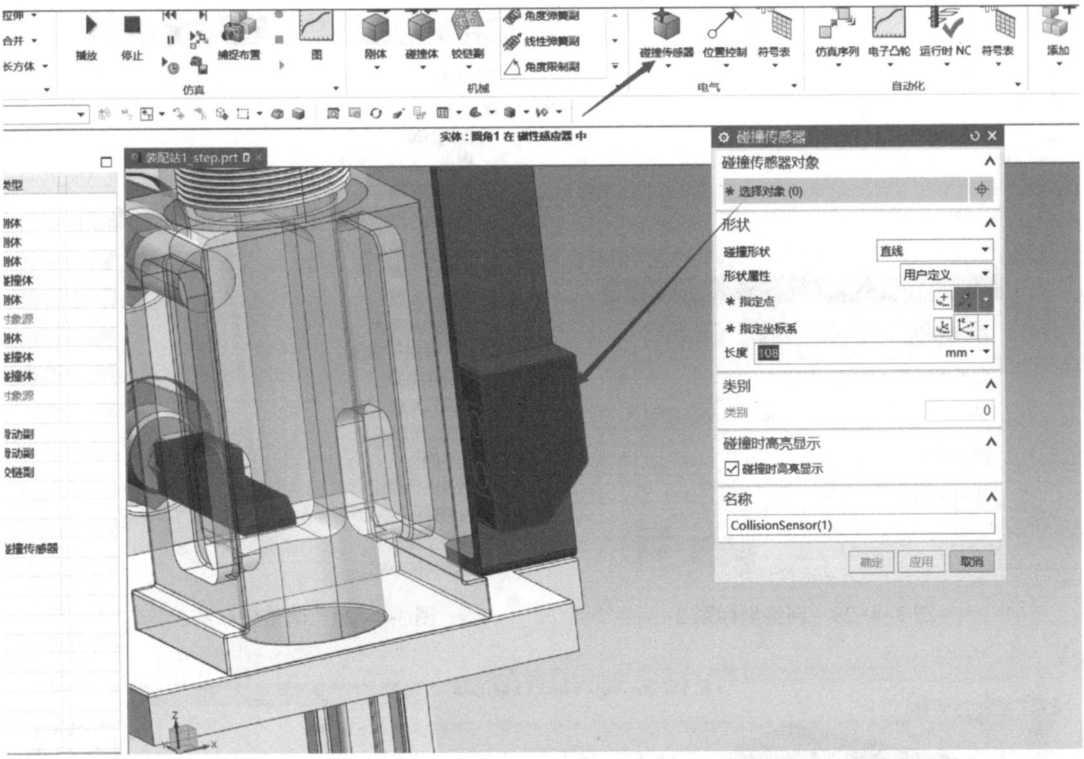

图 3-4-26　定义缺料检测传感器

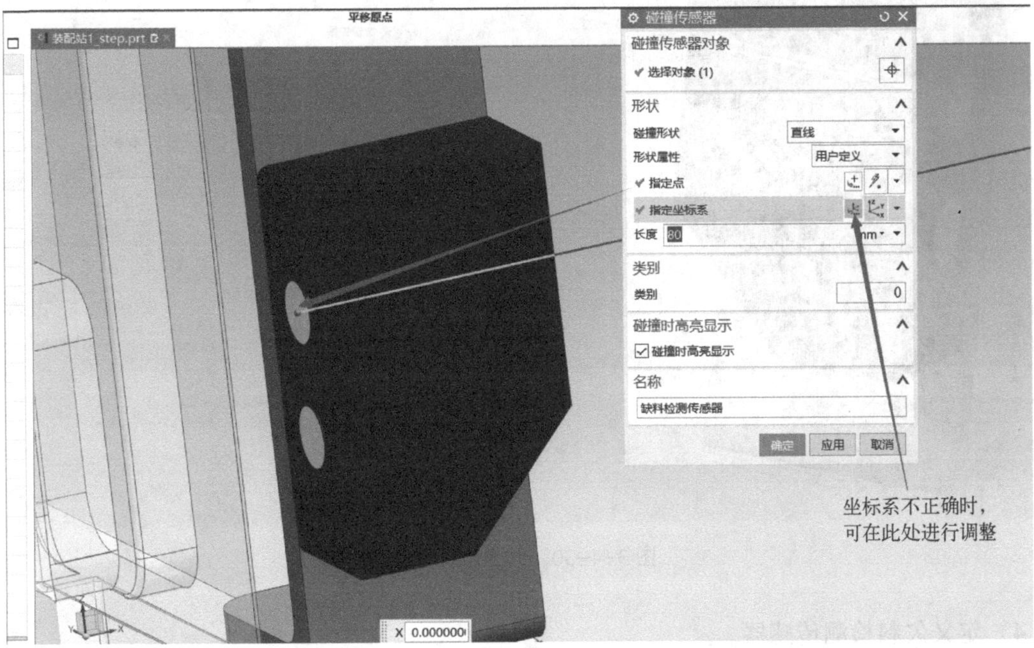

图 3-4-27　调整坐标系 1

前面几个坐标系调整完成后，再设定合适的检测长度（50 mm），单击“确定”按钮，如图 3-4-31 所示。

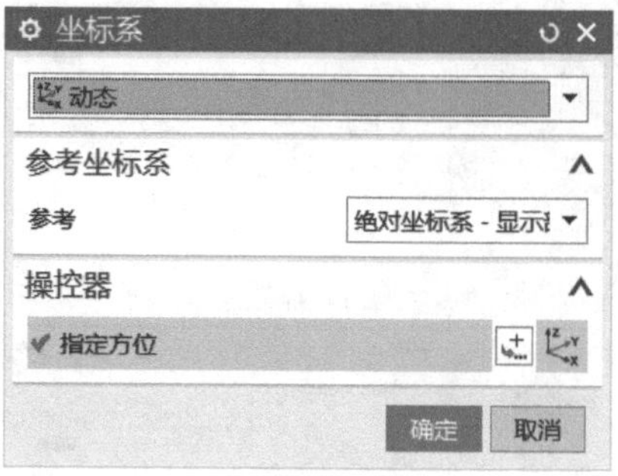

图 3-4-28 调整坐标系 2

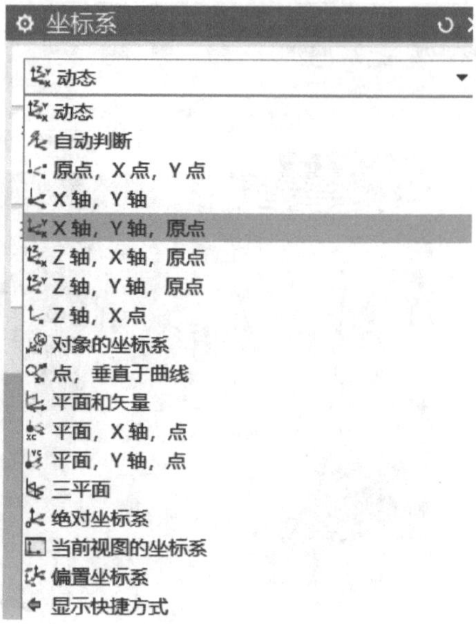

图 3-4-29 调整坐标系 3

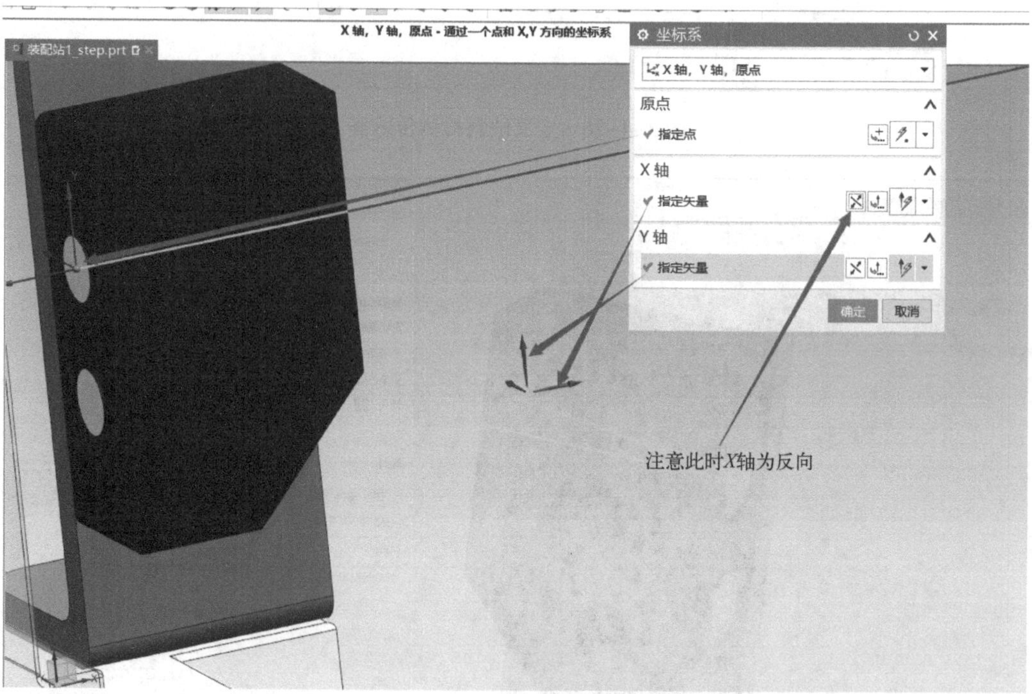

图 3-4-30 调整坐标系 4

4）定义欠料检测传感器。

用同样的方式定义欠料检测传感器，如图 3-4-32 所示。

5）定义原点开关。

定义原点开关，单击“碰撞传感器”，选择光电断续器为碰撞体 1，如图 3-4-33 所示。

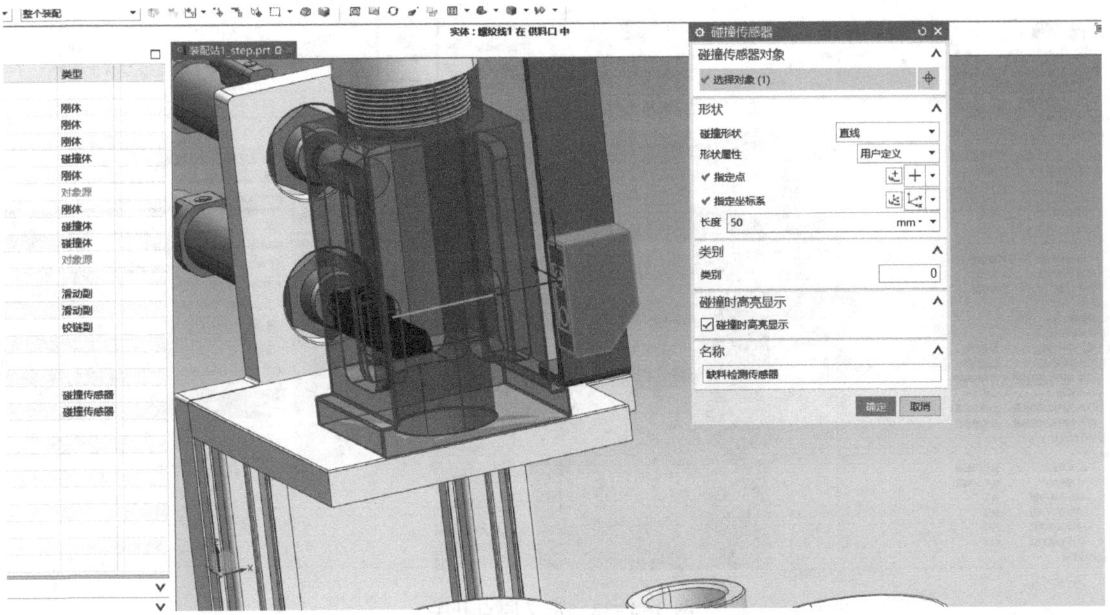

图 3-4-31　调整长度

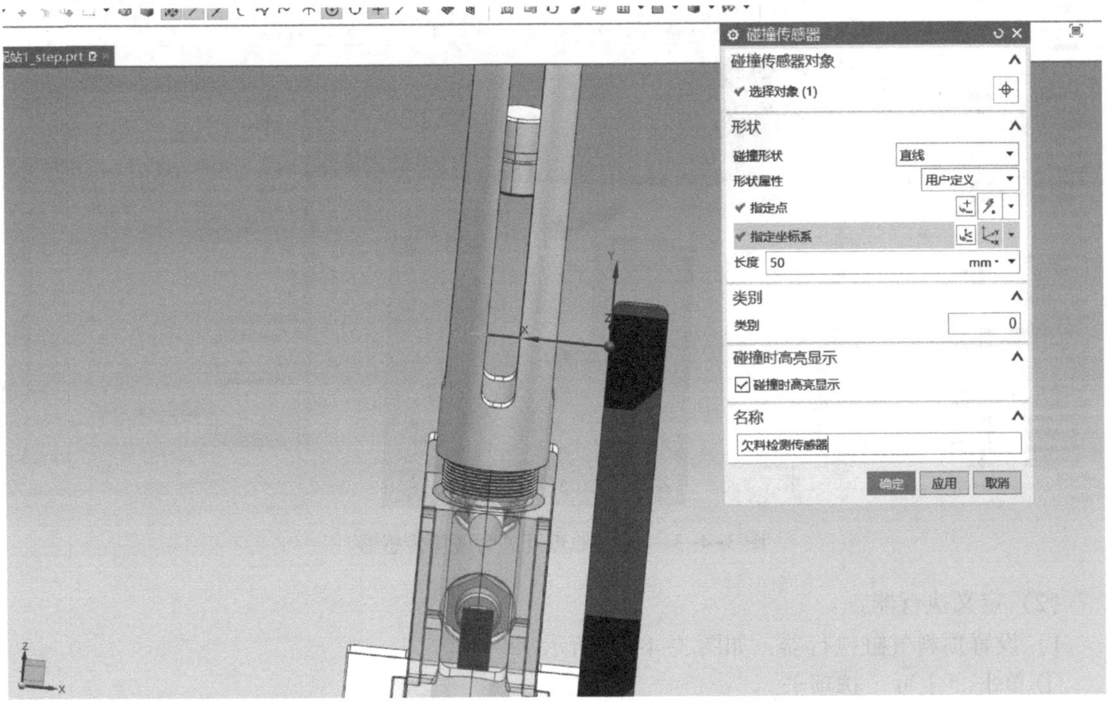

图 3-4-32　定义欠料检测传感器

然后选取图 3-4-34 中箭头所指的原点碰撞体，定义为碰撞体 2，定义原点碰撞体，命名为“原点开关”，如图 3-4-35 所示，并保证原点开关能接通。

图 3-4-33　定义原点开关

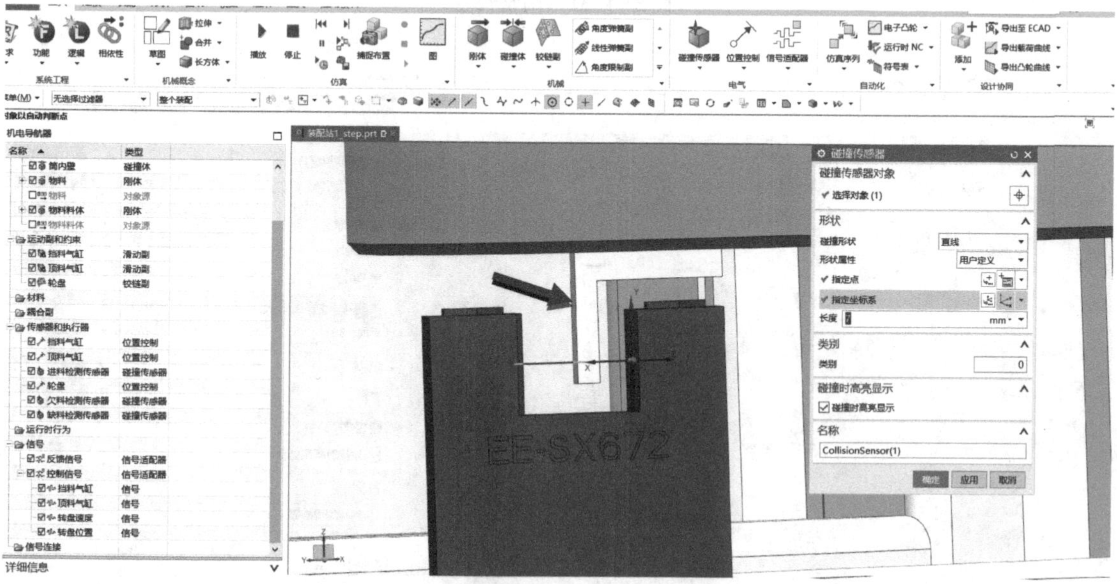

图 3-4-34　定义原点开关为碰撞传感器

(2) 定义执行器

1) 设置顶料气缸执行器，如图 3-4-36 所示。

① 单击“主页”选项卡。

② 单击“位置控制”按钮。

③ 在“位置控制”对话框中单击“选择对象”选项。

④ 在左边的“运动副和约束”中选择“顶料气缸”选项。

⑤ 将目标改为 0 mm，将速度改为 100 mm/s。

⑥ 将名称改为“顶料气缸”。

⑦ 单击“确定”按钮，完成对顶料气缸执行器的设置。

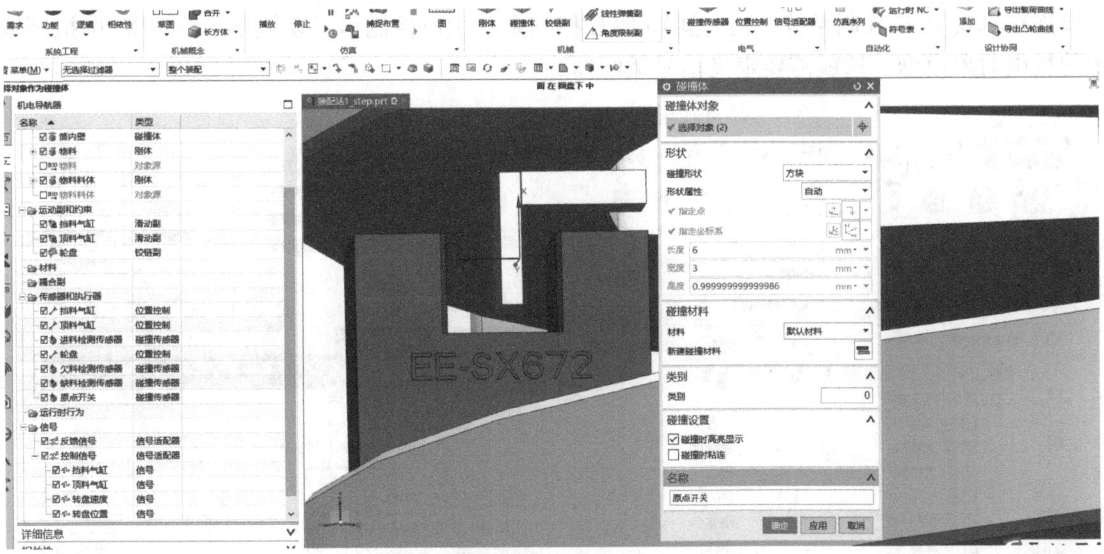

图 3-4-35 定义原点碰撞体

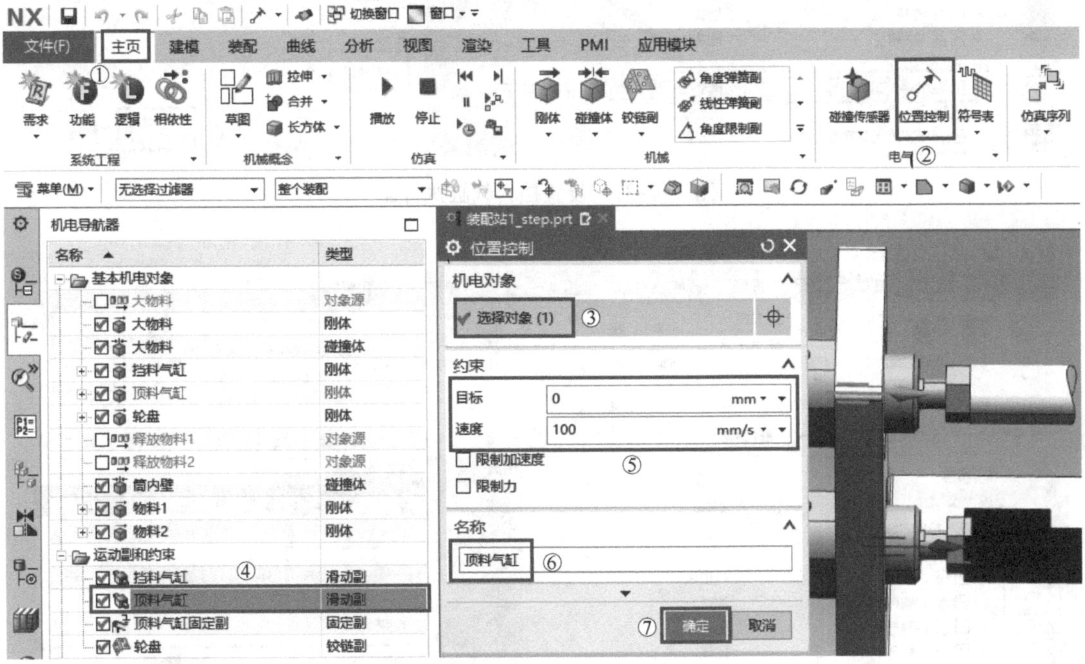

图 3-4-36 设置顶料气缸执行器

2）设置挡料气缸执行器。

按步骤①~⑦设置的挡料气缸执行器如图 3-4-37 所示。

3）设置转盘执行器。

用同样方法设置的轮盘执行器如图 3-4-38 所示。

（3）信号适配器

NX-MCD 用基于数字化孪生（Digital Twin）技术的虚拟调试方法，能够实现虚拟的机电产品模型与真实 PLC 控制器之间的调试工作。对于建好的设备模型的控制部分可以通过外部接口连接真实 PLC 控制系统。通过实物 PLC 控制系统生成控制信号来控制 NX-MCD 虚拟环境中的机电对象模型，这就需要定义信号适配器。

图 3-4-37 设置挡料气缸执行器

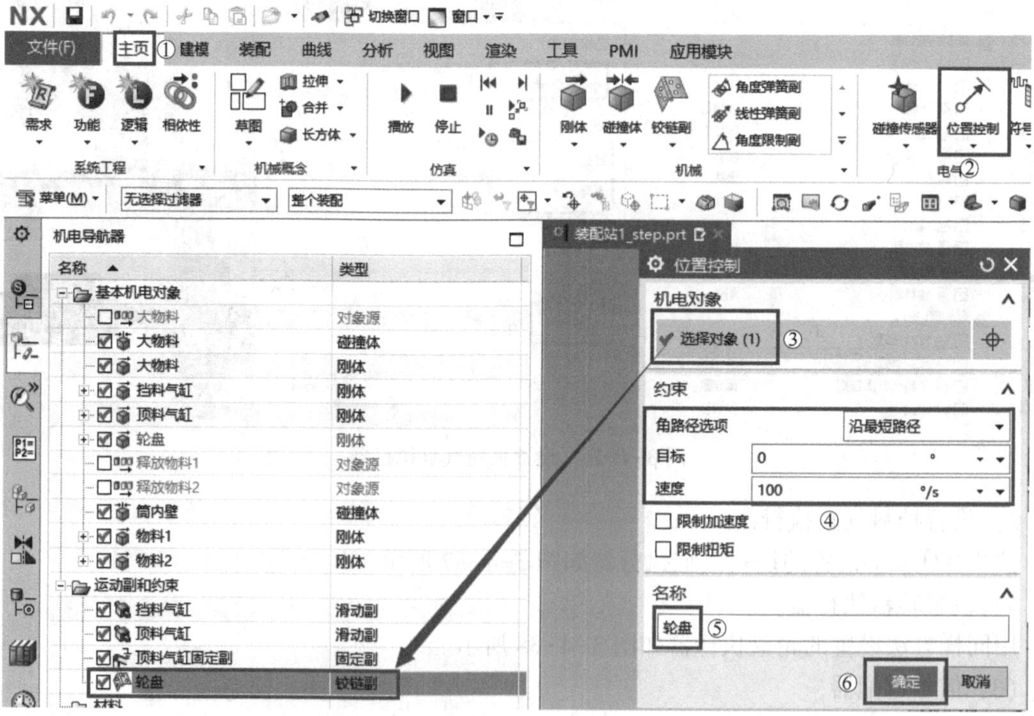

图 3-4-38 设置轮盘执行器

使用信号适配器通过运动副、碰撞传感器等参数来设定 NX-MCD 输入/输出信号，用以连接外部信号，例如 OPC 服务器、PLCSIM Adv 等信号。一般在 NX-MCD 中会建立两个信号适配器，一个信号适配器的名称为“控制信号”，用于外部输入信号控制 NX-MCD 中的模型动作；另一个信号适配器的名称为“反馈信号”，用于将 NX-MCD 中模型动作后的信号反馈给上位机或者 PLC 控制器，进行下一步的控制。

定义信号适配器的操作顺序为：单击功能区“主页”下的“电气”组中的“符号表”下拉按钮，在下拉列表中选择“信号适配器”图标，弹出“信号适配器”对话框，在“信号适配器”对话框中定义相应的信号适配器参数。

下面分别对输入信号及输出信号进行举例描述。

（1）信号适配器控制信号——输入信号的定义

以挡料气缸位置控制为例，如图 3-4-39 所示设置控制信号适配器，设置完成后的状态如图 3-4-40 所示。其具体步骤如下：

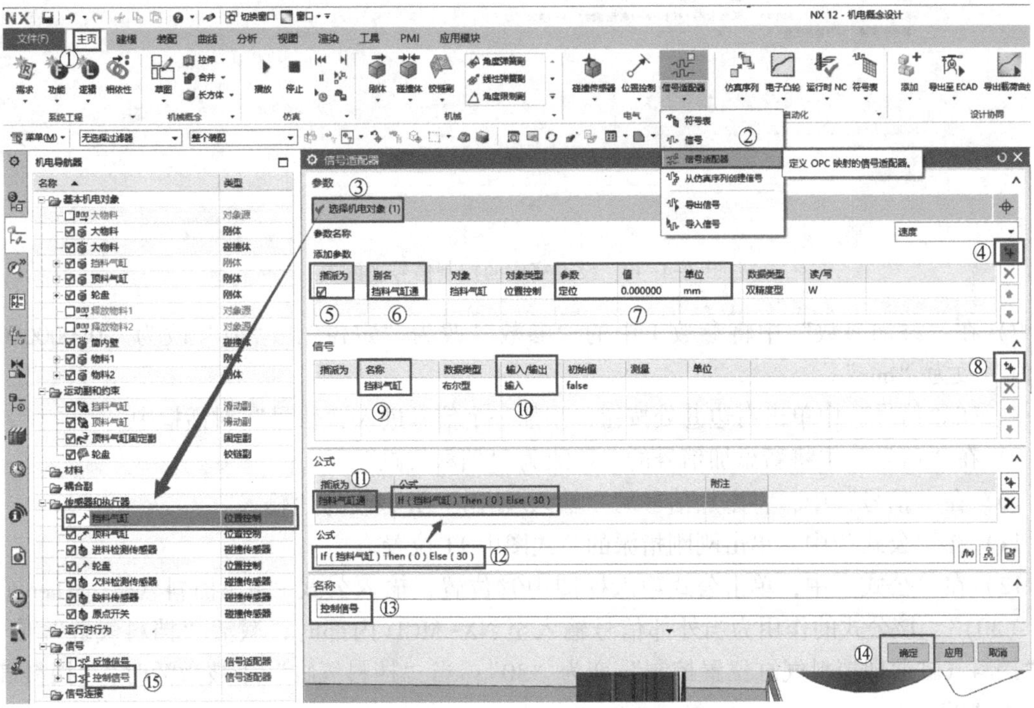

图 3-4-39　设置控制信号适配器

1）单击“主页”选项卡。

2）单击“信号适配器”按钮。

3）在“信号适配器”对话框中选择“选择机电对象”选项，然后在左边的“传感器和执行器”文件夹中选中“挡料气缸”执行器。

4）单击“信号适配器”对话框中右上角④处的按钮，添加一个信号适配器参数。

5）在“添加参数”中将参数 1 中的“指派为”复选框选中，公式处就会出现一个名字与参数 1 的别名相同的公式。

6）在“添加参数”中将参数 1 的别名改为“挡料气缸通”。

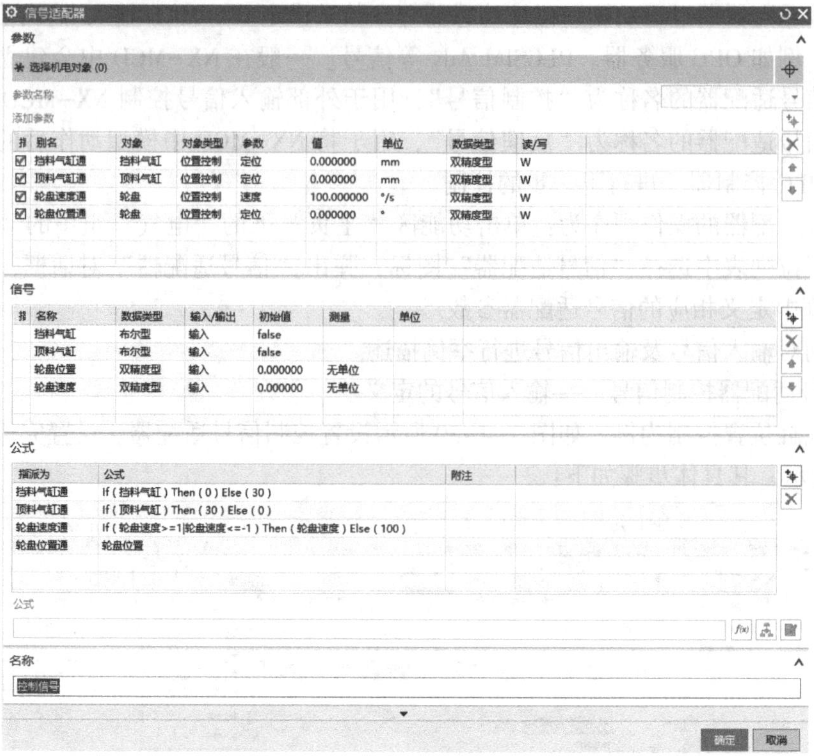

图 3-4-40 设置完成的控制信号适配器

7）在“添加参数”中将参数 1 中的“参数”改为“定位”，“值”改为“0.000000”，“单位”改为“mm”。

8）在“信号”中单击右边⑧处按钮，添加一个信号进入“信号”对话框中。

9）在“信号”中将新添加信号的名称改为“挡料气缸”。

10）在“信号”中，将添加信号的“输入/输出”类型改为“输入”。

11）在“公式”中，单击刚刚指派的公式图中 11 位置。

12）在“公式”中，单击公式输入框图中⑫位置，输入公式“If（挡料气缸）Then（0）Else（30）”，该公式的作用为当外部信号输入至 NX-MCD 内部时，激活“挡料气缸”信号，使“挡料气缸通即挡料气缸位置控制”变为“30”；当“挡料气缸”未被激活时，“挡料气缸通”为“0”。

13）将信号适配器的名称改为控制信号。

14）单击“确定”按钮，完成对挡料气缸控制信号的定义。

15）若要添加新的控制信号，双击导航栏左下角“信号”文件夹中的控制信号的信号适配器，可重新打开控制信号的信号适配器，并按照类似上述操作来对新的控制信号进行设置。

以此类推可设置挡料气缸、顶料气缸以及转盘的控制信号。

（2）信号适配器的反馈信号——输出信号的定义

双击导航栏左下角“信号”文件夹中反馈信号的信号适配器，即可重新打开控制信号的信号适配器。

以挡料气缸位置控制为例，如图 3-4-41 所示设置反馈信号适配器，设置完成后的反馈信号适配器如图 3-4-42 所示。

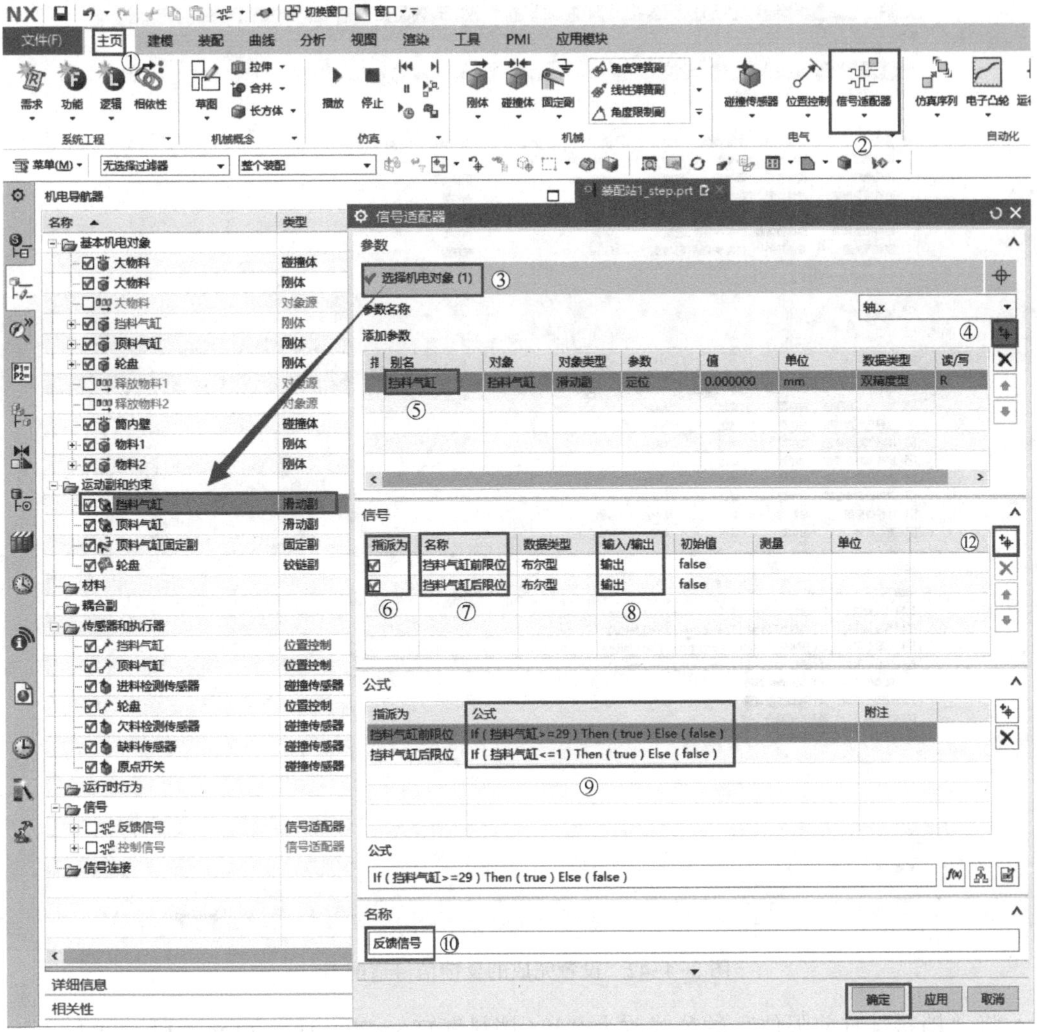

图 3-4-41　设置反馈信号适配器

1）单击“主页”选项卡。

2）单击“信号适配器”按钮。

3）在“信号适配器”对话框中选择“选择机电对象”选项，然后在左边的“运动副和约束”文件夹中选中“挡料气缸”滑动副。

4）单击“信号适配器”对话框中右上角④处的按钮，添加一个信号适配器参数。

5）在“添加参数”中，将参数的“别名”更改为“挡料气缸”。

6）在“添加参数”中，将“参数”更改为“定位”，“值”改为“0.000000”，“单位”改为“mm”，然后在“信号”中单击“添加”，如图 3-4-41 所示标注 12 的按钮位置。

7）在“信号”中，将新添加的两个信号分别改名为“挡料气缸前限位”和“挡料气缸后限位”。

8）在“信号”中，将两个信号的“输入/输出”都改为“输出”。

9）在“公式”中，设置前后限位公式的条件值如下：

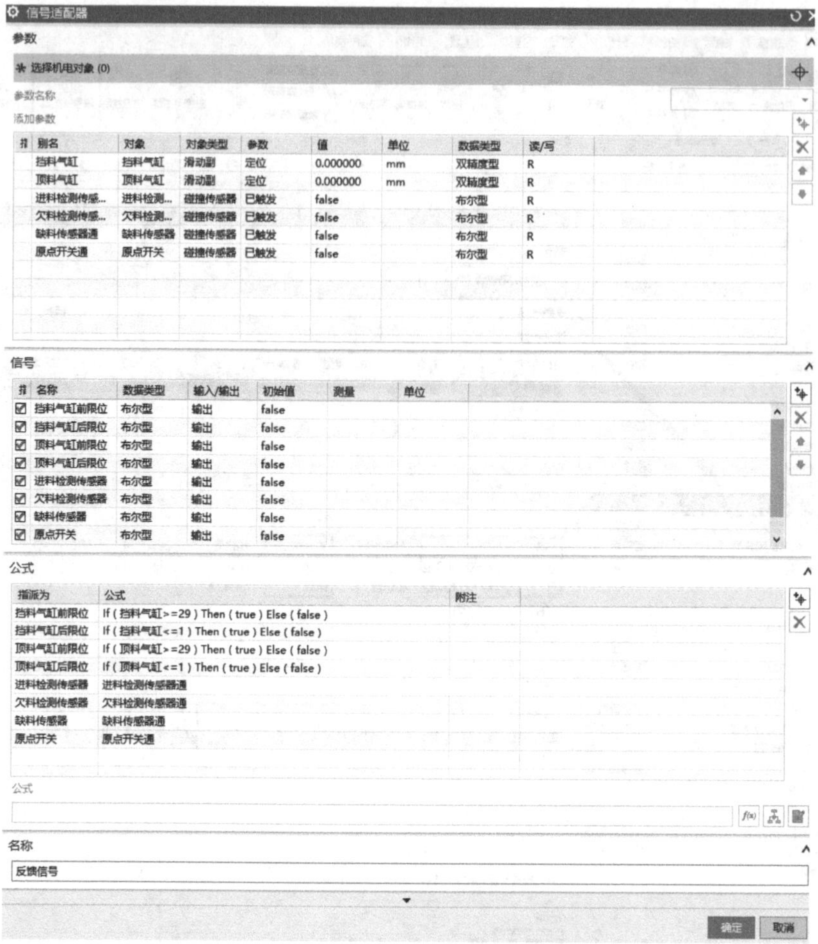

图 3-4-42 设置完成的反馈信号适配器

- 将“挡料气缸前限位”的公式改为“If（挡料气缸>=29）Then（true）Else（false）”，表示当挡料气缸的位置处于 29~30 mm 时，挡料气缸前限位信号为 1。
- 将“挡料气缸后限位”的公式改为“If（挡料气缸<=1）Then（true）Else（false）”，即当挡料气缸的位置处于 0~1 mm 时，挡料气缸后限位信号为 1。

10）修改完公式后信号适配器的名称更改为反馈信号。再单击“确定”按钮完成设置。

3.4.4 电气控制与虚拟仿真

（1）电气控制

在机电导航器任务栏中的信号文件夹中，找出在 3.4.3 小节的信号适配器中设置好的反馈信号及控制信号。将反馈信号和控制信号添加到察看器中，如图 3-4-43 所示。

以反馈信号为例，先右击“反馈信号”，再单击“添加到察看器”，则反馈信号被添加至察看器中。对控制信号进行相同的操作，将控制信号添加至察看器中。

添加成功后，单击左边工具栏中的运行时察看器，可看到添加进去的信号，如图 3-4-44 所示，然后单击“播放”按钮，就能看到当前的控制信号和反馈信号，如有设置好的控制信号和反馈信号，更改控制信号的状态值（例如单击“false”可变为“true”），就可控制模型的虚拟动作。

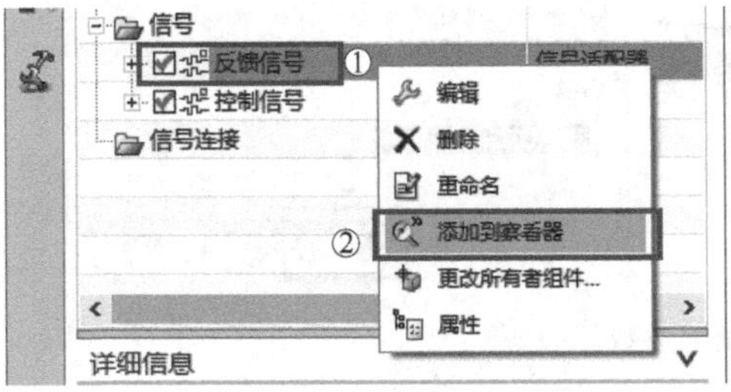

图 3-4-43 添加信号至察看器

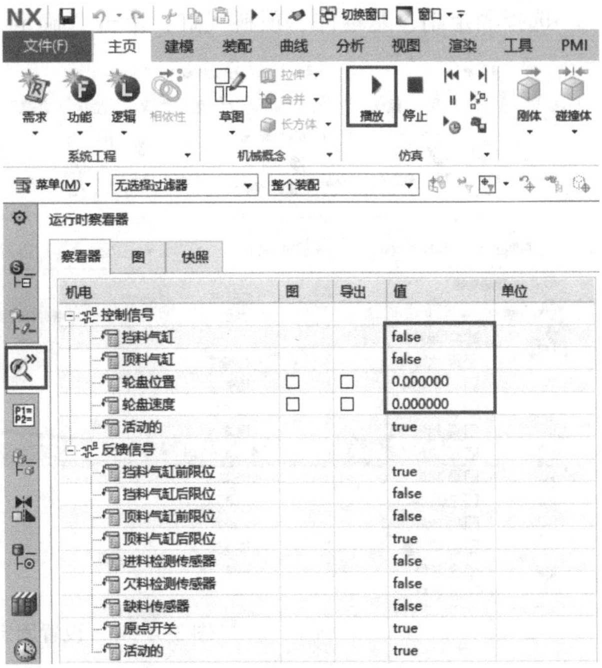

图 3-4-44 运行时察看器

电气控制调试无误后，观察机械模型动作是否正常。

现介绍两个仿真调试案例。

1）实现顶料气缸自动顶料。

设置过程以图 3-4-45 至图 3-4-50 所示举例说明。能实现效果即可。气缸自动顶料效果图如 3-4-45 所示。

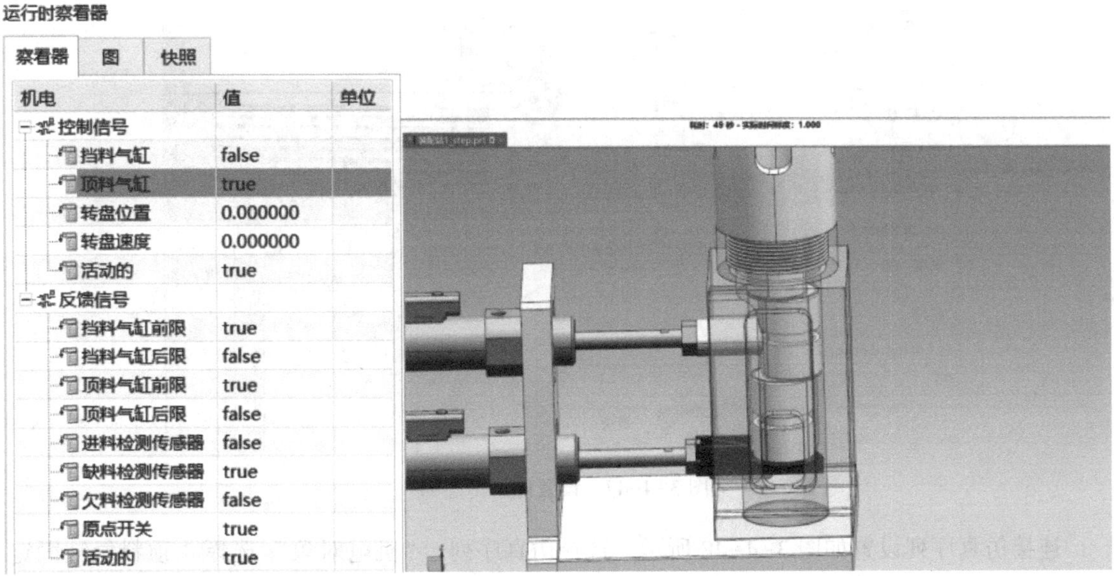

图 3-4-45 气缸自动顶料效果图

选择固定副、基本件、顶料气缸，单击“确定”按钮，如图3-4-46所示。

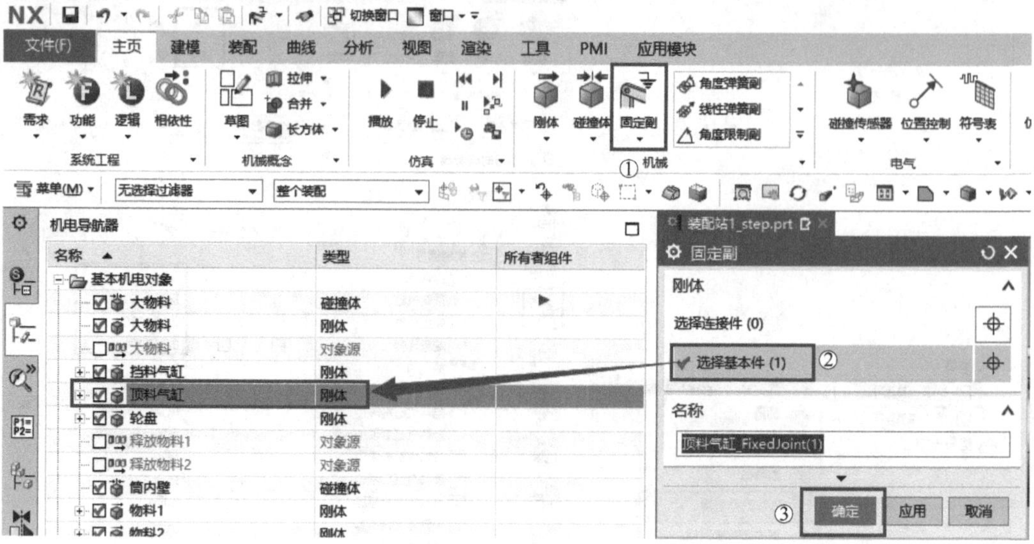

图3-4-46 设置固定副等参数

选择并设置碰撞传感器，如图3-4-47所示，命名为“Collision Sensor（2）”［顶料感应（2）］。

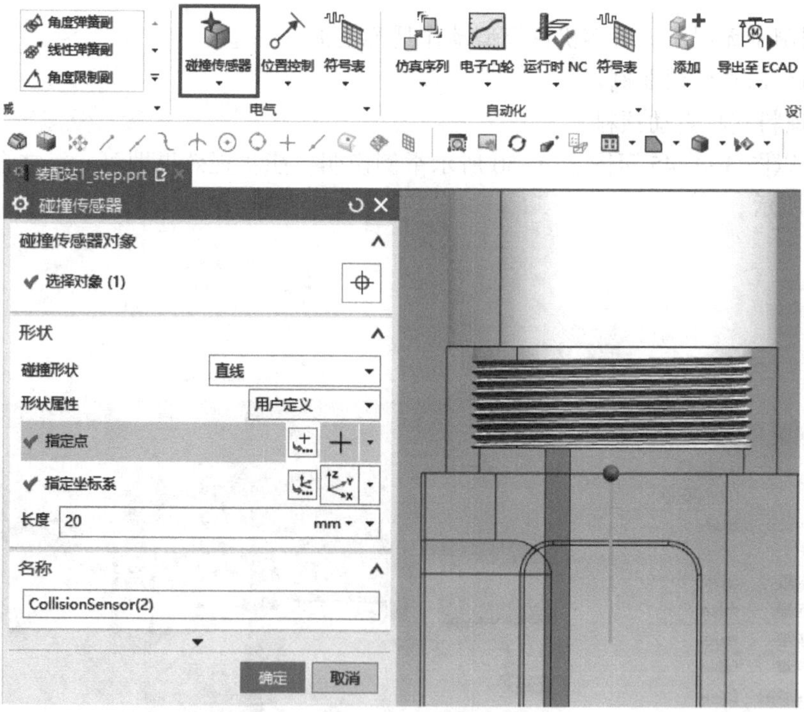

图3-4-47 设置碰撞传感器

连接仿真序列设置如图3-4-48所示。选择仿真序列，“机电对象”选择“顶料气缸固定副”，勾选“连接”，选择“触发器中的对象”，“连接”选择“顶料感应”，“选择条件对象”选择“反馈信号”。然后，在排列出来的反馈信号列表中，选择“反馈信号-顶料气缸前限==true”，名称为“顶料仿真”，单击“确定”按钮。

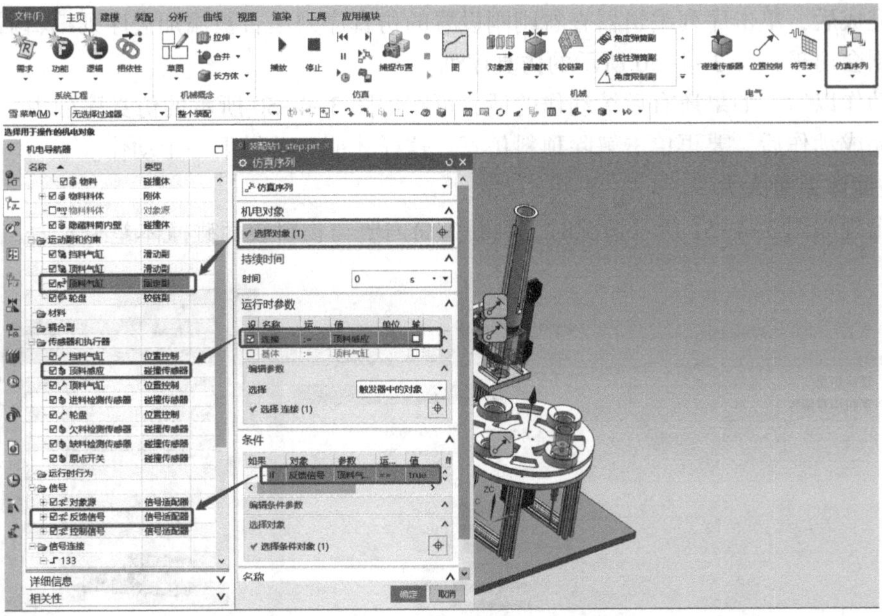

图 3-4-48　连接仿真序列设置

单击仿真序列，机电对象选择“顶料气缸固定副”，勾选“连接”，选择“刚体”，“选择条件对象”选择“顶料气缸前限位”，“值为 false”，名称为“顶料仿真解除”。单击“序列编辑器”，查看序列，解除仿真序列设置如图 3-4-49 所示。

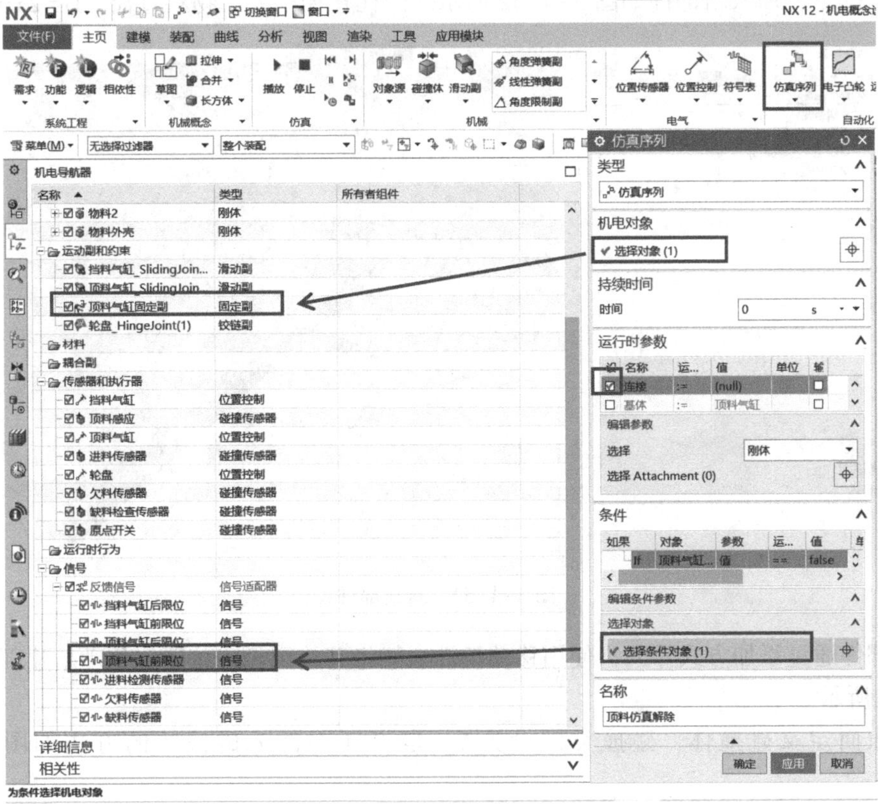

图 3-4-49　解除仿真序列设置

设置完成后，单击序列编辑器查看刚刚设置的仿真序列是否被添加进序列编辑器中。若设置成功，则会出现如图 3-4-50 所示的仿真序列。

顶料动作以后，如果还有后续动作的话，可在如图 3-4-50 所示的仿真序列中，先单击顶料仿真，完成动作后，要再单击解除顶料仿真。这样才能接着做下一个动作。

2）碰撞体差距太大

如果出现如图 3-4-51 所示情况时，判断为筒内壁与物料表面碰撞体差距太大。

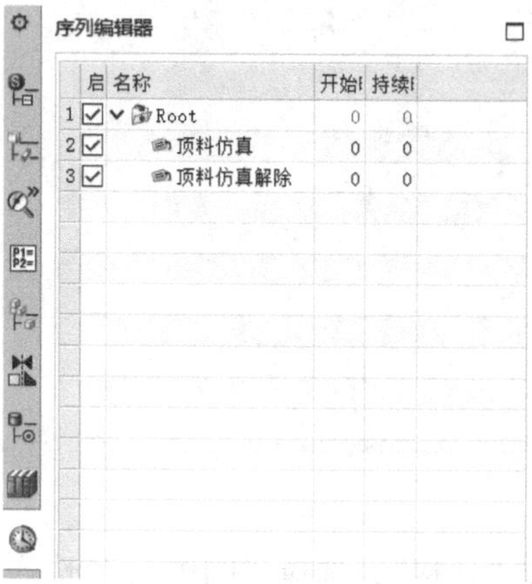

图 3-4-50 序列编辑器中的仿真序列

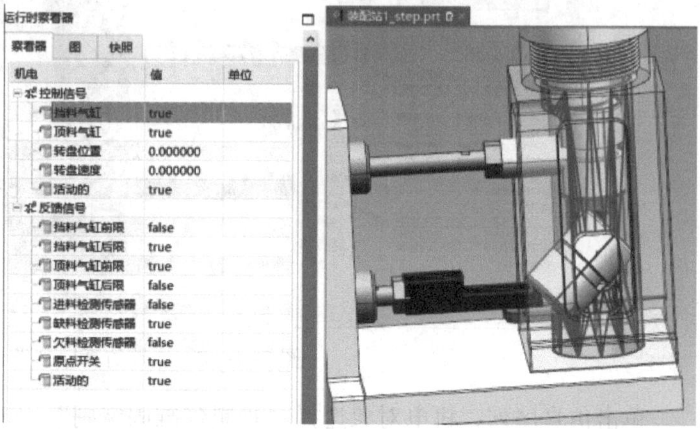

图 3-4-51 碰撞体差距过大

这种情况下，加入新部件如图 3-4-52 所示。圆柱直径稍大于物料直径，D＝2 mm。

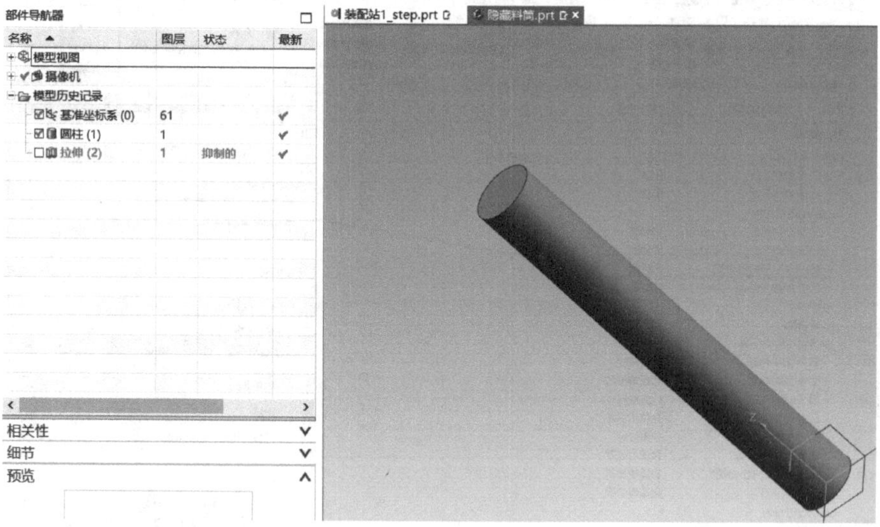

图 3-4-52 新建部件

将此部件通过添加方式导入，使用移动组件功能将其放到相应位置，移动新建部件方法如图 3-4-53 所示。

在其表面定义碰撞体，碰撞类别设为 2，定义新部件为碰撞体的方法如图 3-4-54 所示。

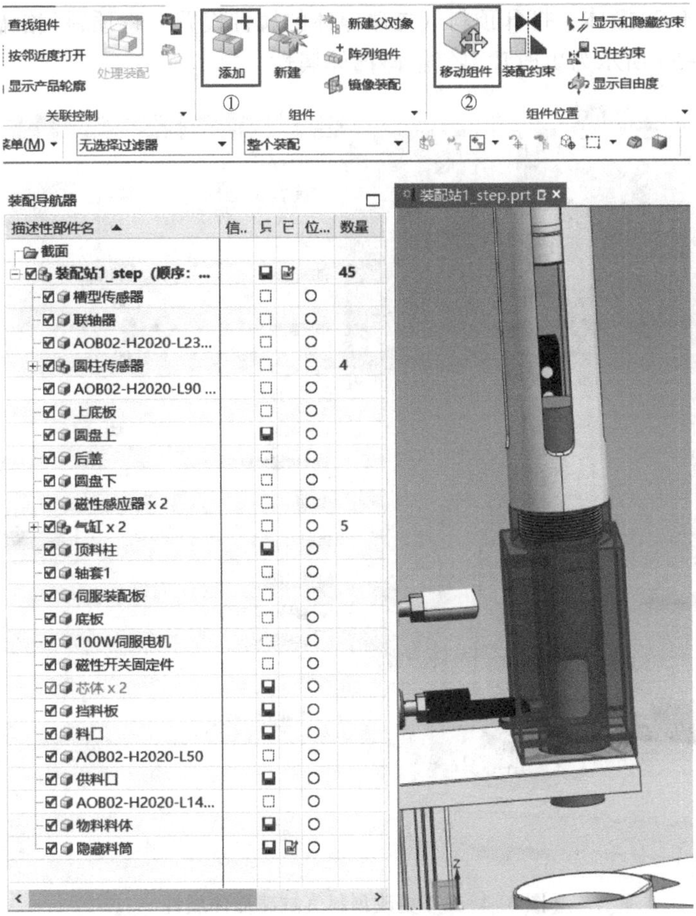

图 3-4-53　移动新建部件

然后取消勾选顶料气缸下选中的碰撞体，如图 3-4-55 所示。

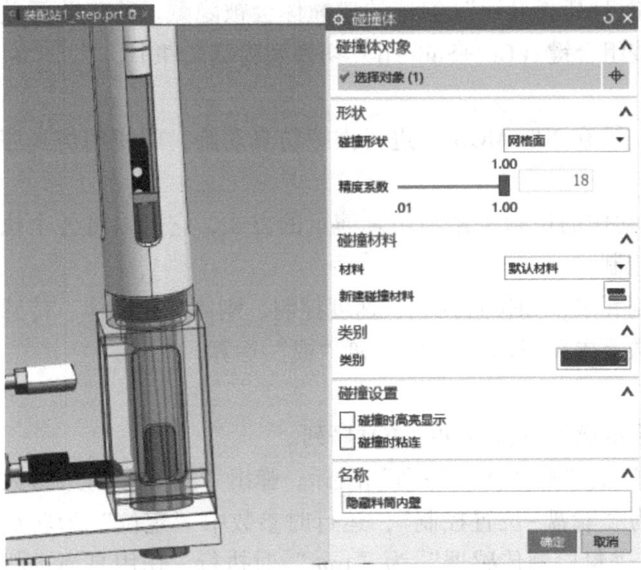

图 3-4-54　定义新部件为碰撞体

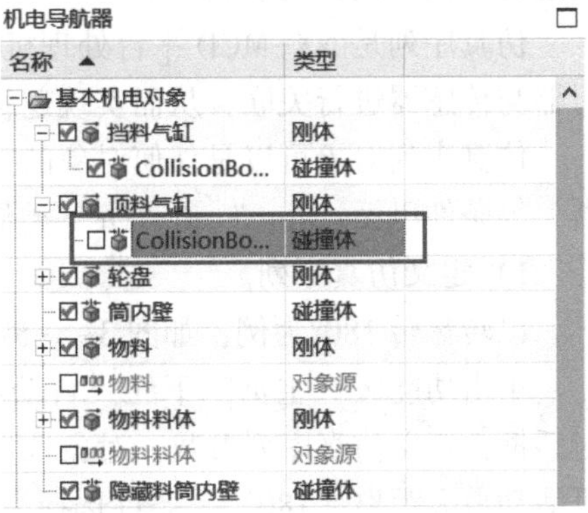

图 3-4-55　取消顶料气缸下选中的碰撞体

双击顶料气缸的碰撞体，打开顶料气缸碰撞体的属性设置。将顶料气缸碰撞体的碰撞类别改为 1，如图 3-4-56 所示为更改顶料气缸碰撞体属性。

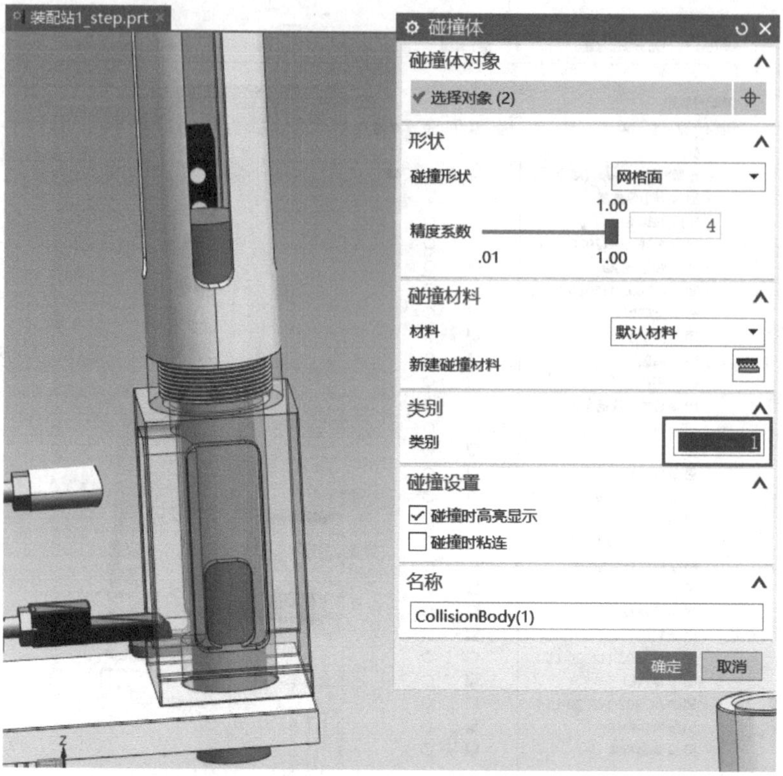

图 3-4-56 更改顶料气缸碰撞体属性

3）碰撞类别不同的碰撞体之间不会有碰撞冲突，但类别为 0 的碰撞体与所有碰撞类别的碰撞体都有冲突。这时将“碰撞时高亮显示”取消勾选，则碰撞时不会高亮显示。可根据实际情况的需要自行取消勾选，取消“碰撞时高亮显示”勾选的碰撞体会被隐藏。若将此无关部件隐藏可按组合键〈Ctrl+B〉隐藏，按组合键〈Ctrl+Shift+B〉切换到隐藏文件中。

（2）虚拟仿真

当电气控制及机械模型动作无误后，可在 NX-MCD 中进行虚拟仿真动画，即使用仿真序列进行多模型动作的仿真。

仿真序列是 NX-MCD 平台处理机构动作的逻辑关系与仿真演示的方式，它可以将各个执行器与传感器进行关联，从而实现逻辑控制。

仿真序列对象可以是任何对象的控制元素，如位置控制、速度控制、刚体、碰撞体、传感器，等条件里面“And”和“Or”类似数字电路里面的“与”和“或”运算。

1）定义仿真序列。

以转盘转 180°为例，如图 3-4-57 所示设置转盘转动的仿真序列。

单击功能区“主页”下的“自动化”组中的“仿真序列”图标。弹出“仿真序列”参数对话框，定义仿真序列参数，对象选择为“轮盘-位置控制”，运行时参数中“定位”为转盘可活动最大距离“180°”，条件选择为“进料检测传感器”为“true”时执行。作用是当进料检测传感器有信号为 true 时，转盘转 180°。

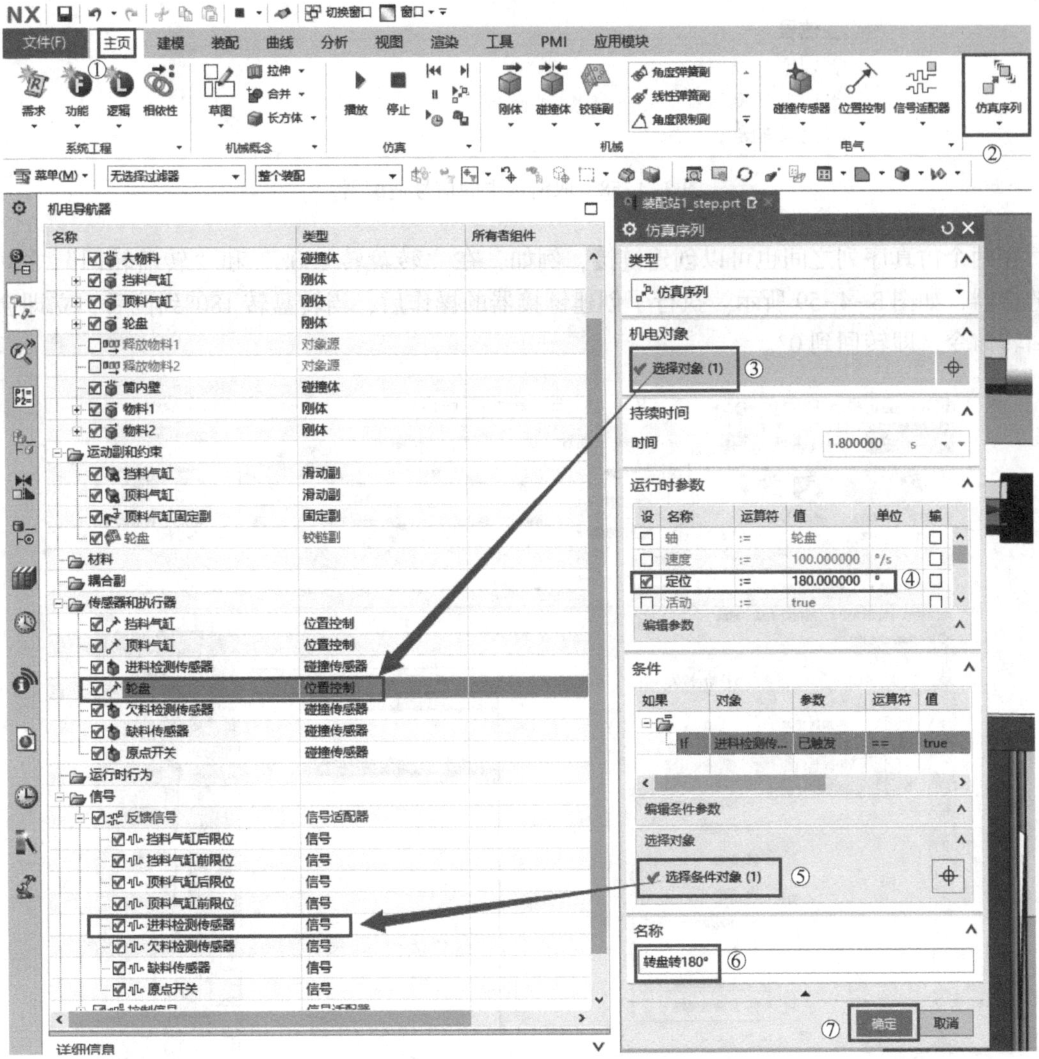

图 3-4-57 设置转盘转动的仿真序列

以同样的方法，建立一个“转盘转回”的仿真序列，定义仿真序列参数，对象选择为“轮盘-位置控制”，运行时参数中“定位”为转盘可活动最大距离“0”，条件在为“轮盘-定位==180”时执行。

设置完成的仿真效果为：当转盘转到180°时，转盘的位置控制数值变为0°，即控制转盘又从180°位置转回0°位置。

如果直接使用“传感器和执行器”作为仿真序列的机电对象时，要把“反馈信号”和“控制信号”前的勾选取消。否则仿真序列无效，因为“信号”优先权大于“传感器和执行器”。取消选中的信号适配器如图3-4-58所示。

2）仿真序列编辑器。

仿真序列编辑器中显示机械系统中创建的所有仿真序列，用于管理仿真序列在何时或何种条件下开始执行，控制执行机构或者其他对象在不同时刻的不同状态。

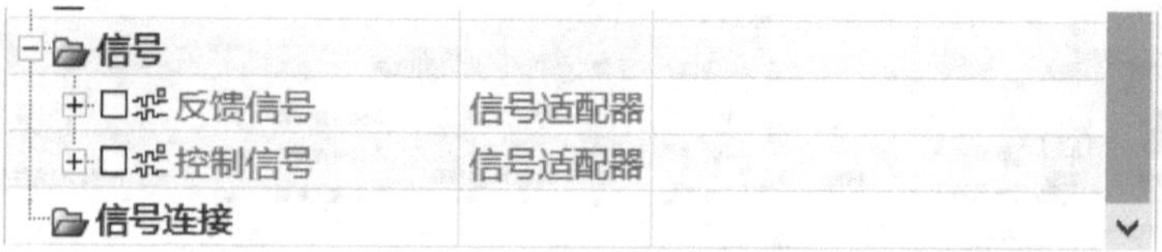

图 3-4-58 取消选中的信号适配器

在两个仿真序列之间也可以创建链接，例如，在“转盘转 180°”和“转盘转回”之间创建链接器，如图 3-4-59 所示。执行了创建链接器的操作后，当转盘转 180°到位后，立即会执行回转命令，即转回到 0°。

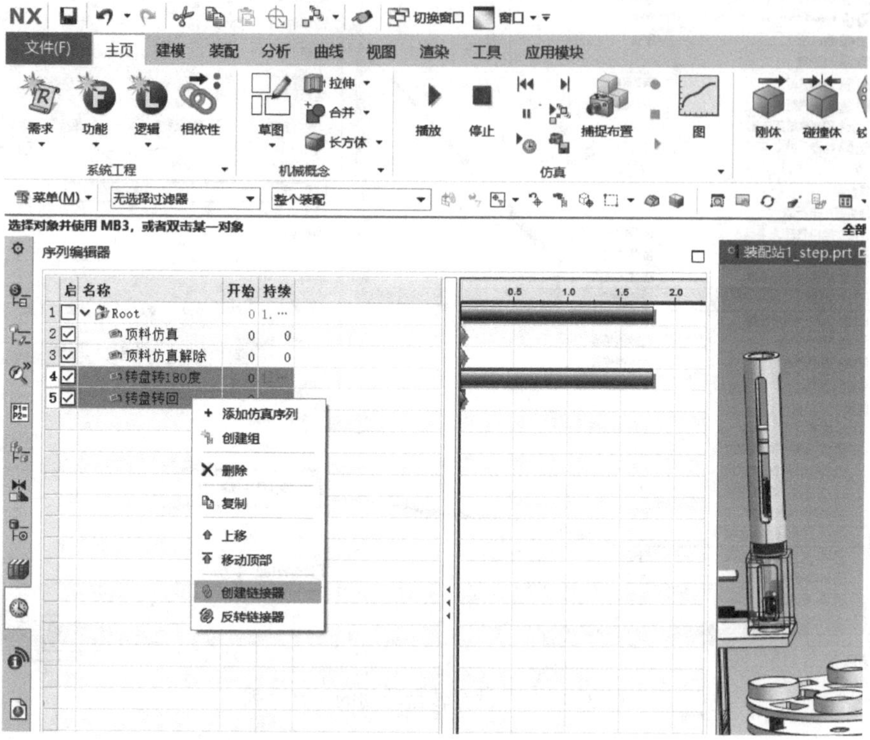

图 3-4-59 创建链接器

3.4.5 装配单元 II 虚拟调试

当在单元 NX-MCD 中电气控制、虚拟仿真与实际设备控制动作顺序一致时，可进行装配单元 II 的虚拟调试，本章介绍西门子 TIA 博途软件的调试方法。

1. 西门子虚拟环境的定义

（1）用 S7-PLCSIM Advanced 创建虚拟网口

1）打开 PLCSIM，创建虚拟仿真 PLC，如果需要与 PLC 实物连接，则选择 Adapter 适配器，如图 3-4-60 所示；

2）新建一个仿真 PLC 名称，以数字命名；

3）单击 Start 确定；

4）绿灯 RUN 表示正常运行，黄灯 RUN-P 表示准备好可以运行，红灯 STOP 表示出错停止运行；

5）当 LED 指示灯为黄色时，可单击仿真 PLC 运行按钮，运行成功后指示灯转为绿色；

6）关闭后重启虚拟仿真 PLC；

7）进入文件夹，可以删除已创建的、不需要的虚拟 PLC，可添加的虚拟 PLC 上限为 16 个。

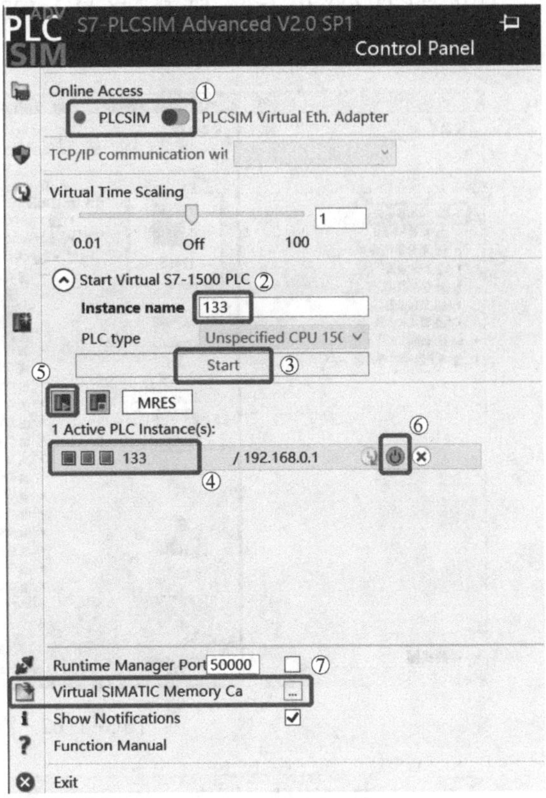

图 3-4-60 新建仿真 PLC

（2）创建新项目

创建新项目，改名为“装配站 1”，自定义文件保存位置，打开项目视图，如图 3-4-61 所示。

（3）添加 S7-1500 PLC 控制器

双击“添加新设备”，选择控制器 S7-1500 系列，打开“CPU 1511-1 PN”，选择“6ES7 511-1AK02-0AB0”，单击“确定”按钮，如图 3-4-62 所示。如果选错控制器，程序下载时会出错。

双击打开“PLC_1”，选择“系统和时钟存储器”，勾选“启用系统存储器字节”和“启用时钟存储器字节”，如图 3-4-63 所示。

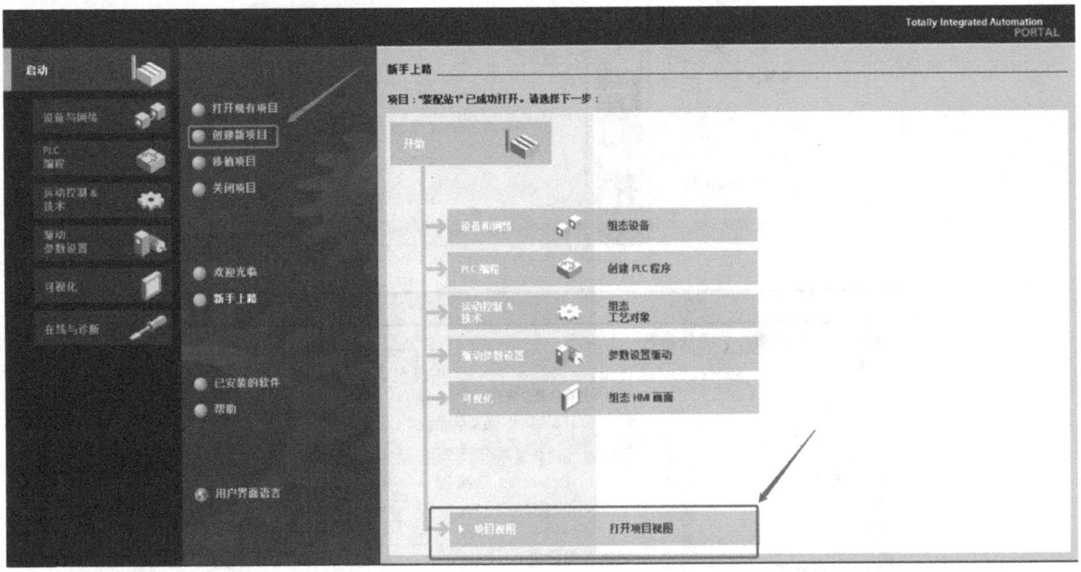

图 3-4-61 创建新项目

（4）添加 HMI 触摸屏

双击“添加新设备”，添加 HMI 触摸屏，选择 SIMATIC 精简系列面板，选择“7″显示屏”，打开“KTP700 Basic”，选择“6AV2 123-2GB03-0AX0”，单击“确定”按钮，如图 3-4-64 所示。

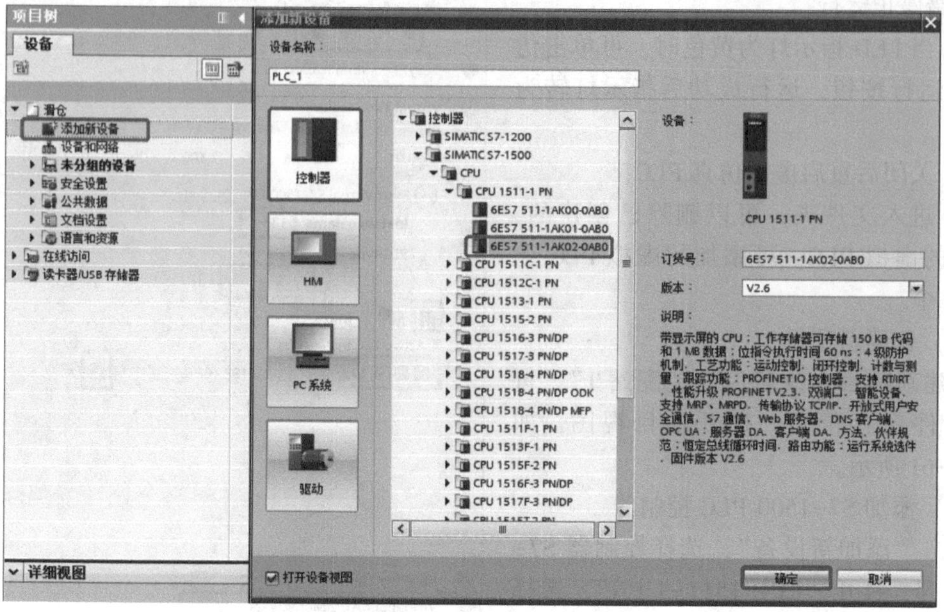

图 3-4-62　添加控制器

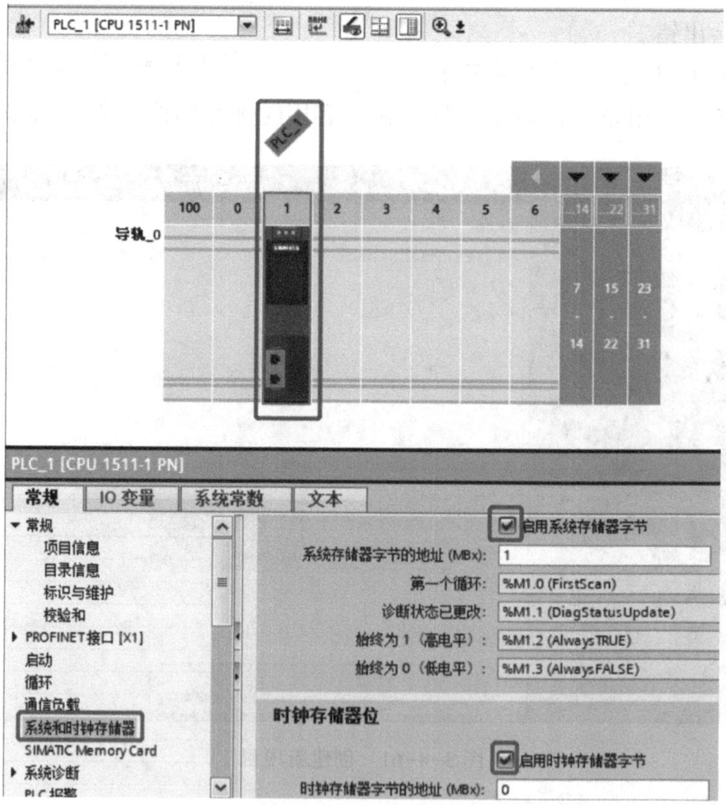

图 3-4-63　PLC 设置

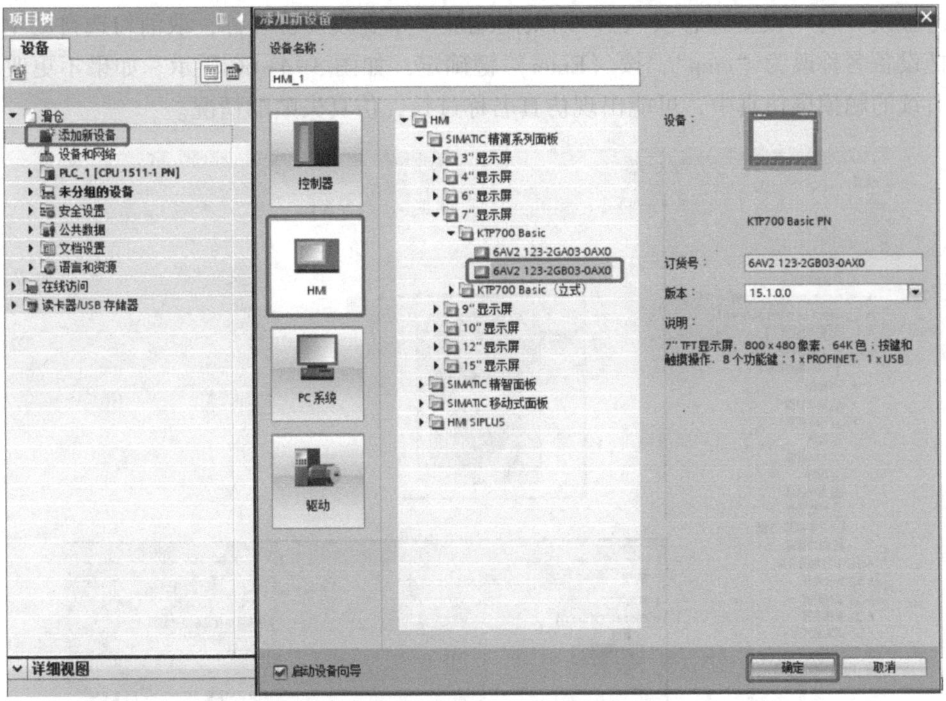

图 3-4-64 添加 HMI 触摸屏

弹出“设备向导”对话框，单击“浏览”，选择“PLC_1”，单击“确定”按钮，HMI 触摸屏就可以自动与上一步添加的 PLC_1 控制器创建连接，如图 3-4-65 所示，现在已完成组态，已连接 PLC。

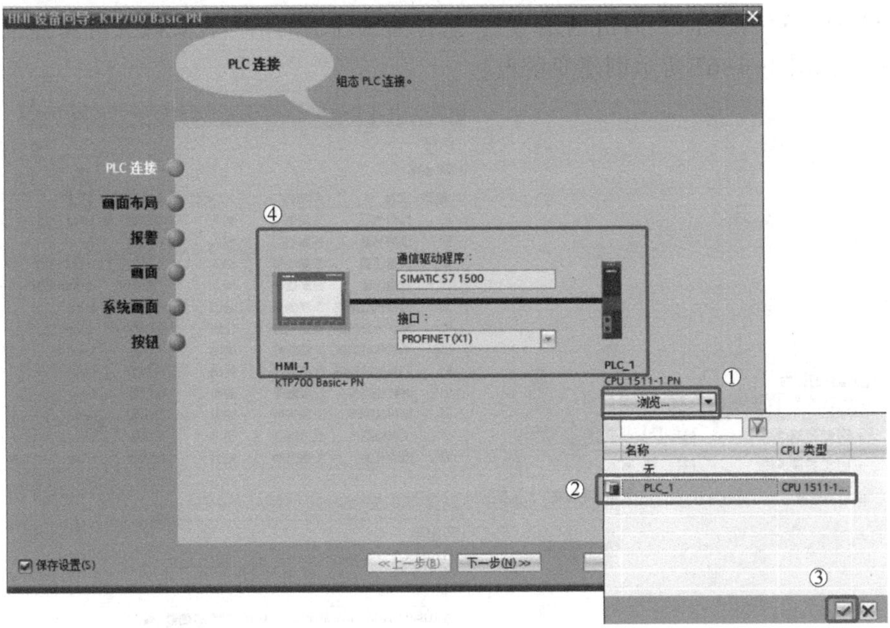

图 3-4-65 触摸屏与 PLC 连接

双击触摸屏的“设备组态”，在“以太网地址”中更改设备名称，取消勾选自动生成设备名称，把设备名称改为“cmp”，按〈Enter〉键确定，如图 3-4-66 所示。如果不更改名称的话，在后续的触摸屏仿真中，可能出现仿真名称过长，仿真失败的情况。

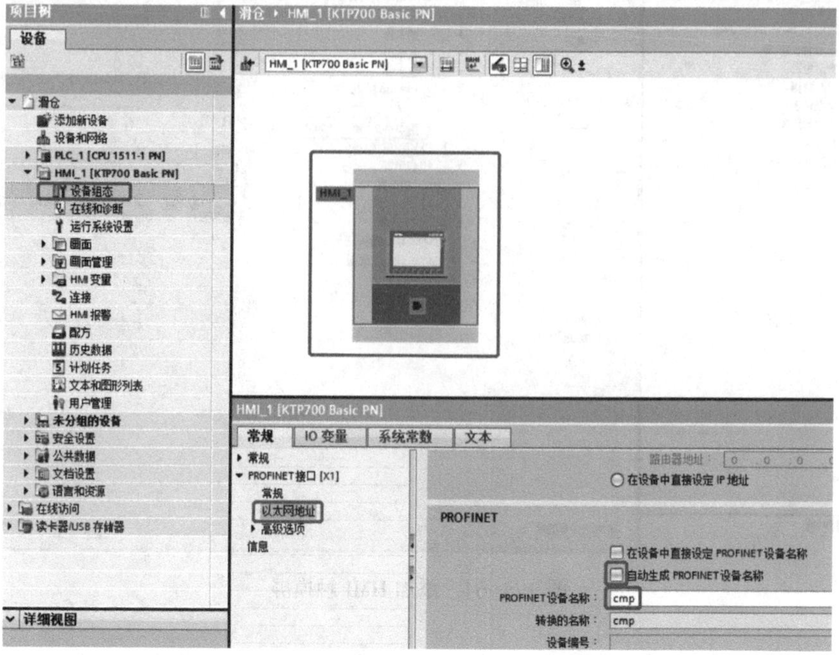

图 3-4-66 更改设备名称

（5）创建 PLC 变量表

1）导出信号表。

打开 NX-MCD 装配站 1，右击“信号”，选择需要导出的信号，更改文件保存位置，可以保存到桌面，如图 3-4-67 所示创建变量表。

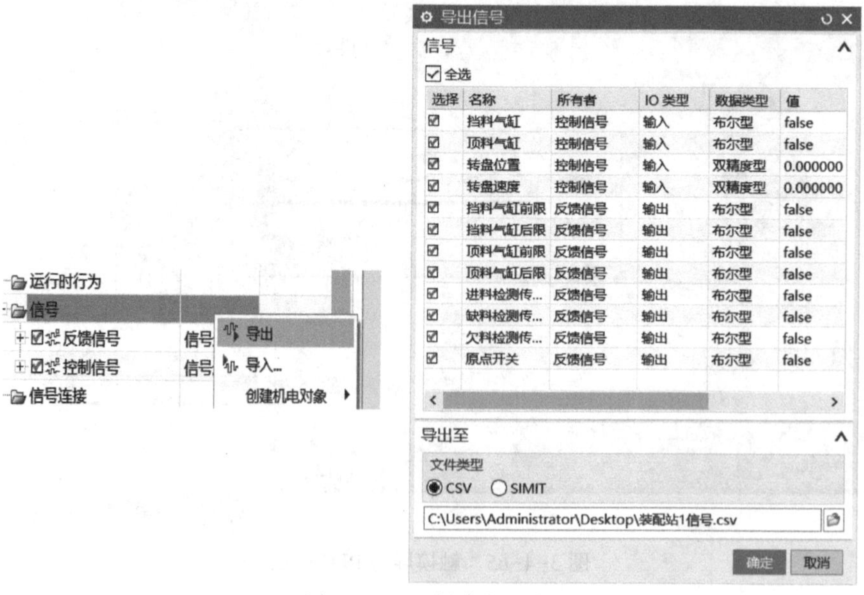

图 3-4-67 创建变量表

2）导入信号表。

打开装配站 1 信号 . csv 文件，选择 Output 信号名称并复制，如图 3-4-68 所示，Input 信号也同样处理。

	A	B	C	D	E	F	G	H
1	Name	Adapter	Data Type	I/O	Value	Signal Connection Name		
2	挡料气缸	控制信号	bool	Input	FALSE			
3	顶料气缸	控制信号	bool	Input	FALSE			
4	转盘位置	控制信号	double	Input	0			
5	转盘速度	控制信号	double	Input	0			
6	挡料气缸前限	反馈信号	bool	Output	FALSE			
7	挡料气缸后限	反馈信号	bool	Output	FALSE			
8	顶料气缸前限	反馈信号	bool	Output	FALSE			
9	顶料气缸后限	反馈信号	bool	Output	FALSE			
10	进料检测传感器	反馈信号	bool	Output	FALSE			
11	缺料检测传感器	反馈信号	bool	Output	FALSE			
12	欠料检测传感器	反馈信号	bool	Output	FALSE			
13	原点开关	反馈信号	bool	Output	FALSE			
14								
15								

图 3-4-68　MCD 信号表

然后在博途“项目树→PLC_1→PLC 变量”中添加变量表，改名为“输入”，把刚刚从 NX-MCD 复制的输出信号粘贴进来，NX-MCD 输出信号对应博途中的输入信号；粘贴完成后，数据类型自动生成为“Bool”，地址为“I”，导输出信号表的设置类似，如图 3-4-69 所示。

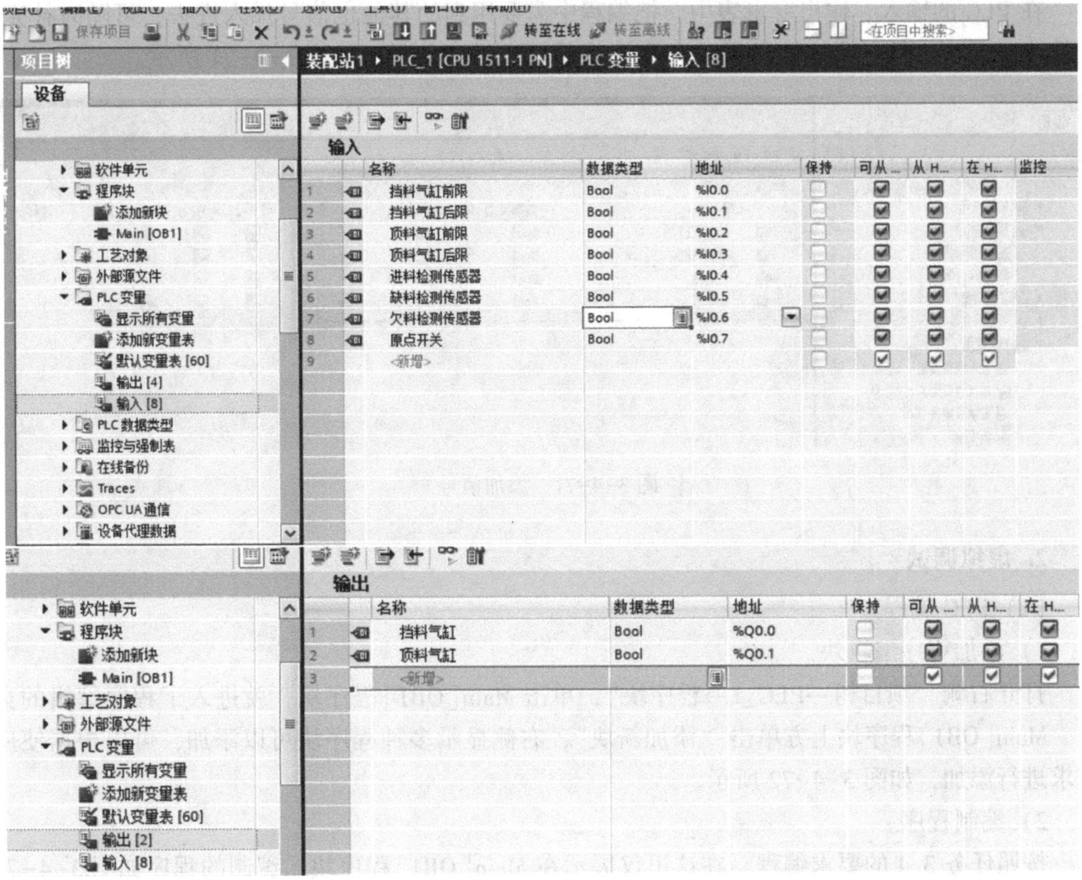

图 3-4-69　导入变量表

这样直接把NX-MCD中与博途关联的信号复制出来，可以使后面的映射更为简便。在博途的PLC中，I表示输入映像寄存器，Q表示输出映像寄存器，M表示辅助继电器，L表示临时变量寄存器，D表示数据寄存器。

如同建立输入和输出变量表一样，建立双精度的变量表，因为“转盘位置”“转盘速度”为双精度数据，所以变量类型应为Real，如图3-4-70所示。

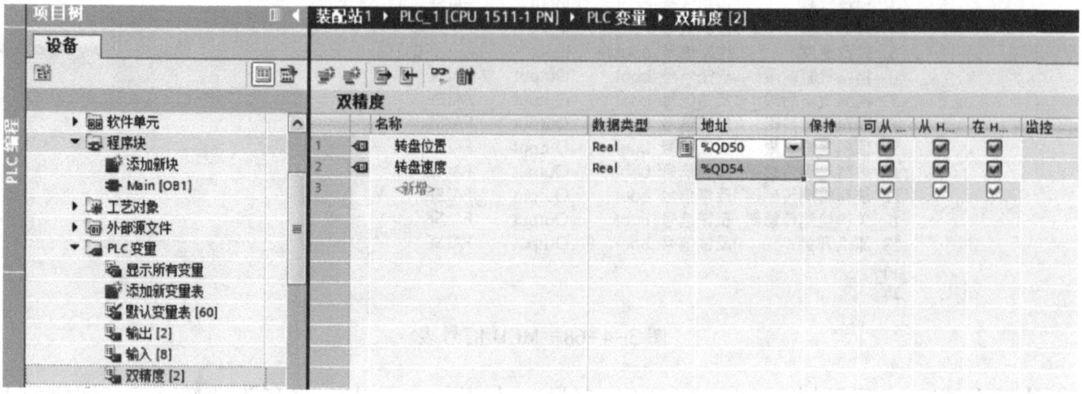

图3-4-70 设置变量类型

3）添加其余编程信号。

在PLC的输入、输出变量表中，把编程中需要用到的其他也信号加入进去，可随时补充，以输出变量表为例，添加“已启动”和“指示灯”输出信号，如图3-4-71所示。

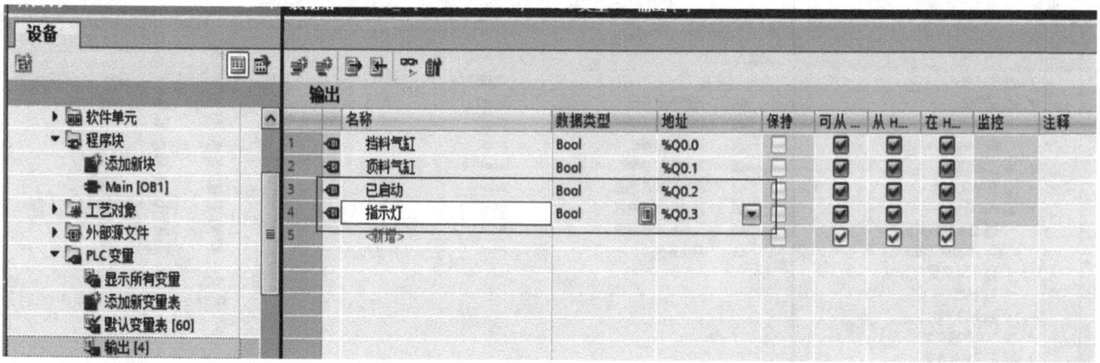

图3-4-71 添加信号

2. 虚拟调试

（1）PLC编程

1）添加程序编辑块。

打开右侧“项目树→PLC_1→程序块”，单击Main[OB1]程序块，就进入了程序编辑的页面。Main[OB1]程序块上方单击“添加新块”，右侧显示多种程序块可以添加，可以根据使用需求进行添加，如图3-4-72所示。

2）编制程序。

按照任务3.4的要求编程，在这里仅展示在Main[OB1]程序块。编制的程序如图3-4-73所示。

图 3-4-72　添加程序编辑块

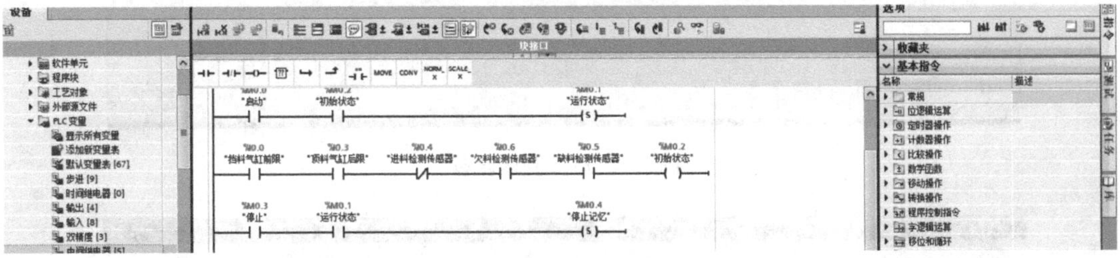

图 3-4-73　编制程序

3）虚拟程序调试。

编辑好程序后，进行 NX-MCD 与博途的连接和调试。

① 首先将程序进行下载，如图 3-4-74 所示。

图 3-4-74　程序下载

② 弹出搜索设备窗口，如图 3-4-75 所示，单击“开始搜索”按钮。

③ 搜索成功后单击“下载”，下载后装载，如图 3-4-76 所示。

④ 装载完成后，在博途内单击启动模块，如图 3-4-77 所示。

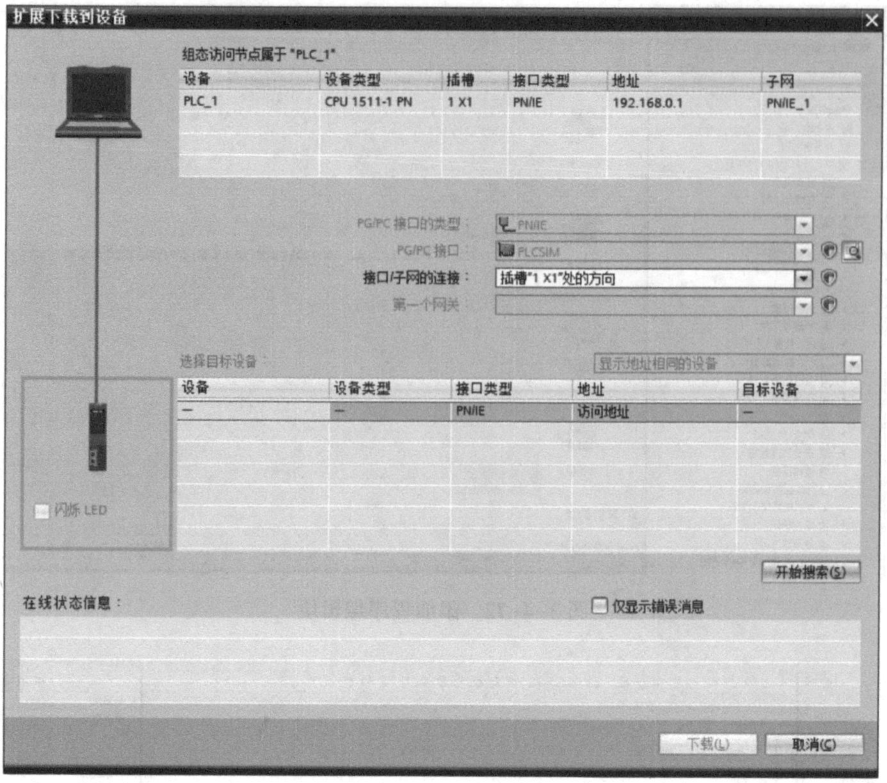

图 3-4-75 搜索设备

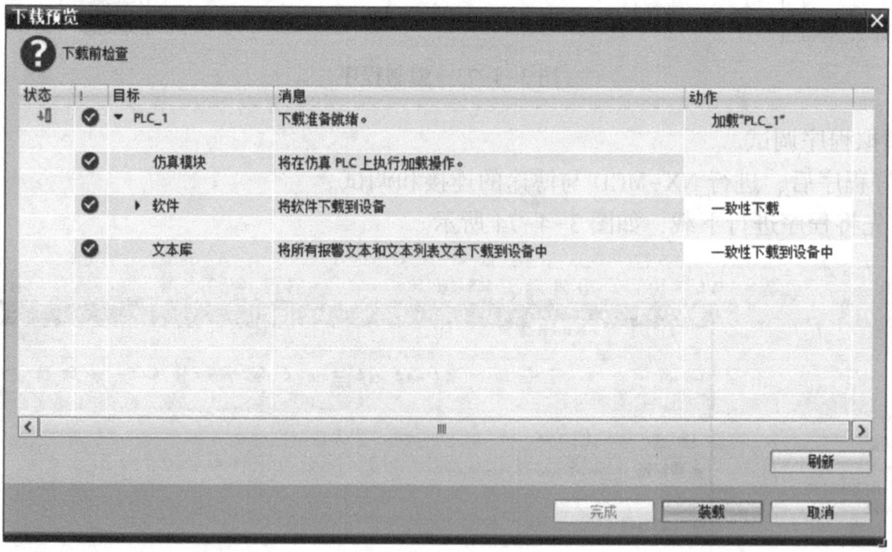

图 3-4-76 下载程序

（2）配置 NX-MCD 参数

进入 NX-MCD，客户端外部信号配置如图 3-4-78 所示。

在弹出的“外部信号配置”对话框中，选择“PLCSIM Adv”，然后“刷新注册实例”，勾选要使用的信号之前导出的 12 个信号，单击“确定”按钮，如图 3-4-79 所示。

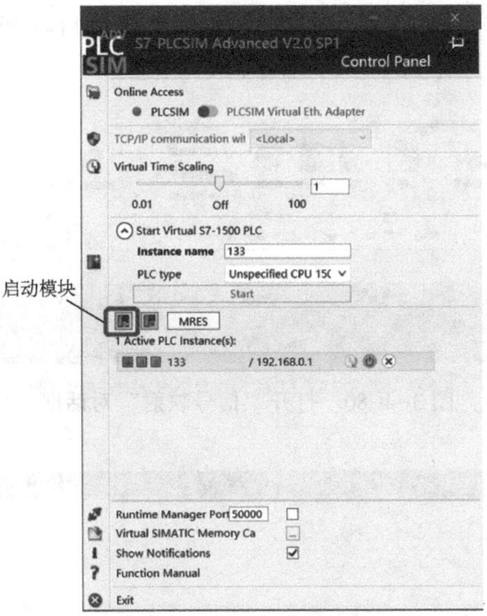

图 3-4-77　启动模块

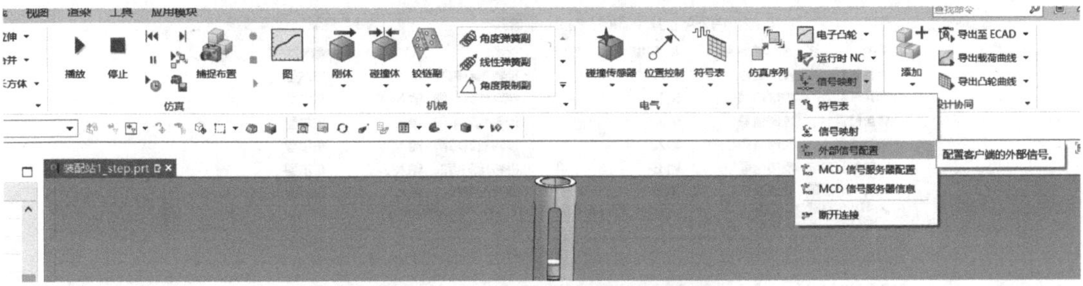

图 3-4-78　客户端外部信号配置

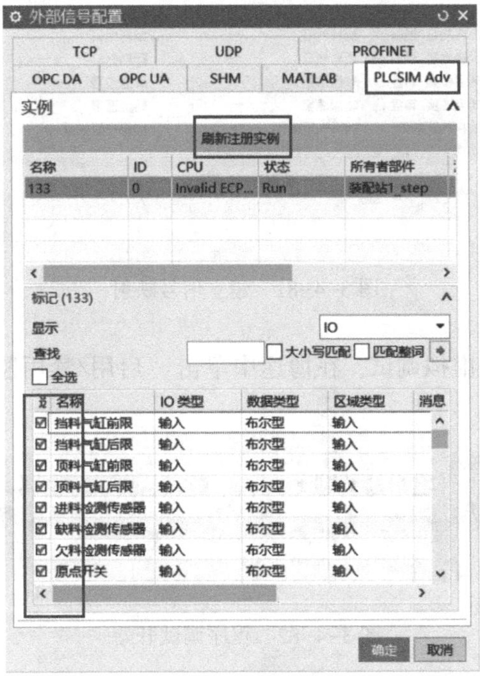

图 3-4-79　选择外部信号

如图 3-4-80 所示，得到信号映射对话框打开后“执行自动映射”，对应映射出来后单击“确定”按钮，建立信号映射如图 3-4-81 所示。

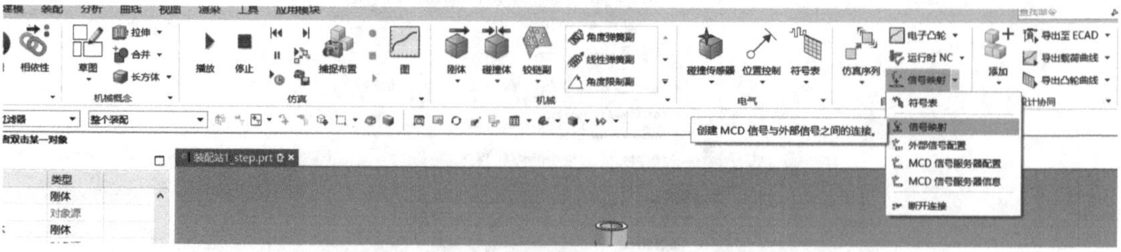

图 3-4-80 打开“信号映射”对话框

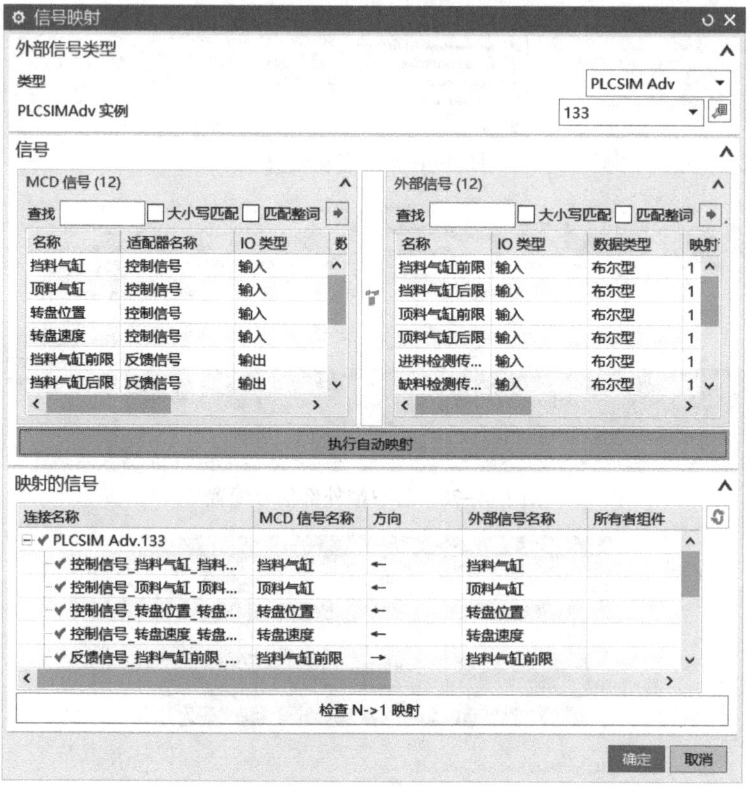

图 3-4-81 建立信号映射

此时就可以进行程序的虚拟调试，在博途中单击“启用/禁用监视”按钮以启用监视，如图 3-4-82 所示。

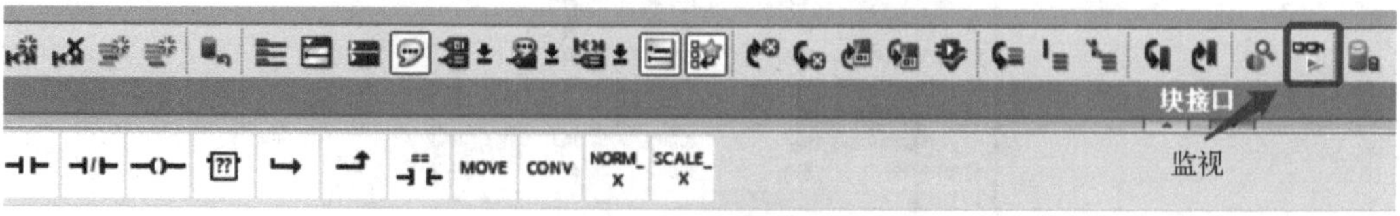

图 3-4-82 程序调试开始

然后在 NX-MCD 中单击“播放”按钮虚拟调试的“播放”效果如图 3-4-83 所示，当博途中顶料气缸线圈得电后，NX-MCD 中顶料气缸推出。

二维码 3-4
装配站 II
虚拟仿真

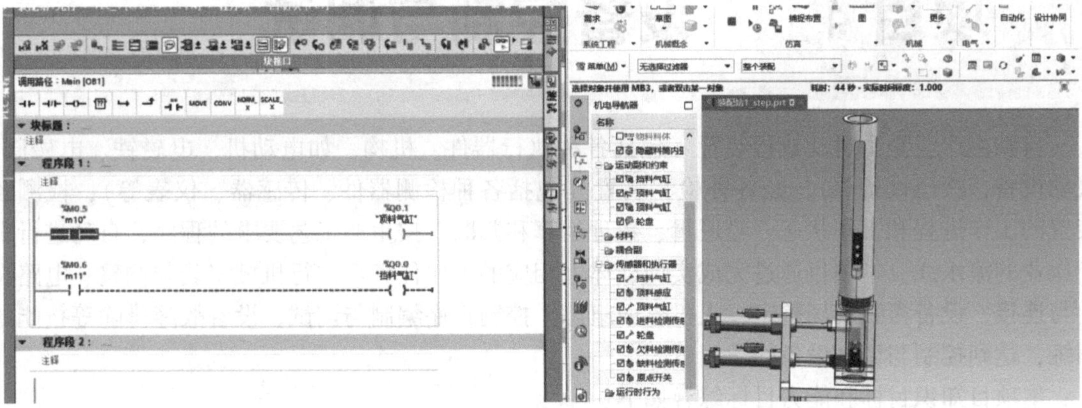

图 3-4-83　虚拟调试

项目 4　设备控制与调试

自动生产线是由自动执行装置（包括各种执行器件、机构，如电动机、电磁铁、电磁阀、气动设备，液压设备等），经各种检测装置（包括各种检测器件、传感器、仪表等），检测各装置的工作进程和工作状态，经逻辑、数理运算和判断，按生产工艺要求的程序，自动进行生产作业的流水线。本项目通过完成实训载体上相应的工作任务：进行机械安装与调整、电路设计与连接、设备参数现场整定，人机界面组态、控制程序编制与调试、设备故障排除等技能的训练，达到控制与调试设备的学习目的。

本项目知识目标和能力目标综合如下：

任　务	知识目标	能力目标
任务 4.1　各单元传感器应用	1. 了解各类型传感器的原理。 2. 掌握设备单站的传感器及检测方案	1. 会通过实物检测传感器信号。 2. 会进行传感器与 PLC 的连接和信号状态的判别。 3. 能进行脉冲当量测算及定位推料装置的调试
任务 4.2　各单元电气控制	1. 掌握 PLC 控制程序编制。 2. 理解设备控制的编程	1. 能根据单个设备信号的逻辑关系编制控制程序。 2. 能根据各设备信号的逻辑关系，编制其设备间的控制程序
任务 4.3　变频器 PLC 控制	1. 理解变频器调速的原理。 2. 理解 PLC 控制变频调速方案	1. 能进行变频器安装和接线。 2. 会设置变频器常用参数。 3. 能进行 PLC 控制变频器调速的调试
任务 4.4　步进电动机 PLC 控制	1. 了解步进电动机的应用。 2. 理解步进电动机定位调速运动控制方案	1. 能进行步进驱动器与步进电动机的安装和接线。 2. 会进行步进驱动参数的设置。 3. 能进行 PLC 控制步进电动机的调试
任务 4.5　伺服电动机 PLC 控制	1. 了解伺服电动机的应用。 2. 理解伺服电动机定位运动控制方案	1. 能进行伺服驱动器与伺服电动机的安装和接线。 2. 会进行设置伺服驱动器参数。 3. 能进行 PLC 控制伺服电动机的调试

任务 4.1　各单元传感器应用

4.1.1　供料单元传感器和检测方案

供料单元中所使用的传感器由 4 个磁感应接近开关、1 个电感式接近开关和 3 个漫射型光电式传感器组成，如图 4-1-1 所示。

其检测方案如下：

1）设备通电和气源接通后，利用磁感应接近开关 1 和 4，检测两个气缸均处于缩回位置，且利用漫射型光电式传感器 1 检测料仓内是否有足够的待加工工件，若符合要求则可以正常工作。

2）若设备已准备好，则按下起动按钮，工作单元起动。起动后，利用光电式传感器 3 检测前方物料台上有没有工件，若没有工件则光电式传感器 3 信号断开，执行把工件推到物料台上的动作（顶料气缸伸出到位，磁感应接近开关 2 动作→推料气缸伸出到位，磁感应接近开关 3 动作→推料气缸缩回到位，磁感应接近开关 4 动作→顶料气缸缩回，磁感应接近开关 1 动作）。物料台上的工件被取出后，若没有停止信号，则进行下一次推出工件操作。

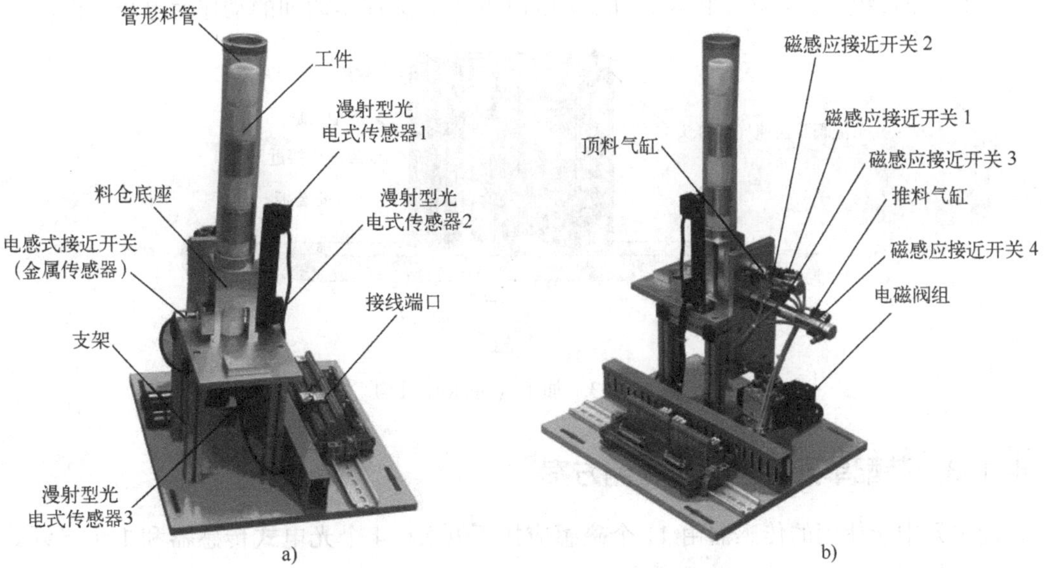

图 4-1-1 供料单元装置外观图

a）正视图 b）侧视图

3）电感式接近开关（金属传感器）用在工件推出之前检测工件是否为金属工件。

4）若在运行中检测料仓内工件的漫射型光电式传感器 1 信号断开，则说明仓内工件不足，发出料不足的提示；若料仓下面的漫射型光电式传感器 2 检测到料仓内没有工件，则发出缺料警示。

4.1.2 加工单元传感器和检测方案

加工单元中所使用的传感器由 5 个磁感应接近开关和 1 个光电式传感器组成，如图 4-1-2 和图 4-1-3 所示。

其传感检测方案如下。

1）设备通电和气源接通后，利用磁感应接近开关 2 的信号，判断滑动加工台伸缩气缸是否处于伸出位置；利用磁感应接近开关 3 的信号，判断加工台气动手指是否松开；利用磁感应接近开关 5 的信号，判断冲压气缸是否处于缩回位置；急停按钮是否被按下。若设备上述初始状态都处于“是”的状态，则可以正常工作。

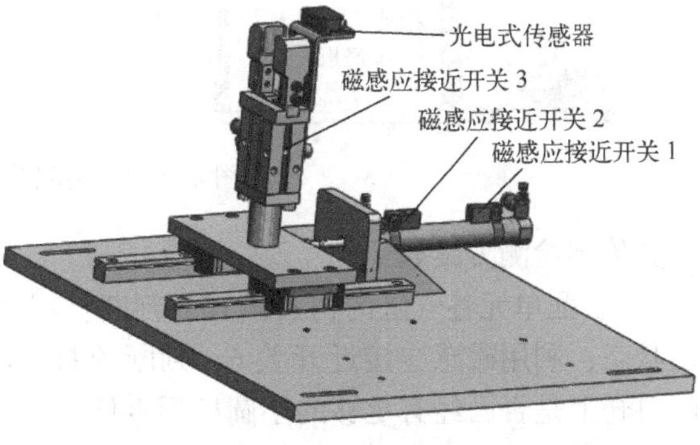

图 4-1-2 加工台及滑动机构

2）若设备已准备好，则按下起动按钮，设备起动，当待加工工件被送到加工台上并被光电式传感器检出后，设备动作将工件夹紧，磁感应接近开关 3 动作，将其送往加工区域进行冲压（滑动加工台气缸缩回，缩回到位时磁感应接近开关1动作后等待冲压)，磁感应接近开关1动作→冲压气缸下降到位，磁感应接近开关5动作→冲压气缸缩回，完成冲压动作后返回待料位置。如果没有停止信号输入，当再有待加工工件被送到加工台上时，加工单元又开始下一周期的工作。

3）在工作过程中，若按下停止按钮，则加工单元在完成本周期的动作后停止工作。

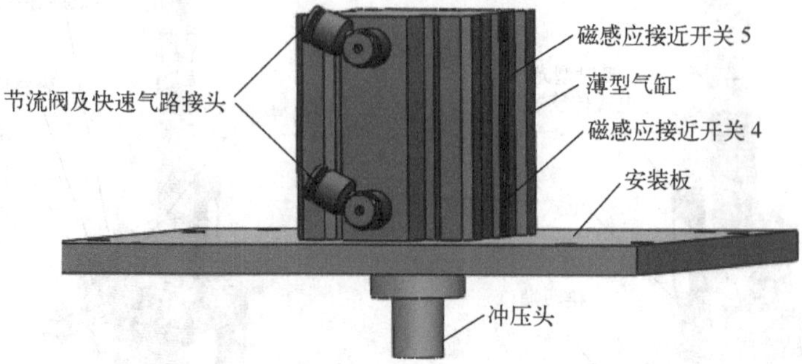

图4-1-3 加工（冲压）机构

4.1.3 装配单元传感器和检测方案

装配单元中所使用的传感器由11个磁感应接近开关、4个光电式传感器和1个光纤式传感器组成，如图4-1-4~图4-1-6所示。

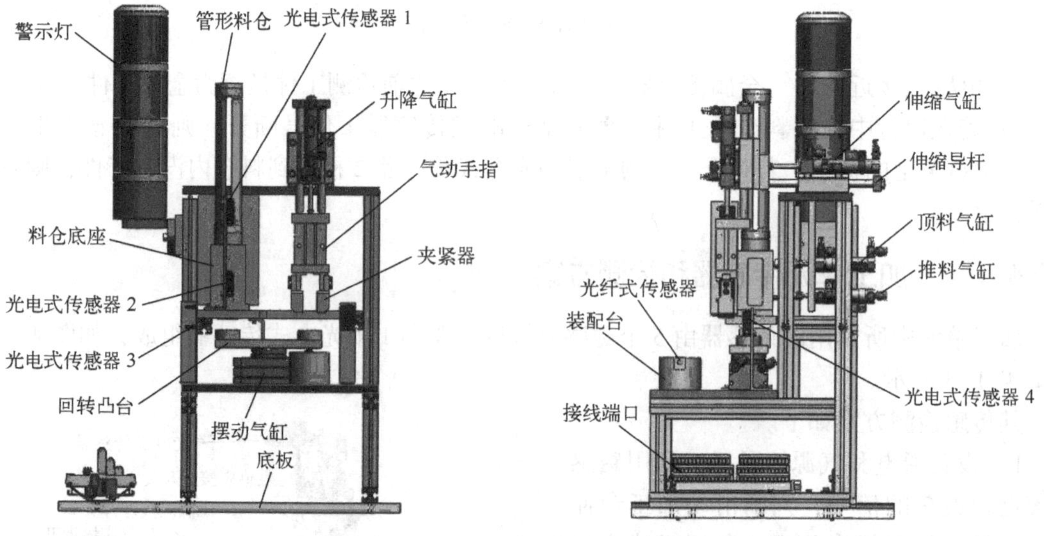

图4-1-4 装配单元机械装配图

其传感检测方案如下。

1）装配单元各气缸的初始位置的判断：利用磁感应接近开关7，判断推料气缸是否处于伸出状态；利用磁感应接近开关6，判断顶料气缸是否处于缩回状态；利用光电式传感器1，判断料仓上是否已经有足够的小圆柱形零件；利用磁感应接近开关9，判断装配机械手装置的升降气缸是否处于提升状态；利用磁感应接近开关4，判断伸缩气缸是否处于缩回状态；利用磁感应接近开关11，判断气爪是否处于松开状态。

设备通电和气源接通后，若各气缸满足初始位置要求，且料仓上已经有足够的小圆柱形零件；工件装配台上光纤式传感器检测到没有待装配工件，则可以正常工作。

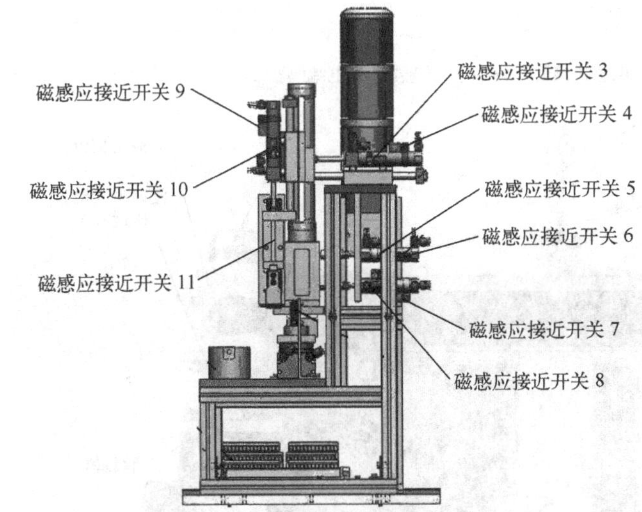

图 4-1-5　气缸传感器示意图

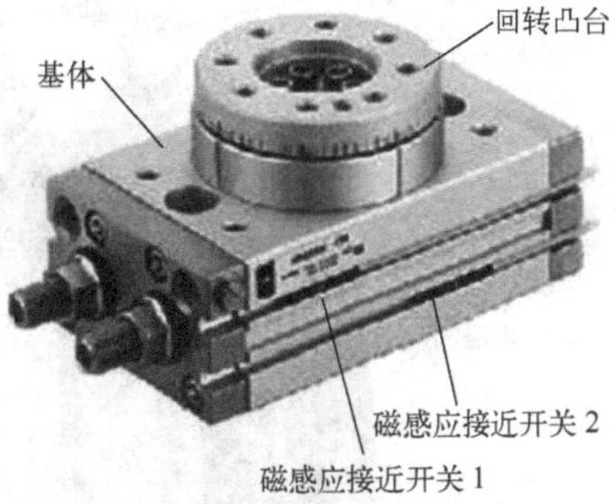

图 4-1-6　气动摆台

2）若设备已准备好，则按下起动按钮，装配单元起动，当光电式传感器 3 检测到回转台上的左料盘内没有小圆柱形零件时，则执行下料操作（顶料气缸伸出到位→磁感应接近开关 5 动作→推料气缸缩回到位，磁感应接近开关 7 动作→推料气缸伸出到位，磁感应接近开关 8 动作→顶料气缸缩回到位→磁感应接近开关 6 动作）；如果左料盘内有零件，而光电式传感器 4 检测到右料盘内没有零件，则执行回转凸台回转操作，磁感应接近开关 1 和 2 用以判断回转凸台是否回转到位。

3）如果在回转凸台上的右料盘内，光电式传感器 4 和光纤式传感器检测到有小圆柱形零件且装配台上有待装配工件，则执行装配机械手装置抓取小圆柱形零件，并将其放入待装配工件中的操作（升降气缸下降到位时，磁感应接近开关 10 动作→夹紧器夹紧到位，磁感应接近开关 11 动作→升降气缸上升到位，磁感应接近开关 9 动作→伸缩气缸伸出到位，磁感应接近开关 3 动作→升降气缸下降到位，磁感应接近开关 10 动作→夹紧器放开到位，磁感应接近开关 11 无信号→升降气缸上升到位，磁感应接近开关 9 动作→伸缩气缸缩回到位，磁感应接近开关 4 动作，完成装配机械手装置的一个周期）。

4）完成装配任务后，装配机械手装置应返回初始位置，等待下一次装配。

5）若在运行过程中按下停止按钮，则供料机构应立即停止供料，在装配条件满足的情况下，装配单元在完成本次装配后停止工作。

6）在运行中，光电式传感器 1 检测信号断开时，会发出“料不足”的提示，光电式传感器 2 检测信号断开时发出缺料报警。

4.1.4　分拣单元传感器和检测方案

分拣单元中所使用的传感器由 3 个磁感应接近开关、1 个电感式接近开关、1 个漫射式光电接近开关、1 个光纤传感器和 1 个光电编码器组成，如图 4-1-7 所示。

1. 分拣单元检测方案

传送带用于把机械手输送过来的装配好的工件进行传输，将其输送至分拣区。导向器用于对机械手输送来工件的位置进行纠偏。3 条物料出料槽分别用于存放装配好的金属工件、白色工件或黑色工件。

图 4-1-7 分拣单元的机械结构总成

传送带上入料口漫射式光电接近开关检测到输送单元送来的工件后，起动变频器，驱动传送带运动，利用 PLC 与光电编码器以计数方式进行定位，使传送带运行到工件属性的检测位置，电感式接近开关判别工件是否为金属，光纤传感器检测工件是黑色工件还是白色工件，利用逻辑关系判别物料的出料槽。再利用 PLC 与光电编码器以计数方式进行定位，把工件运输到料槽口，推料气缸推料出槽；气缸上装的磁感应接近开关控制推料杆的伸出与缩回到位。

2. FX_{2N} PLC 的高速计数器

高速计数器是 PLC 的编程软元件，相对于普通计数器，高速计数器用于频率高于机内扫描频率时的机外脉冲计数。由于计数信号频率高，计数以中断方式进行，当计数器的当前值等于设定值时，计数器的输出接点立即开始工作。

FX_{2N} PLC 内置 21 个高速计数器 C235～C255，每一个高速计数器都规定了其功能和占用的输入点。

1）高速计数器的功能分配如下：

① C235～C245 共 11 个高速计数器，用于一相一计数输入的高速计数，即每一计数器占用 1 个高速计数输入点，计数方向可以是增序也可以是减序，其取决于对应的特殊辅助继电器 M8□□□的状态。例如 C245 占用 X002 作为高速计数输入点，当对应的特殊辅助继电器 M8245 被置位时，进行增计数。C245 还占用 X003 和 X007 分别作为该计数器的外部复位输入端和外部置位输入端。

② C246～C250 共 5 个高速计数器，用于一相二计数输入的高速计数，即每一计数器占用 2 个高速计数输入点，其中一个为增计数输入，另一个为减计数输入。例如 C250 占用 X003 作为增计数输入，占用 X004 作为减计数输入，另外占用 X005 作为外部复位输入端，占用 X007

作为外部置位输入端。同样，计数器的计数方向也可以通过对应的特殊辅助继电器 M8□□□状态指定。

③ C251～C255 共 5 个高速计数器，用于二相二计数输入的高速计数，即每一计数器占用 2 个高速计数输入点，其中一个为 A 相计数输入，另一个是与 A 相相位差为 90°的 B 相计数输入。C251～C255 的功能和占用的输入点见表 4-1-1 所示。

表 4-1-1 高速计数器 C251～C255 占用的输入点和计数方式

计数器 \ 计数方式 \ 输入点	X000	X001	X002	X003	X004	X005	X006	X007
C251	A	B						
C252	A	B	R					
C253				A	B	R		
C254	A	B	R				S	
C255				A	B	R		S

注：R 表示复位输入，S 表示启动输入，A 表示 A 相输入，B 表示 B 相输入。

如前所述，分拣单元所使用的是具有 A、B 两相为 90°相位差的通用型旋转编码器，且 Z 相脉冲信号没有使用。由表 4-1-1 可知此时选用高速计数器 C251。这时编码器的 A、B 两相脉冲输出应连接到 X000 和 X001 点。

2）每一个高速计数器都规定了不同的输入点，但所有高速计数器的输入点都在 X000～X007 范围内，并且这些输入点不能重复使用。例如，使用了 C251 后，因为 X000 和 X001 被占用，此时占用这两个输入点的其他高速计数器，例如 C252 或 C254 等，都将不能使用。

3）FX_{3U} PLC 也可以使用上述高速计数器使用，具体可参考 FX_{3U} PLC 编程手册。

3. 高速计数器的编程

如果外部高速计数源（旋转编码器输出）已经被输入到 PLC，其接线如图 4-1-8 所示，那么在程序中就可直接使用相对应的高速计数器进行计数。例如，在图 4-1-9 中，设定 C251 的设置值为 100，当 C251 的当前值等于 100 时，计数器的输出接点立即工作，从而控制相应的输出 Y010 为 ON。

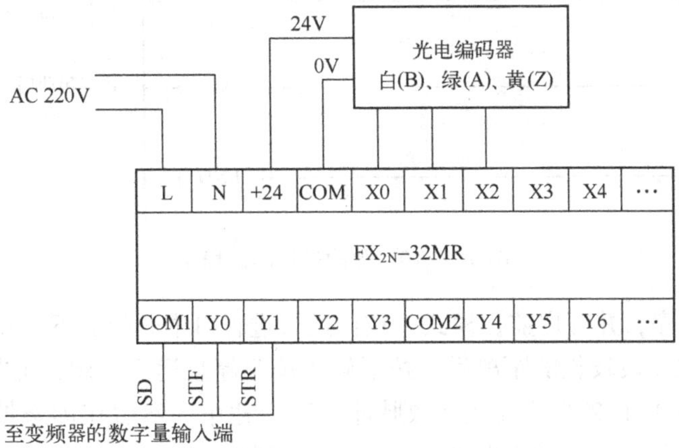

图 4-1-8 高速计数器与 PLC 的接线图

如果希望计数器动作时就立即输出信号，则要采用中断工作方式，使用高速计数器的专用指令且当前值等于预置值时，计数器会及时动作，但实际输出信号却依赖于扫描周期。FX_{2N} PLC 高速处理指令中有 3 条是关于高速计数器的，都是 32 位指令。它们的具体使用方法可参考 FX_{2N} 编程手册。

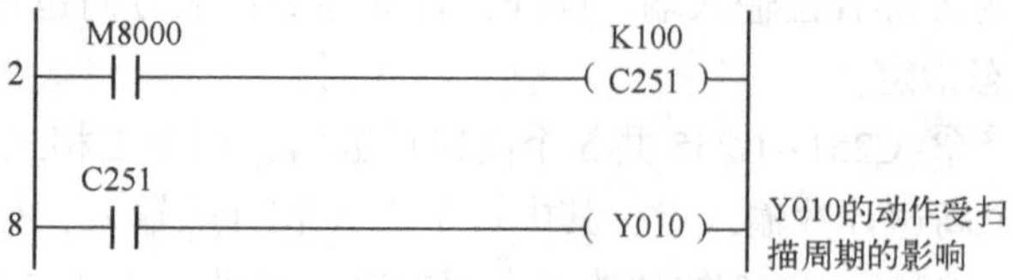

图 4-1-9 高速计数器的编程示例

下面以现场测试旋转编码器脉冲当量的测试为例说明高速计数器的一般使用方法。

4. 旋转编码器脉冲当量的测试

根据传送带主动轴直径计算旋转编码器的脉冲当量，其结果只是一个估算值。在对分拣单元安装和调试时，除了要仔细调整，尽量减少安装偏差外，还需现场测试脉冲当量值。常用测试方法如下。

1）对分拣单元安装和调试时，必须仔细调整电动机与主动轴联轴的同心度和传送带的张紧度。调节张紧度的两个调节螺栓应平衡式调节，避免传送带运行时跑偏。传送带张紧度以电动机在输入频率为 1 Hz 时能顺利起动、低于 1 Hz 时难以起动为宜。测试时可把变频器设置为 Pr. 79 = 1 Hz，Pr. 3 = 50 Hz，用面板将频率调在 2～5 Hz 之间；这样就能在操作机面板进行起动/停止操作，并且把 M 旋钮作为电位器使用，进行频率调节。

2）安装和调试结束后，变频器参数设置为：

Pr. 79 = 2（固定的外部运行模式），Pr. 4 = 25 Hz（高速段运行频率设定值）。

3）编写图 4-1-10 所示的程序，编译后将其传送到 PLC。

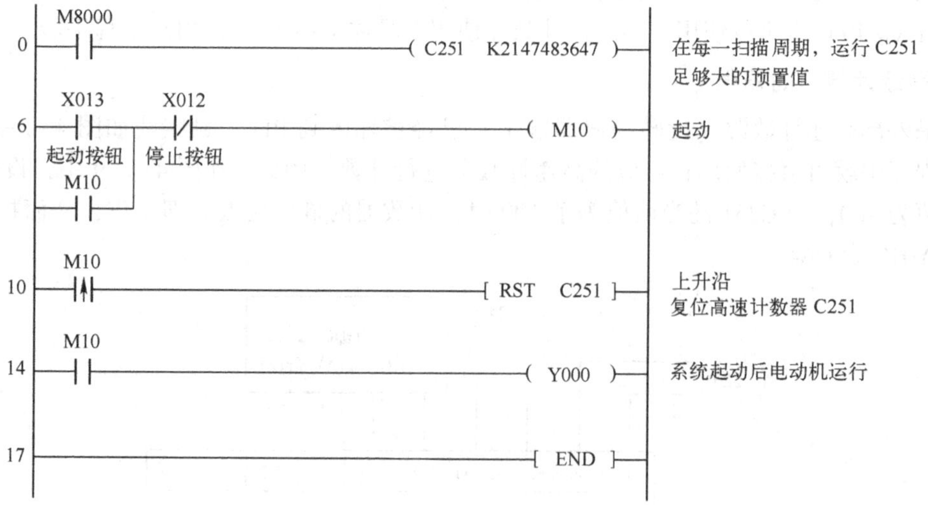

图 4-1-10 脉冲当量测试程序

4）运行 PLC 程序，并开启监控模式。在传送带进料口中心处放下工件后，按起动按钮起动运行。工件被传送一段较长的距离后，按下停止按钮停止运行。观察监控界面上 C251 的读数，将此值填写到表 4-1-2 的"高速计数脉冲数"一栏中。然后在传送带上测量工件移动的距离，把测量值填写到"工件移动距离"一栏中，因脉冲当量 μ = 工件移动距离÷高速计数脉冲数，可将该值填写到相应栏中。

表 4-1-2 脉冲当量现场测试数据

序号 \ 测试项	工件移动距离/mm	高速计数脉冲数/个	脉冲当量 μ
第 1 次	357.8	1391	0.2571
第 2 次	358	1392	0.2571
第 3 次	360.5	1394	0.2586

5）重新把工件放到进料口中心处，按下起动按钮进行第二次测试。进行 3 次测试后，求出脉冲当量 μ 平均值，$\mu=(\mu_1+\mu_2+\mu_3)/3=0.2576$。

按图 4-1-11 所示的安装尺寸，重新计算旋转编码器到各位置应发出的脉冲数：当工件从下料口中心线移至传感器中心时，旋转编码器发出 456 个脉冲；移至第 1 个推杆中心点时，发出 650 个脉冲；移至第 2 个推杆中心点时，发出约 1021 个脉冲；移至第 3 个推杆中心点时，发出约 1361 个脉冲。

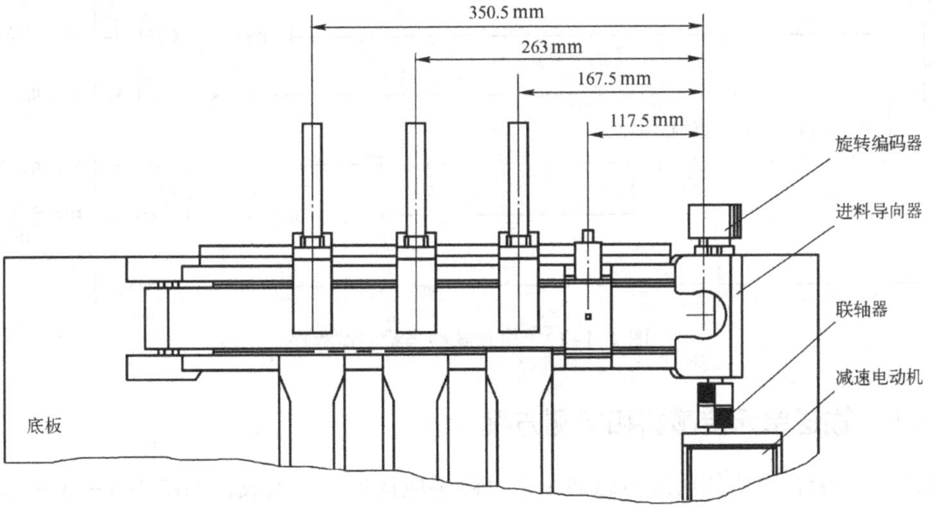

图 4-1-11 传送带安装位置图

在本节中，对高速计数器编程的思路是：根据 C251 当前值确定工件位置，与存储到指定变量存储器的特定位置数据进行比较，然后程序流程图的步骤往下执行。特定位置考虑如下：

① 工件属性判别位置应稍后于进料口到传感器中心位置，故取脉冲数为 470，存储在 D110 单元中（双整数）。

② 从推槽 1 中心位置推出的工件，停车位置应稍前于进料口到推杆 1 位置，取脉冲数为 600，存储在 D114 单元中。

③ 从推槽 2 中心位置推出的工件，停车位置应稍前于进料口到推杆 2 位置，取脉冲数为 970，存储在 D118 单元中。

④ 从推槽 3 中心位置推出的工件，停车位置应稍前于进料口到推杆 3 位置，取脉冲数为 1325，存储在 D122 单元中。

二维码 4-1 脉冲当量测算及定位推料调试

注意：特定位置数据均从进料口开始计算，因此每当待分拣工件下料到进料口时，电动机开始起动时，必须对 C251 的当前值进行一次复位（清零）操作。程序处理过程中，总共有 4 个位置单元需要到位并停止，每一处到位并停止后，利用地址变量 Z0+4，切换到下一个位置的目标脉冲存储单元，如图 4-1-12 所示。

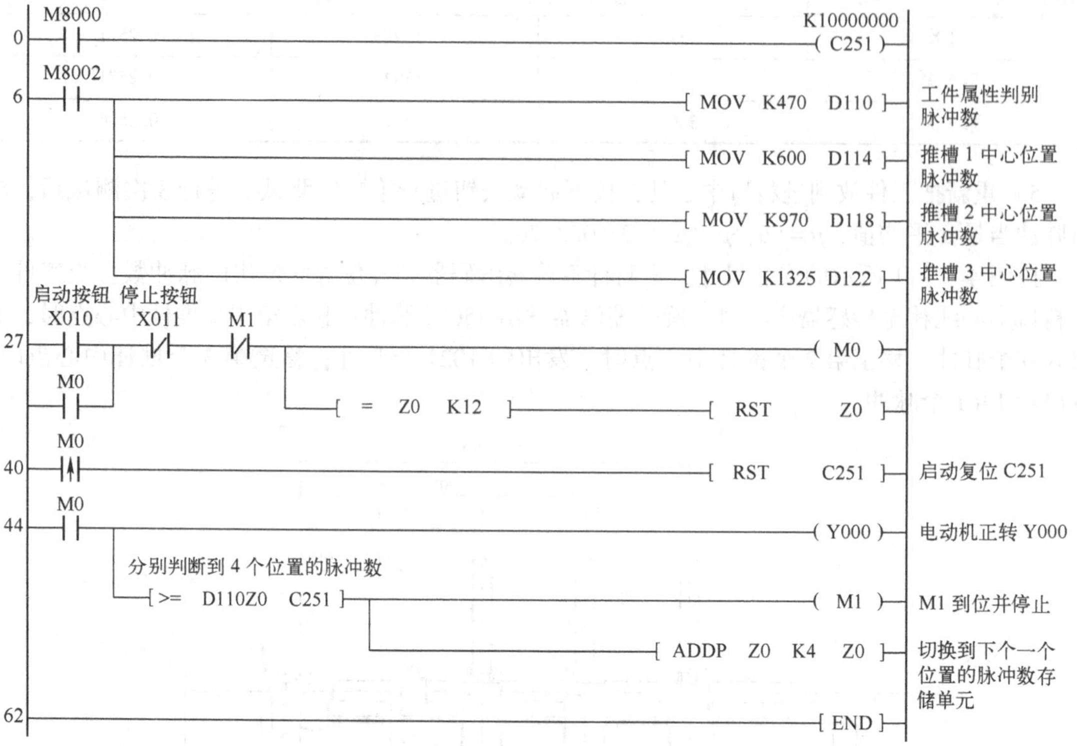

图 4-1-12 位置脉冲当量测试程序

4.1.5 输送单元传感器和检测方案

抓取机械手装置中所使用的传感器由 7 个磁感应接近开关组成，如图 4-1-13 所示。

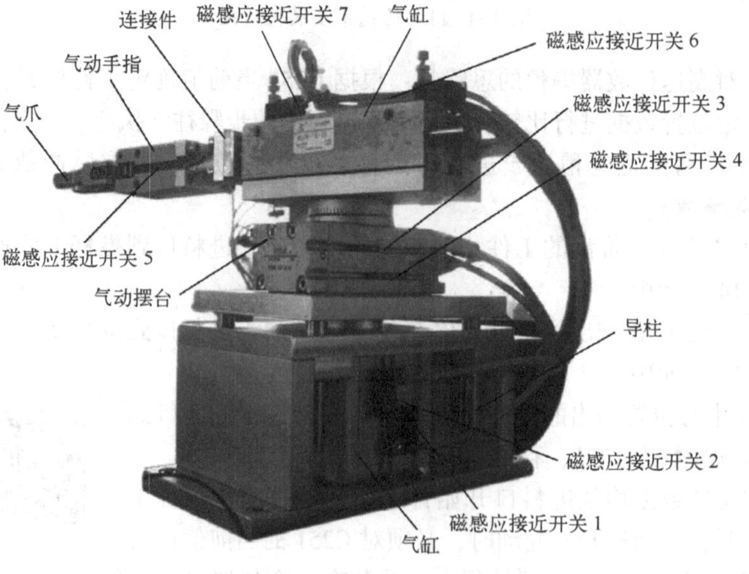

图 4-1-13 抓取机械手装置

抓取机械手装置检测方案如下：

1）设备通电和气源接通后，利用磁感应接近开关1、4、6、5动作，检测升降气缸、回转气缸、伸缩气缸和手爪，若均处于缩回位置，则可以正常工作。

2）当PLC发出信号给抓取机械手装置使其进行抓取时：伸缩气缸伸出到位后，磁感应接近开关7动作→手爪夹紧到位，磁感应接近开关5动作→升降气缸上升到位，磁感应接近开关2动作→伸缩气缸缩回到位，磁感应接近开关6动作→升降气缸下降到位，磁感应接近开关1动作，完成一个周期的抓取动作。

3）当PLC发出信号给抓取机械手装置使其移动工件到分拣单元时：回转气缸左转90°到位，磁感应接近开关3动作→伸缩气缸伸出到位，磁感应接近开关7动作→升降气缸下降到位，磁感应接近开关1动作→手爪放开，磁感应接近开关5动作使信号断开。

4）当PLC发出信号给抓取机械手装置进行回原位操作时：伸缩气缸缩回到位，磁感应接近开关6动作→回转气缸右转90°到位，磁感应接近开关4动作，即完成动作。

直线运动传动组件中所使用的传感器由1个原点接近开关和2个极限开关组成，如图4-1-14所示。

图4-1-14　直线运动传动组件

直线运动传动组件检测方案如下：

1）原点接近开关是一个无触点的电感式接近传感器，用来提供直线运动的起始点信号。

2）左、右极限开关均是有触点的微动开关，用来提供越程故障时的保护信号：当滑动溜板在运动中越过左或右极限位置时，相应极限开关会动作，从而向系统发出越程故障信号。

4.1.6　采集传感器检测信号

YL-335B各工作单元所使用的传感器都是接近式传感器，它利用传感器对所接近的物体具有的敏感特性来识别物体的接近，并输出相应开关信号，因此接近式传感器通常也称为接近开关。以下介绍几款常用的传感器。

1. 磁感应接近开关

磁感应接近开关是用来检测气缸活塞位置，即检测活塞运动行程的。

在气缸的活塞上安装一个永久磁铁制成的磁环，从而提供了一个反映气缸活塞位置的磁场。而安装在气缸外侧的磁感应接近开关用舌簧开关作为磁场检测元件。当气缸中随活塞移动的磁环靠近开关时，舌簧开关的两根簧片被磁化而相互吸引，触点闭合；当磁环远离开关后，簧片消磁后触点断开。触点的闭合或断开即反映了气缸活塞伸出或缩回的位置。图4-1-15所示是带磁感应接近开关气缸的工作原理图。磁感应接近开关安装位置的调整方法是松开它的紧固螺栓，让磁感应接近开关顺着气缸滑动，到达指定位置后，再旋紧其紧固螺栓。

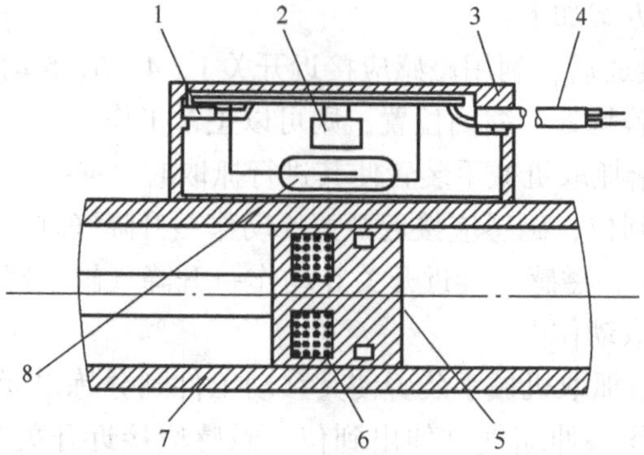

图 4-1-15 带磁感应接近开关气缸的工作原理图

1—动作指示灯 2—保护电路 3—开关外壳 4—导线 5—活塞
6—磁环（永久磁铁） 7—缸筒 8—舌簧开关

磁感应接近开关有蓝色和棕色两根引出线，使用时蓝色引出线应连接到 PLC 输入公共端，棕色引出线应连接到 PLC 输入端，磁感应接近开关的内部电路如图 4-1-16 中点画线框内部分所示。

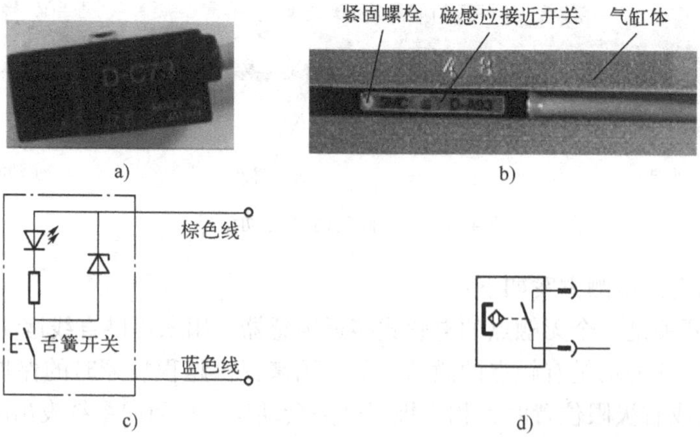

图 4-1-16 磁感应接近开关及内部电路原理图

a）D-C73 型磁感应接近开关 b）D-A93 型磁感应接近开关 c）内部电路原理图 d）图形符号

2. 电感式接近开关

电感式接近开关是利用电涡流效应制造的、其输出形式为开关量的传感器，当被测金属物体接近电感线圈时产生涡流效应，引起振荡电路振幅或频率的变化，由传感器的信号调理电路（包括检波、放大、整形和输出等电路）将该变化转换成开关量后输出，从而达到检测目的。其工作原理框图和图形符号如图 4-1-17 所示。

电感式接近开关有蓝色、黑色和棕色 3 根引出线，使用时蓝色引出线应被连接到 PLC 输入公共端，棕色引出线应被连接到 PLC 内部电源 24 V 端，黑色信号引出线应被连接到 PLC 输入端。

电感式接近开关的内部电路如图 4-1-18a 所示。NPN 与 PNP 型接近开关与 PLC 连接方式分别如图 4-1-18b 和图 4-1-18c 所示。

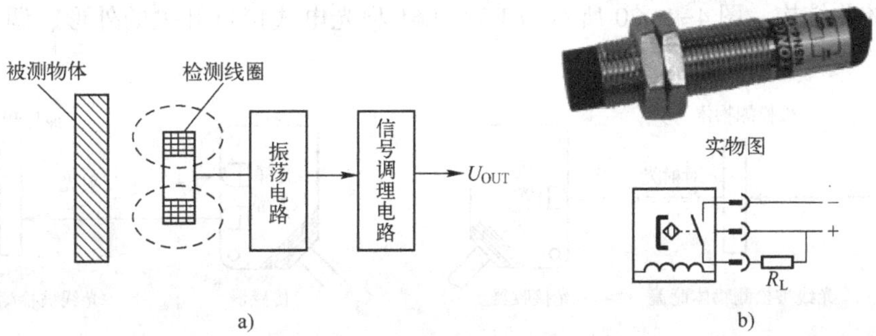

图 4-1-17　电感式接近开关

a）工作原理框图　b）图形符号

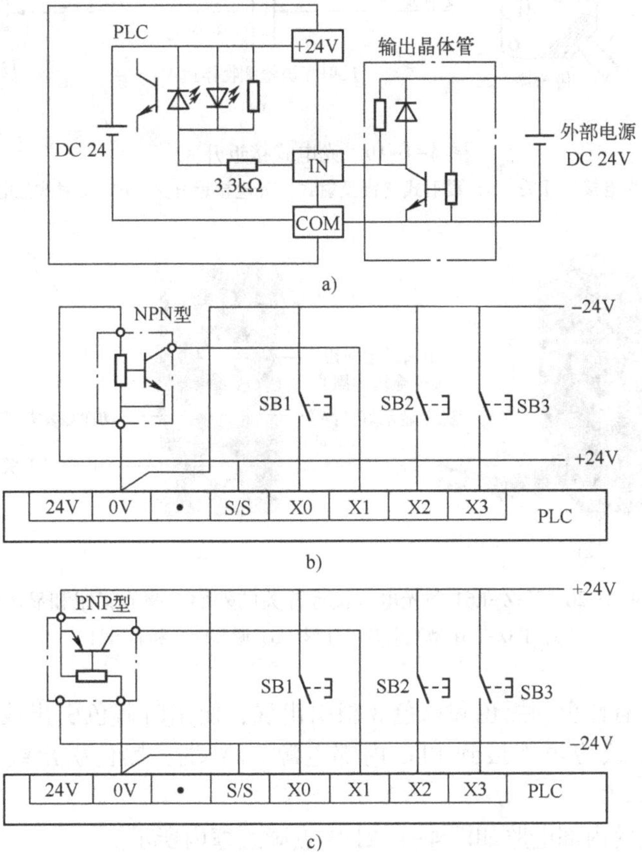

图 4-1-18　电感式接近开关

a）电感式接近开关内部电路　b）NPN 型电感式接近开关与 FX_{2N} PLC 的连接

c）PNP 型电感式接近开关与 FX_{2N} PLC 的连接

3. 光电式传感器

光电式传感器是利用光的各种性质以检测物体的有无和表面状态变化的传感器。其输出形式为开关量的传感器为光电式接近开关，各种类型光电式接近开关如图 4-1-19 所示。

漫射式光电接近开关是利用光照射到被测物体上后反射回来的光线进行工作的，由于物体反射的光线为漫射光，故称为漫射式光电接近开关。它的光发射器与光接收器处于同一侧位置，且为一体化结构。图4-1-20所示为E3Z-L61型光电式接近开关的外形、调节旋钮和显示灯。

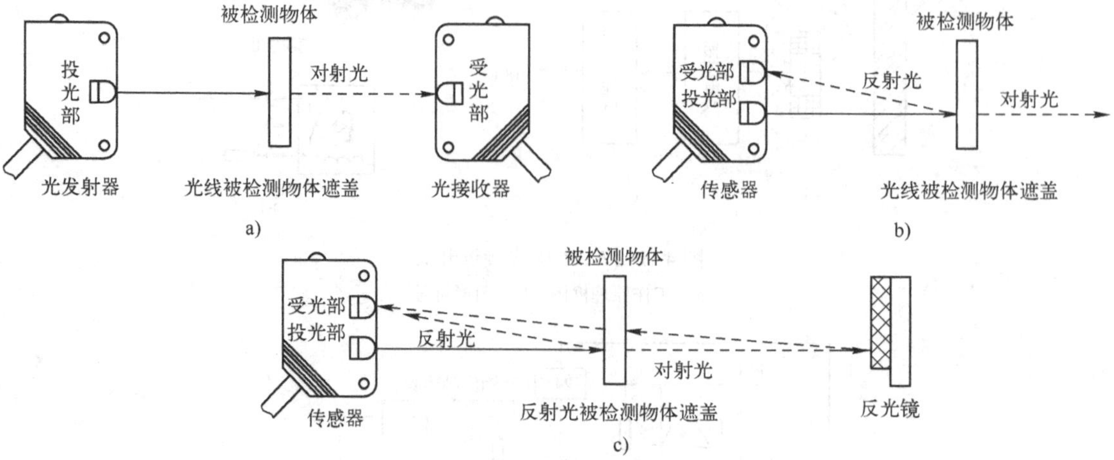

图4-1-19　光电式接近开关

a）对射式光电接近开关　b）漫射式（漫反射式）光电接近开关　c）反射式光电接近开关

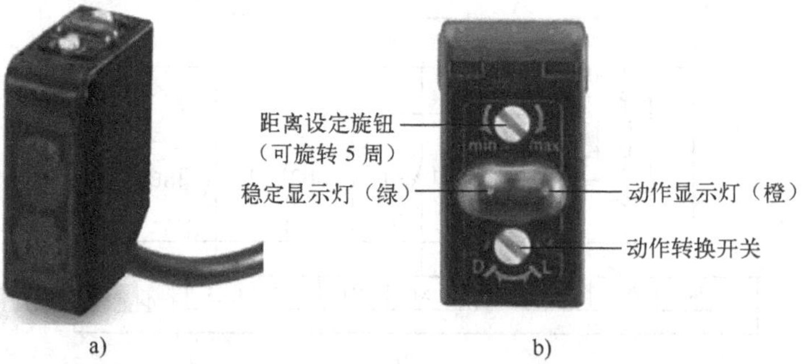

图4-1-20　E3Z-L61型光电式接近开关的外形、调节旋钮和显示灯

a）E3Z-L61型光电开关外形　b）调节旋钮和显示灯

光电式接近开关有蓝色、黑色和棕色3根引出线，使用时蓝色引出线应被连接到PLC输入公共端，棕色引出线应被连接到PLC内部电源24 V端，黑色引出线应被连接到PLC输入端。

光电式接近开关的内部电路如图4-1-21中点画线框内所示。

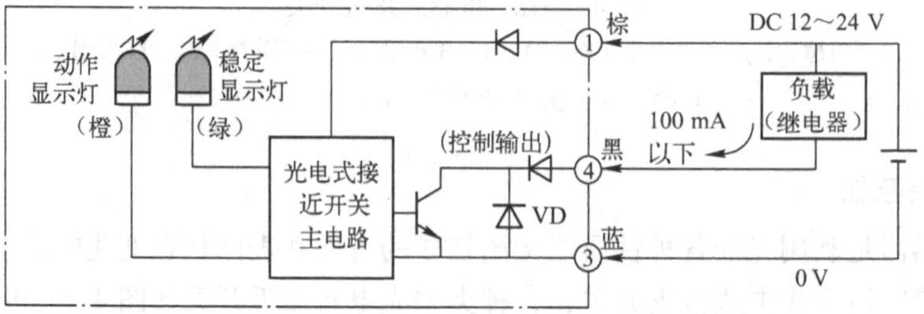

图4-1-21　E3Z-L61光电接近开关电路原理图

4. 光纤传感器

光纤传感器由光纤检测头和光纤放大器两部分组成，放大器和光纤检测头是分离的两个部分，光纤检测头的尾端接两条光纤，使用时分别将其插入放大器的两个光纤孔。光纤传感器组件如图 4-1-22 所示。图 4-1-23 是放大器的安装示意图。

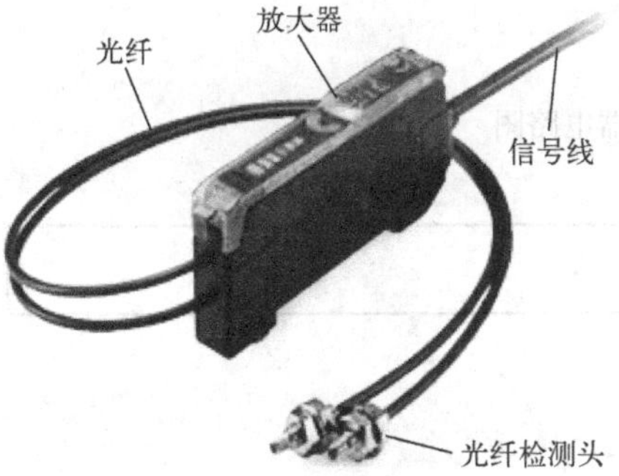

图 4-1-22 光纤传感器组件

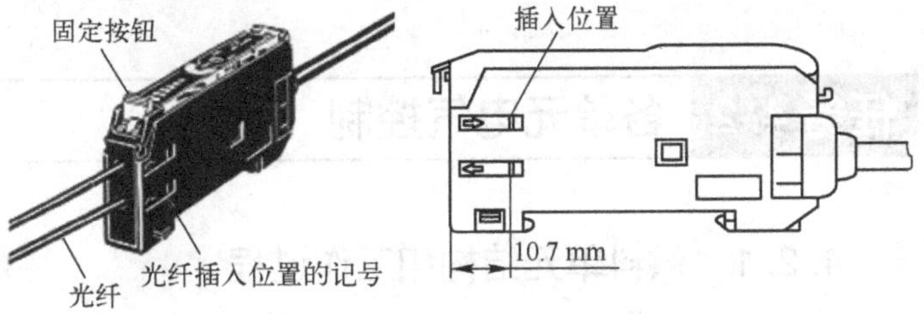

图 4-1-23 光纤传感器组件外形及放大器的安装示意图

光纤传感器也是光电式传感器的一种。光纤传感器具有以下优点：抗电磁干扰、可工作于恶劣环境、传输距离远且使用寿命长，此外，由于光纤检测头具有较小的体积，可安装在空间狭小的地方。

光纤传感器中放大器的灵敏度可调范围较大。当光纤传感器中放大器的灵敏度调得较小时，对于反射性较差的黑色物体，光电探测器无法接收到它的反射信号；而对于反射性较好的白色物体，光电探测器就可以接收到它的反射信号。反之，若调高光纤传感器的灵敏度，即使对反射性较差的黑色物体，光电探测器也可以接收到它的反射信号。

图 4-1-24 给出了光纤传感器放大器单元的俯视图，调节其中的灵敏度高速旋钮就能进行放大器灵敏度调节（顺时针旋转时灵敏度增大）。调节时会看到入光量显示灯明暗的变化。当探测器检测到物料时，动作显示灯会亮，提示检测到物料。

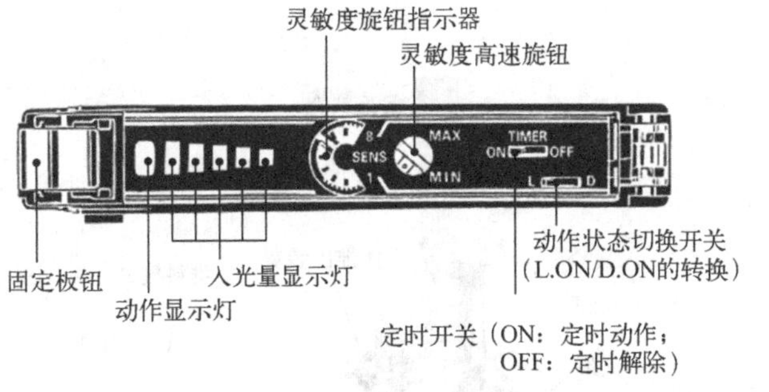

图 4-1-24 光纤传感器放大器单元的俯视图

光纤传感器有蓝色、黑色和棕色 3 根引出线，使用时蓝色引出线应连接到 PLC 输入公共端，棕色引出线应连接到 PLC 内部电源 24 V 端，黑色引出线应连接到 PLC 输入端。

E3X-NA11 型光纤传感器电路图如图 4-1-25 所示，接线时注意根据导线颜色判断电源极性和信号输出线，切勿把信号输出线直接连接到电源 24 V 端。

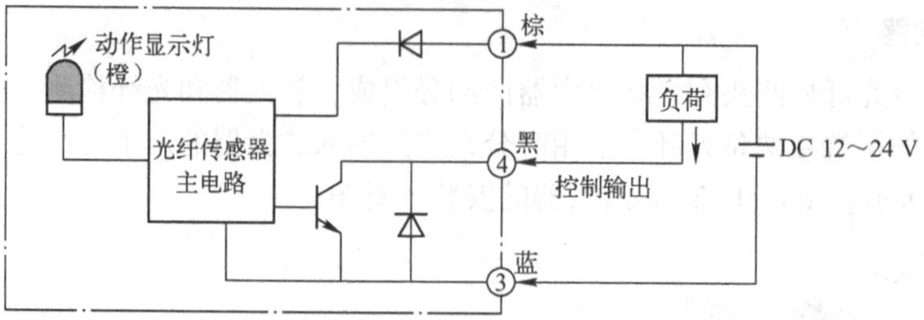

图 4-1-25 E3X-NA11 型光纤传感器电路图

任务 4.2 各单元电气控制

4.2.1 供料单元结构和工作过程

供料单元的主要结构组成为：管形料仓、工件推出装置、支架、阀组、端子排组件、PLC、急停按钮、起动/停止按钮、走线槽、底板等。其中，机械部分结构组成如图 4-2-1 所示。

其中，管形料仓和工件推出装置用于储存工件原料，并在需要时将料仓中最下层的工件推出到物料台上。工件推出装置主要由推料气缸、顶料气缸、磁感应接近开关和漫射式光电式传感器组成。

机械部分的工作原理是：工件被垂直叠放在管形料仓中，推料气缸处于料仓的底层并且其活塞杆可从料仓的底部通过。当活塞杆在退回位置时，它与最下层工件处于同一水平位置，而顶料气缸则与次下层工件处于同一水平位置。在需要将工件推出到物料台上时，首先使顶料气缸的活塞杆推出，压住次下层工件；然后使推料气缸活塞杆推出，从而把最下层工件推到物料台上。在推料气缸从料仓底部返回后，再使顶料气缸返回，并松开次下层工件。这样，料仓中的工件在重力的作用下，就自动向下移动一个工件，为下一次推出工件做准备。图 4-2-2 为供料操作示意图。

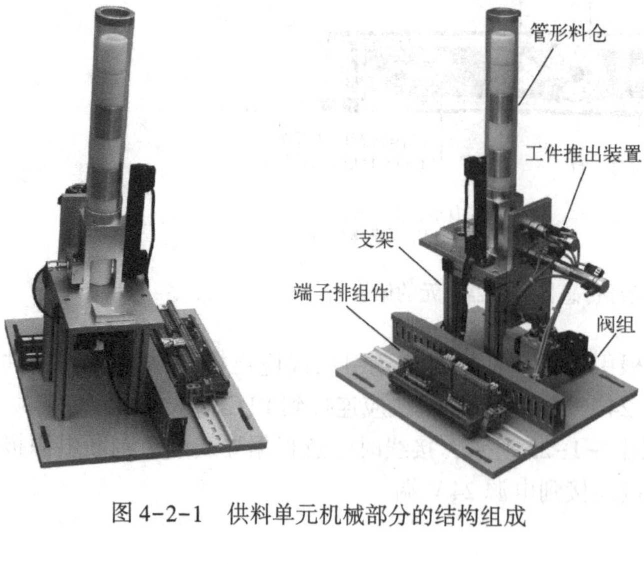

图 4-2-1 供料单元机械部分的结构组成

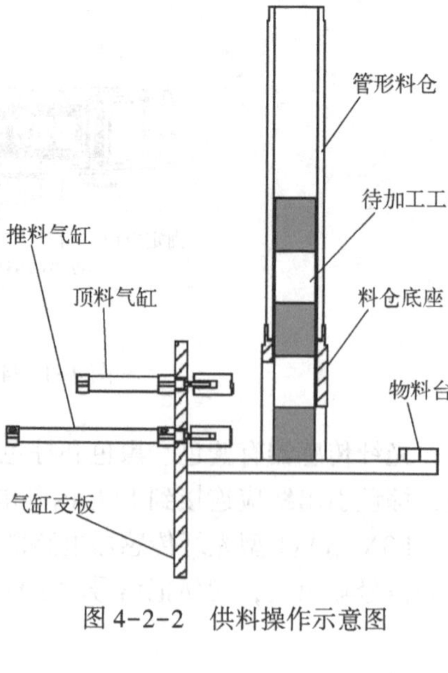

图 4-2-2 供料操作示意图

在底层和管形料仓的第4层工件（从底层算起的）位置，分别安装一个漫射式光电接近开关。它们的功能是检测料仓中有无储料或储料是否足够。若料仓内没有工件，则处于底层和第4层（从底层算起的）位置的两个漫射式光电接近开关均处于常态；若从底层起只有3个工件，则底层处光电接近开关动作而第4层（从底层算起的）位置处光电接近开关处于常态，表明工件已经快用完了。因此，料仓中有无储料或储料是否足够，就可用这两个光电接近开关的信号状态反映出来。

推料气缸把工件推出到物料台上后，由于物料台台面开有小孔，下面设有一个圆柱形漫射式光电接近开关，工作时向上发出光线，从而可以透过小孔检测是否有工件存在，以便向系统提供本单元物料台有无工件的信号。在输送单元的控制程序中，可以利用该信号状态来判断是否需要驱动机械手装置来抓取此工件。

1. 供料单元 PLC 的 I/O 接线

供料单元 PLC 的 I/O 接线如图 4-2-3 所示。

2. 供料单元气动控制回路工作原理

气动控制回路是供料单元的执行机构，该执行机构的逻辑控制功能是由 PLC 实现的。气动控制回路的工作原理如图 4-2-4 所示。图中 1A 和 2A 分别为推料气缸和顶料气缸。1B1 和 1B2 为安装在推料气缸上两个极限工作位置的磁感应接近开关，2B1 和 2B2 为安装在顶料气缸上两个极限工作位置的磁感应接近开关。1Y1 和 2Y1 分别为控制推料气缸和顶料气缸上电磁阀上的电磁控制端。通常，这两个气缸的初始位置均设定在缩回状态。

3. 供料单元的调试与运行

（1）工作任务

这里只考虑供料单元作为独立设备运行时的情况，供料单元工作的主令信号和工作状态显示信号来自 PLC 旁边的按钮/指示灯模块。并且，按钮/指示灯模块上的工作方式选择开关 SA 应置于“单站方式”位置。其具体的控制要求如下：

1）设备通电和气源接通后，若工作单元的两个气缸均处于缩回位置，且料仓内有足够的待加工工件，则“正常工作”指示灯 HL1 常亮，表示设备已准备好，否则，该指示灯以 1Hz 的频率闪烁。

2）若设备已准备好，按下起动按钮，工作单元起动，“设备运行”指示灯 HL2 常亮。起动后，若物料台上没有工件，则应把工件推到物料台上。物料台上的工件被取出后，若没有停止信号，则进行下一次推出工件操作。

3）若在运行中按下停止按钮，则在完成本任务工作周期后，各工作单元停止工作，指示灯 HL2 熄灭。

4）若在运行中料仓内工件不足，则工作单元继续工作，但“正常工作”指示灯 HL1 以 1Hz 的频率闪烁，“设备运行”指示灯 HL2 保持常亮。若料仓内没有工件，则指示灯 HL1 和指示灯 HL2 均以 2Hz 的频率闪烁。工作单元在完成本工作任务周期后停止。除非向料仓补充足够的工件，否则工作单元不能再起动。

供料单元需要完成的任务总结如下：

1）规划 PLC 的 I/O 分配及接线端子分配。

2）进行系统安装和接线。

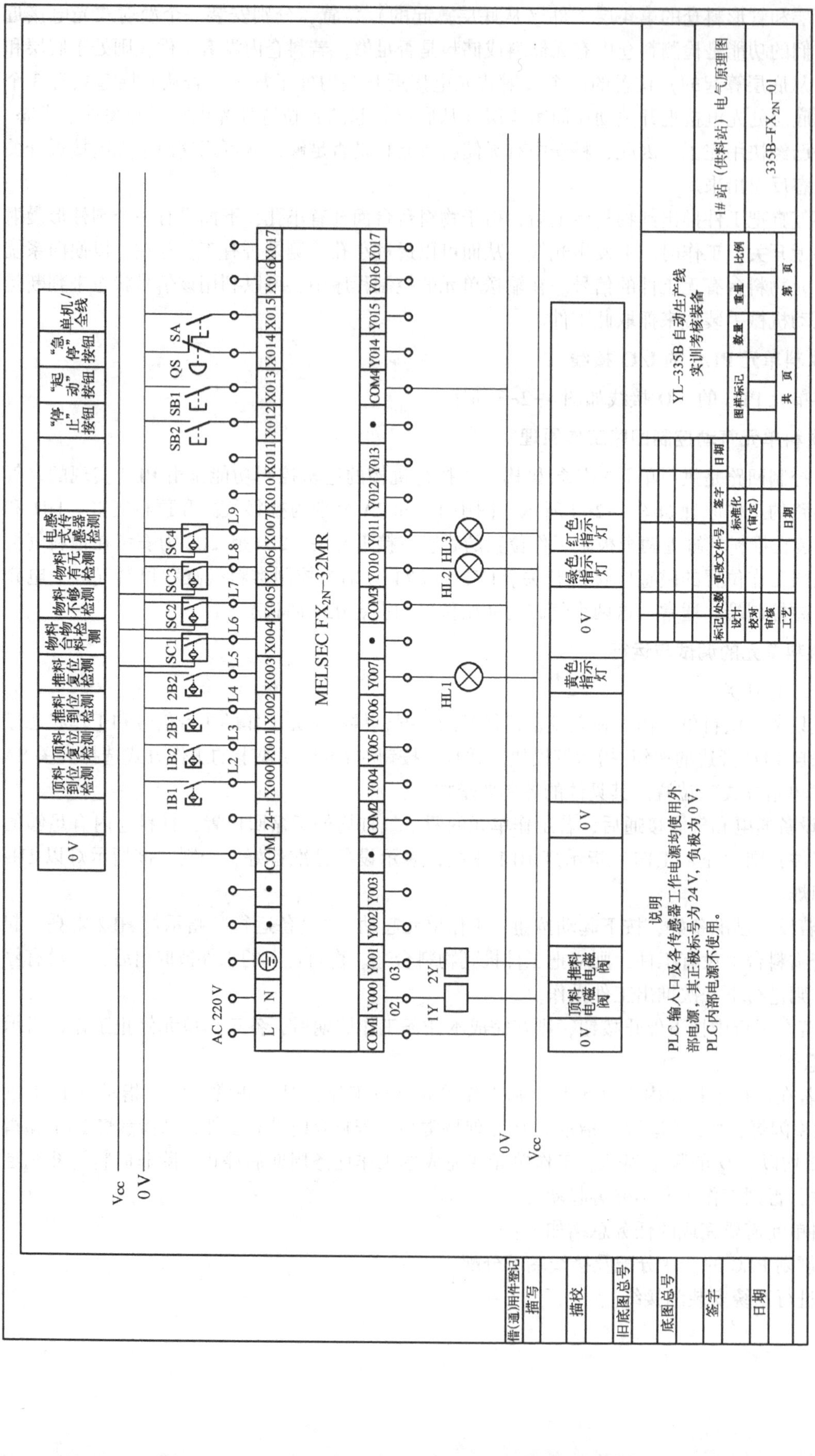

a)

图4-2-3 供料单元PLC的I/O接线图

a) FX_{2N}−32MR的I/O接线图

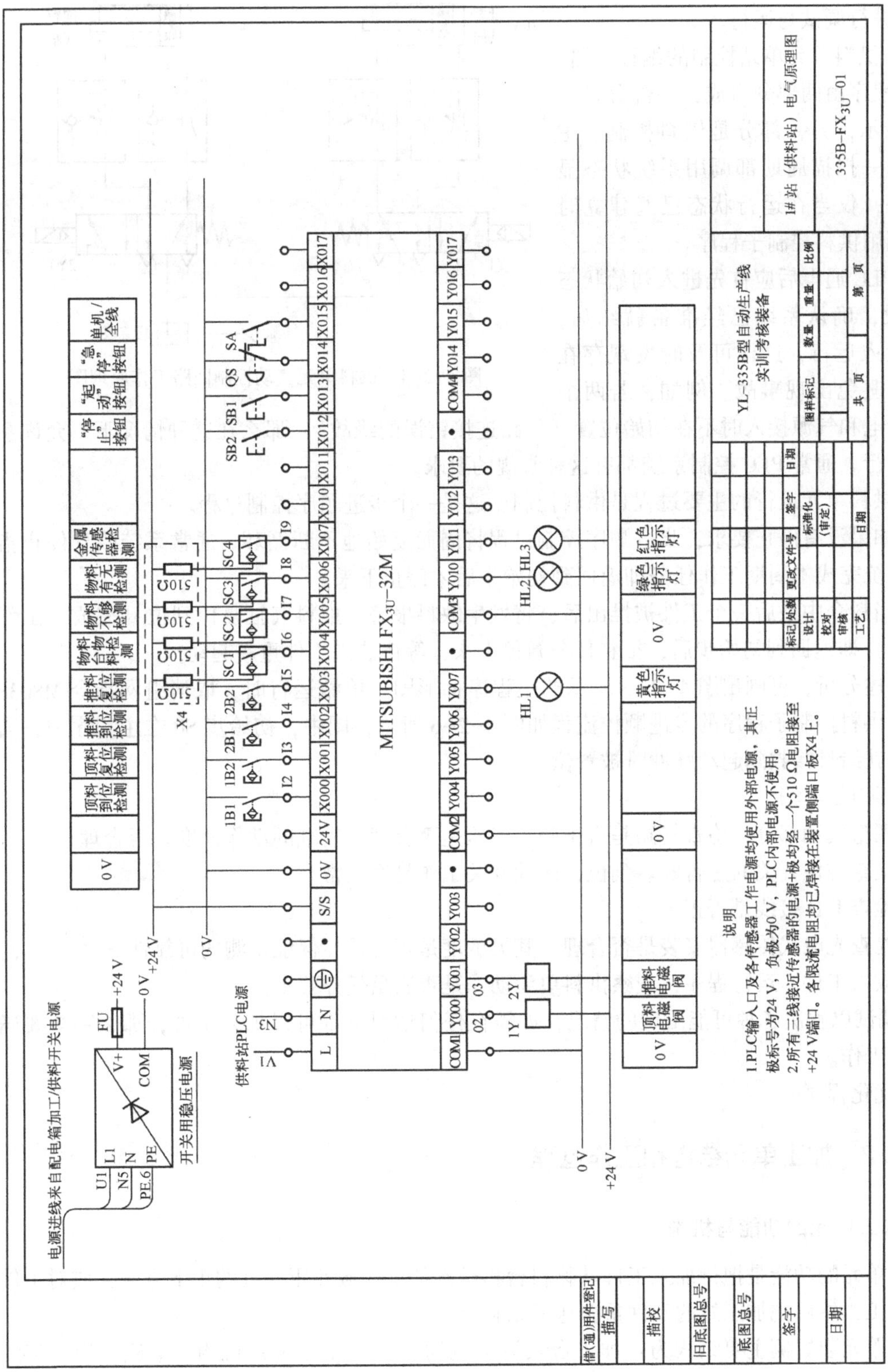

b)

图4−2−3　供料单元PLC的I/O接线图（续）

b) FX_{3U}−32M的I/O接线图

3）按控制要求编制 PLC 程序。

4）进行调试与运行。

（2）供料单元单站控制的编程思路

1）程序由两部分组成，一部分是系统状态显示，另一部分是供料控制。主程序在每一扫描周期都调用系统状态显示子程序，仅当在运行状态已经建立时才可能调用供料控制子程序。

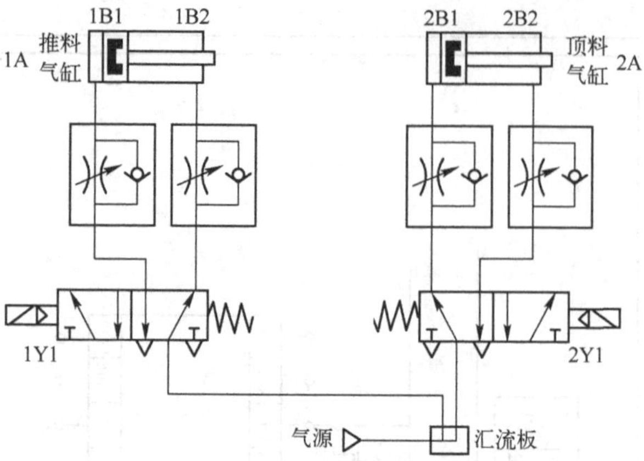

图 4-2-4 供料单元气动控制回路工作原理图

2）PLC 通电后应首先进入初始状态检查阶段，确认系统已经准备就绪后，才允许投入运行，这样可及时发现存在的问题，避免出现事故。例如，若两个气缸在通电和气源接入时不在初始位置（气路连接错误的缘故），那么在这种情况下不允许系统投入运行。通常 PLC 控制系统都有这种常规的要求。

3）供料单元运行的主要过程是供料控制，这是一个步进顺序控制过程。

4）如果没有停止要求，步进顺序控制过程将周而复始地不断循环。通常系统收到停止指令后，系统完成本周期工作任务即返回到初始步后才停止下来。

5）当料仓中最后一个工件被推出后，将发生缺料报警。推料气缸复位到位（完成本工作周期任务）即返回到初始步后，推料任务暂停下来，等待装满工件重新起动。

按上述分析，可画出图 4-2-5 所示的主程序梯形图。单站运行时，取消组网指令 M8038 的应用。供料控制子程序的步进顺控流程如图 4-2-6 所示，图中，初始步 S0 在主程序中，当系统准备就绪且接收到起动脉冲时被置位。

（3）调试与运行

1）调整气动部分，检查气路是否正确，气压是否合理，气缸的动作速度是否合理。

2）检查磁性开关的是否安装到位，磁性开关工作是否正常。

3）检查 I/O 接线是否正确。

4）检查光电式传感器安装是否合理，其灵敏度是否合适，保证检测的可靠性。

5）放入工件，运行程序，观察供料单元动作是否满足任务要求。

6）调试以解决各种可能出现的情况，如需在任何情况下都可以加入工件，那么系统要确保能可靠工作。

7）优化程序。

4.2.2 加工单元结构和工作过程

1. 加工单元的功能与机构

加工单元的功能是把待加工工件从物料台移送到加工区域冲压气缸的正下方，完成对工件的冲压加工，然后把加工好的工件重新送回物料台。

加工单元装置侧主要结构为：加工台及滑动机构、加工（冲压）机构、电磁阀组、接线端口、滑动底板等。其中，该单元机械结构总图如图 4-2-7 所示。

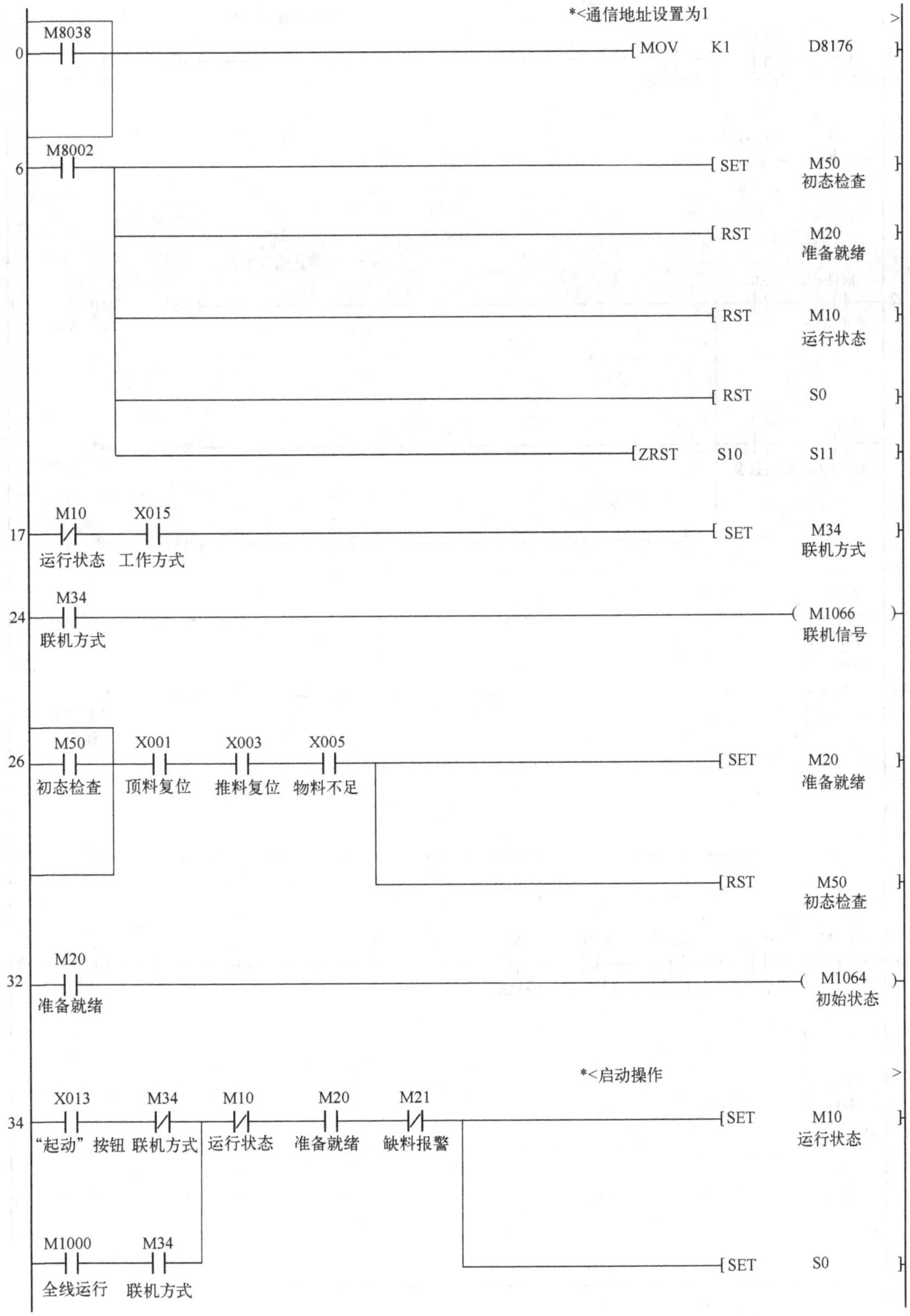
*<通信地址设置为1
0
M8038
MOV K1 D8176
6
M8002
SET M50 初态检查
RST M20 准备就绪
RST M10 运行状态
RST S0
ZRST S10 S11
17
M10 运行状态
X015 工作方式
SET M34 联机方式
24
M34 联机方式
M1066 联机信号
26
M50 初态检查
X001 顶料复位
X003 推料复位
X005 物料不足
SET M20 准备就绪
RST M50 初态检查
32
M20 准备就绪
M1064 初始状态
*<启动操作
34
X013 "起动"按钮
M34 联机方式
M10 运行状态
M20 准备就绪
M21 缺料报警
SET M10 运行状态
M1000 全线运行
M34 联机方式
SET S0

图4-2-5　主程序梯形图

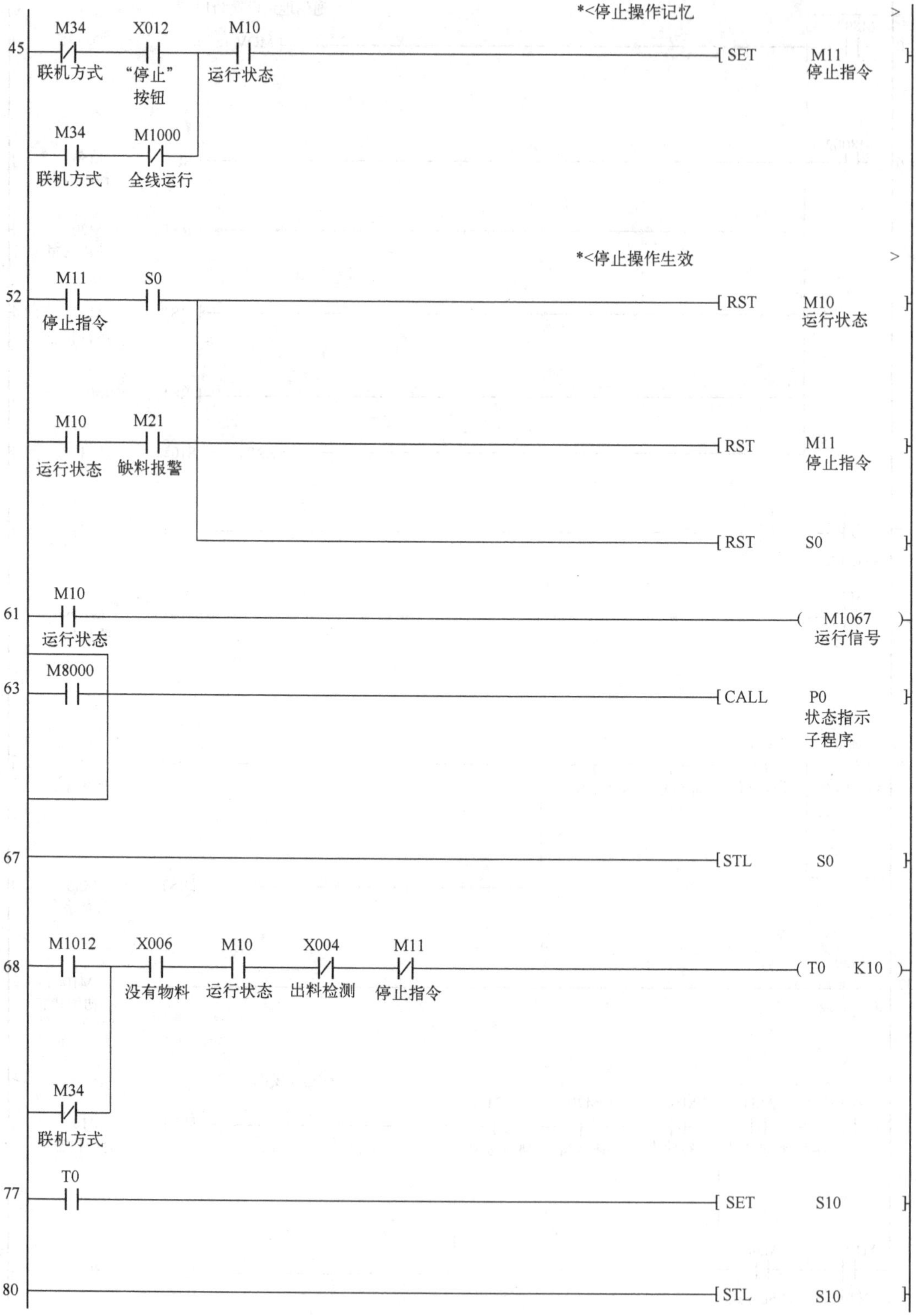

图 4-2-5 主程序梯形图（续）

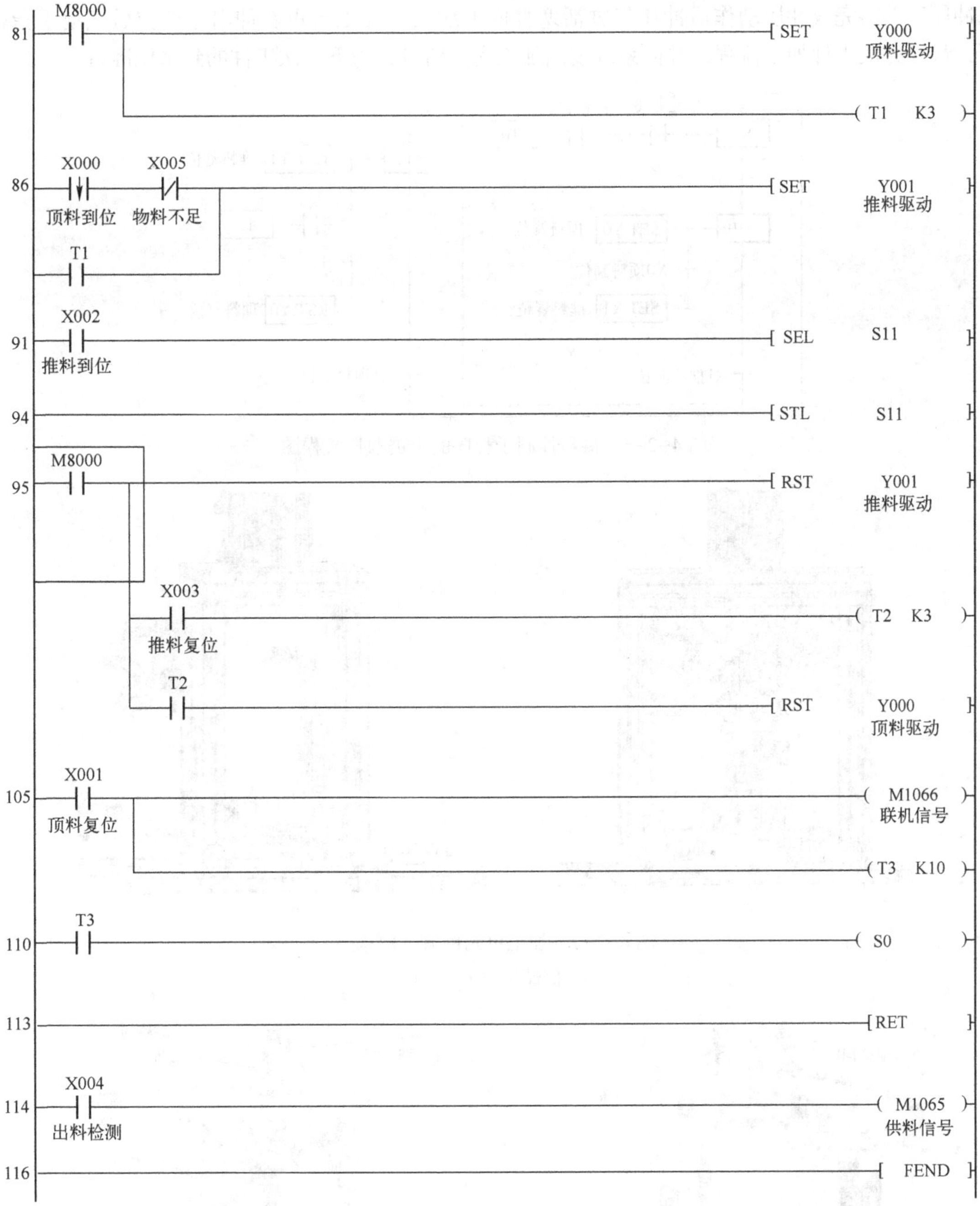

图 4-2-5　主程序梯形图（续）

（1）加工台及滑动机构

加工台及滑动机构如图 4-2-8 所示。加工台用于固定被加工件，并把工件移到加工（冲压）机构正下方对其进行冲压加工。它主要由气动手指、手爪、伸缩气缸、导轨及滑块、磁感应接近开关和漫射型光电接近开关组成。

加工台及滑动机构的工作原理：滑动加工台在系统正常工作后的初始状态为伸缩气缸伸出、加工台气动手指张开，当输送机构把工件送到物料台上，物料检测传感器检测到工件后，PLC 控制程序驱动气动手指将工件夹紧→加工台回到加工区域冲压气缸下方→冲压气缸活塞杆向下伸出以冲压工件→完成冲压动作后冲压气缸活塞杆向上缩回→加工台重新伸出→到位后气动手指松开，最终完成工件加工流程，并向系统发出加工完成信号，为下一次工件的到来做准备。

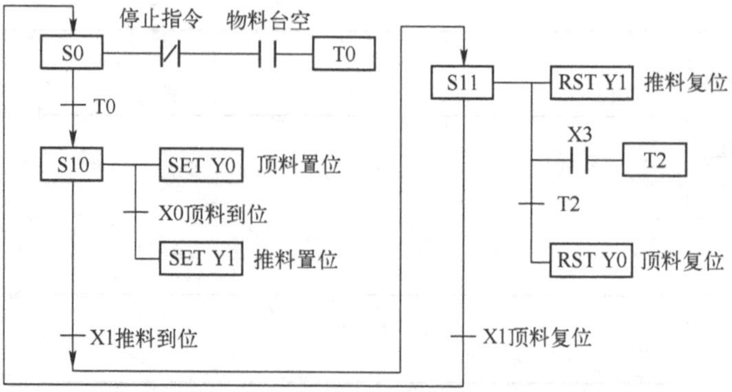

图 4-2-6 供料控制子程序的步进顺控流程图

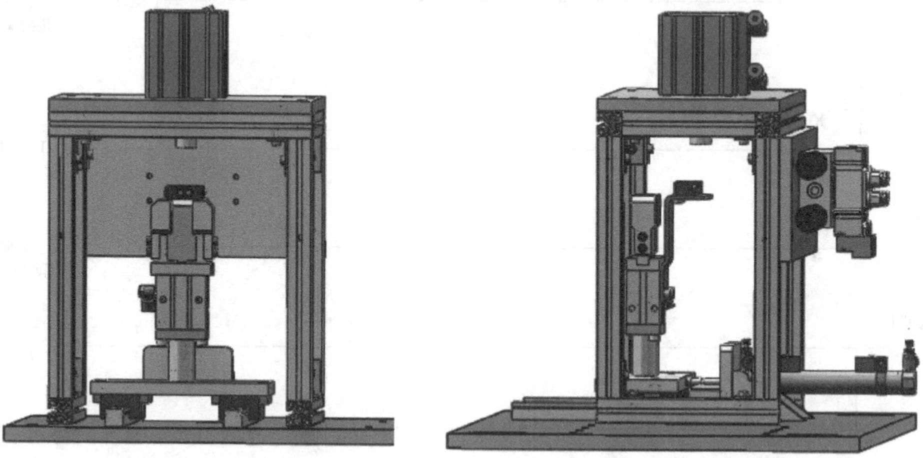

a) b)

图 4-2-7 加工单元机械结构总图

a）前视图 b）右视图

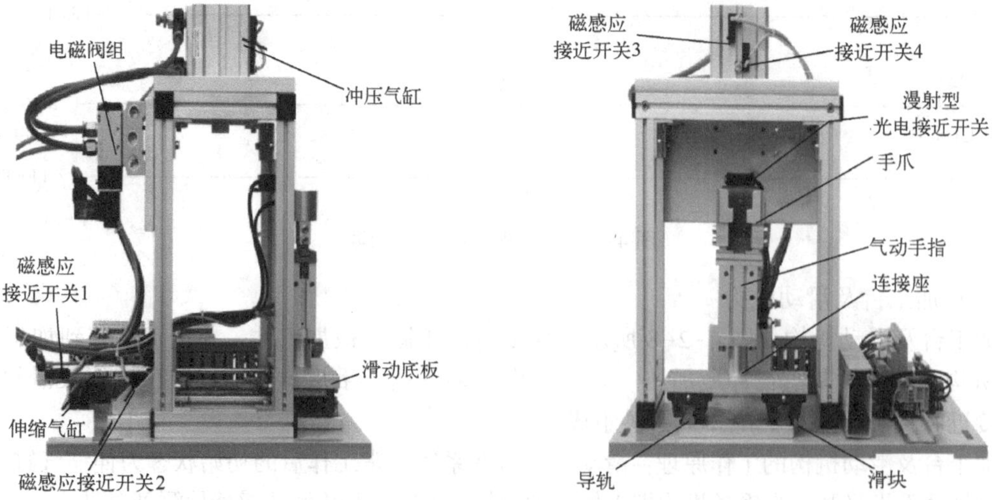

a) b)

图 4-2-8 加工台及滑动机构

在加工台上有一个光电接近开关。若加工台上没有工件，则光电接近开关处于常态；若加工台上有工件，则光电接近开关动作，表明加工台上已有工件。该光电接近开关的输出信号被送到加工单元PLC的输入端，用于判别加工台上是否有工件需要进行加工；当加工过程结束后，加工台伸出到初始位置。同时，PLC通过通信网络，把加工完成信号回馈给系统，以协调控制。

在本实训设备中加工台上安装的漫射型光电接近开关是放大器内置型光电接近开关（E3Z-L61型细小光束型）。

加工台伸出和缩回的极限位置是通过调整伸缩气缸上两个磁感应接近开关位置来定位的。要求缩回位置位于加工冲头正下方；伸出位置应与输送单元的抓取机械手装置配合，确保输送单元的抓取机械手能顺利地把待加工工件放到物料台上。

（2）冲压加工机构

冲压加工机构如图4-2-9所示。冲压加工机构用于对工件进行冲压加工。它主要由冲压气缸、冲压头和安装板等组成。

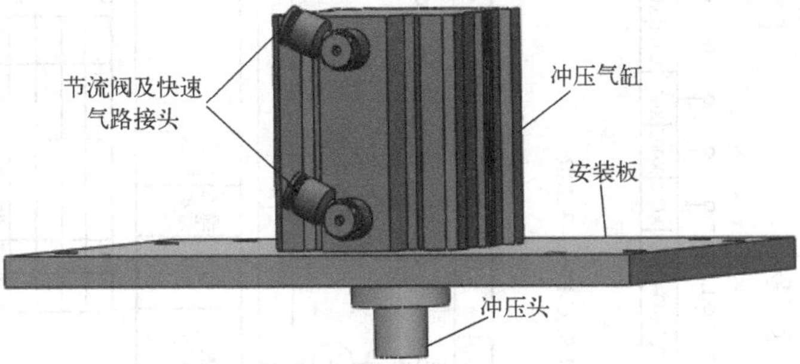

图4-2-9 加工（冲压）机构

冲压机构的工作原理：当工件到达冲压位置即伸缩气缸活塞杆缩回到位时，冲压气缸伸出对工件进行加工，完成加工动作后冲压气缸缩回，为下一次冲压做准备。

冲压头被安装在冲压气缸头部，根据工件的加工要求对工件进行冲压加工。安装板用于安装冲压气缸，对冲压气缸进行固定。

2. 加工单元PLC的I/O接线

加工单元PLC的I/O接线如图4-2-10所示。

3. 加工单元气动控制回路工作原理

加工单元的气动控制元件均采用二位五通单电控电磁换向阀，各电磁阀均带有手动换向和加锁钮，它们被集中安装成阀组且固定在冲压支架后面。

气动控制回路的工作原理如图4-2-11所示。3B1和3B2为安装在冲压气缸两个极限工作位置的磁感应接近开关，2B1和2B2为安装在加工台伸缩气缸的两个极限工作位置的磁感应接近开关，1B1和1B2为安装在工件夹紧气缸工作位置的磁感应接近开关。3Y1、2Y1和1Y1分别为控制冲压气缸、加工台伸缩气缸和工件夹紧气缸上电磁阀上的电磁控制端。

4. 加工单元调试与运行

（1）工作任务

这里只考虑加工单元作为独立设备运行时的情况，加工单元的按钮和指示灯模块上的工作方式选择开关应置于“单站方式”位置。其具体的控制要求如下：

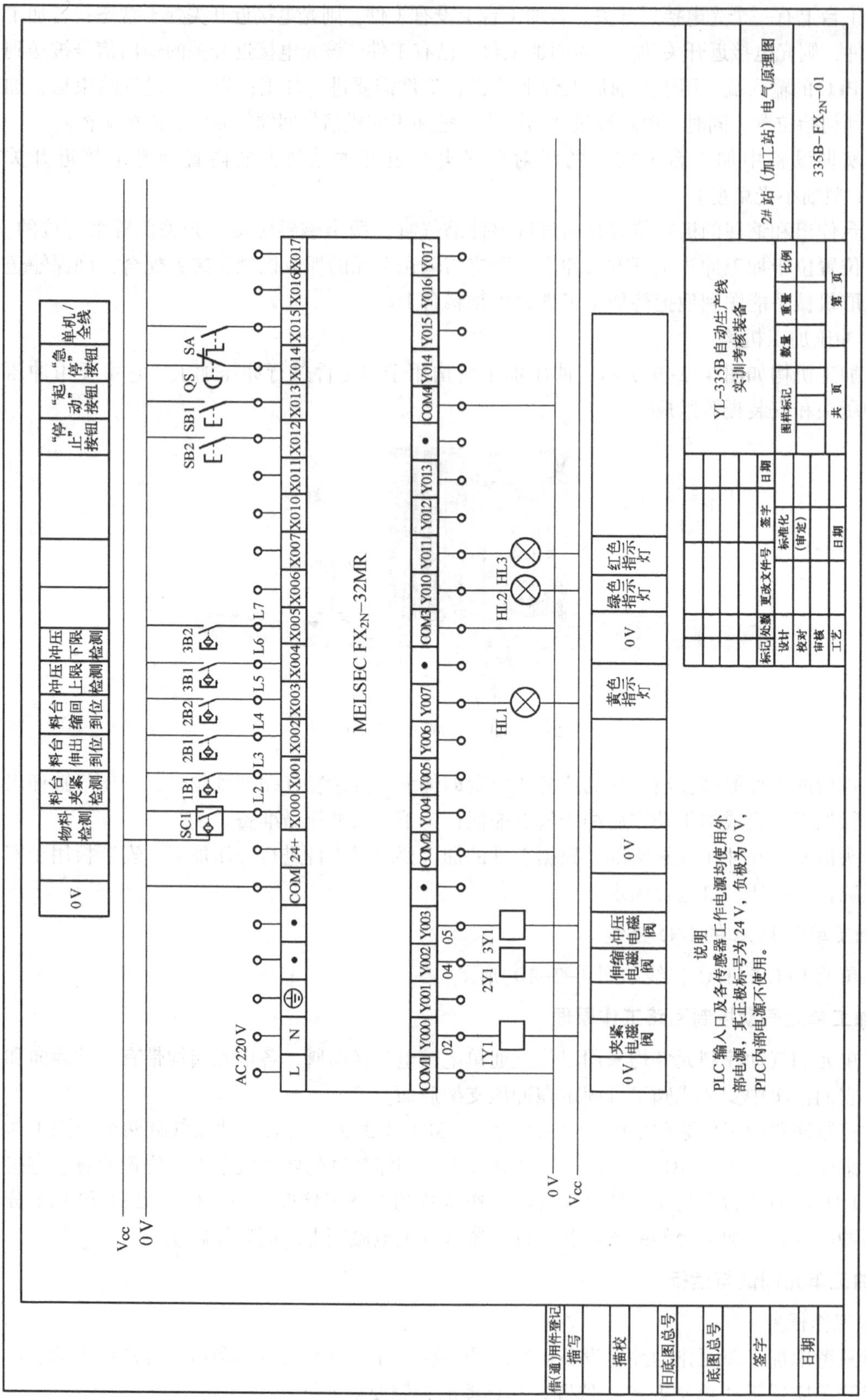

a)

图4-2-10 加工单元PLC的I/O接线图

a) FX_{2N}-32MR的I/O接线图

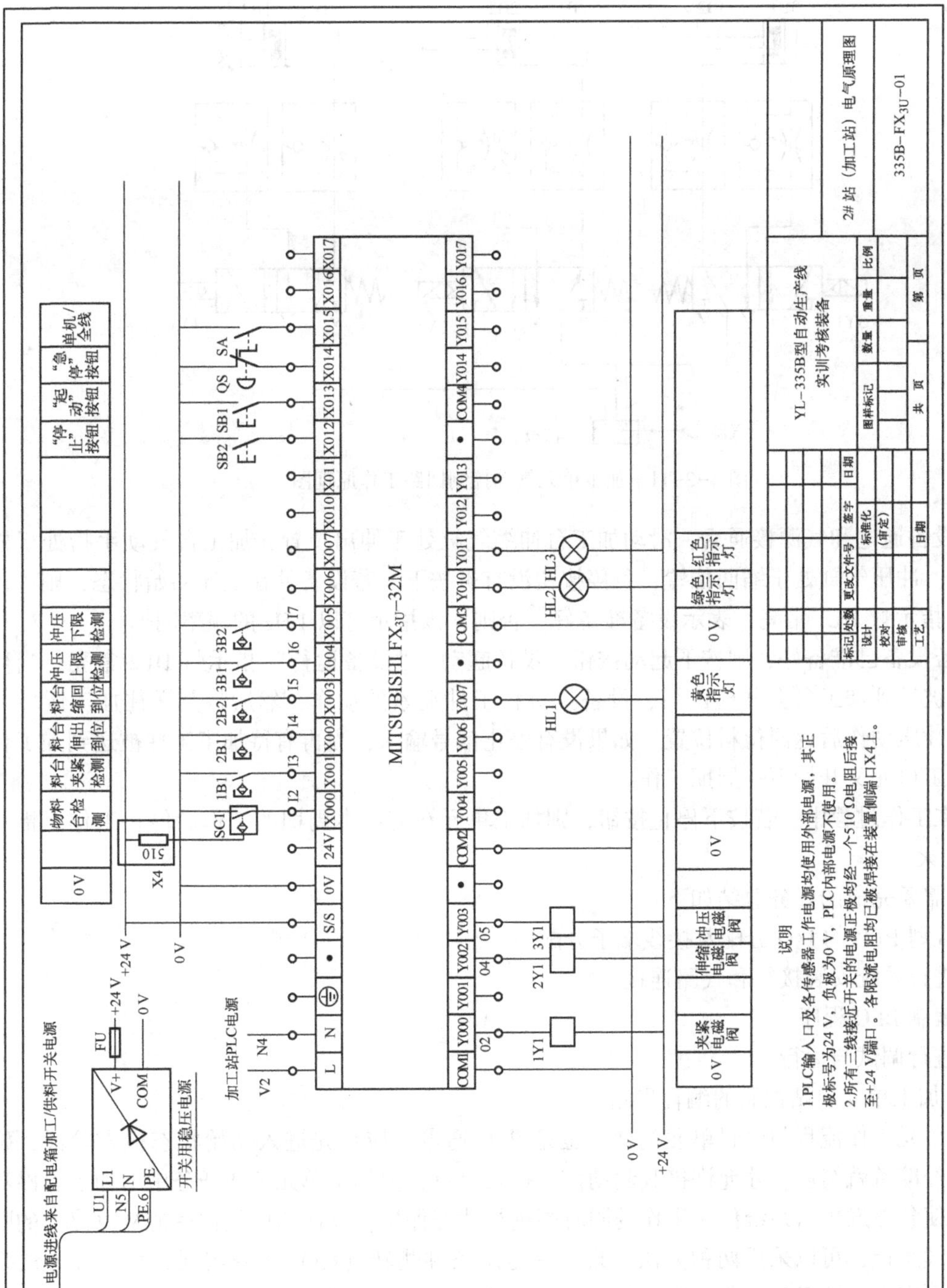

b)

图4−2−10　加工单元PLC的I/O接线图（续）

b) FX_{3U}−32M的I/O接线图

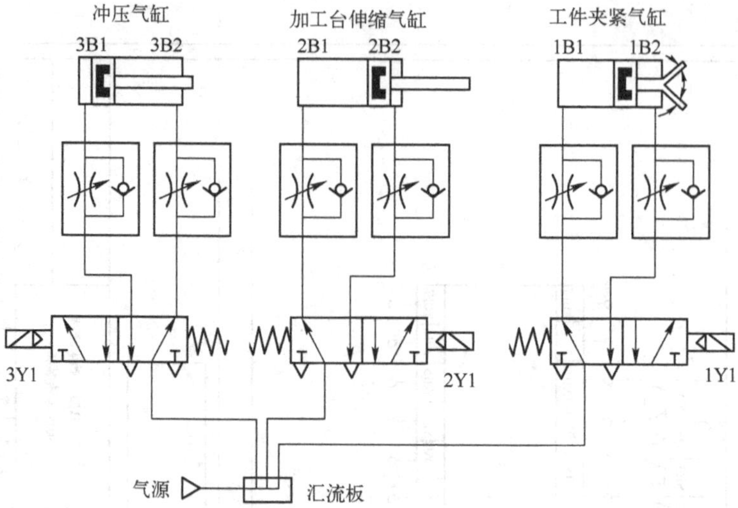

图 4-2-11　加工单元气动控制回路工作原理图

1）设备通电和气源接通后，滑动加工台伸缩气缸处于伸出位置，加工台气动手指处于松开的状态，冲压气缸处于缩回位置，急停按钮没有被按下。若设备处在上述初始状态，则“正常工作”指示灯 HL1 常亮，表示设备准备好。否则，该指示灯以 1 Hz 的频率闪烁。

2）若设备已准备好，则按下起动按钮，设备起动，“设备运行”指示灯 HL2 常亮。当待加工工件被送到加工台上并检出后，设备执行将工件夹紧的动作，然后将其送往加工区域冲压，完成冲压动作后返回待料位置。如果没有停止信号输入，当再有待加工工件被送到加工台上时，加工单元又开始下一周期工作。

3）在工作过程中，若按下停止按钮，则加工单元在完成本周期的工作后停止工作，指示灯 HL2 熄灭。

本节需要完成的任务总结如下：

1）规划 PLC 的 I/O 分配及接线端子分配。

2）进行系统安装接线和气路连接。

3）编制 PLC 程序。

4）进行调试与运行。

（2）加工单元单站控制的编程思路

加工单元工作流程与供料单元类似，也是 PLC 通电后应首先进入初始状态检查阶段，确认系统已经准备就绪后，才允许接收起动信号投入运行，但加工单元工作任务中增加了急停功能。为了使急停发生后系统停止工作的同时能进行状态保持，以便急停复位后能从急停前的断点开始继续运行，可以采用两种方法实现，一是用条件跳转（CJ）指令实现，另一种方法是用主控指令实现。这里只讨论用条件跳转（CJ）指令实现的方法。

用条件跳转指令实现急停信号处理的程序梯形图如图 4-2-12 所示。图中，当急停按钮被按下时，跳转指令执行条件满足，程序跳转到指令所指定的指针标号 P0 处继续执行。安排在跳转指令后面的步进顺序控制程序段被跳转而不再执行。

由于执行条件跳转指令后，被跳转部分程序将不再被扫描，这意味着，跳转前的输出状态（执行结果）将被保留，步进顺序控制程序段的状态将被保持，直到急停按钮复位后加工单元又能继续工作。但必须注意的是，如果急停恰好发生在 S22 步，正值冲压头压下，则程序跳转后，压下状态将会被保持下来，因此需要在FEND指令与END指令之间加上复位冲压电磁阀的程序段。当急停按钮未被按下时，程序按顺序执行，直至遇到主程序结束指令FEND为止。

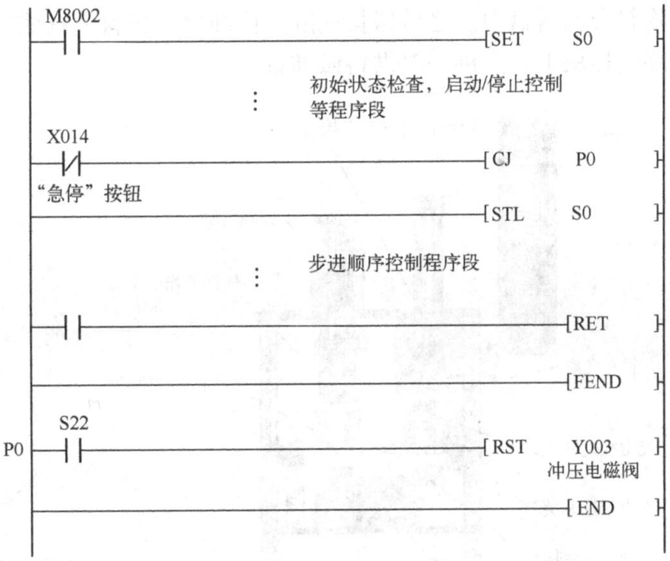

图4-2-12 急停信号处理的程序梯形图

(3) 调试与运行

1) 调整气动部分，检查气路是否正确，气压是否合理，气缸的动作速度是否合理。

2) 检查磁感应接近开关的安装位置是否到位，磁感应接近开关工作是否正常。

3) 检查I/O接线是否正确。

4) 检查光电接近开关的安装是否合理，灵敏度是否合适，保证检测的可靠性。

5) 放入工件，运行程序并观察加工单元动作是否满足任务要求。

6) 调试以解决各种可能出现的情况，确保任何情况下加入工件，系统都能可靠工作。

7) 优化程序。

4.2.3 装配单元结构和工作过程

1. 装配单元的功能与结构

装配单元的功能是将该单元料仓内的黑色或白色小圆柱形工件嵌入到装配料斗的待装配工件中。

装配单元的结构组成包括：管形料仓，供料机构，回转物料台，机械手，待装配工件的定位机构，气动系统及其阀组，信号采集及自动控制系统，用于电气连接的端子排组件，生产线状态指示灯，铝制支架及底板，传感器安装支架等其他附件。其机械装配图如图4-2-13所示。

(1) 管形料仓

管形料仓用来存储装配用的金属或塑料材质的黑色或白色小圆柱形零件。它由塑料圆管和中空底座构成。塑料圆管顶端放置加强金属环，以防止破损。由于二者之间有一定的间隙，因此工件竖直放入料仓的空心管内时，能在重力作用下自由下落。

为了能在料仓供料不足和缺料时报警，在塑料圆管底部和底座处分别安装了两个漫反射型光电接近开关（E3Z-L型），并在料仓的塑料圆柱壁上纵向铣槽，以使光电接近开关的红外光斑能可靠地照射到被检测的物料上。对光电接近开关灵敏度的调整，以能检测到黑色物料为准则。

(2) 落料机构

图4-2-14为落料机构剖视图。图中，料仓底座的背面安装了两个直线气缸。上面的气缸称为顶料气缸，下面的气缸称为挡料气缸。

系统气源接通后，顶料气缸的初始位置在缩回状态，挡料气缸的初始位置在伸出状态。这样，当从料仓上面放入工件时，工件将被挡料气缸活塞杆终端的挡块阻挡而不能落下。需要进行落料操作时，首先使顶料气缸伸出，把次下层的工件夹紧，然后挡料气缸缩回，工件掉入回转物料台的料盘中。之后挡料气缸复位伸出，顶料气缸缩回，次下层工件跌落到挡料气缸活塞杆终端挡块上，为再一次供料做准备。

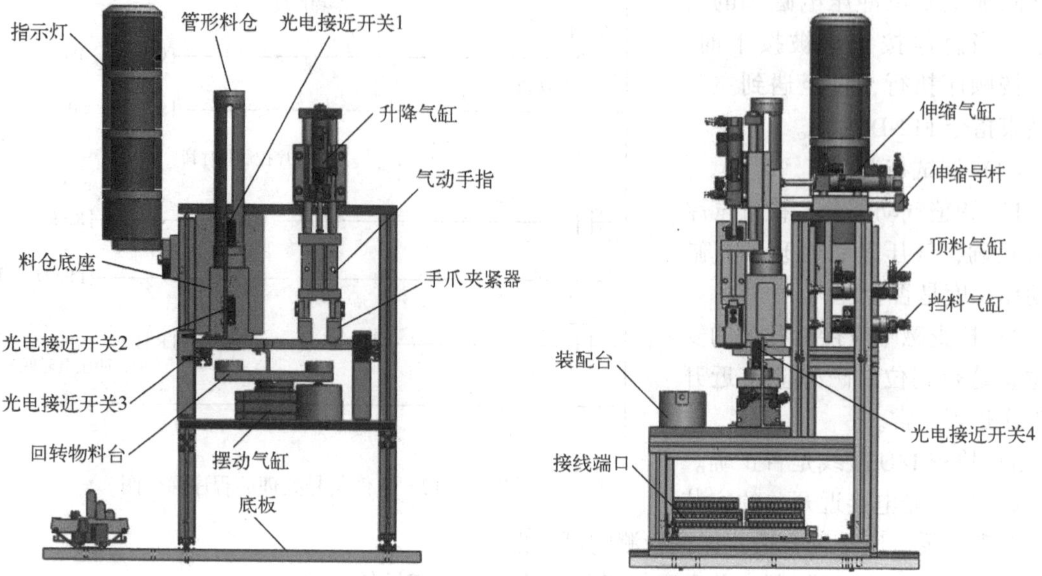

图 4-2-13 装配单元机械装配图

(3) 回转物料台

该机构主要由摆动气缸和两个料盘组成，摆动气缸能驱动料盘旋转 180°，实现把从落料机构落到料盘的工件移动到装配机械手装置正下方的功能，如图 4-2-15 所示。图中的光电接近开关 1 和光电接近开关 2 分别用来检测左面和右面料盘是否有零件。两个光电接近开关均为 CX-441 型。

(4) 装配机械手装置

装配机械手装置是整个装配单元的核心。在装配机械手装置正下方的回转物料台的料盘上有小圆柱形零件，且装配台侧面的光纤传感器检测到装配台上有待装配工件的情况下，机械手从初始状态开始执行装配操作。装配机械手装置的外形如图 4-2-16 所示。

装配机械手装置是一个三维运动的机构，它由水平方向移动和竖直方向移动的两个导向气缸和气动手指组成。

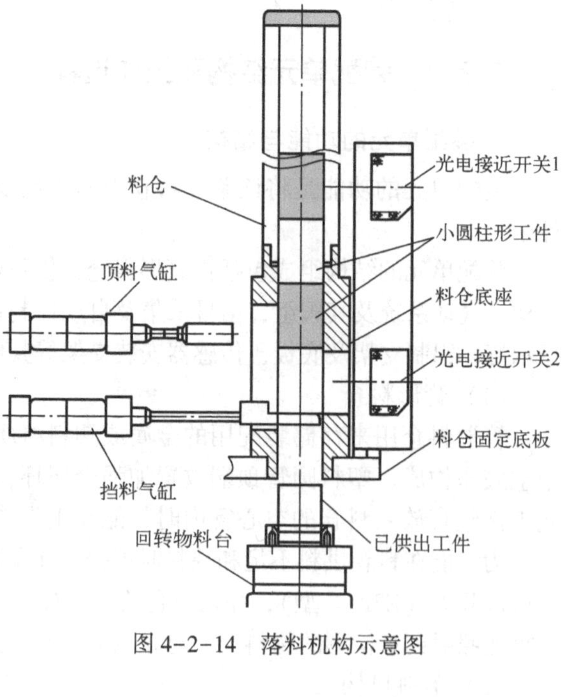

图 4-2-14 落料机构示意图

装配机械手装置的工作过程为：PLC 驱动与竖直移动导向气缸相连的电磁换向阀动作，由竖直移动导向气缸驱动气动手指向下移动，到位后气动手指驱动手爪夹紧物料，并将夹紧信号通过磁性开关传送给 PLC。在 PLC 的控制下，竖直移动导向气缸复位，被夹紧的物料随气动手指一并被提起，离开回转物料台的料盘，被提升到最高位后，水平移动导向气缸在与之对应的换向阀的驱动下，活塞杆伸出，并移动到气缸前端位置后，竖直移动导向气缸再次被驱动下移，移动到最底端位置，气动手指松开以放下物料，经短暂延时，竖直移动导向气缸和水平移动导向气缸缩回，机械手恢复初始状态。

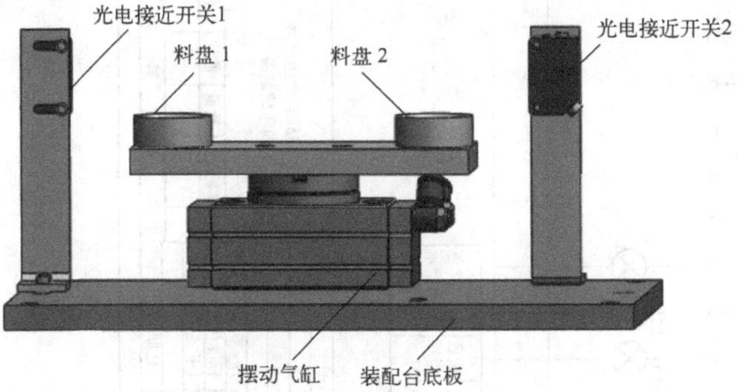

图 4-2-15 回转物料台的结构

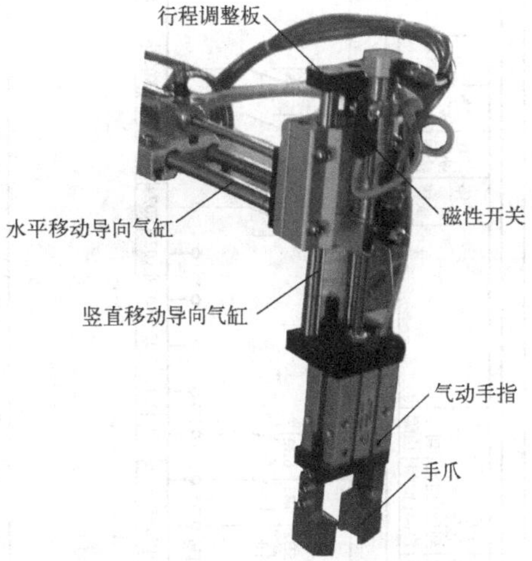

图 4-2-16 装配机械手装置的外形

在整个机械手动作的过程中，除气动手指松开到位时无传感器检测外，其余动作的到位信号检测均采用与气缸配套的磁感应接近开关，采集到的信号输入 PLC，由 PLC 输出信号驱动电磁阀换向，使气缸及气动手指组成的机械手按程序自动运行。

（5）装配台料斗

输送单元运送来的待装配工件直接被放置在该机构的料斗定位孔中，由定位孔与工件之间的较小的间隙配合实现定位，从而完成准确的装配动作和定位精度，如图 4-2-17 所示。

为了确定装配台料斗内是否放置了待装配工件，需要使用光纤传感器进行检测。于是在料斗的侧面开了一个 M6 的螺孔，光纤传感器的光纤探头就固定在螺孔内。

（6）指示灯

本工作单元上安装有红、橙、绿三色指示灯，它们为整个系统指示用的。指示灯有 5 根引出线，其中黄绿交叉线为“地线”，直接接到接线端子排上的接地端；其余颜色导线为：红色线为红色灯控制线；黄色线为橙色灯控制线；绿色线为绿色灯控制线；黑色线为信号灯公共控制线。指示灯及信号线的接法如图 4-2-18 所示。

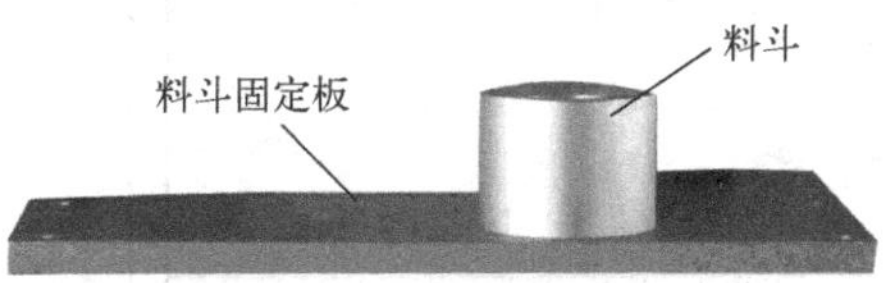

图 4-2-17 装配台料斗

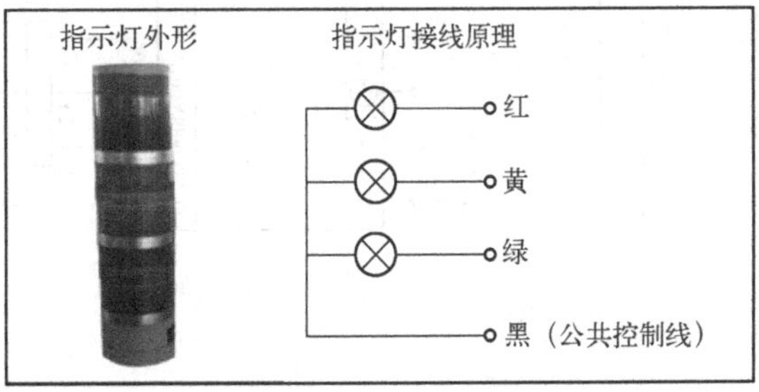

图 4-2-18 指示灯及信号线的接法

2. 装配单元 PLC 的 I/O 接线

装配单元 PLC 的 I/O 接线如图 4-2-19 所示。

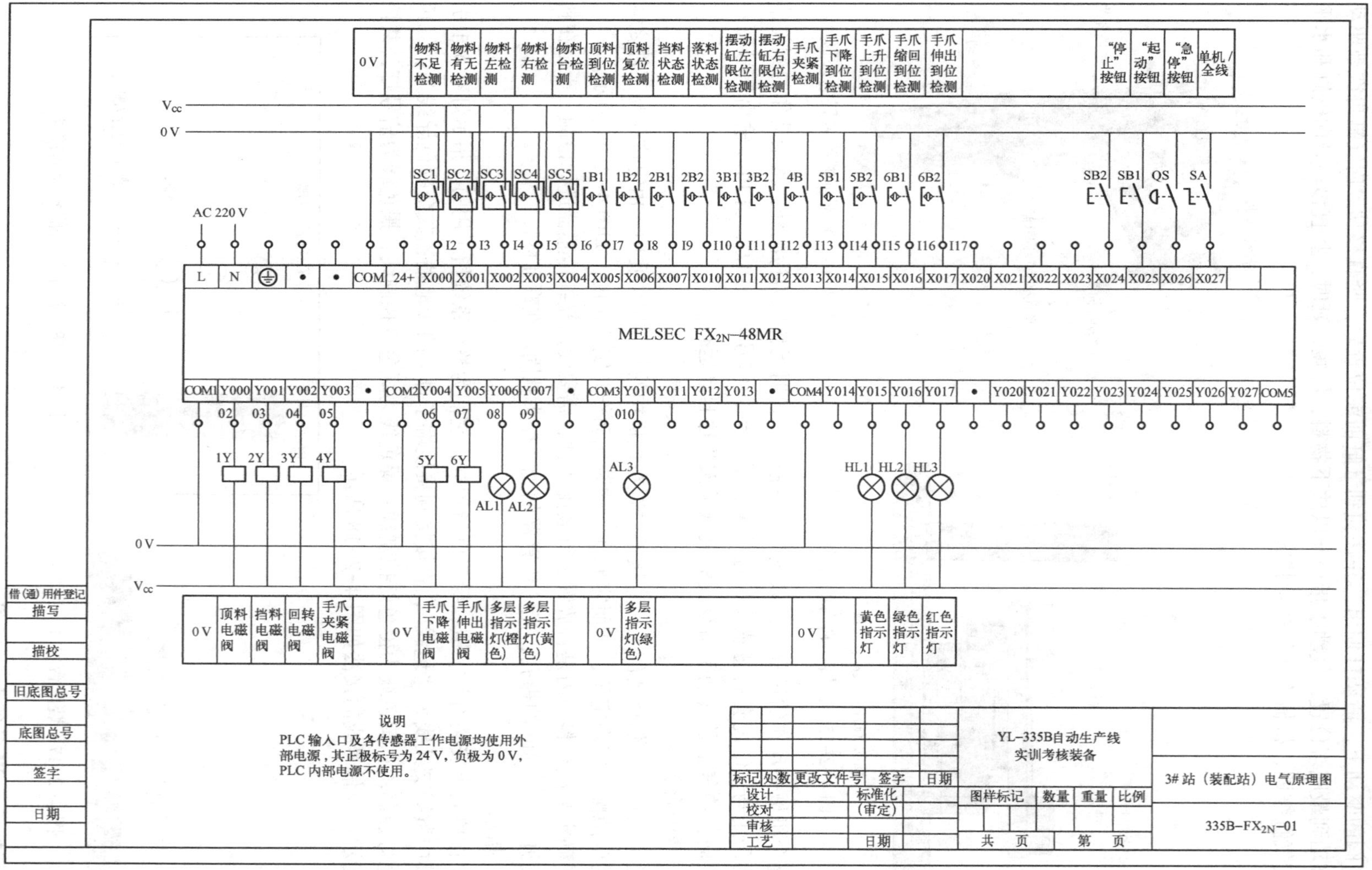

a)

图4-2-19 装配单元PLC的I/O接线图

a) FX_{2N}-48MR的I/O接线图

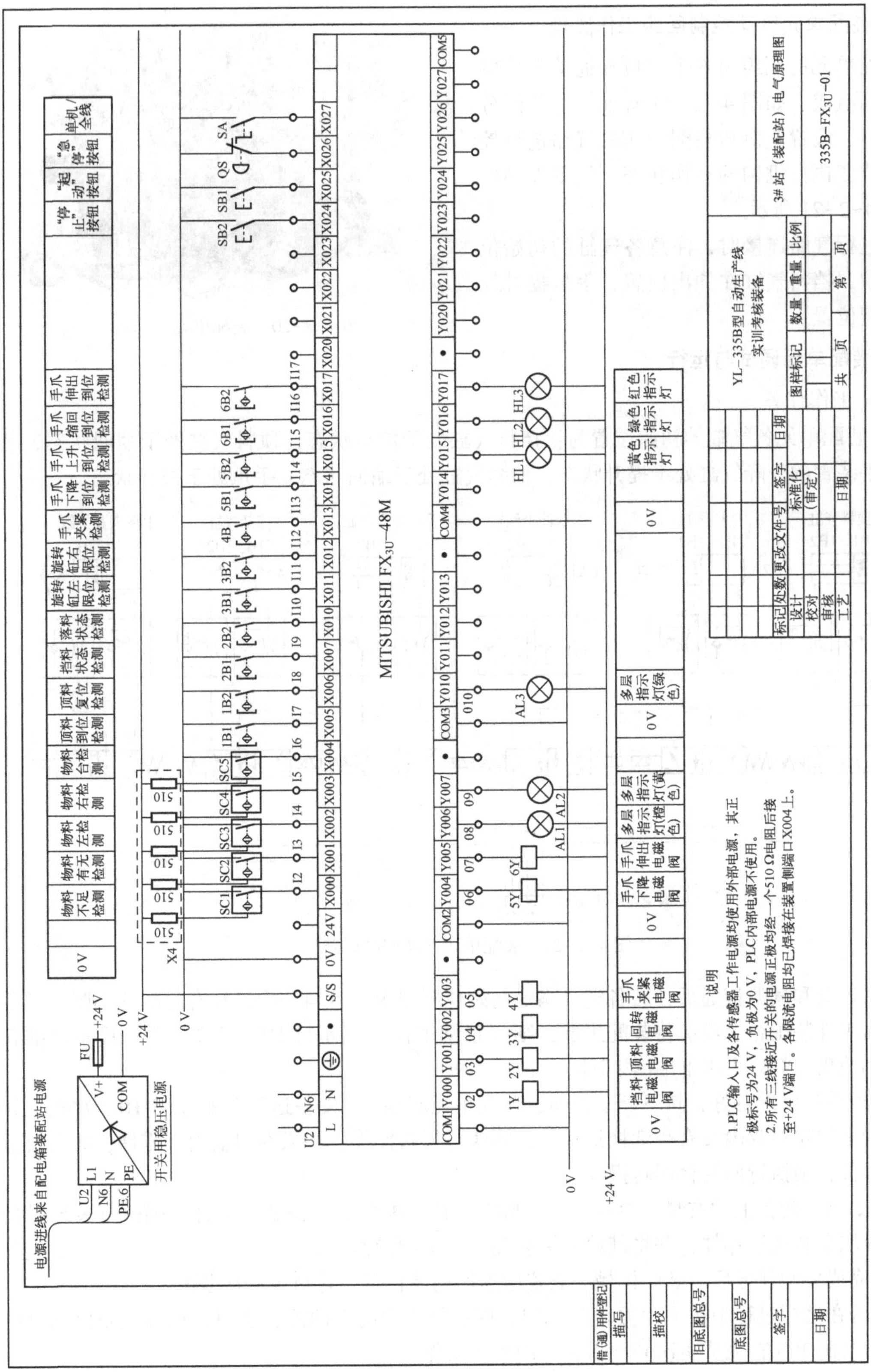

b)

图4-2-19　装配单元PLC的I/O接线图（续）

b) FX_{3U}—48M的I/O接线图

3. 装配单元气动控制回路工作原理

装配单元的阀组由 6 个二位五通单电控电磁换向阀组成，如图 4-2-20 所示。这些阀分别对供料、位置变换和装配动作的气路进行控制，以改变执行机构的动作状态。气动控制回路如图 4-2-21 所示。

在进行气路连接时，注意各气缸的初始位置，其中，挡料气缸在伸出位置，手爪提升气缸在提起位置。

图 4-2-20 装配单元的阀组

4. 装配单元调试与运行

（1）工作任务

1）装配单元各气缸的初始位置为：挡料气缸处于伸出状态，顶料气缸处于缩回状态，装配机械手装置的升降气缸处于提升状态，伸缩气缸处于缩回状态，手爪处于松开状态。

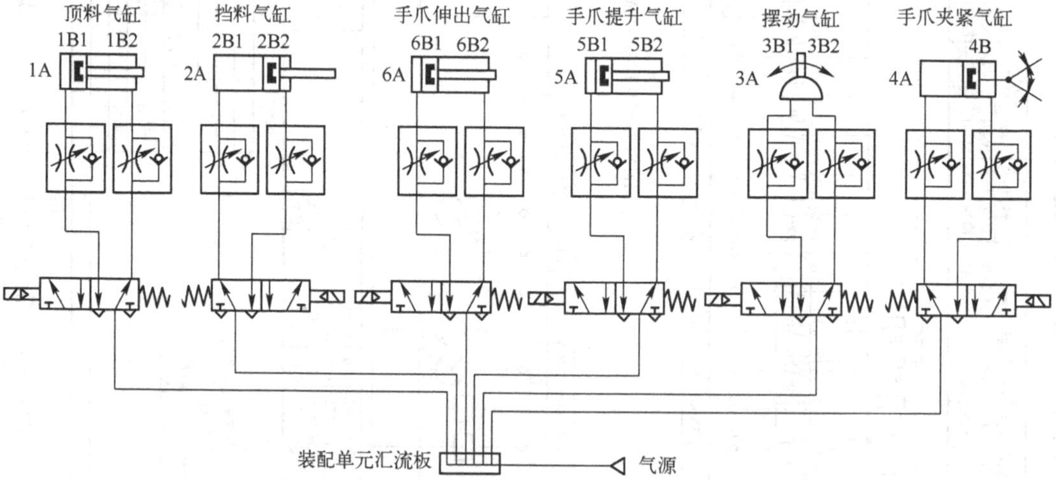

图 4-2-21 装配单元气动控制回路

设备通电和气源接通后，若各气缸满足初始位置要求，且料仓中已经有足够的小圆柱形零件，同时工件装配台上没有待装配工件，则“正常工作”指示灯 HL1 常亮，表示设备已准备好。否则该指示灯以 1 Hz 的频率闪烁。

2）若设备已准备好，按下起动按钮，装配单元起动，“设备运行”指示灯 HL2 常亮。如果回转台上的左料盘内没有小圆柱形零件，则执行下料操作；如果左料盘内有零件，而右料盘内没有零件，则执行回转台回转操作。

3）如果回转台上的右料盘内有小圆柱形零件且装配台上有待装配工件，则执行装配机械手装置抓取小圆柱形零件，并将其放入待装配工件中的操作。

4）完成装配任务后，装配机械手装置应返回初始位置，等待下一次装配。

5）若在运行过程中按下“停止”按钮，则供料机构应立即停止供料，在装配条件满足的情况下，装配单元在完成本次装配后会立即停止工作。

6）在运行中发生“零件不足”报警时，指示灯 HL3 以 1 Hz 的频率闪烁，指示灯 HL1 和 HL2 常亮；在运行中发生“零件没有”报警时，指示灯 HL3 以亮 1 s、灭 0.5 s 的方式闪烁，指示灯 HL2 熄灭，HL1 常亮。

（2）装配单元单站控制的编程思路 PLC 控制程序

1）进入运行状态后，装配单元的工作过程包括两个相互独立的子过程，一个是供料过程，另一个是装配过程。

供料过程就是通过供料机构的操作，使料仓中的小圆柱形零件落到回转台左边料盘上；然后回转台转动，使装有零件的料盘转移到右边，以便装配机械手装置抓取零件。

装配过程是当装配台上有待装配工件，且装配机械手装置下方有小圆柱形零件时，进行装配操作。

在主程序中，当初始状态检查结束，确认单元准备就绪，按下“起动”按钮进入运行状态后，应同时调用供料控制和装配控制两个程序。如图 4-2-22 所示，图中 S0 为供料控制步进顺控程序段，S1 为装配控制步进顺控程序段。

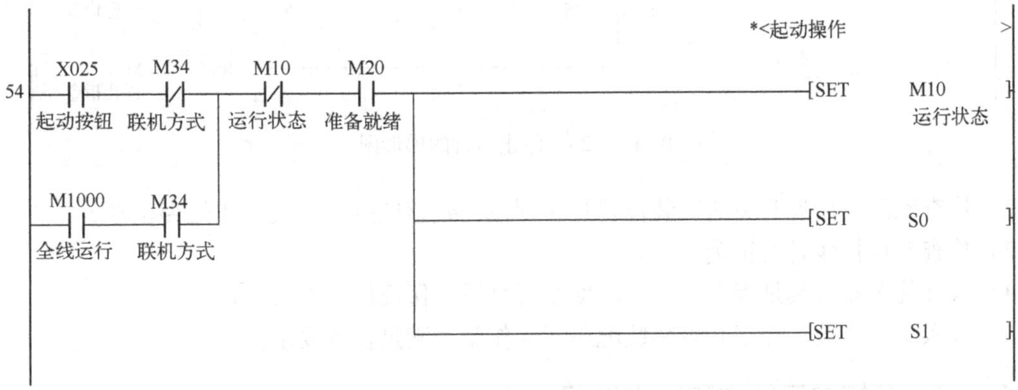

图 4-2-22 调用供料与装配控制

2）供料控制过程包含两个互相联锁的过程，即落料过程和回转台转动的过程。在小圆柱形零件从料仓下落到左料盘的过程中，禁止回转台转动；反之，在回转台转动过程中，禁止打开料仓（挡料气缸缩回）落料。

实现联锁的方法是：①当回转台的左限位或右限位磁感应接近开关动作并且左料盘没有物料时，经定时确认后，开始落料过程；②当挡料气缸伸出到位使料仓关闭、左料盘有物料而右料盘为空时，经定时确认后，回转台开始转动，直到达到限位位置。

3）供料过程的落料控制和装配控制过程都是单序列步进顺序控制，具体编程步骤这里不再赘述。

4）停止运行有两种情况。一是在运行中按下停止按钮，停止指令被置位；另一种情况是当料仓中最后一个零件落下时，检测物料有无的传感器动作（X001 为 OFF），发出缺料报警。

对于供料过程的落料控制，上述两种情况均应是料仓关闭、顶料气缸复位到位（即返回到初始步）后，再停止下次落料，并使落料初始步复位。但对于回转台转动控制，一旦停止指令发出，则应立即停止回转台转动。

对于装配控制，上述两种情况也是在一次装配完成后装配机械手装置返回到初始位置时停止。当落料机构和装配机械手装置均返回到初始位置时，才能让运行状态标志和停止指令复位。停止运行的操作对应的程序应在主程序中进行编制，其梯形图如图 4-2-23 所示。

（3）调试与运行

1）调整气动部分，检查气路是否正确，气压是否合理，气缸的动作速度是否合理。

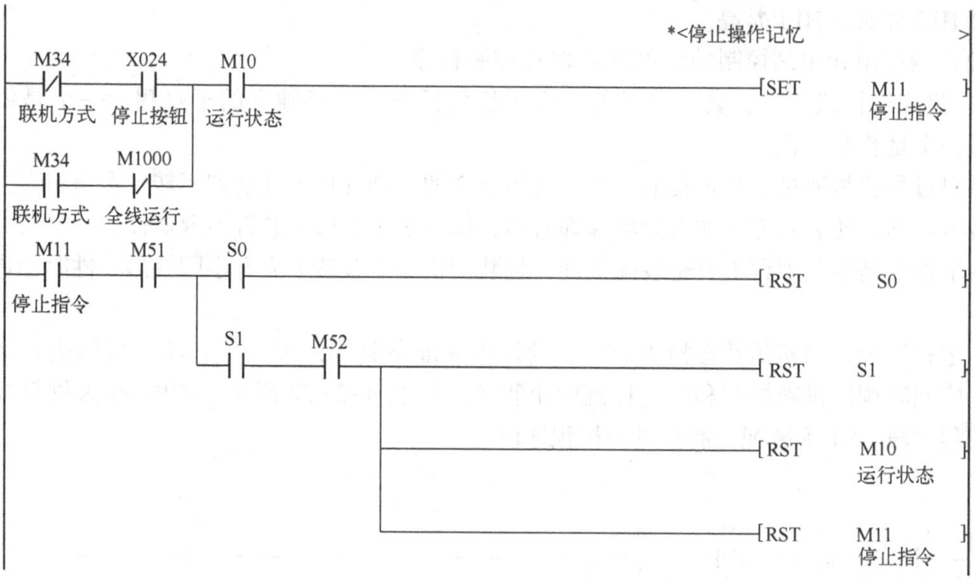

图 4-2-23 停止运行的梯形图

2）检查磁感应接近开关的安装位置是否到位，磁感应接近开关工作是否正常。

3）检查 I/O 接线是否正确。

4）检查传感器安装是否合理，灵敏度是否合适，保证检测的可靠性。

5）放入工件，运行程序并观察装配单元动作是否满足任务要求。

4.2.4 分拣单元结构和工作过程

1. 分拣单元的功能与结构

分拣单元是 YL-335B 中处于最末位置的单元，用于完成对上一单元送来的已加工且装配好的工件的分拣，使不同颜色的工件从不同的料槽分流。当输送站送来工件被放到传送带上并被入料口光电接近开关检测到时，即起动变频器，工件开始被送入分拣区进行分拣。

分拣单元主要结构组成为：传送和分拣机构，传动带驱动机构，变频器模块，电磁阀组，接线端口，PLC 模块，按钮和指示灯模块及底板等。其中，机械部分结构总成如图 4-2-24 所示。

（1）传送和分拣机构

传送和分拣机构主要由传送带、出料滑槽、推料（分拣）气缸、漫射型光电接近开关、光纤传感器和磁感应接近开关组成。该机构的功能是传送已经加工且装配好的工件，并进行分拣。传送带是把机械手输送过来的装配好的工件进行传输，将其输送至分拣区。导向器用于纠偏机械手输送过来的工件的位置。三条物料槽分别用于存放装配好的白芯金属工件、白芯塑料工件或黑芯工件。

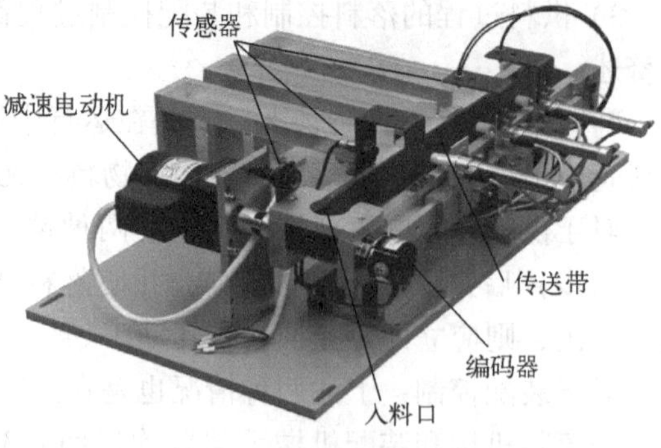

图 4-2-24 分拣单元的机械结构总成

传送和分拣的工作原理：入料口漫射型光电接近开关检测到输送单元送来工件后，将信号传输给 PLC，通过 PLC 的程序起动变频器，电动机运转以驱动传送带；光纤传感器对传送的工件进行识别；将相应工件送入分拣区分拣，分拣要求如下：

1）如果为白芯金属件，到达 1 号槽位时，传送带停止，1 号气缸将工件推到 1 号槽。

2）如果为白芯塑料件，到达 2 号槽位时，传送带停止，2 号气缸将工件推到 2 号槽。

3）如果为黑芯工件（金属或塑料），到达 3 号槽位时，传送带停止，3 号气缸将工件推到 3 号槽。

（2）传动带驱动机构

二维码 4-2
简单分拣

传动带驱动机构如图 4-2-25 所示。它采用的是三相减速电动机，用于拖动传送带以输送物料。它主要由电动机支架、电动机和联轴器等组成。

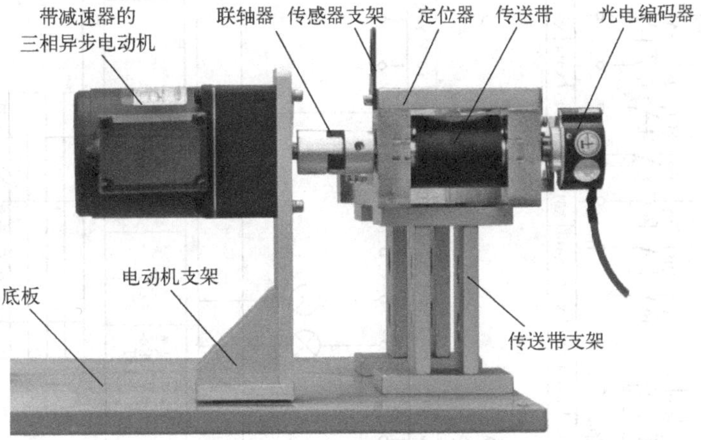

图 4-2-25 传动带驱动机构

带减速器的三相异步电动机是传动机构的主要部分，其作用是驱动传送带运动以输送物料，电动机转速的快慢由变频器来控制。电动机支架用于固定电动机。联轴器把电动机的轴和传送带主动轮的轴连接起来，组成一个传动机构。

2. 分拣单元 PLC 的 I/O 接线

分拣单元 PLC 的 I/O 接线图如图 4-2-26 所示。

3. 分拣单元气动控制回路工作原理

分拣单元的电磁阀组使用了 3 个由二位五通的带手控开关的单电控电磁阀，它们被安装在汇流板上。这 3 个阀分别对金属物料、白芯塑料物料和黑芯塑料物料相应推动气缸的气路进行控制，以改变各自的动作状态。

分拣单元气动控制回路的工作原理如图 4-2-27 所示。图中 1A、2A 和 3A 分别为分拣气缸 1、分拣气缸 2 和分拣气缸 3。1B1、2B1 和 3B1 分别为安装在各分拣气缸的前极限工作位置的磁感应接近开关。1Y1、2Y1 和 3Y1 分别为控制 3 个分拣气缸上电磁阀上的电磁控制端。

4. 分拣单元调试与运行

（1）单独分拣的工作任务

1）单独分拣是完成对白芯金属（或塑料）工件和黑芯金属（或塑料）工件进行分拣。为了在分拣时准确推出工件，要求使用光电编码器做定位检测，并且工件材料和芯体颜色属性应在推料气缸前的适当位置被检测出来。

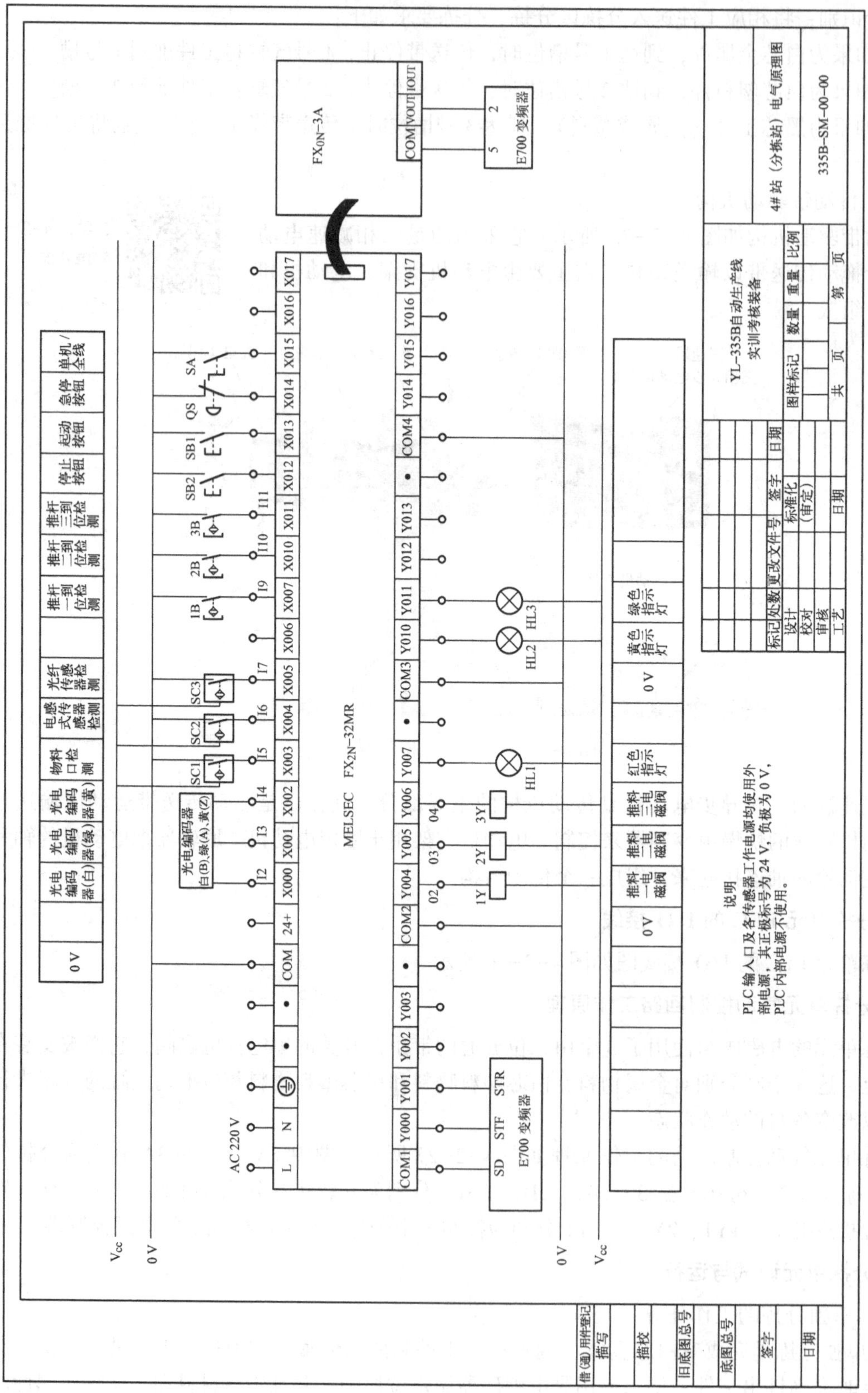

a)

图4-2-26 分拣单元PLC的I/O接线图

a) FX_{2N}-32MR的I/O接线图

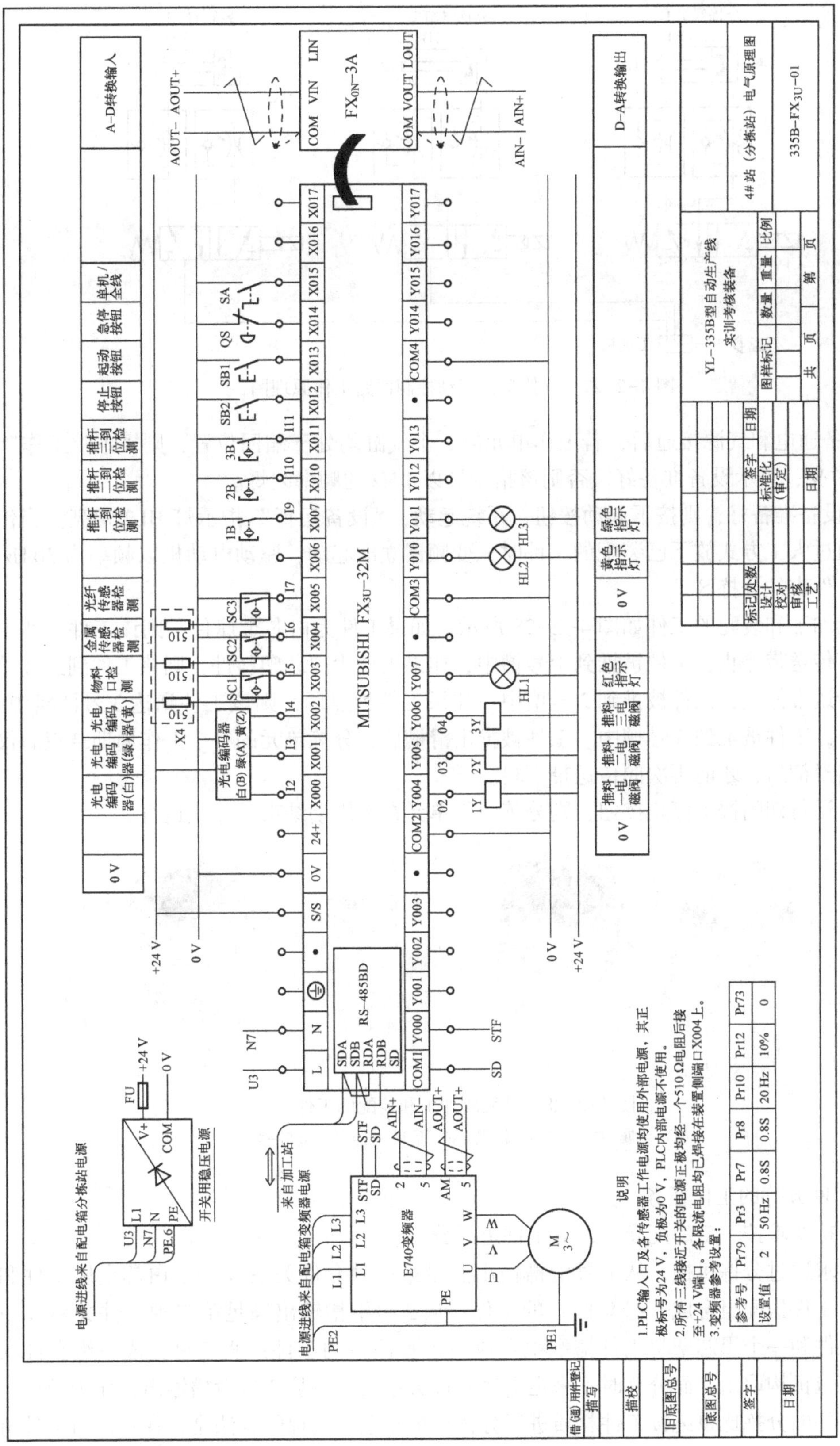

b)

图4-2-26　分拣单元PLC的I/O接线图（续）

b) FX_{3U}-32MR的I/O接线图

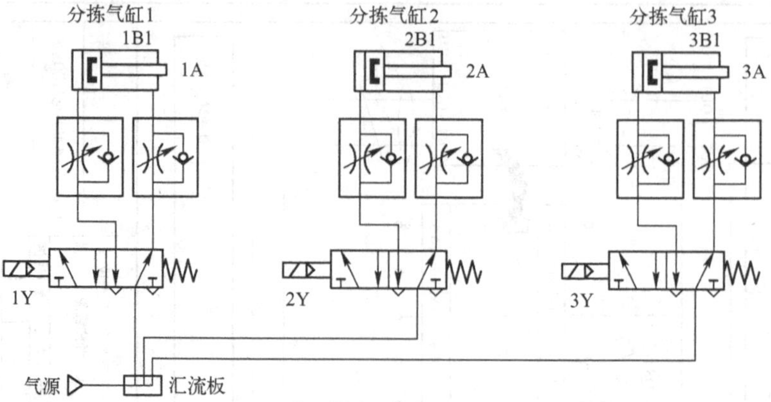

图 4-2-27 分拣单元气动控制回路工作原理图

2）设备通电和气源接通后，若工作单元的 3 个气缸均处于缩回位置，则“正常工作”指示灯 HL1 常亮，表示设备准备好。否则该指示灯以 1 Hz 的频率闪烁。

3）若设备准备好，则按下起动按钮，系统起动，“设备运行”指示灯 HL2 常亮。当传送带入料口通过人工方式放下已装配的工件时，变频器立即起动，驱动电动机以频率为 30 Hz 的速度，把工件带往分拣区。

已完成加工和装配的工件如图 4-2-28 所示。如果工件为白芯金属件，则该工件到达 1 号滑槽中间，传送带停止，工件被推到 1 号槽中；如果工件为白芯塑料件，则该工件到达 2 号滑槽中间，传送带停止，工件被推到 2 号槽中；如果工件为黑芯，则该工件到达 3 号滑槽中间，传送带停止，工件被推到 3 号槽中。工件被推出滑槽后，分拣单元的一个工作周期结束。仅当工件被推出滑槽后，才能再次向传送带下料。

如果在运行期间按下停止按钮，则分拣工作单元在本周期结束后停止运行。

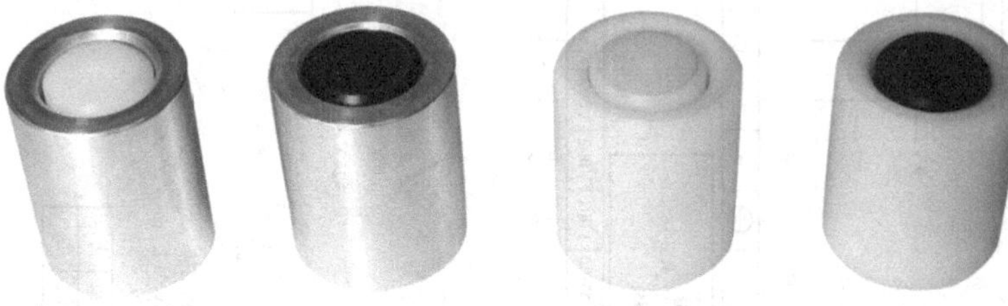

a) b) c) d)

图 4-2-28 已完成加工和装配的工件

a）金属-白 b）金属-黑 c）塑料-白 d）塑料-黑

（2）套件分拣的工作任务

套件分拣要求按一定的配套关系对工件进行分拣。

例如要求通过分拣机构，从 1 号滑槽输出满足第一种套件关系（一个白芯金属工件和一个白芯塑料工件搭配组合成一组套件）的工件；从 2 号滑槽输出满足第二种套件关系（一个黑芯金属工件和一个黑芯塑料工件搭配组合成一组套件）的工件；假定每完成一组套件的输出，就被打包机构取出，而分拣时不满足上述套件关系的工件从 3 号滑槽输出，作为散件。

显然套件的分拣比单纯按工件材质进行分拣要更复杂。编程的方法是，在每次对工件材质检测完成后，根据工件材质及当前滑槽中已推出的工件状况，按一定的算法判别工件的流向。

如果算法比较复杂，则可用子程序调用的方法，使程序更为简洁，可读性更好。

图 4-2-29 给出了主程序步进顺序控制中工件检测工步（S10）的梯形图，当工件被传送到检测区出口时，就能根据检测区中传感器动作对应的信号数据（M4 和 M5）确定工件的材质，从而赋予其一个特征值。由图 4-2-29 可见，对于白芯塑料工件，D105=1；对于白芯金属工件，D105=2；对于黑芯塑料工件，D105=4；对于黑芯金属工件，D105=8。接着可根据 D105 的值以及当前滑槽中已推出的工件状况进行工件的流向分析，此分析是在子程序 P10 中进行的。分析完成后 M4 和 M5 即可复位，以便进行下一个工件的检测。流向分析的结果决定下一步的动作。

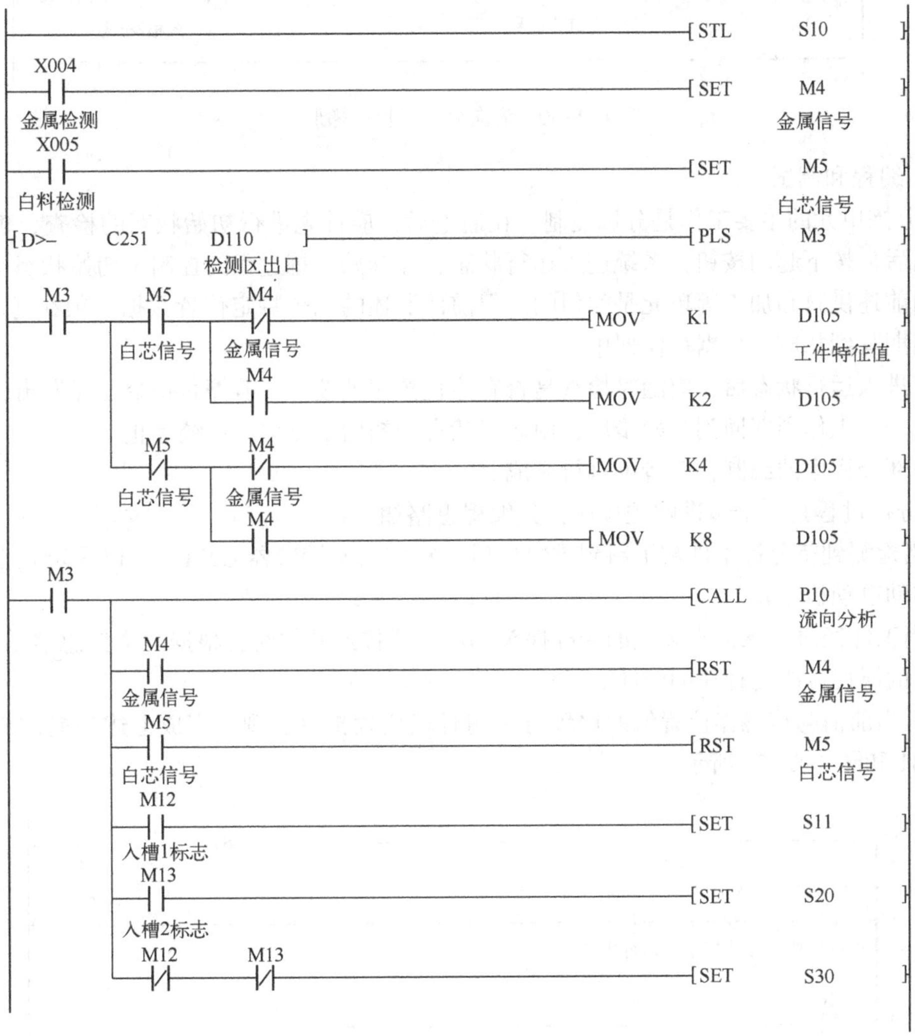

图 4-2-29 工件检测后对其流向分析的梯形图

图 4-2-30 给出了流向分析子程序梯形图。由图可见，流向分析的算法是：把当前工件的特征值与当前两个滑槽中已推入工件的特征值（K2M20）进行一次“或”运算，若运算结果大于当前特征值，则工件可推入滑槽 1 或 2 中，否则推入滑槽 3 中。

例如，设当前两个滑槽中，若槽 1 已有一个白芯塑料工件，槽 2 已有一个黑芯金属工件，则 K2M20=9（二进制值为 1001），若当前传送的工件为黑芯塑料工件，特征值 D105=4（二进制值为0100)，两者“或”运算的结果为D106=13（二进制值为1101)，比当前特征值大，故工件应推入滑槽2中。

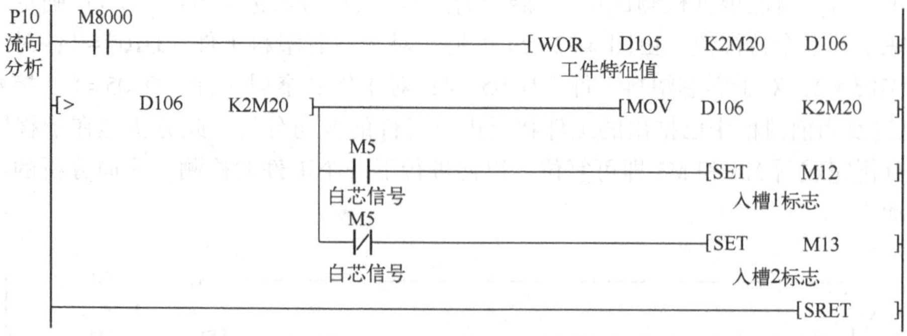

图4-2-30 流向分析子程序梯形图

(3) 编程和调试

1）分拣单元的主要工作是分拣控制。在通电后，应首先进行初始状态的检查，确认系统准备就绪后，按下起动按钮，系统进入运行状态，才开始分拣过程的控制。初始状态检查的程序流程与前述供料和加工等单元是类似的。但前面所述的几个特定位置数据，须在通电后第1个扫描周期写到相应的数据存储器中。

系统进入运行状态后，应随时检查是否有停止按钮被按下。若停止指令已经发出，则应在系统完成一个工作周期回到初始步后，使运行状态和初始步复位，系统停止。

这一部分程序的编制，读者可自行完成。

2）分拣过程是一个步进顺控程序，其编程思路如下：

① 当检测到待分拣工件被下料到进料口后，复位高速计数器C251，并以固定频率起动变频器以驱动电动机运转。

② 当工件经过传感器支架上的光纤探头和电感式接近开关时，根据两个传感器动作与否，判别工件的属性，决定程序的流向。

C251当前值与传感器位置值的比较可采用触点比较指令实现。完成上述功能的梯形图如图4-2-31和图4-2-32所示。

图4-2-31 分拣控制中初始步程序的梯形图

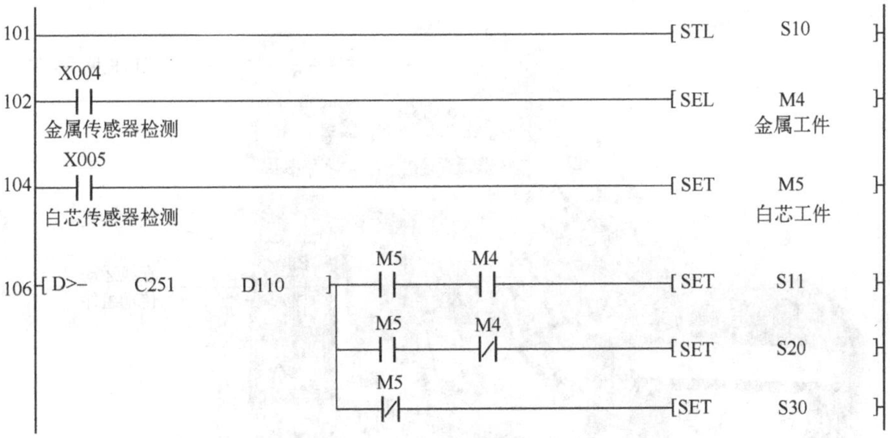

图 4-2-32 在传感器位置判别工件属性程序的梯形图

③ 根据工件属性和分拣任务要求，推料气缸在相应的位置把工件推出。推料气缸返回后，步进顺控子程序返回初始步。这部分程序的编制，读者可自行完成。

3）程序的调试。

① 调试程序时，对传感器灵敏度的调整和检测点位置的确定是判别工件属性的关键，应仔细、反复地进行调整。一般检测点位置约在光纤传感器中心往后 1~2 mm 处。

② 为了使工件准确地从推杆中心点推出，工件停止运动时应有一个提前量，此提前量与变频器减速时间和运动速度有关，应仔细调整。当变频器输出频率较高（如达到 50 Hz 以上），且变频器减速时间达到 1 s 以上时，应采用直流制动方式使电动机停车。

二维码 4-3 分拣站 PLC 和编码器定位方案

提示：本实训设备，输出频率在 38 Hz 以下的调试比较合适，不建议大于 38 Hz 测试。直流制动慎用。

4.2.5 输送单元结构和工作过程

1. 输送单元的功能与结构

输送单元的功能是驱动抓取机械手装置使其精确定位到指定单元的物料台，在物料台上抓取工件，并把抓取到的工件输送到指定地点然后放下。

YL-335B 出厂配置中，输送单元在网络系统中担任着主站的角色，它接收来自触摸屏的系统主令信号，读取网络上各从站的状态信息，对其加以综合后，向各从站发送控制要求，协调整个系统的工作。

输送单元由抓取机械手装置、直线运动传动组件、拖链装置、PLC 模块、接线端口、按钮/指示灯模块等部件组成。图 4-2-33 所示为安装在工作台面上的输送单元装置侧部分。

（1）抓取机械手装置

抓取机械手装置是一个能实现多自由度运动（即升降、伸缩、气动手指夹紧/松开和沿垂直轴旋转的 4 自由度运动）的工作单元，该装置整体安装在直线运动传动组件的滑动溜板上，在传动组件的带动下整体做直线往复运动，完成到其他各工作单元物料台的定位，然后完成抓取和放下工件的功能。图 4-2-34 是该装置实物图。

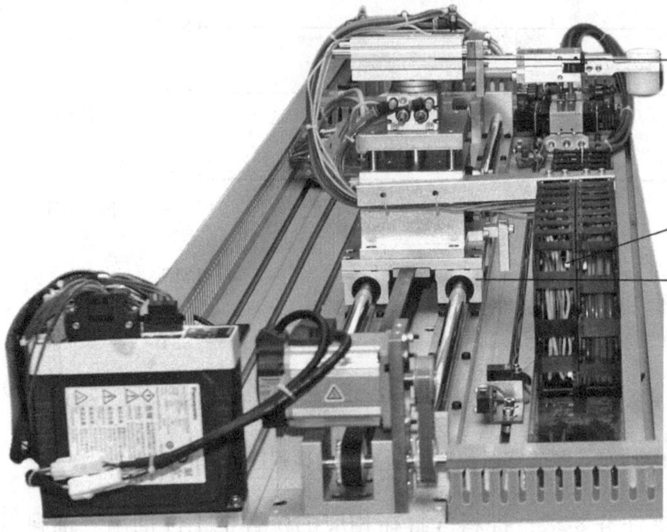

图 4-2-33　输送单元装置侧部分

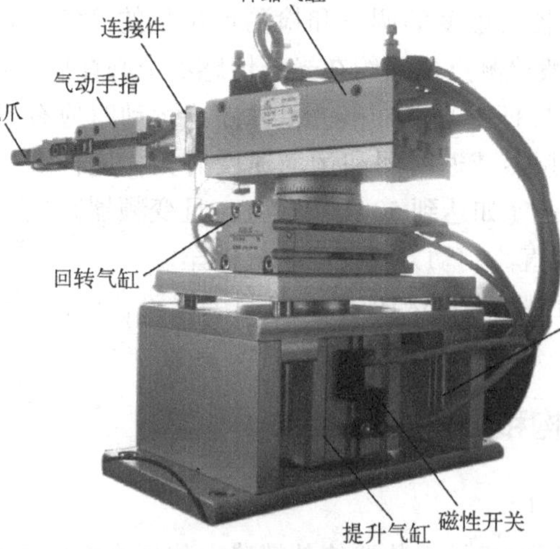

图 4-2-34　抓取机械手装置实物图

抓取机械手装置具体构成如下。

1）气动手指：在各个工作站物料台上抓取与放下工件，由一个二位五通双向电控电磁阀控制。

2）伸缩气缸：驱动手臂伸出与缩回，由一个二位五通单向电控电磁阀控制。

3）回转气缸：驱动手臂正反向 90°旋转，由一个二位五通单向电控电磁阀控制。

4）提升气缸：驱动整个机械手提升与下降，由一个二位五通单向电控电磁阀控制。

（2）直线运动传动组件

直线运动传动组件用于拖动抓取机械手装置做直线往复运动，完成其精确定位。图 4-2-35 是该组件的俯视图。图 4-2-36 给出了直线运动传动组件和抓取机械手装置组装后的示意图。

该传动组件由直线导轨底板、伺服电动机及伺服放大器、同步轮（主动和从动）、同步带、直线导轨、滑动溜板、拖链和原点接近开关、左/右极限开关组成。

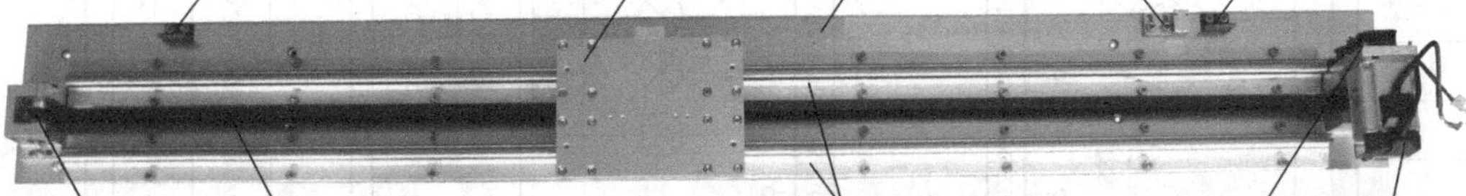

图 4-2-35 直线运动传动组件俯视图

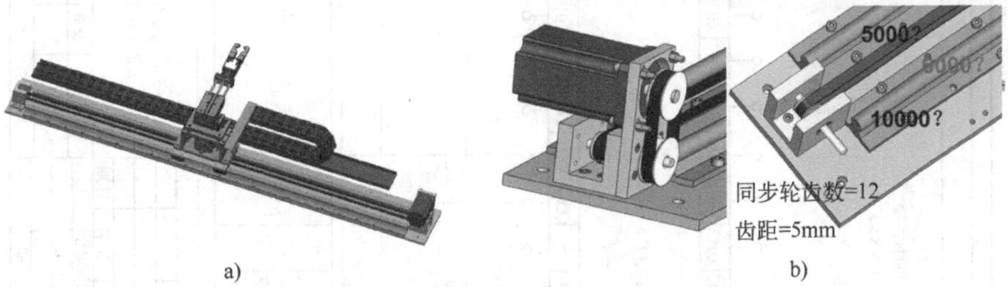

图 4-2-36 直线运动传动组件与伺服电动机传动机构、抓取机械手装置组装示意图

a）组装图 b）传动机构

伺服电动机由伺服放大器驱动，通过同步轮和同步带带动滑动溜板沿直线导轨做直线往复运动，从而带动固定在滑动溜板上的抓取机械手装置做直线往复运动。同步轮齿距为 5 mm，共 12 个齿，其旋转一周抓取机械手位移为 60 mm。

抓取机械手装置上所有气管和导线沿拖链敷设，进入线槽后分别连接到电磁阀组和接线端口上。

原点接近开关和左/右极限开关被安装在直线导轨底板上，如图 4-2-37 所示。

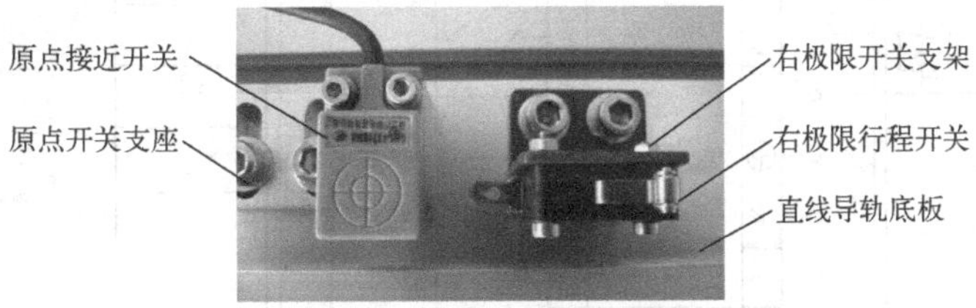

图 4-2-37 原点开关和右极限开关

原点接近开关是一个无触点的电感式接近开关，用来提供直线运动起始点的信号。

左/右极限开关均是有触点的微动开关，用来提供越程故障的保护信号：当滑动溜板在运动中越过左或右极限位置时，相应极限开关会动作，从而向系统发出越程故障信号。

2. 输送单元 PLC 的 I/O 接线

输送单元 PLC 的 I/O 接线如图 4-2-38 所示。

3. 输送单元气动控制回路工作原理

输送单元抓取机械手装置上的所有气缸连接的气管沿拖链敷设后，被插接到电磁阀组上，其气动控制回路如图 4-2-39 所示。

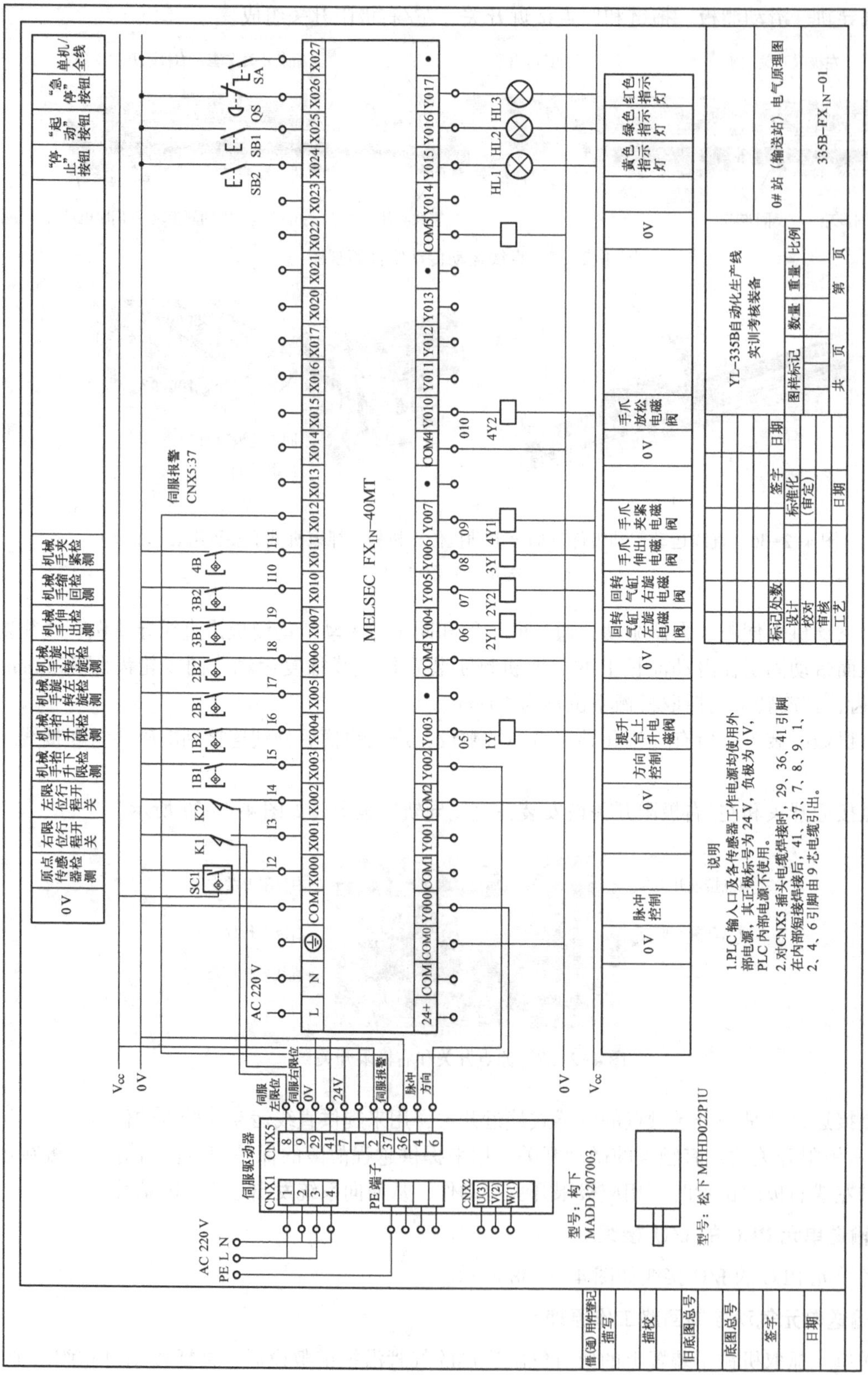

a)

图4-2-38 输送单元PLC的I/O接线图

a) FX1N−40MT的I/O接线图

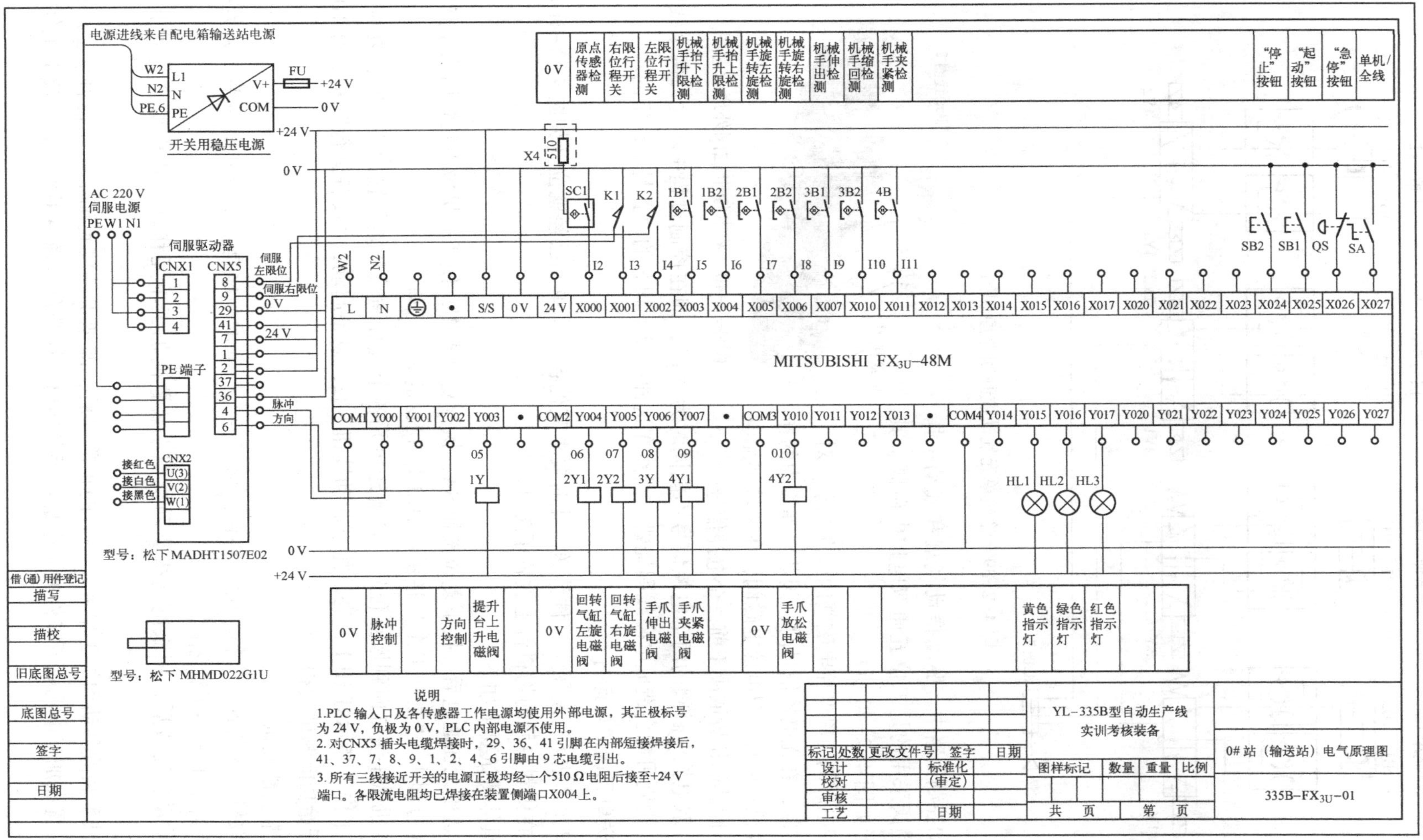

b)

图4-2-38　输送单元PLC的I/O接线图（续）

b) FX_{3U}-48M的I/O接线图

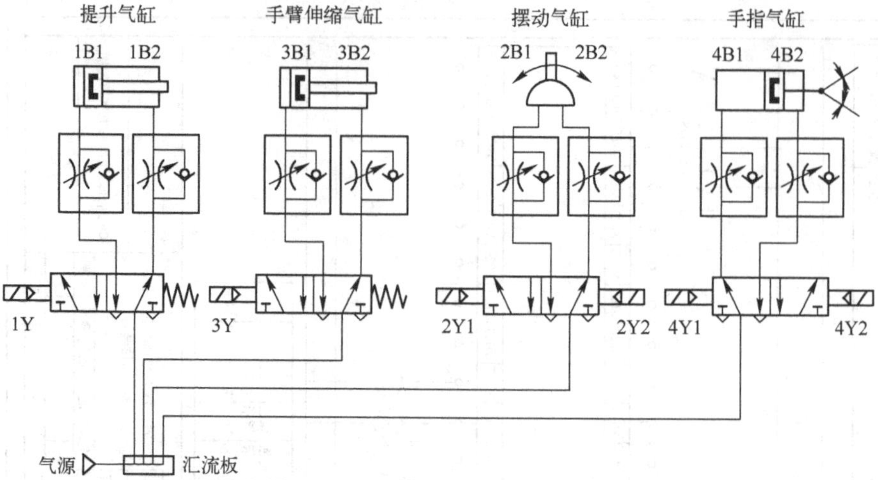

图 4-2-39 输送单元气动控制回路原理图

在气动控制回路中，驱动摆动气缸和气动手指气缸的电磁阀采用的是二位五通双电控电磁阀，其电磁阀外形如图 4-2-40 所示。

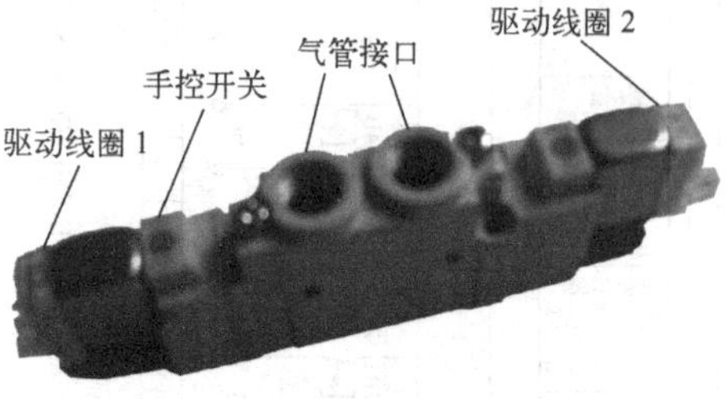

图 4-2-40 双电控电磁阀外形示意图

双电控电磁阀与单电控电磁阀的区别在于，对于单电控电磁阀，在无电控信号时，阀芯在弹簧力的作用下会被复位；而对于双电控电磁阀，在两端都无电控信号时，阀芯的位置取决于前一个电控信号。

注意：双电控电磁阀的两个电控信号不能同时为“1”，即在控制过程中不允许两个线圈同时得电，否则可能会造成电磁线圈烧毁，当然在这种情况下阀芯的位置是不确定的。

4. 输送单元调试与运行

输送单元单站运行是用于工件传送，此时要求其他各工作单元已经就位（如图 4-2-41 所示），并且在供料单元的物料台上放置了工件。

（1）具体测试要求如下

1）输送单元在通电后，按下复位按钮 SA，执行复位操作，使抓取机械手装置回到原点位置。在复位过程中，“正常工作”指示灯 HL1 以 1 Hz 的频率闪烁。

当抓取机械手装置回到原点位置，且输送单元各个气缸满足初始位置的要求时，复位完成，“正常工作”指示灯 HL1 常亮。按下起动按钮 SB2，设备起动，“设备运行”指示灯 HL2 也常亮，开始功能测试过程。

2）正常功能测试。

① 抓取机械手装置从供料单元物料台抓取工件，抓取的顺序是：手臂伸出→手爪夹紧抓取工件→提升台上升→手臂缩回。

② 抓取动作完成后，伺服电动机驱动机械手装置向加工单元移动，其移动速度不小于 300 mm/s。

③ 机械手装置移动到加工单元物料台的正前方后，即把工件放到加工单元物料台上。抓取机械手装置在加工单元放下工件的顺序是：手臂伸出→提升台下降→手爪松开并放下工件→手臂缩回。

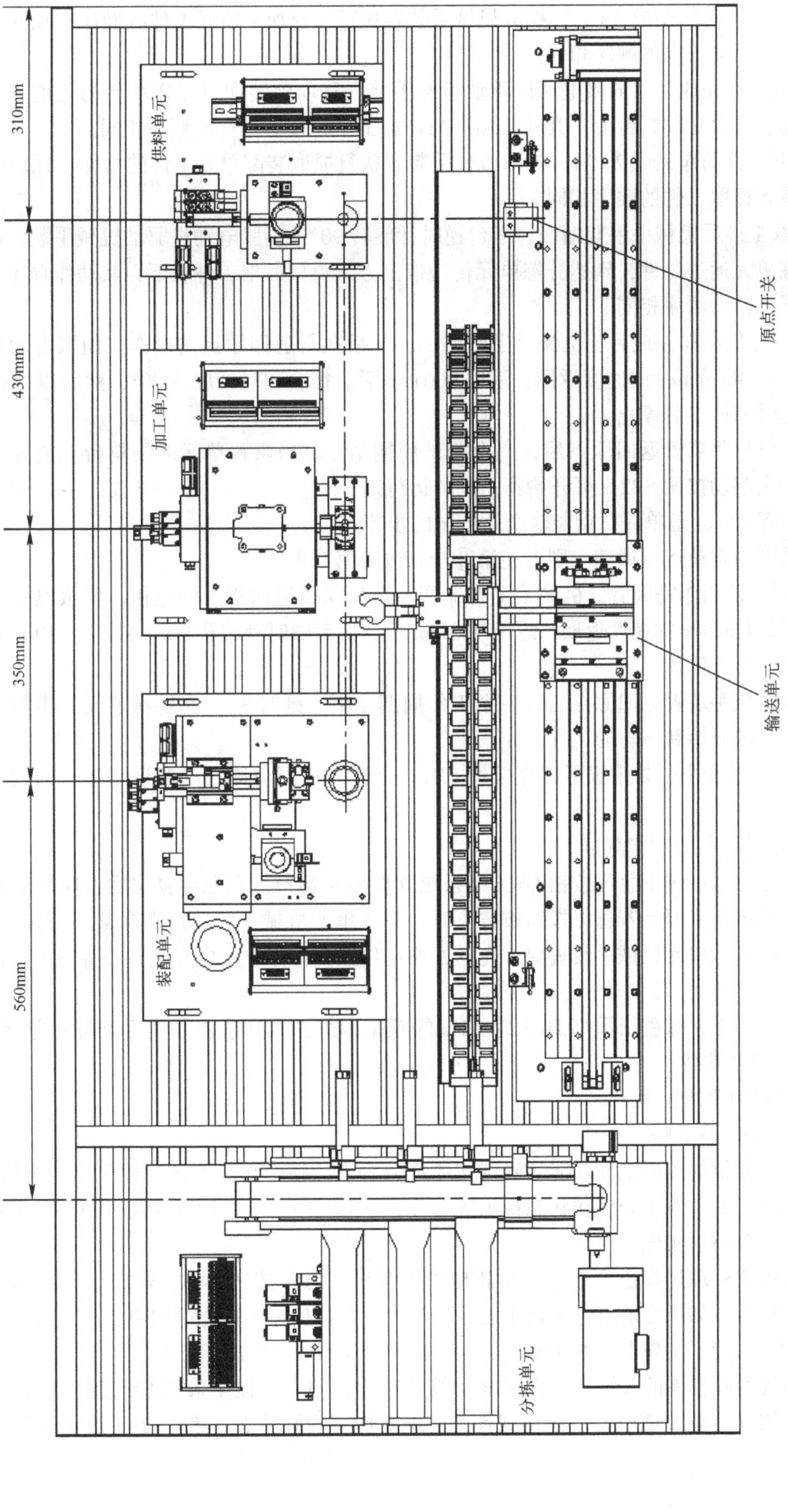

图4-2-41 YL-335B自动化生产线设备俯视图

④ 放下工件动作完成 2 s 后，抓取机械手装置执行抓取加工单元工件的操作，抓取的顺序与在供料单元抓取工件的顺序相同。

⑤ 抓取动作完成后，伺服电动机驱动机械手装置移动到装配单元物料台的正前方，然后把工件放到装配单元物料台上。其动作顺序与在加工单元放下工件的顺序相同。

⑥ 放下工件动作完成 2 s 后，抓取机械手装置执行抓取装配单元工件的操作，抓取的顺序与在供料单元抓取工件的顺序相同。

⑦ 抓取工件后机械手手臂缩回，摆台逆时针旋转 90°，伺服电动机驱动机械手装置从装配单元向分拣单元运送工件，到达分拣单元传送带上方入料口后把工件放下，其动作顺序与在加工单元放下工件的顺序相同。

⑧ 放下工件动作完成后，机械手手臂缩回，然后执行返回原点的操作。伺服电动机驱动机械手装置以 400 mm/s 的速度返回，返回 900 mm 后，摆台顺时针旋转 90°，然后以 100 mm/s 的速度低速返回原点后停止。

当抓取机械手装置返回原点后，一个测试周期结束。当供料单元的物料台上放置了工件时，再按一次起动按钮 SB2，可开始新一轮的运行。

上述步骤①~⑧是单周期功能输送站测试的步骤。

如果要求为自动运行周期，则上述第⑧步骤改为第⑨步。

⑨ 放下工件动作完成后，机械手手臂缩回，然后执行返回原点的操作。伺服电机驱动机械手装置以 250 mm/s 的速度返回，返回 900 mm 后，摆台顺时针旋转 90°，然后以 100 mm/s 的速度低速返回原点停止。

当抓取机械手装置返回原点后，一个工作周期结束。延时 3 s，在供料单元的出料台上放置了工件，自动开始新一轮的工作。

⑩ 在搬运过程中，如果按下停止按钮 SB1，则需完成当前周期的搬运工作，回到工作原点后停止。

3）非正常运行的功能测试。

若在工作过程中按下急停按钮 QS，则系统立即停止运行。在急停复位后，应从急停前的断点开始继续运行。但是若急停按钮被按下时，输送单元机械手装置正在向某一目标点移动，则急停复位后输送单元机械手装置应首先返回原点位置，再停止。恢复正常后等待下一次起动指令。

在急停状态下，绿色指示灯 HL2 以 1 Hz 的频率闪烁，直到急停复位后恢复正常运行时，指示灯 HL2 恢复常亮。

（2）编写和调试程序

1）主程序编写思路。

从前面所介绍的传送工件功能的测试任务可以看出，整个功能测试过程包括通电后复位、传送功能测试、紧急停止处理和状态指示等部分，它们是一个步进顺序控制过程。在子程序中可采用步进指令驱动实现。

对紧急停止处理过程也要编写一个相应的子程序。急停按钮动作，输送单元立即停止工作，急停复位后，如果之前机械手处于运行过程中，需让机械手首先返回原点后，再重新执行急停前的指令。为了实现上面的功能，需要主控指令（MC，MCR）配合。

输送单元程序控制的关键点是伺服电动机的定位控制，本程序采用 FX_{1N} 绝对位置控制指令来定位。因此需要知道电动机运行到各工位绝对位置的脉冲数。表 4-2-1 列出了伺服电动机运行到各工位绝对位置的脉冲数，请调试时实际测试确认。

表 4-2-1　伺服电动机运行到各工位绝对位置的脉冲数

序　号	站　点	脉冲量/个	移动方向
0	低速回零位（ZRN）		
1	原点（零位）→供料单元、22 mm	2200	
2	供料单元→加工单元、430 mm	43000	DIR
3	供料单元→装配单元、780 mm	78000	DIR
4	供料单元→分拣单元、1340 mm	104000	DIR

综上所述，主程序应包括通电初始化、复位过程（子程序）和准备就绪后投入运行等阶段。主程序如图 4-2-42～图 4-2-45 所示。

图 4-2-42　主程序梯形图 1

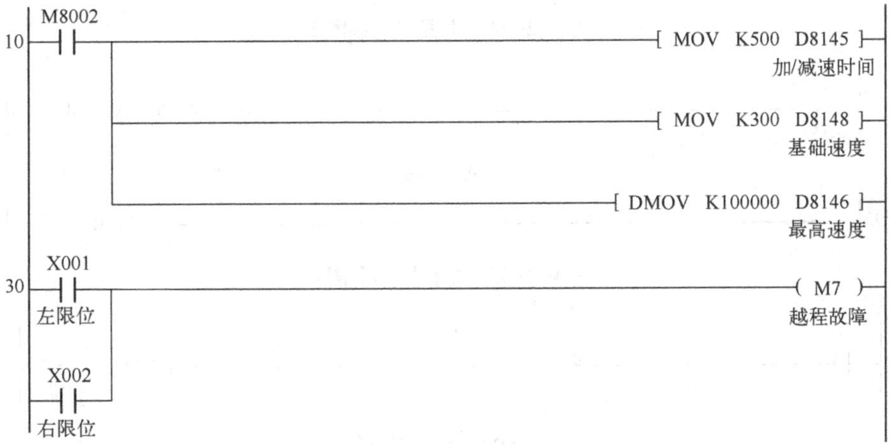

图 4-2-43　主程序梯形图 2

2）初态检查并复位子程序、回原点子程序。

系统通电且按下复位按钮后，即调用初态检查并复位子程序，进入初始状态检查和复位操作阶段，目的是确定系统是否准备就绪，若未准备就绪，则系统不能起动而进入运行状态。

该子程序的内容是检查各气动执行元件是否处在初始位置，抓取机械手装置是否在原点位置，否则进行相应的复位操作，直至准备就绪。子程序中，除调用回原点子程序外，主要是完成简单的逻辑运算，这里就不再详述了。

抓取机械手装置返回原点的操作，在输送单元的整个工作过程中，都会频繁地进行。因此编写一个子程序随时调用是必要的。相应的归零子程序调用的梯形图如图4-2-46所示，归零子程序梯形图部分如图4-2-47~图4-2-49所示。子程序调用结束后需用SRET返回。

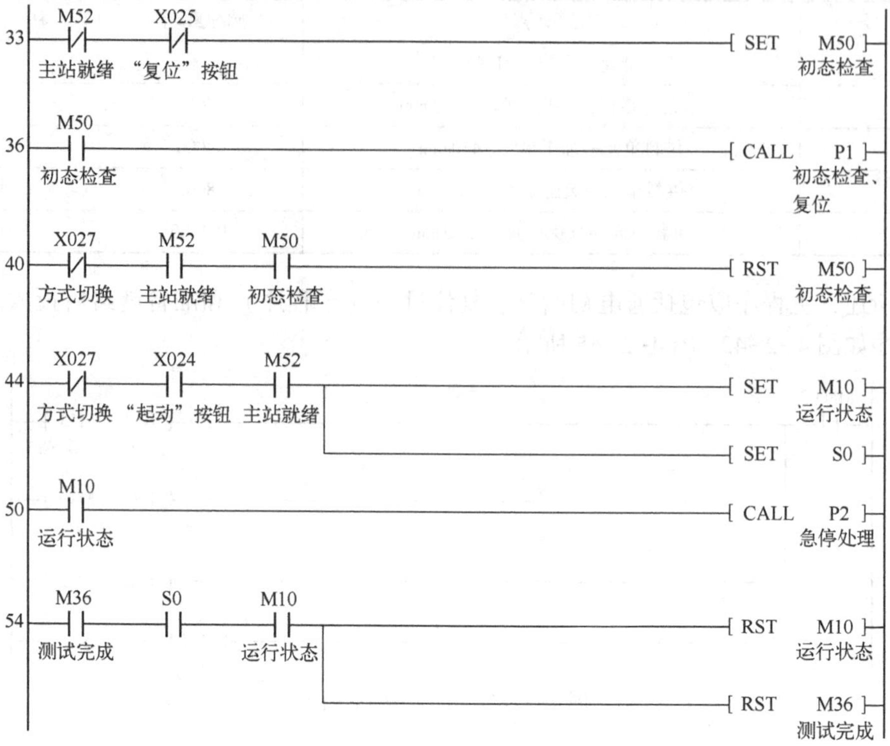

图4-2-44　主程序梯形图3

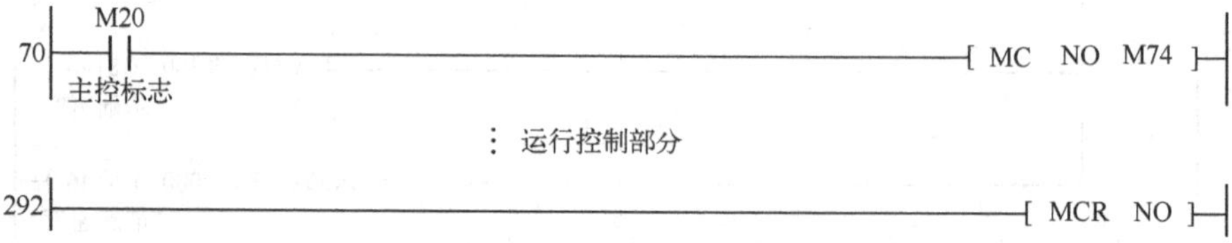

图4-2-45　主程序梯形图4

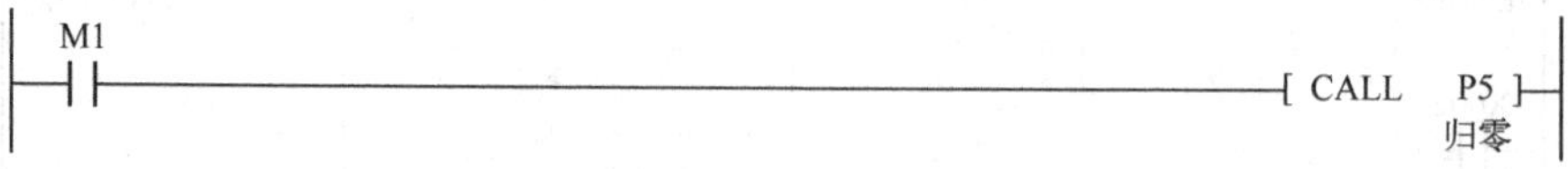

图4-2-46　归零子程序调用

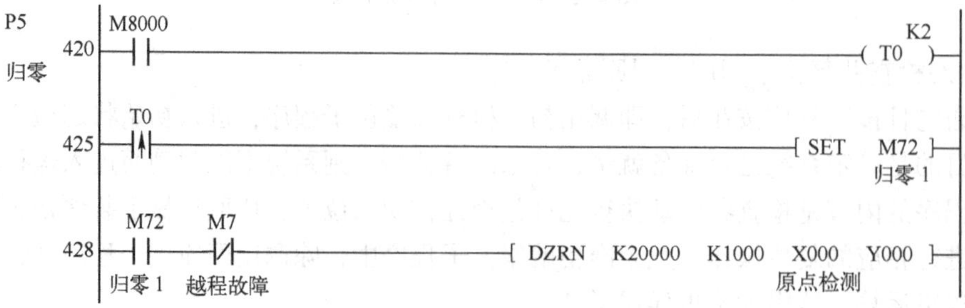

图4-2-47　归零子程序梯形图1

图 4-2-48　归零子程序梯形图 2

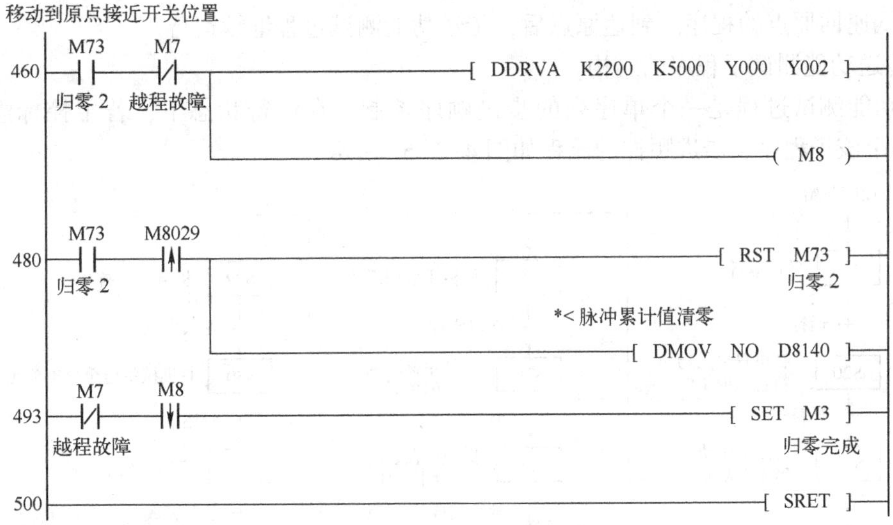

图 4-2-49　归零子程序梯形图 3

3）急停处理子程序。

当系统进入运行状态后，在每一个扫描周期都调用急停处理子程序。急停处理子程序梯形图如图 4-2-50 和图 4-2-51 所示。急停动作时，将主控位 M20 置 1，则停止执行主控制，急停复位时分如下两种情况。

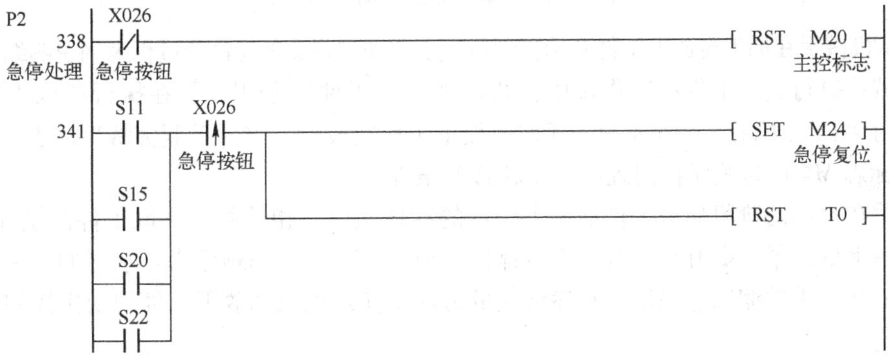

图 4-2-50　急停处理子程序 1

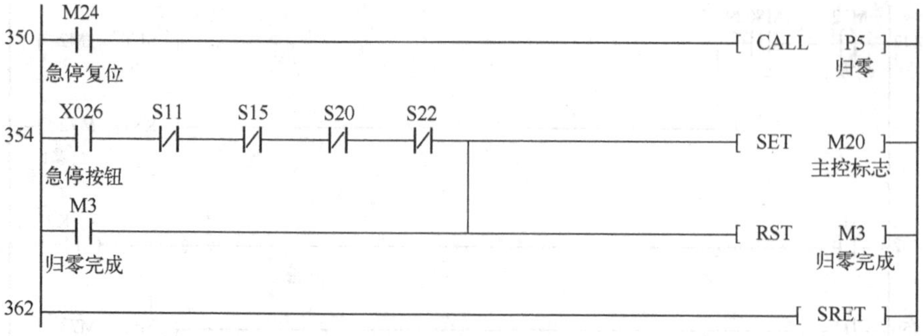

图 4-2-51 急停处理子程序 2

① 若急停前抓取机械手装置没有在运行过程中，则传送功能测试过程继续运行。

② 若急停前抓取机械手装置正处在运行过程中（从供料单元往加工单元，或从加工单元往装配单元，或从装配单元往分拣单元），则当急停复位的上升沿到来时，需要起动使抓取机械手装置低速回原点的程序。到达原点后，传送功能测试过程继续运行。

4）传送功能测试子程序的结构。

传送功能测试过程是一个单序列的步进顺序控制。在运行状态下，若主控标志 M20 为 ON，则调用该子程序。步进顺控的流程如图 4-2-52 所示。

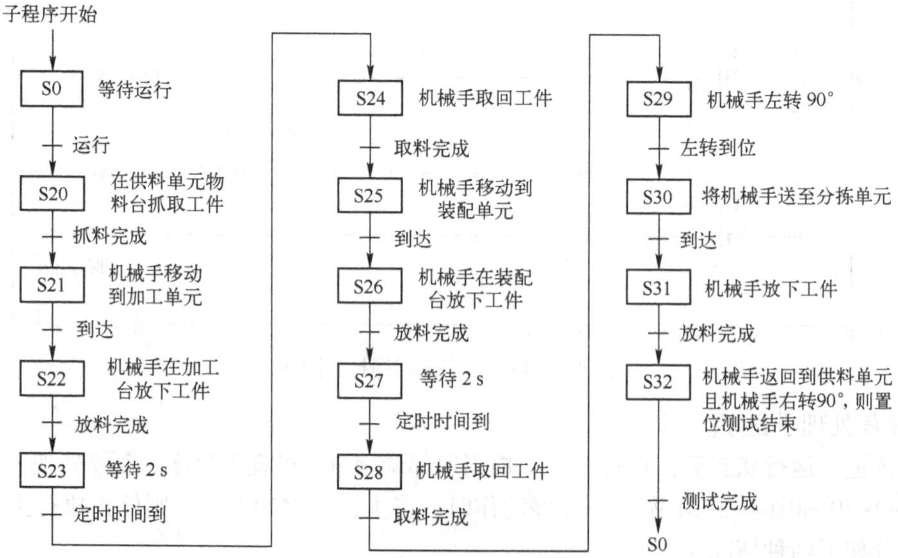

图 4-2-52 传送功能测试的流程图

下面从机械手在加工台放下工件开始，到机械手移动到装配单元这个过程为例说明编程思路。

在机械手执行放下工件的工作步中，调用“放下工件”子程序，在执行抓取工件的工作步中，调用“抓取工件”子程序。当抓取或放下工作完成时，将“放料完成”标志 M5 或“抓取完成”标志 M4 作为顺序控制程序中步转移的条件。

机械手在不同的阶段抓取工件或放下工件的动作顺序是相同的。抓取工件的动作顺序为：手臂伸出→手爪夹紧→提升台上升→手臂缩回。放下工件的动作顺序为：手臂伸出→提升台下降→手爪松开→手臂缩回。采用子程序调用的方法来实现抓取和放下工件的动作控制使程序编写得以简化。

“抓取工件”和“放下工件”子程序较为简单，此处不再详述。

任务 4.3 变频器 PLC 控制

4.3.1 三菱 FR-E740 变频器

1. FR-E740 变频器的安装和接线

在使用三菱 PLC 的 YL-335B 设备中，选用三菱 FR-E700 系列中的 FR-E740-0.75K-CHT 型变频器，该变频器额定电压等级为三相 400 V，适用电动机容量小于等于 0.75 kW 的电动机。FR-E700 系列变频器的外观和型号的定义如图 4-3-1 所示。

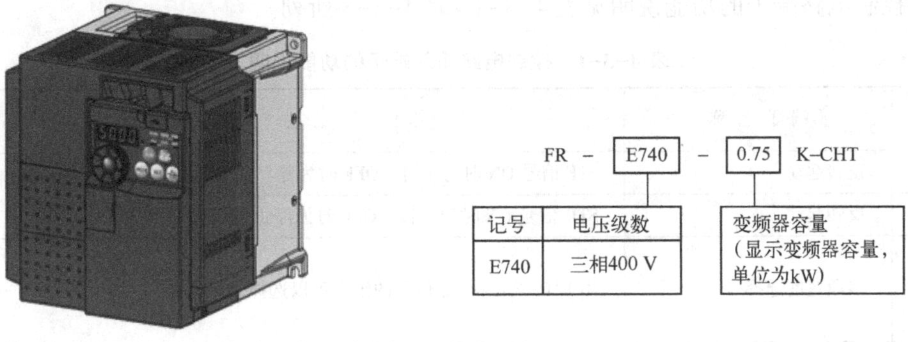

a) b)

图 4-3-1 FR-E700 系列变频器

a）外观 b）型号和定义

FR-E700 系列变频器是 FR-E500 系列变频器的升级产品，是一种小型、高性能变频器。在 YL-335B 设备上进行的实训内容是变频器使用的相关基本知识和技能，着重于变频器的接线和常用参数的设置等方面。

FR-E740 系列变频器主电路的常用接线如图 4-3-2 所示。

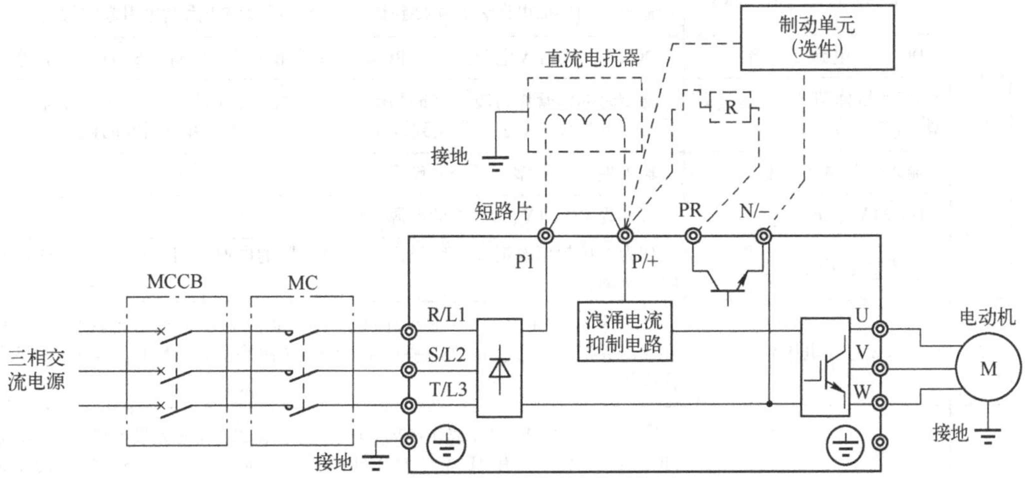

图 4-3-2 FR-E740 系列变频器主电路的常用接线

图中有关说明如下：

① 端子 P1、P/+之间用于连接直流电抗器，不需连接时，两端子间短路。

② P/+与 PR 之间用于连接制动电阻器，P/+与 N/-之间用于连接制动单元选件。因 YL-335B 设备中均未用到，故用虚线画出。

③ 交流接触器 MC 用作变频器安全保护，注意不要通过此交流接触器来起动或停止变频器，否则可能降低变频器寿命。在 YL-335B 系统中，没有用到这个交流接触器。

④ 进行主电路接线时，应确保输入、输出端不能接错，即电源线必须连接至 R/L1、S/L2、T/L3，绝对不能接 U、V、W，否则会损坏变频器。

FR-E740 系列变频器控制电路的接线如图 4-3-3 所示。其中，控制电路端子分为控制输入、频率设定（模拟量输入）、继电器输出（异常输出）、集电极开路输出（状态检测）和模拟电压输出等 5 部分区域，各端子的功能可通过调整相关参数值进行变更，在出厂默认值的情况下，各控制电路端子的功能说明见表 4-3-1～表 4-3-3 所列。

表 4-3-1 控制电路输入端子的功能说明

类型	端子号	端子名称	功能	
输入	STF	正转起动	STF 信号 ON 时为正转、OFF 时为停	STF、STR 信号同时为 ON 时变成停止指令
	STR	反转起动	STR 信号 ON 时为反转、OFF 时为停止指令	
	RH RM RL	多段速度选择	用 RH、RM 和 RL 信号的组合可以选择多段速度	
	MRS	输出停止	MRS 信号为 ON 保持 20 ms 或以上时，变频器输出停止。 当电磁制动器停止电机时用于断开变频器的输出	
	RES	复位	用于解除保护电路动作时的报警输出。使 RES 信号处于 ON 状态 0.1 s 或以上，然后断开。 初始设定，可进行复位。若进行了 Pr. 75 的设定后，仅在变频器报警发生时可进行复位，复位时间约为 1 s	
	SD	输入公共端（漏型）（初始设定）	输入端子（漏型逻辑）的公共端子	
		外部晶体管公共端（源型）	源型时当晶体管作为输出（即集电极开路输出）、例如 PLC 控制时，将晶体管输出用的外部电源公共端接到该端子时，可以防止因漏电引起的误动作	
		DC 24 V 电源公共端	DC 24 V、0.1 A 电源的端子 PC 的公共输出端子，与端子 5 及端子 SE 绝缘	
	PC	外部晶体管公共端（漏型）（初始设定）	漏型时晶体管作为输出（即集电极开路输出）、例如 PLC 控制时，将晶体管输出用的外部电源公共端接到该端子时，可以防止因漏电引起的误动作	
		输入公共端（源型）	输入端子（源型）的公共端子	
		DC 24 V 电源	可作为 DC 24 V、0.1 A 的电源使用	
频率设定	10	频率设定用电源	作为外接频率设定（速度设定）用电位器的电源使用。（按照 Pr. 73 模拟量输入选择）	
	2	频率设定（电压）	如果输入为 DC 0～5 V（或 0～10 V），在 5 V（10 V）时为最大输出频率，输入和输出成正比。通过 Pr. 73 进行 DC 0～5 V（初始设定）和 DC 0～10 V 输入的切换操作	
	4	频率设定（电流）	若输入 DC 4～20 mA（或 0～5 V、0～10 V），在 20 mA 时为最大输出频率，输入和输出成正比。只有 AU 信号为 ON 时端子 4 的输入信号才会有效（端子 2 的输入将无效）。通过 Pr. 267 进行 4～20 mA（初始设定）、DC 0～5 V 和 DC 0～10 V 输入的切换操作。 电压输入（0～5 V、0～10 V）时，将电压/电流输入切换开关切换至“V”	
	5	频率设定公共端	频率设定用（端子 2 或 4）及端子 AM 的公共端子。勿接大地	

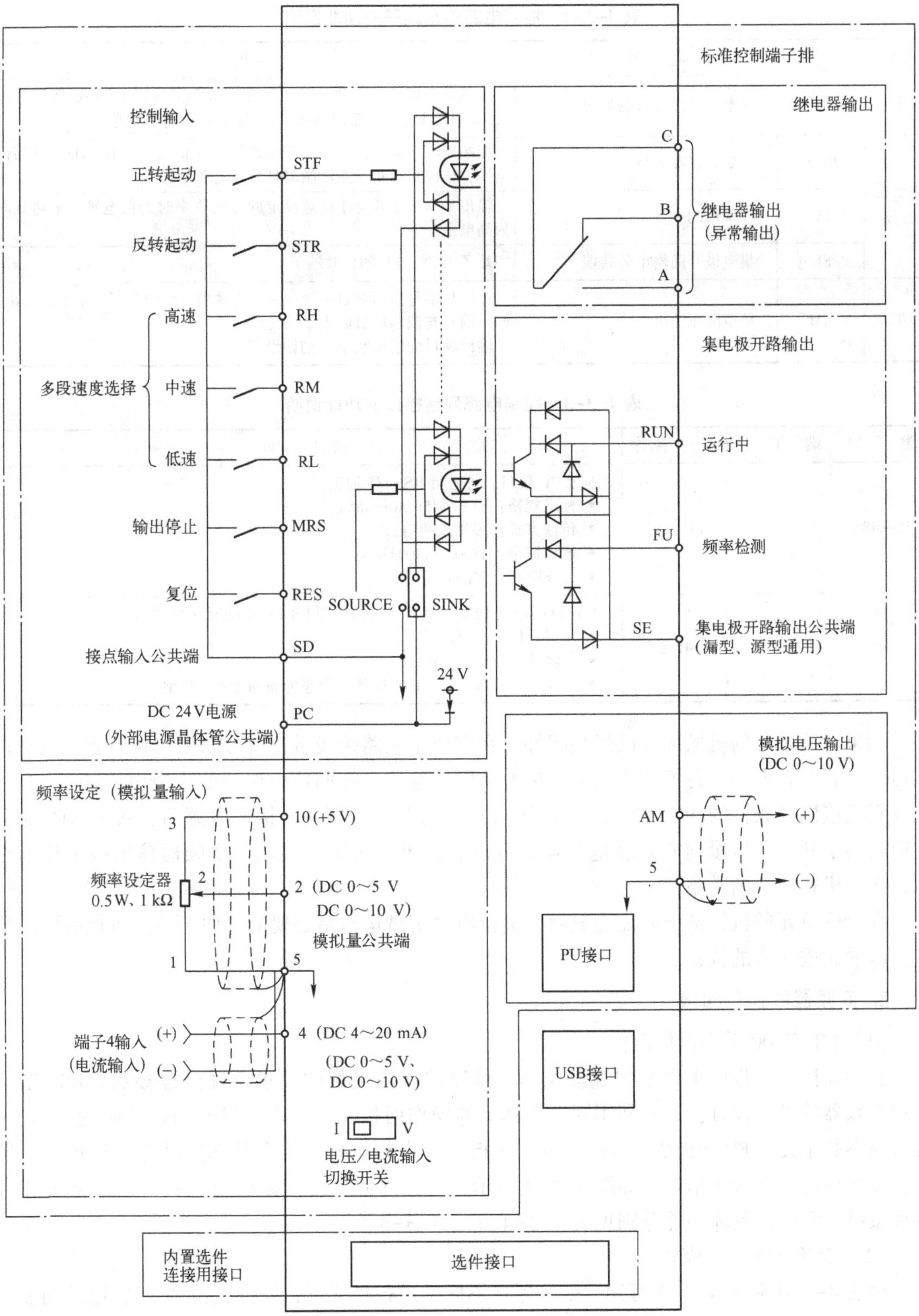

图 4-3-3 FR-E700 变频器控制电路接线图

表 4-3-2 控制电路输出端子的功能说明

类型	端子号	端子名称	功能说明
继电器	A、B、C	继电器输出（异常输出）	变频器因保护功能动作时1组接点输出。异常时B-C间不导通（A-C间导通），正常时B-C间导通（A-C间不导通）
集电极开路	RUN	变频器正在运行	变频器输出频率大于或等于起动频率（初始值为0.5 Hz）时为低电平，已停止或正在直流制动时为高电平
	FU	频率检测	输出频率大于或等于任意设定的检测频率时为低电平，未达到时为高电平
	SE	集电极开路输出公共端	端子RUN、FU的公共端子
模拟量	AM	模拟电压输出	可以从多种监示项目中选一种作为输出。变频器复位中不被输出。输出信号与监示项目的大小成比例。 输出项目为输出频率（初始设定）

表 4-3-3 控制电路网络接口的功能说明

类型	端子号	端子名称	功能说明
RS-485	—	PU 接口	通过PU接口，可进行RS-485通信。 • 标准规格：EIA-485（RS-485）； • 传输方式：多站点通信； • 通信速率：4800~38400 bit/s； • 总长距离：500 m
USB	—	USB 接口	与计算机通过USB连接后，可以实现FR Configurator的操作。 • 接口：USB1.1标准； • 传输速度：12 Mbit/s； • 连接器：Mini USB -B连接器（插座为Mini USB -B型）

如果分拣单元的机械部分已经装配好，在完成主电路接线后，就可以用变频器驱动电动机试运行。若变频器的运行模式参数Pr. 79为出厂设置值，把调速电位器的3个引出端1、2、3端分别连接到变频器的端子10、2、5，并向左旋动电位器到底；接通电源后，拨通STF端子左边的钮子开关，慢慢向右旋动电位器，可以看到电动机正向转动，变频器输出频率逐渐增大，电动机转速逐渐升高。

在分拣单元的机械部分装配完成后，进行电动机试运行是必要的，便于检查机械装配的质量，以便做进一步的调整。

2. 变频器的操作面板

（1）FR-E700系列操作面板

变频器操作面板用于显示和键盘操作，可以按使用现场的要求合理设置参数。FR-E700系列变频器的参数设置，通常利用固定在其上的操作面板实现，也可以使用连接到变频器PU接口的参数单元（FR-PU07）实现。操作面板可以进行运行方式和频率的设定、运行指令监视、参数设定、错误表示等，如图4-3-4所示，上半部分为面板显示器，下半部为M旋钮和各种按键。它们的具体功能分别见表4-3-4和表4-3-5。

（2）变频器的运行模式

由表4-3-4和表4-3-5可知，变频器在不同的运行模式下，各种按键和M旋钮的功能有所不同。所谓运行模式是指对输入到变频器的起动指令和频率设定指令源的指定。

一般来说，使用控制电路端子、在外部设置电位器和开关来进行操作属于“EXT外部运行模式”；使用操作面板或参数单元输入起动指令、设定频率属于“PU运行模式”；通过PU

接口进行 RS-485 通信或使用通信选件属于“网络运行模式”（NET 运行模式）。在进行变频器操作以前，必须了解各种运行模式，才能进行各项操作。

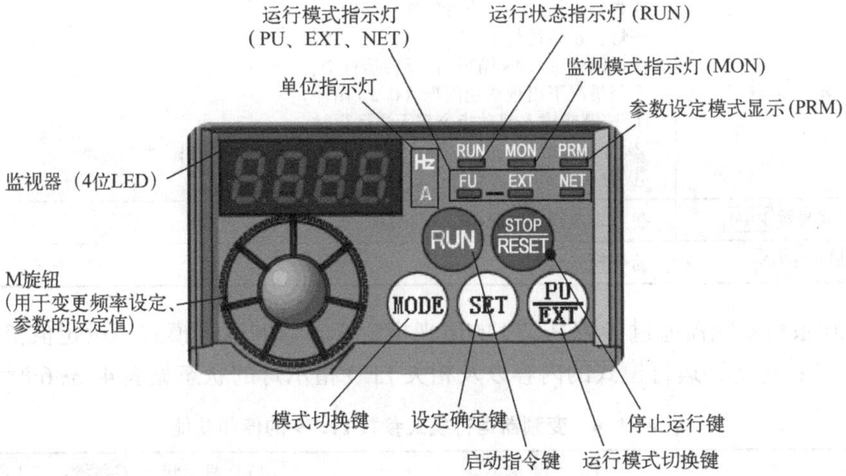

图 4-3-4　FR-E700 的操作面板

表 4-3-4　旋钮和按键功能

旋钮和按键	功　能
M 旋钮	旋动该旋钮用于变更频率设定、参数的设定值。按下该旋钮可显示以下内容： ① 监视模式时的设定频率； ② 校正时的当前设定值； ③ 报警历史模式时的顺序
模式切换键 MODE	用于切换各设定模式，和运行模式切换键同时按下也可以用来切换运行模式。长按此键（2 s）可以锁定操作
设定确认键 SET	用于各设定的确定。此外，当运行中按此键则监视器出现以下显示： 运行频率 → 输出电流 → 输出电压（→ 运行频率）
运行模式切换键 PU/EXT	用于切换 PU/外部运行模式。 使用外部运行模式（通过另接的频率设定电位器和起动信号起动）时请按此键，使表示运行模式的 EXT 处于亮灯状态。 切换至组合模式时，可同时按 MODE 键 0.5 s，或者变更参数 Pr. 79
起动键 RUN	在 PU 模式下，按此键起动运行。 通过 Pr. 40 的设定，可以选择旋转方向
停止键 STOP/RESET	在 PU 模式下，按此键停止运转。 保护功能（严重故障）生效时，也可以进行报警复位

表 4-3-5　运行状态显示

状 态 项	功　能
运行模式显示	PU：PU 运行模式时亮灯； EXT：外部运行模式时亮灯； NET：网络运行模式时亮灯
监视器（4 位 LED）显示	显示频率、参数编号等
监视数据单位显示	Hz：显示频率时亮灯； A：显示电流时亮灯。 （显示电压时熄灯，显示设定频率监视时闪烁）

（续）

状 态 项	功 能
运行状态显示 RUN	变频器动作时亮灯或者闪烁；其中， 亮灯：正转运行中； 缓慢闪烁（1.4s 循环）：反转运行中； 下列情况下出现快速闪烁（0.2s 循环）： ① 按键或输入起动指令都无法运行时； ② 有起动指令，但频率指令设定值低于起动频率时； ③ 输入了 MRS 信号时
参数设定模式显示 PRM	参数设定模式时亮灯
监视器显示 MON	监视模式时亮灯

FR-E700 系列变频器通过参数 Pr. 79 的值来指定变频器的运行模式，设定值范围为 0、1、2、3、4、6、7；这 7 种运行模式的内容以及相关 LED 指示灯的状态见表 4-3-6 所示。

表 4-3-6 变频器运行模式参数 Pr. 79 的值和功能

<table>
<tr><th>设 定 值</th><th colspan="2">内 容</th><th>LED 显示状态（：灯灭：灯亮）</th></tr>
<tr><td>0</td><td colspan="2">外部/PU 切换模式，通过 PU/EXT 键可切换 PU 与外部运行模式。
注意：接通电源时为外部运行模式</td><td>外部运行模式： PU 运行模式：

</td></tr>
<tr><td>1</td><td colspan="2">固定为 PU 运行模式</td><td></td></tr>
<tr><td>2</td><td colspan="2">固定为外部运行模式，可以在外部、网络运行模式间切换运行</td><td>外部运行模式： 网络运行模式：

</td></tr>
<tr><td rowspan="3">3</td><td colspan="2">外部/PU 组合运行模式 1</td><td rowspan="6"></td></tr>
<tr><td>频率指令</td><td>起动指令</td></tr>
<tr><td>用操作面板设定或用参数单元设定，或外部信号输入（用于多段速设定，端子 4-2 间 AU 信号为 ON 时有效）</td><td>外部信号输入（端子 STF、STR）</td></tr>
<tr><td rowspan="3">4</td><td colspan="2">外部/PU 组合运行模式 2</td></tr>
<tr><td>频率指令</td><td>起动指令</td></tr>
<tr><td>外部信号输入（端子 2、4、JOG、多段速选择等）</td><td>通过操作面板的 RUN 键或通过参数单元的 FWD、REV 键输入</td></tr>
<tr><td>6</td><td colspan="2">切换模式，可以在保持运行状态的同时，进行 PU 运行、外部运行与网络运行的切换</td><td>PU 运行模式：
外部运行模式：
网络运行模式：</td></tr>
<tr><td>7</td><td colspan="2">外部运行模式（PU 运行互锁），X12 信号为 ON 时，可切换到 PU 运行模式（外部运行中输出停止）
X12 信号为 OFF 时，禁止切换到 PU 运行模式</td><td>PU 运行模式：
外部运行模式：</td></tr>
</table>

变频器出厂时，参数 Pr. 79 设定值为 0。当停止运行时用户可以根据实际需要修改其设定值。

修改 Pr. 79 设定值的一种方法是：按MODE键使变频器进入参数设定模式；旋动 M 旋钮，选择参数 Pr. 79，用SET键确认；然后再旋动 M 旋钮选择合适的设定值，用SET键确认；两次按MODE键后，变频器的运行模式将变更为设定的模式。

图 4-3-5 是设定参数 Pr. 79 的一个示例。该示例把变频器从固定为外部运行模式变更为组合运行模式 1。

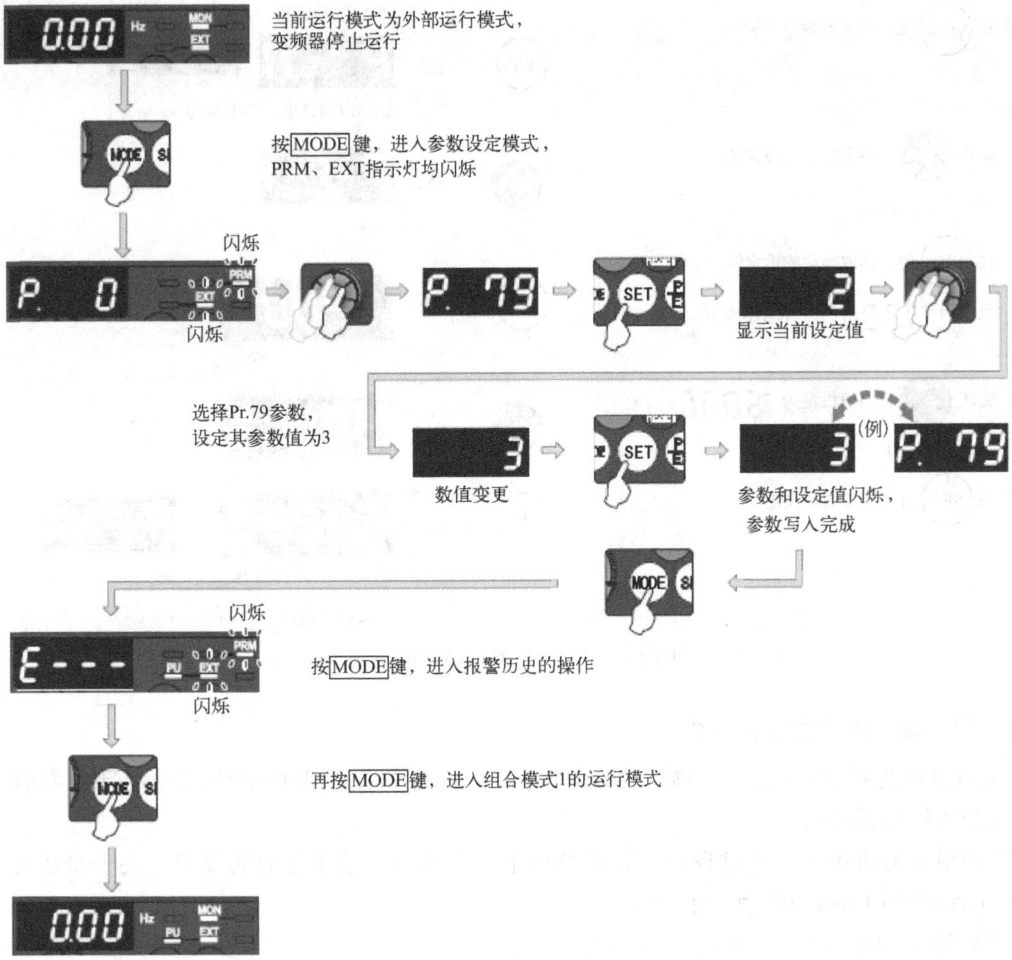

图 4-3-5　变频器的运行模式变更示例

（3）参数的设定

变频器参数的出厂设定值只针对简单的变速运行。如需按照负载和操作要求设定参数，则应进入参数设定模式，先选定参数号，然后设置其参数值。设定参数分两种情况，一种是停机 STOP 方式下重新设定参数，这时可设定所有参数；另一种是在运行时设定，这时只允许设定部分参数，但是可以核对所有参数号及参数。图 4-3-6 是参数设定过程的一个示例，所完成的操作是把参数 Pr. 1（上限频率）出厂设定值 120. 0 Hz 变更为 50. 0 Hz，假定当前运行模式为 EXT/PU 切换模式（Pr. 79=0）。

图 4-3-6 所示的参数设定过程，需要先切换到 PU 模式下，再进入参数设定模式，与图 4-3-5 的方法有所不同。实际上，在任一运行模式下，按MODE键，都可以进入参数设定，只是图 4-3-5 只能设定部分参数。

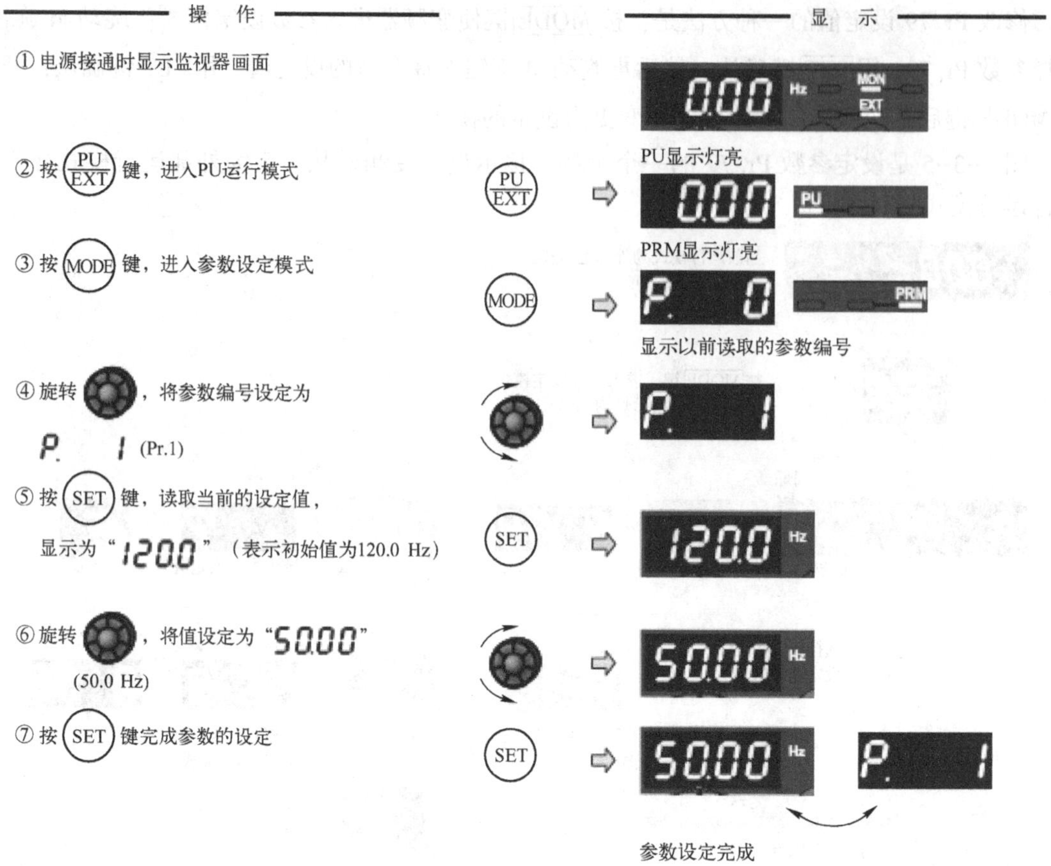

图 4-3-6 变更参数设定值示例

3. 变频器常用参数设置训练

FR-E700 变频器有几百个参数，实际使用时，需根据使用现场的要求设定部分参数，其余默认为出厂设置即可。

下面根据分拣单元工艺过程对变频器的要求，介绍一些常用参数的设定。关于参数设定详细的说明请参阅 FR-E700 使用手册。

（1）输出频率（Pr. 1、Pr. 2、Pr. 18）

为了限制电动机的速度，应对变频器的输出频率加以限制。用 Pr. 1“上限频率”和 Pr. 2“下限频率”来设定，可将输出频率的上、下限钳位。

当在 120 Hz 以上运行时，用参数 Pr. 18“高速上限频率”设定高速输出频率的上限。

Pr. 1 与 Pr. 2 出厂默认值分别为 120 Hz 和 0 Hz。Pr. 18 出厂默认范围为 120～400 Hz。输出频率和设定频率的关系如图 4-3-7 所示。

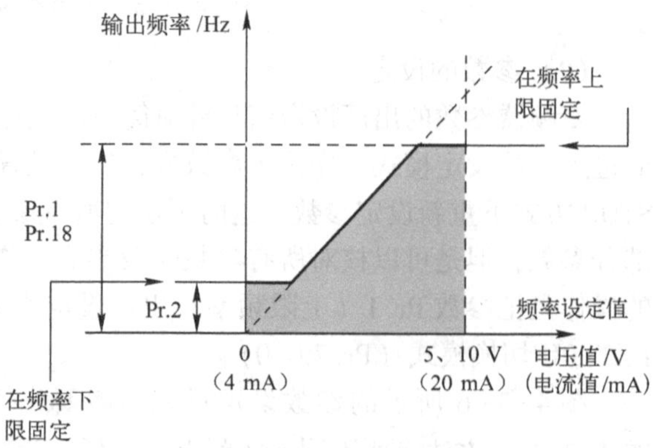

图 4-3-7 输出频率与设定频率关系

必须注意，在恢复出厂设置后，首先要根据变频器所驱动电动机的最高使用频率先把 Pr. 1、Pr. 2 设好。在 YL-335B 分拣站的中，Pr. 1 “上限频率” 最高只能设置为 50 Hz。

（2）加减速时间（Pr. 7、Pr. 8、Pr. 20、Pr. 21）

各参数的意义及设定范围如表 4-3-7 所示。

表 4-3-7 加减速时间相关参数的意义及设定范围

参数号	参数意义	出厂默认值	设定范围	备注
Pr. 7	加速时间	5 s	0~3600/360 s	根据 Pr. 21 加减速时间单位的设定值进行设定。初始值的设定范围为 0~3600 s、设定单位为 0.1 s
Pr. 8	减速时间	5 s	0~3600/360 s	
Pr. 20	加/减速基准频率	50 Hz	1~400 Hz	
Pr. 21	加/减速时间单位	0	0/1	0:0~3600 s；单位为 0.1 s； 1:0~360 s；单位为 0.01 s

注：

1. Pr. 20 为加/减速的基准频率，在我国常用 50 Hz。
2. Pr. 7 加速时间用于设定从停止到 Pr. 20 加减速基准频率的加速时间。
3. Pr. 8 减速时间用于设定从 Pr. 20 加减速基准频率到停止的减速时间。

（3）参数清除

如果用户在参数调试过程中遇到问题，并且希望重新开始调试，可用参数清除操作方法实现。即在 PU 运行模式下，设定 Pr. CL 参数清除、ALLC 参数全部清除均为“1”，可使参数恢复为初始值（如果设定 Pr. 77 参数为“1”，则无法清除）。

参数清除操作，需要在参数设定模式下，用 M 旋钮选择参数 Pr. CL 和 ALLC，把它们的值均置为 1，操作步骤如图 4-3-8 所示。

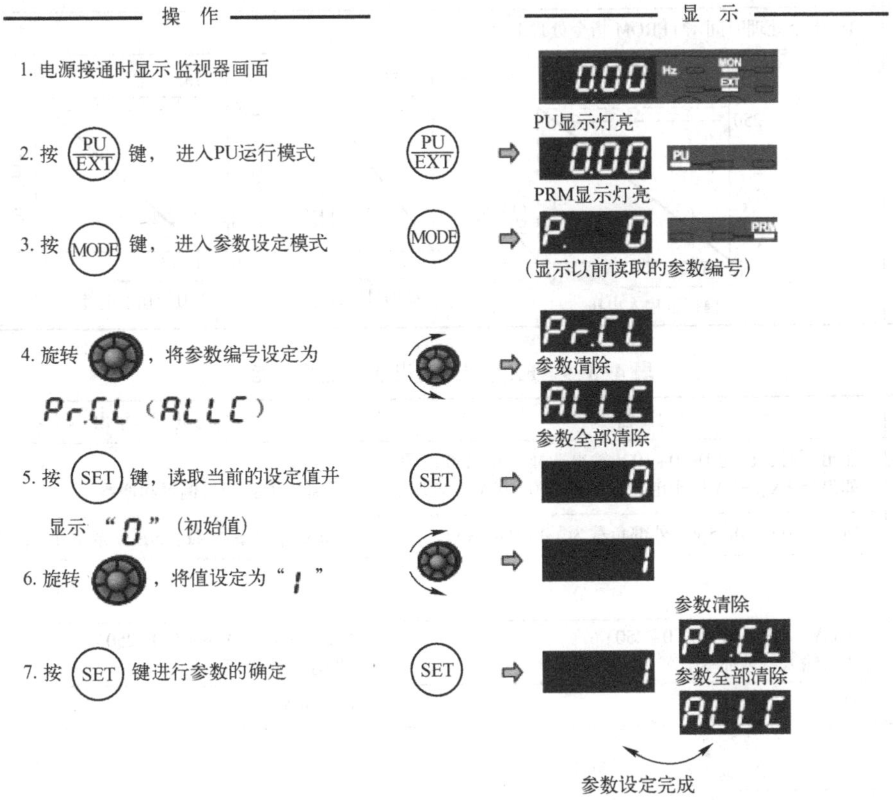

图 4-3-8 参数全部清除的操作示例

4.3.2 模拟量输入/输出模块（FX_{0N}-3A）

为了实现变频器输出频率连续调整的目的，分拣单元PLC连接了特殊功能模拟量输入/输出模块FX_{0N}-3A（FX_{3U}PLC对应的模块为FX_{3U}-3A-ADP，见4.3.3小节）。起停由外部端子来控制。

（1）特殊功能模块FX_{0N}-3A的主要性能

FX_{0N}-3A是具有两路输入通道和一路输出通道、最大分辨率为8位的模拟量I/O模块，模拟量输入和输出方式均可以选择电压或电流，取决于用户接线方式。

FX_{0N}-3A输入通道主要性能见表4-3-8所示，输出通道主要性能见表4-3-9所示。

表4-3-8 FX_{0N}-3A输入通道主要性能

	电压输入	电流输入
模拟量输入范围	在出厂时，已为DC 0~10 V输入选择了0~250范围。 如果把FX_{0N}-3A用于电流输入或0~10 V之外的电压输入，则需要重新调整偏置和增益 模块不允许两个通道有不同的输入特性	
	DC 0~10 V、0~5 V，输入电阻为200 KΩ 注意：输入电压小于-0.5 V或大于+15 V时可能损坏模块	4~20 mA，输入电阻250 Ω。 注意：输入电流小于-2 mA或大于+60 mA可能损坏模块
数字量输出	8位	
分辨率	40 mV：(0~10) V/(0~250) 依据输入特性而变	64 μA：(4~20) mA/(0~250) 依据输入特性而变
总精度	±0.1 V	±0.16 mA
处理时间	TO指令处理时间×2+FROM指令处理时间	
输入特点	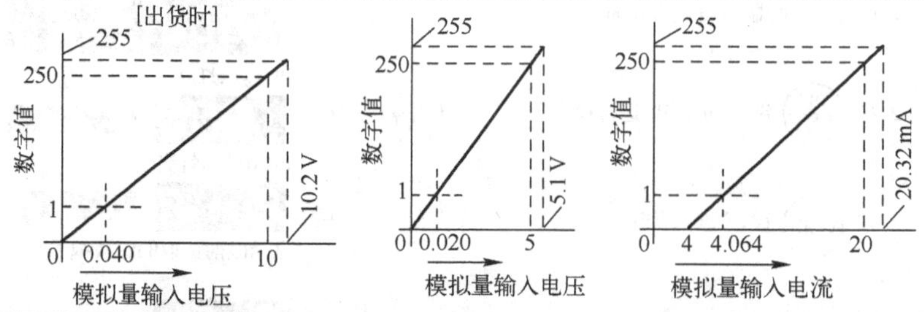	

表4-3-9 FX_{0N}-3A输出通道主要性能

	电压输出	电流输出
模拟量输出范围	在出厂时，已为DC 0~10 V输出选择了0~250范围。 如果把FX_{0N}-3A用于电流输出或非0~10 V的电压输出，则需要重新调整偏置和增益	
	DC 0~10 V、0~5 V，外部负载为：1 kΩ~1 MΩ	4~20 mA，外部负载：500 Ω或更小
数字量分辨率	8位	
最小输出信号分辨率	40 mV：(0~10) V/(0~250) 依据输入特性而变	64 μA：(4~20) mA/(0~250) 依据输入特性而变
总精度	±0.1 V	±0.16 mA

⊖ (0~10 V) /(0~25) 表示，对于DC 0~10 V的模拟量电压输出，此单元调整的数字范围为0~250。

（续）

	电压输出	电流输出
处理时间	TO 指令处理时间×3	
输出特点	出货时：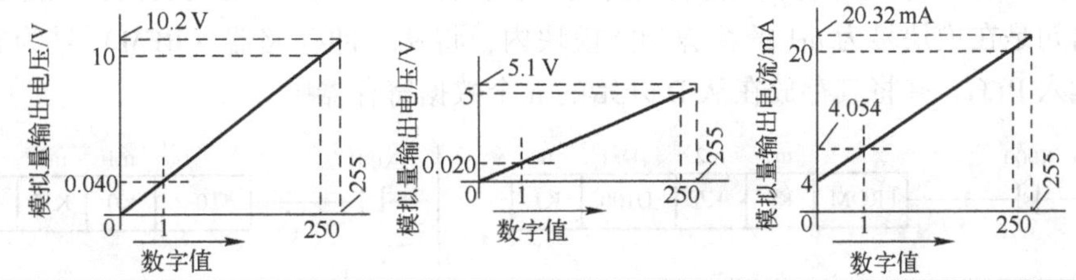	

使用 FX_{0N}-3A 时需注意：

① 模块的电源来自 PLC 主单元的内部电路，其中模拟电路电源要求为 DC 24 V±10%、90 mA，数字电路电源要求为 DC 5 V、30 mA。

② 模拟和数字电路之间用光电耦合器隔离，但模拟通道之间无隔离。

③ 在扩展母线上占用 8 个 I/O 点（输入或输出）。

(2) 接线

模拟量输入和输出的接线原理图分别如图 4-3-9 和图 4-3-10 所示。接线时要注意，使用电流输入时，端子 Vin 与 Iin 应短接；反之，使用电流输出时，不要短接 VOUT 和 IOUT 端子。如果电压输入/输出方面出现较大的电压波动或有过多的电噪声，要在相应图中的位置并联一个约 25 V、0.1~0.47 μF 的电容。

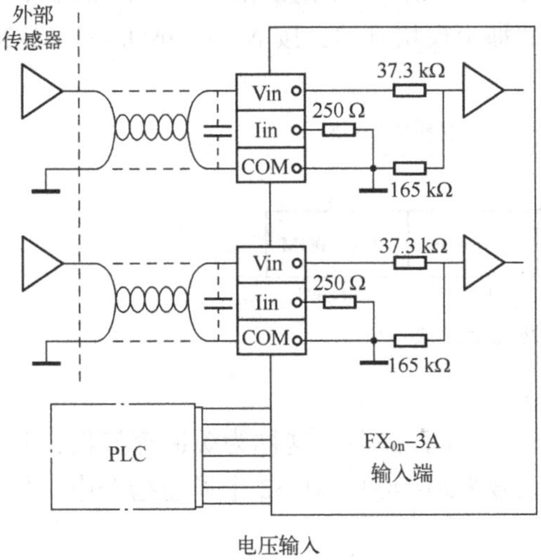

图 4-3-9　模拟量输入接线图

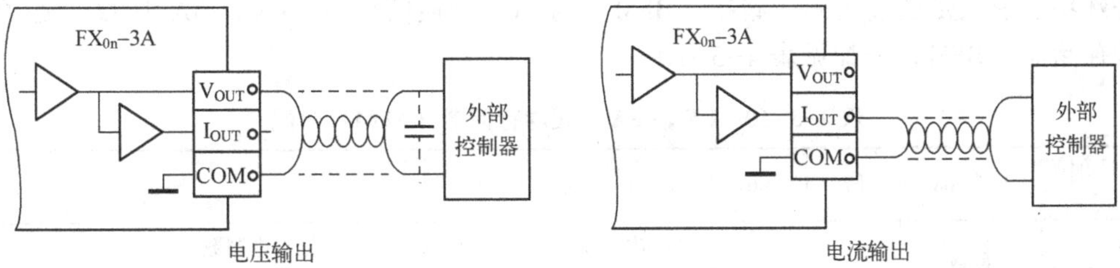

图 4-3-10　模拟量输出接线图

(3) 编程指令

通过使用特殊功能模块读指令 FROM（FNC78）和写指令 TO（FNC79）来读/写 FX_{0N}-3A 模块，实现模拟量的输入和输出。

FROM 指令用于从特殊功能模块的缓冲存储器（BFM）中读入数据，如图 4-3-11a 所示。这条语句是在模块号为 m1 的特殊功能模块内，将从缓冲存储器（BFM）号为 m2 开始的 n 个数据读入 PLC，并将其存放在从 D 开始的 n 个数据寄存器中。

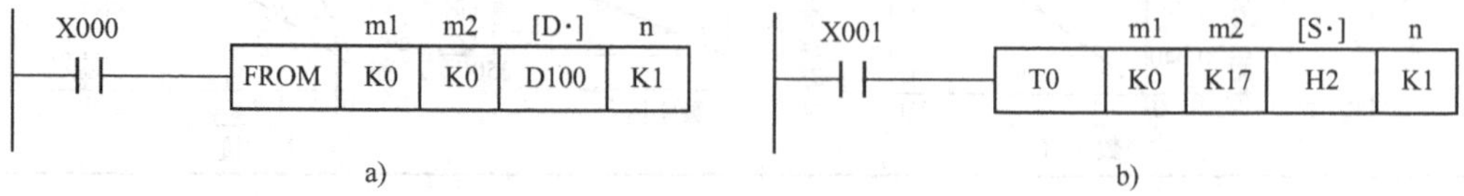

图 4-3-11 特殊功能模块读和写指令

a) FROM 指令示例 b) TO 指令示例

该模块中不允许两个通道有不同的输入特征，即不允许电流和电压同时输入或不同量程的电压输入。

TO 指令用于从 PLC 向特殊功能模块缓冲存储器（BFM）中写入数据，如图 4-3-11b 所示。这条语句是将 PLC 中从 S 开始的 n 个数据，写到特殊功能模块 m1 中编号从 m2 开始的缓冲存储器（BFM）中。

FROM 和 TO 指令中 m1、m2 和 n 的含义如下。

① m1：特殊功能模块号（范围 0~7）。

特殊功能模块应用时是连接在 PLC 右边的扩展总线上的。不同系列的 PLC 可以连接的特殊功能模块的数量是不一样的，这时从最靠近 PLC 的那个模块开始，按 NO. 0→NO. 1→NO. 2……的顺序编号，如图 4-3-12 所示。

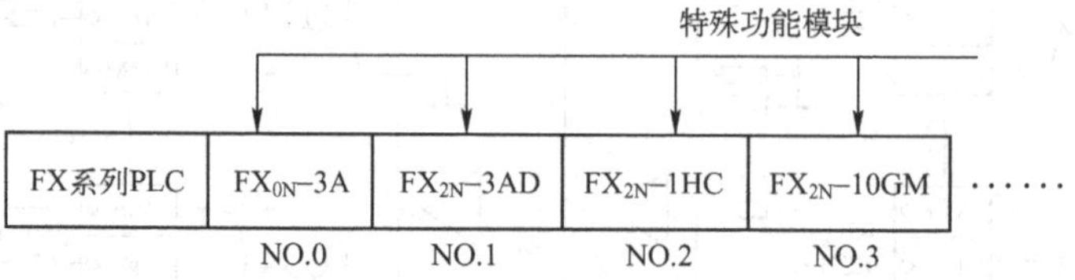

图 4-3-12 特殊功能模块

② m2：缓冲存储器（BFM）号（范围 0~31）。

特殊功能模块内有 32 个通道，每通道有 16 位 RAM 存储器，这称为缓冲存储器，其内容根据各模块控制目的而决定。缓冲存储器的通道编号为#0~#31。在 32 个通道指令中，指定的 BFM 为低 16 位，在此之后的 BFM 为高 16 位。

③ n：传送点数，用 n 指定传送字的点数。

特殊功能模块是通过缓冲存储器（BFM）与 PLC 交换信息的，FX_{0N}-3A 中 32 个通道的 16 位缓冲存储器（BFM）分配见表 4-3-10。

表 4-3-10 FX_{0N}-3A 的缓冲存储器（BFM）分配

通道位 / 通道号	b15~b8	b7	b6	b5	b4	b3	b2	b1	b0
#0	保留	当前输入通道的 A/D 转换值（以 8 位二进制数表示）							
#16		当前输出通道的 D/A 设置值							

（续）

通道位 / 通道号	b15～b8	b7	b6	b5	b4	b3	b2	b1	b0
#17							D/A 转换起动	A/D 转换起动	A/D 通道选择
#1～#15 #18～#31	保留								

其中#17 通道位含义如下：

- b0=0，选择模拟量输入通道 1；b0=1，选择模拟量输入通道 2。
- b1 从 0 到 1，A/D 转换启动。
- b2 从 1 到 0，D/A 转换启动。

图 4-3-13 是实现 D/A 转换的编程示例。图 4-3-14 是实现 A/D 转换的编程示例。

（4）FX_{0N}-3A 模拟量编程

1）FX_{0N}-3A 模拟量输出编程。

图 4-3-13 中，第一条 TO 指令用于把要转换的 D2 寄存器中的数据写入 0 号特殊功能模块内 16 通道号缓的冲存储器（BFM#16）中，准备实现 D/A 转换；第二、三条 TO 指令用于把 H0004、H0000（十六进制数据）先后写入 0 号特殊功能模块内 17 通道号的缓冲存储器（BFM #17）中，这时 BFM#17 中 b2 从 1 变为 0，则启动 D/A 转换，把 16 号缓冲存储器（BFM#16）中存放的数字量转换成模拟量输出。

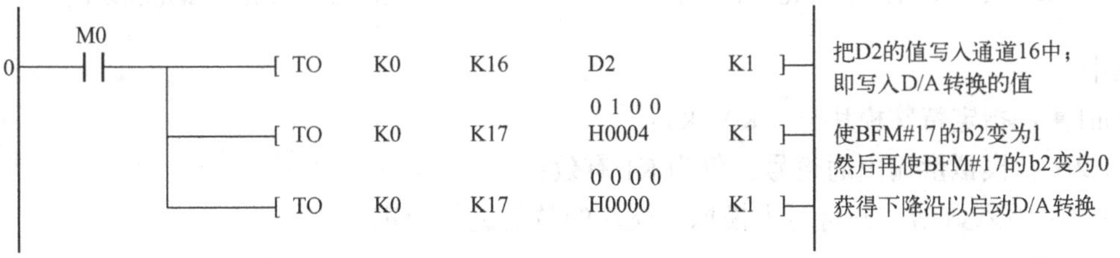

图 4-3-13　D-A 转换编程示例

2）FX_{0N}-3A 模拟量输入编程（使用模拟量输入通道 1）。

图 4-3-14 中，第 1 条 TO 指令把 H0000（十六进制数据）写入 0 号特殊功能模块内 17 通道号的缓冲存储器（BFM#17）中，这时 BFM#17 中 b0=0，选择了模拟量输入通道 1。

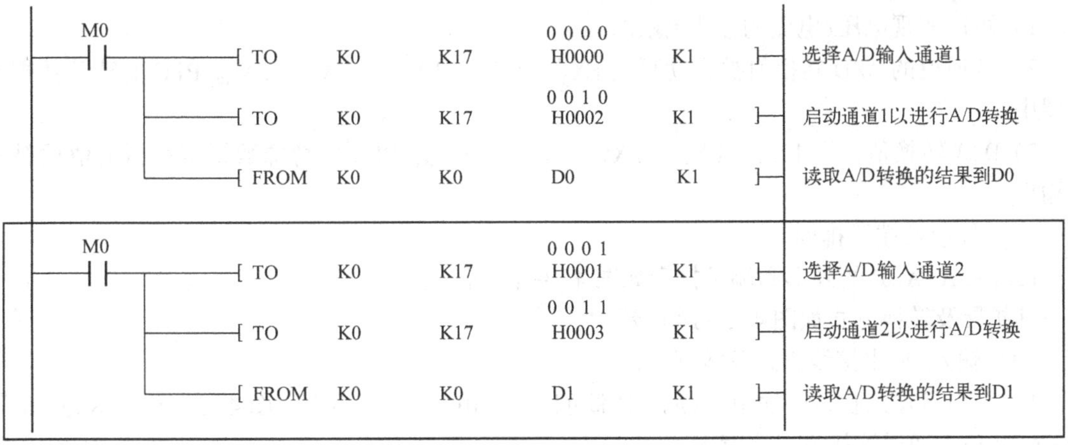

图 4-3-14　A/D 转换编程示例

第2条TO指令把H0002（十六进制数据）写入0号特殊功能模块内17通道号的缓冲存储器（BFM#17）中，这时BFM#17中b1从0变为1，以起动A/D转换，并把转换后的数字量存放在0号缓冲存储器（BFM#0）的低8位中。

FROM指令将0号缓冲存储器（BFM#0）中的数据（转换后的数字量）读到PLC中，并存放在D0寄存器中。当使用模拟量输入通道2时，程序如图4-3-15内框中所示。

3）FX_{0N}-3A模拟量读/写编程。

① 读取FX_{0N}-3A应用指令FNC176-RD3A。

图4-3-15是FX_{0N}-3A模拟量模块的模拟量输入值的读取指令。

其中，

- m1•：特殊模块号，K0~K7；
- m2•：模拟量输入通道号，K1或K2；
- D•：读取数据，并将读取自模拟量模块的数值保存。

② 写入FX_{0N}-3A应用指令FNC176-WR3A。

图4-3-16是用于向FX_{0N}-3A模拟量模块写入数值的指令。

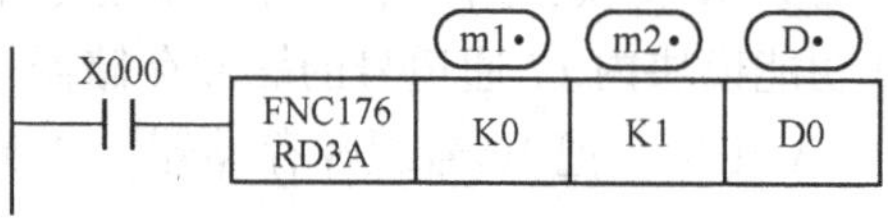

图4-3-15 FNC176-RD3A功能

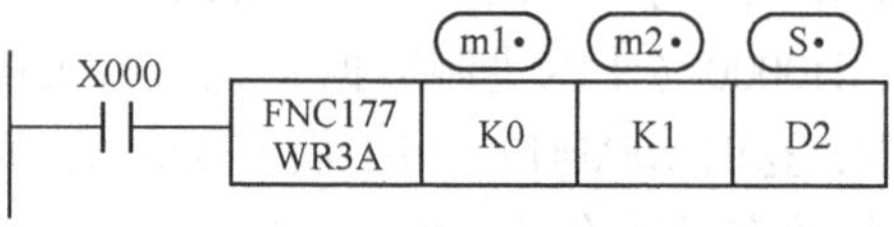

图4-3-16 FNC177-WR3A功能

其中，

- m1•：指定特殊模块号，K0~K7；
- m2•：模拟量输出通道号，仅为K1有效；
- D•：写入数据，并将写入模拟量模块的数值进行指定。

4.3.3 模拟量特殊适配器模块（FX_{3U}-3A-ADP）

（1）FX_{3U}-3A-ADP功能概要

FX_{3U}-3A-ADP连接在FX_{3S}、FX_{3G}、FX_{3GC}、FX_{3U}、FX_{3UC} PLC上，是获取2通道的电压/电流数据并输出1通道的电压/电流数据的模拟量特殊适配器。其功能如下：

1）可以实现电压/电流的输入/输出。

2）各通道的A/D转换值被自动写入FX_{3S}、FX_{3G}、FX_{3GC}、FX_{3U}、FX_{3UC} PLC的特殊数据寄存器中。

3）D/A转换值根据FX_{3S}、FX_{3G}、FX_{3GC}、FX_{3U}、FX_{3UC} PLC中特殊数据寄存器的值而被自动输出。

（2）外形及端子排列

FX_{3U}-3A-ADP的外形和端子排列如图4-3-17所示。

其扩展及转换方式如图4-3-18所示。

（3）输入/输出接线方式及数据特性

1）模拟量输入在每个通道（ch）中都可以作为电压/电流输入。图4-3-19所示为FX_{3U}-3A-ADP输入通道连接方式示意图。

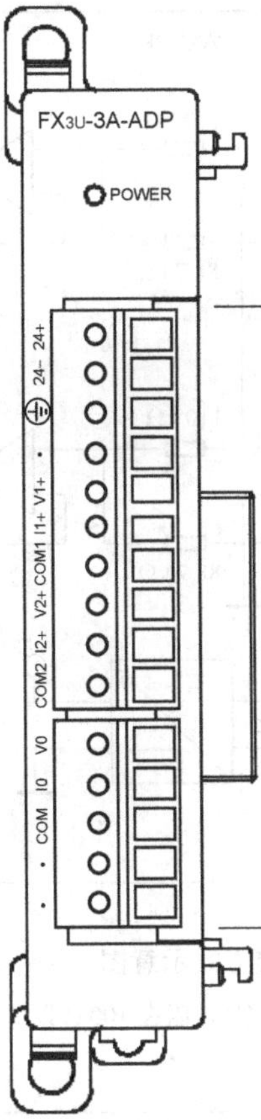

信号名称	用途
24+	外部电源
24−	
⏚	接地端子
•	空端子
V1+	通道1模拟量输入
I1+	
COM1	
V2+	通道2模拟量输入
I2+	
COM2	
V0	模拟量输出
I0	
COM	
•	空端子
•	

图 4-3-17　FX_{3U}-3A-ADP 的外形和端子排列示意图

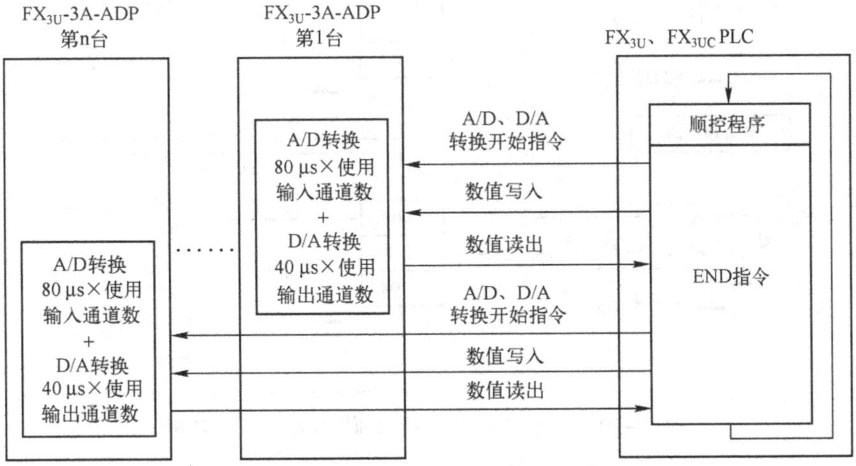

图 4-3-18　FX_{3U}-3A-ADP 扩展及转换方式示意图

2）模拟量输出接线。图 4-3-20 所示为 FX_{3U}-3A-ADP 输出通道连接方式示意图。

3）接地方式。尽量采用专用接地。不能采用专用接地时，采用图 4-3-21 所示的“共用接地”。

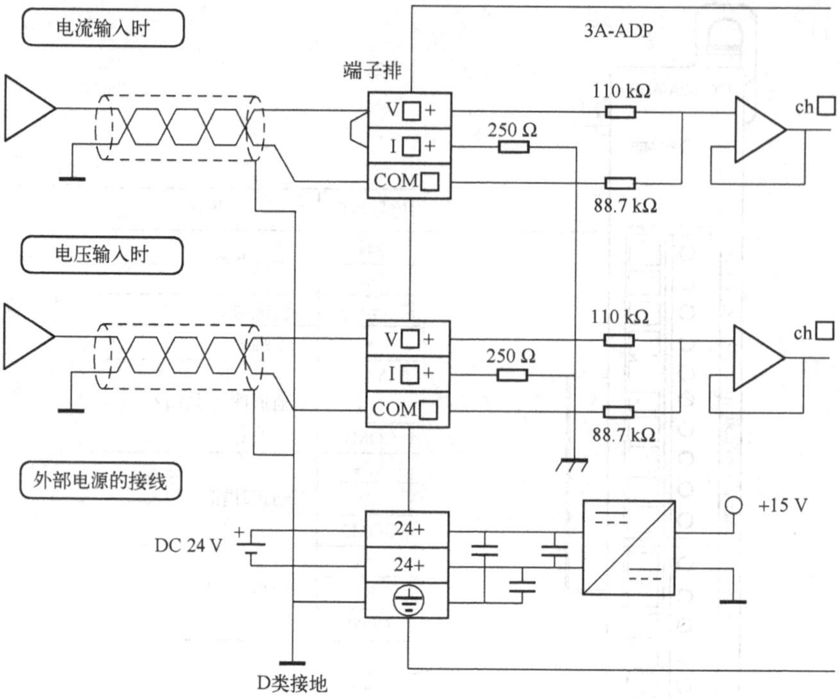

图 4-3-19　FX_{3U}-3A-ADP 输入通道连接方式示意图

注：D 类接地是相对电压 300 V 以下的电器外壳接地，接地电阻在 100 Ω 以下。

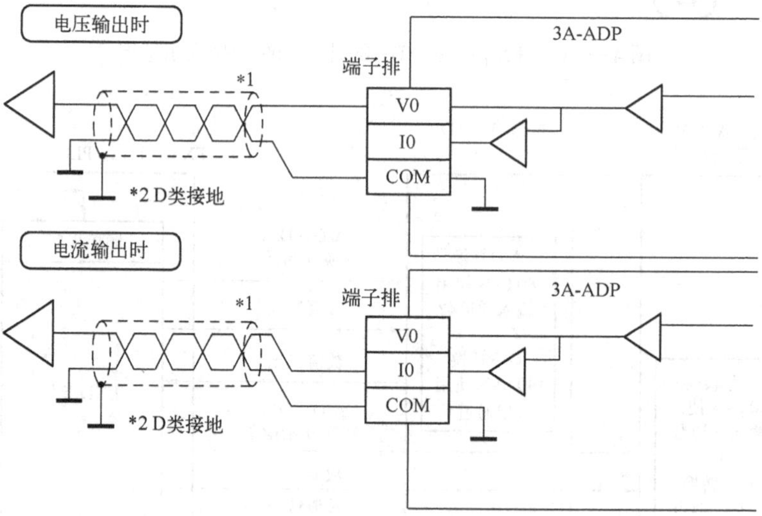

图 4-3-20　FX_{3U}-3A-ADP 输出通道连接方式示意图

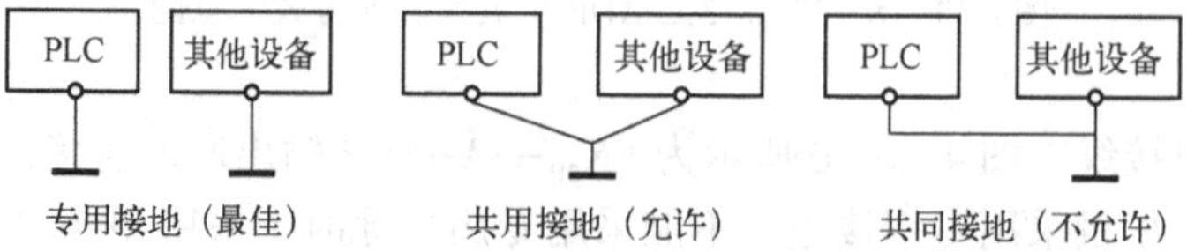

图 4-3-21　接地方式示意图

4）输入/输出数据特性如图 4-3-22 所示。

项目	规格			
	电压输入	电流输入	电压输出	电流输出
输入/输出点数	2通道		1通道	
模拟量输入/输出范围	DC 0～10 V (输入电阻为198.7 kΩ)	DC 4～20 mA (输入电阻为250 kΩ)	DC 0～10 V (外部负载为5 kΩ～1 MΩ)	DC 4～20 mA (外部负载为500 Ω以下)
模拟量输入范围	–0.5 V, +15 V	–2 mA, +30 mA	—	—
数字量输入/输出	12位　二进制			
分辨率	2.5 mV(10 V×1/4000)	5 μA(16 mA×1/3200)	2.5 mA(10 V×1/4000)	4 μA(16 mA×1/4000)
输入/输出特性	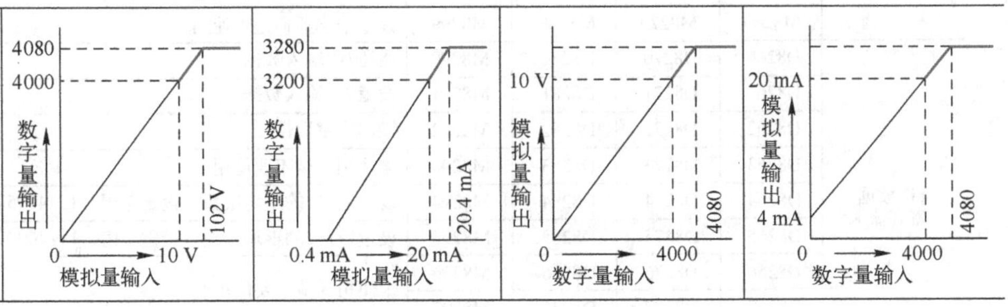			

图 4-3-22　FX_{3U}-3A-ADP 输入/输出数据特性

（4）FX_{3U}-3A-ADP 的编程

1）程序写入与特殊软元件的分配。

由图 4-3-23 所示的 FX_{3U}-3A-ADP 扩展分布图可见，从最靠近基本单元处开始，依次为第 1 台、第 2 台……但是，高速输入/输出特殊适配器、通信特殊适配器、CF 卡特殊适配器不包含在内。

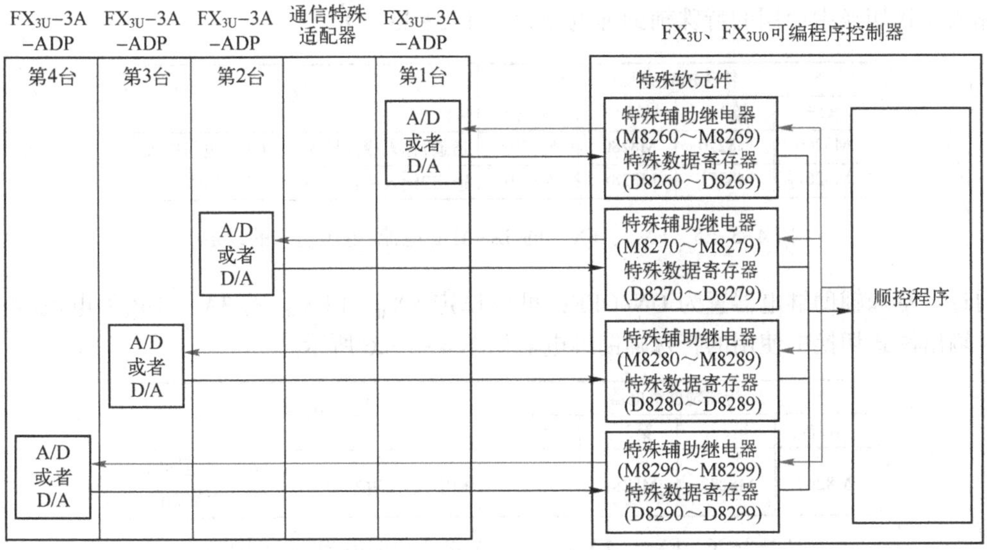

图 4-3-23　FX_{3U}-3A-ADP 扩展分布图

连接 FX_{3U}-3A-ADP 时，特殊软元件的分配如图 4-3-24 所示，其中，R 为读出，W 为写入。

特殊软元件	软元件编号				内容	属性
	第1台	第2台	第3台	第4台		
特殊辅助继电器	M8260	M8270	M8280	M8290	通道1输入模式切换	R/W
	M8261	M8271	M8281	M8291	通道2输入模式切换	R/W
	M8262	M8272	M8282	M8292	输出模式切换	R/W
	M8263	M8273	M8283	M8293	未使用（请不要使用）	—
	M8264	M8274	M8284	M8294		
	M8265	M8275	M8285	M8295		
	M8266	M8276	M8286	M8296	对输出保持解除的设定	R/W
	M8267	M8277	M8287	M8297	设定输入通道1是否使用	R/W
	M8268	M8278	M8288	M8298	设定输入通道2是否使用	R/W
	M8269	M8279	M8289	M8299	设定输出通道是否使用	R/W
特殊数据寄存器	D8260	D8270	D8280	M8290	通道1中输入数据	R
	D8261	D8271	D8281	M8291	通道2中输入数据	R
	D8262	D8272	D8282	M8292	输出设定数据	R/W
	D8263	D8273	D8283	M8293	未使用（请不要使用）	—
	D8264	D8274	D8284	M8294	设定通道1的平均次数（设定范围：1～4095）	R/W
	D8265	D8275	D8285	M8295	设定通道2的平均次数（设定范围：1～4095）	R/W
	D8266	D8276	D8286	M8296	未使用（请不要使用）	—
	D8267	D8277	D8287	M8297		
	D8268	D8278	D8288	M8298	错误状态	R/W
	D8269	D8279	D8289	M8299	机型代码=50	R

图 4-3-24 FX_{3U}、FX_{3UC} PLC 特殊软元件的分配

2）输入/输出模式的切换。

通过将特殊辅助继电器置为 ON/OFF，可以设定 FX_{3U} 和 FX_{3UC} 的 3A-ADP 为电流/电压的输入。

输入模式切换中使用的特殊辅助继电器如图 4-3-25 所示。

特殊辅助继电器				内容	
第1台	第2台	第3台	第4台		
M8260	M8270	M8280	M8290	通道1输入模式切换	OFF: 电压输入
M8261	M8271	M8281	M8291	通道2输入模式切换	ON: 电流输入

图 4-3-25 FX_{3U}、FX_{3UC}的 3A-ADP 电流/电压输入的设定

通过将特殊辅助继电器置为 ON/OFF，可以设定 FX_{3U} 和 FX_{3UC} 的 3A-ADP 为电流/电压的输出。输出模式切换中使用的特殊辅助继电器如图 4-3-26 所示。

特殊辅助继电器				内容	
第1台	第2台	第3台	第4台		
M8262	M8272	M8282	M8292	输出模式切换	OFF: 电压输出 ON: 电流输出

图 4-3-26 FX_{3U}、FX_{3UC}的 3A-ADP 电流输出/电压输出设定

3）FX_{3U}、FX_{3UC} PLC 程序举例。

图 4-3-27 所示为 FX_{3U}、FX_{3UC} PLC 程序，其中设定第 1 台的输入通道 1 为电压输入、输入通道 2 为电流输入，并将它们的 A/D 转换值分别保存在 D100、D101 中；此外，设定输出通

道为电压输出，并将 D/A 转换输出的数值设定为 D102。

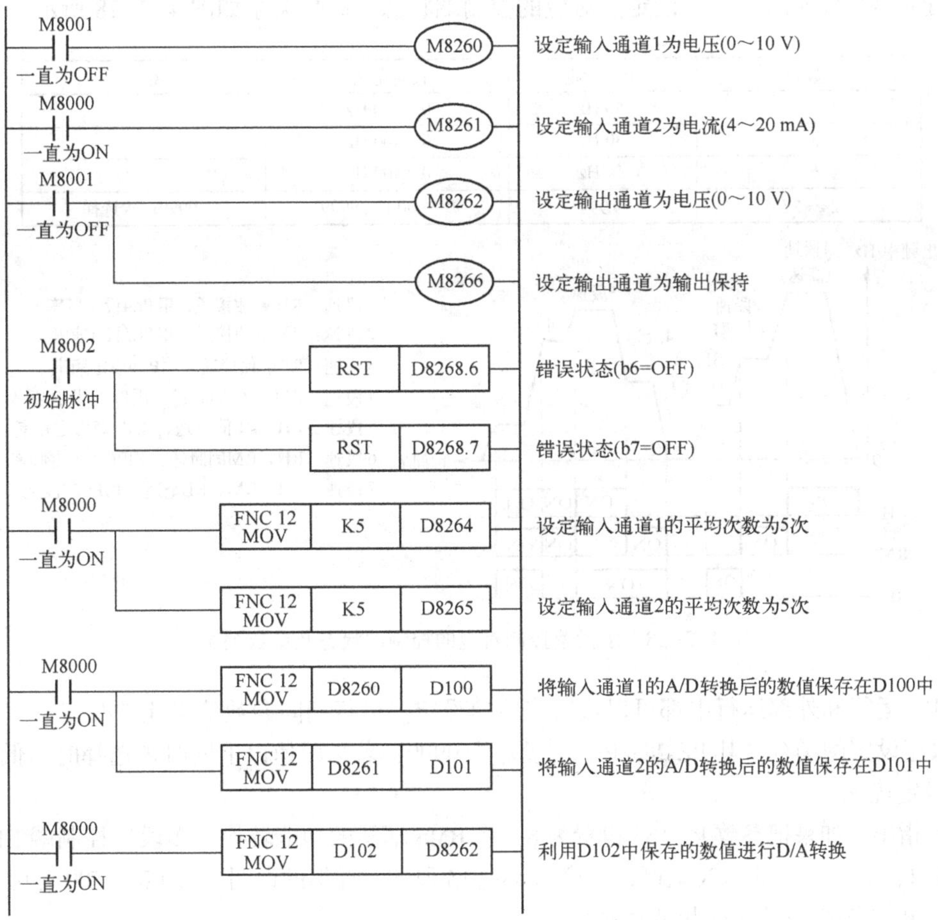

图 4-3-27 FX_{3U}、FX_{3UC} PLC 基本程序

若不在 D100、D101 中保存输入数据，也可以在定时器、计数器的设定值或者 PID 指令等应用中直接使用 D8260、D8261。用人机界面或者顺控程序，向 D102 输入指定为模拟量输出的数值。

4.3.4 PLC 直接控制变频调速

1. PLC 多段速控制变频器调速

(1) 参数设定

变频器在外部操作模式或组合操作模式 2 下，可以通过外接开关器件的组合通断改变输入端子的状态来实现变频调速。这种控制频率的方式称为多段速控制功能。

FR-E740 变频器的速度控制端子是 RH、RM 和 RL。通过这些开关的组合可以实现 3 段速~7 段速的调速控制。

转速切换时，由于转速的档次是按二进制的顺序排列的，故 3 个输入端可以组合成 3 挡~7 挡（0 状态不计）转速。其中，3 段速由 RH、RM、RL 单个通断来实现。7 段速由 RH、RM、RL 通断的组合来实现。

7 段速的各自运行频率则由参数 Pr. 4~Pr. 6（设置前 3 段速的频率）、Pr. 24~Pr. 27（设置第 4 段速~第 7 段速的频率）设定。对应的控制端状态及参数关系如图 4-3-28 所示。

参数号	出厂设定	设定范围	备注
4	50 Hz	0～400 Hz	
5	30 Hz	0～400 Hz	
6	10 Hz	0～400 Hz	
24～27	9 999	0～400 Hz, 9999	9999：未选择

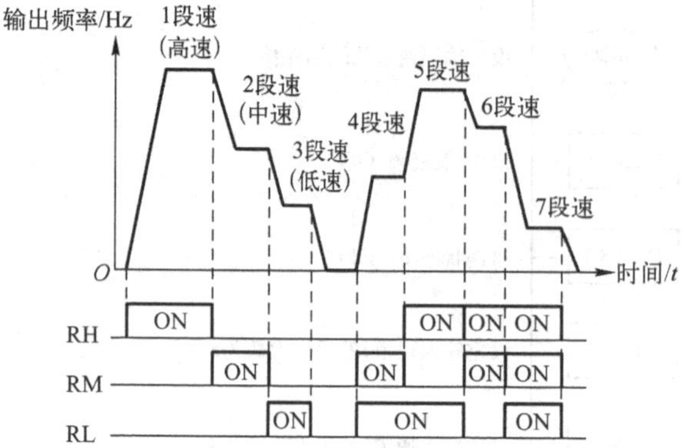

1 段速：RH 单独接通，用Pr.4设定频率
2 段速：RM单独接通，用Pr.5设定频率
3 段速：RL单独接通，用Pr.6设定频率
4 段速：RM、RL同时通，用Pr.24设定频率
5 段速：RH、RL同时通，用Pr.25设定频率
6 段速：RH、RM同时通，用Pr.26设定频率
7 段速：RH、RM、RL全通，用Pr.27设定频率

图 4-3-28 多段速控制对应的控制端状态及参数关系

在 PU 运行和外部运行中都可以进行多段速设定。运行期间参数值也能被改变。

3 段速设定的场合，其 Pr. 24~Pr. 27 设定为 9999；若 2 段速以上同时被选择时，低速信号的频率设定优先。

最后指出，如果把参数 Pr. 183 设置为 8，将 RMS 端子的功能转换成多段速控制端 REX，就可以用 RH、RM、RL 和 REX 通断的组合来实现 15 段速。详细的说明参阅 FR-E700 使用手册。

（2）PLC 多段速控制变频调速举例

变频器与 PLC 接线如图 4-3-29 所示，现在要实现 3 段速的调速控制，其中高速为 45 Hz，中速为 35 Hz，低速为 20 Hz，按起动按钮后，先高速起动 10 s，然后切换到低速 10 s 后，再切换到中速 10 s，然后依此循环。

设置：先初始化参数，再设置 Pr. 4=45，Pr. 5=35，Pr. 6=25，Pr. 79=3。

其相应 PLC 控制程序如图 4-3-30 所示。

2. PLC 模拟量输出控制变频器调速

（1）参数设定

对分拣单元变频器的频率设定，除了用 PLC 输出端子控制多段速度设定外，也需要连续设定频率。例如在变频器安装和接线完成进行运行试验时，常将调速电位器连接到变频器的模拟量输入信号端，进行连续调速试验。此外，若在触摸屏上指定变频器的频率，则此频率也应该是连续可调的。需要注意的是，如果要用模拟量输入（端子 2、4）设定频率，则 RH、RM、RL 端子应断开，否则多段速度设定优先。

1）模拟量输入信号端子的选择

FR-E700 系列变频器提供两个模拟量输入信号端子（端子 2、4），用于连续变化的频率设定。在出厂设定情况下，只能使用端子 2，端子 4 无效。

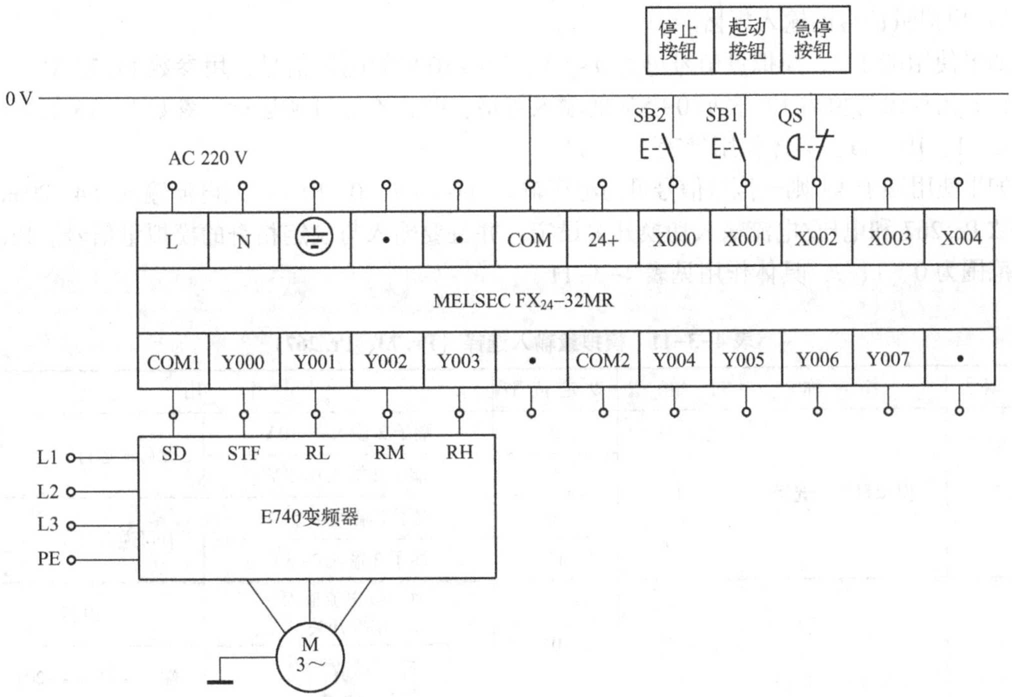

图 4-3-29　变频器与 PLC 接线图

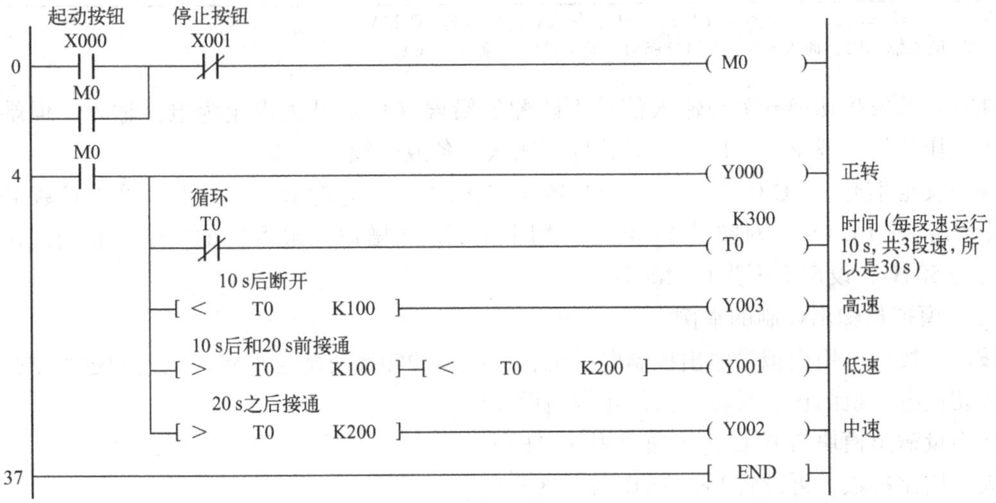

图 4-3-30　PLC 控制程序

要使端子 4 有效，需要在各接点输入端子 STF、STR……RES 之中选择一个，将其功能定义为 AU 信号的输入。当这个端子与 SD 端短接时，AU 信号为 ON，端子 4 变为有效，端子 2 变为无效。

例如，若选择 RES 端子用于 AU 信号的输入，则设置参数 Pr. 184 = 4，在 RES 端子与 SD 端之间连接一个开关，当此开关断开时，AU 信号为 OFF，端子 2 有效；反之，当此开关接通时，AU 信号为 ON，端子 4 有效。

2）模拟量信号的输入规格。

如果使用端子2，模拟量信号可为0~5 V或0~10 V的电压信号，用参数Pr. 73对其进行设定，其出厂设定值为1，表示0~5 V的输入规格，并且不能可逆运行。参数Pr. 73的取值范围为0、1、10、11，具体作用见表4-3-11。

如果使用端子4，则模拟量信号可为电压输入（0~5 V、0~10 V）或电流输入（4~20 mA），用参数Pr. 267和电压/电流输入切换开关设定，并且要输入与设定相符的模拟量信号。Pr. 267取值范围为0、1、2，具体作用见表4-3-11。

表4-3-11　模拟量输入选择（Pr. 73、Pr. 267）

<table>
<tr><th>参数编号</th><th>名　称</th><th>初始值</th><th>设定范围</th><th colspan="2">作　用</th></tr>
<tr><td rowspan="4">Pr. 73</td><td rowspan="4">模拟量输入选择</td><td rowspan="4">1</td><td>0</td><td>端子2输入0~10 V</td><td rowspan="2">无可逆运行</td></tr>
<tr><td>1</td><td>端子2输入0~5 V</td></tr>
<tr><td>10</td><td>端子2输入0~10 V</td><td rowspan="2">有可逆运行</td></tr>
<tr><td>11</td><td>端子2输入0~5 V</td></tr>
<tr><td rowspan="4">Pr. 267</td><td rowspan="4">端子4输入选择</td><td rowspan="4">0</td><td rowspan="2">0</td><td>电压/电流输入
切换开关</td><td>内容</td></tr>
<tr><td></td><td>端子4输入4~20 mA</td></tr>
<tr><td>1</td><td rowspan="2"></td><td>端子4输入0~5 V</td></tr>
<tr><td>2</td><td>端子4输入0~10 V</td></tr>
</table>

注：1. 电压输入时，输入电阻为（10±1）kΩ、最大容许电压为DC 20 V。
2. 电流输入时，输入电阻为233 Ω±5 Ω、最大容许电流为30 mA。

注意：若发生切换开关与输入信号不匹配的错误（例如开关设定为电流输入，但端子输入却为电压信号；或反之）时，会导致外部输入设备或变频器故障。

频率设定信号（DC 0~5 V、0~10 V或4~20 mA）相应输出频率的大小可用参数Pr. 125（对端子2）或Pr. 126（对端子4）设定，用于确定输入增益（最大）的频率。它们的出厂设定值均为50 Hz，设定范围为0~400 Hz。

（2）模拟量输出控制的举例

按起动按钮，用模拟量输出控制电动机，变频器的频率可随意设定，运行的过程中按切换按钮以切换电动机的正、反转，按停止按钮后停机。

模拟量输出模块与PLC连接如图4-3-31所示。

先初始化参数，再设置Pr. 73=0，Pr. 79=2。

相应的D/A转换控制电动机程序梯形图如图4-3-32所示。

通过图4-3-33所示的输出特征曲线图，可以通过PLC计算出想要的频率。

4.3.5　PLC通信控制变频调速

1. PLC通信扩展模块与变频器的连接

（1）通信扩展模块FX_{3U}-485ADP-MB与PLC的连接

1）关闭电源。断开连接至PLC主机和专用适配器的所有电缆。拆卸安装在DIN导轨上或直接使用螺钉安装的主机，卸下扩展板上专用适配器连接处的盖子，图4-3-34中A位置。

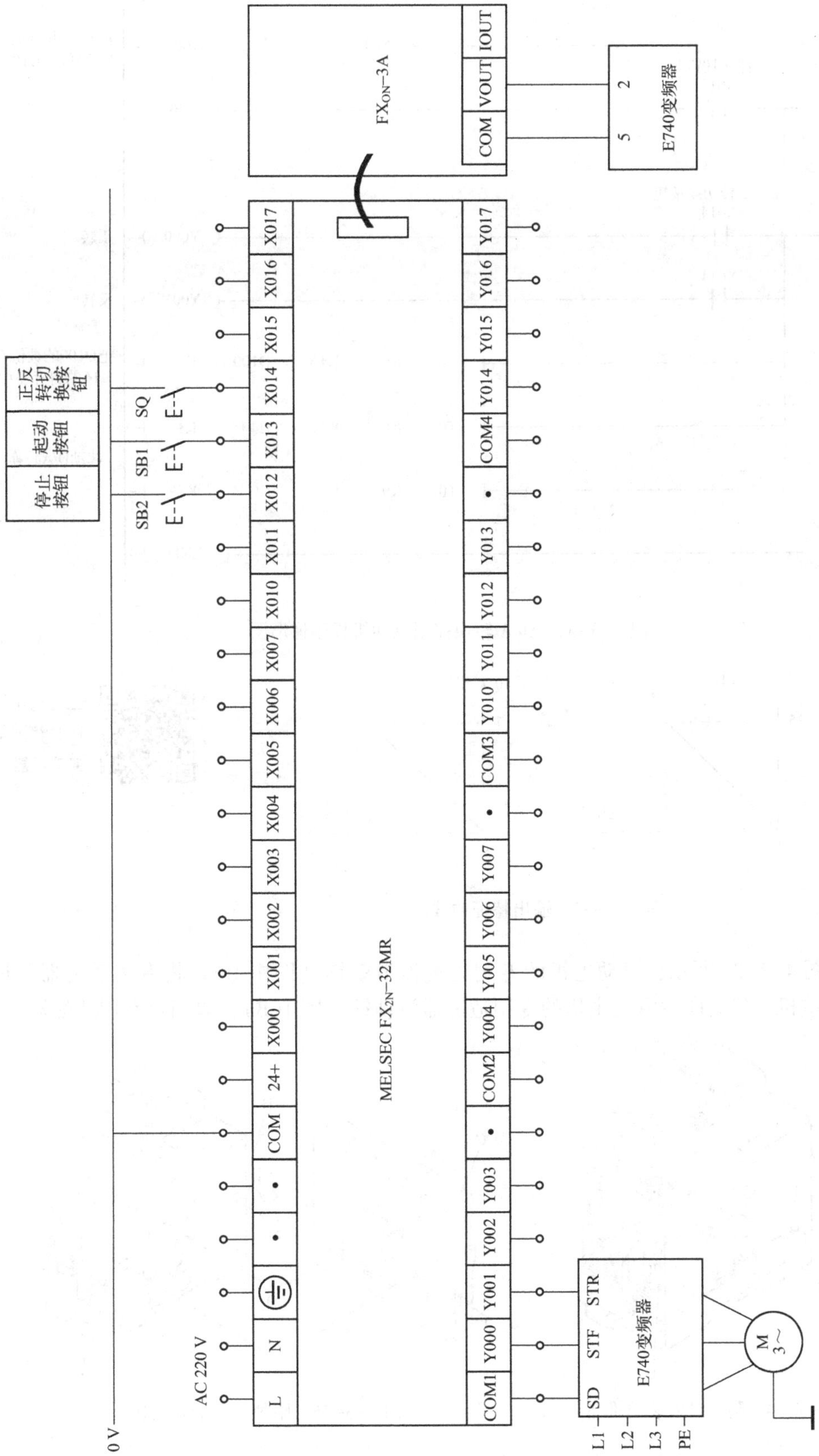

图4-3-31　模拟量输出模块与PLC连接

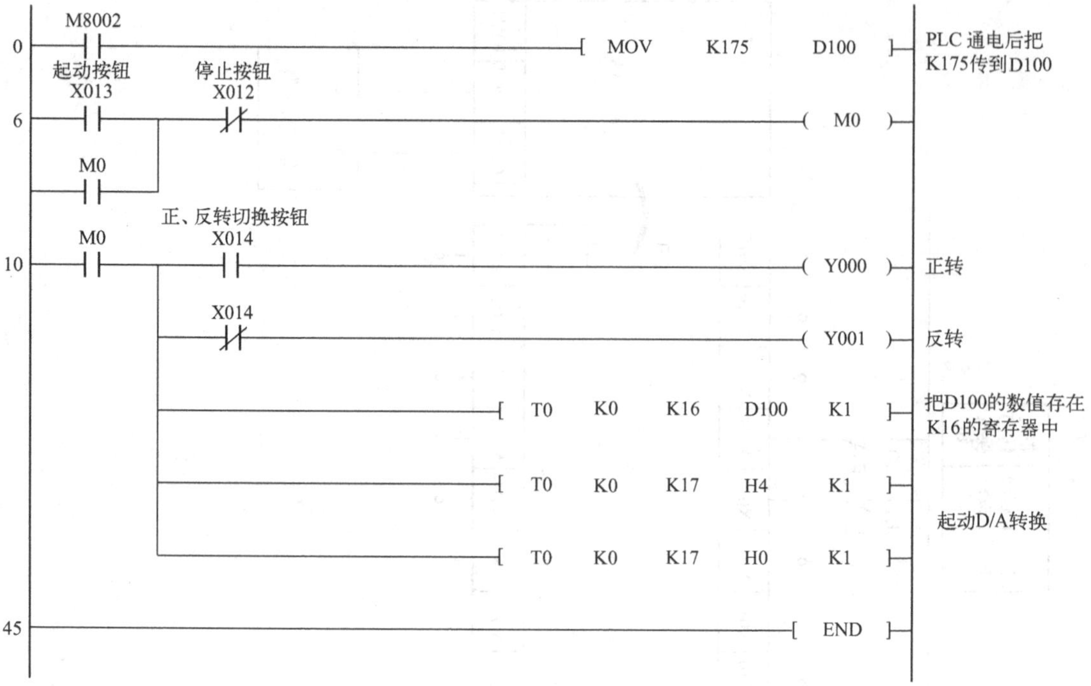

图 4-3-32 D/A 转换控制电动机程序梯形图

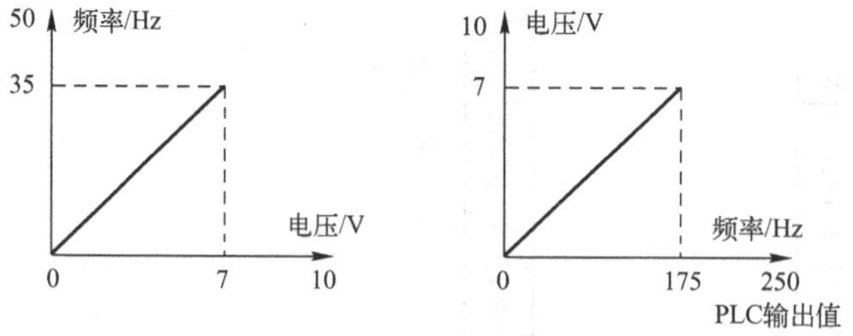

图 4-3-33 输出特征曲线图

二维码 4-4 PLC 模拟量控制变频器

2）如图 4-3-35 所示，滑动主机的专用适配器滑动锁（图中 B）。将专用适配器（图中 C）连接至主机。然后向后滑动主机的专用适配器滑动锁（图中 B），以固定专用适配器。

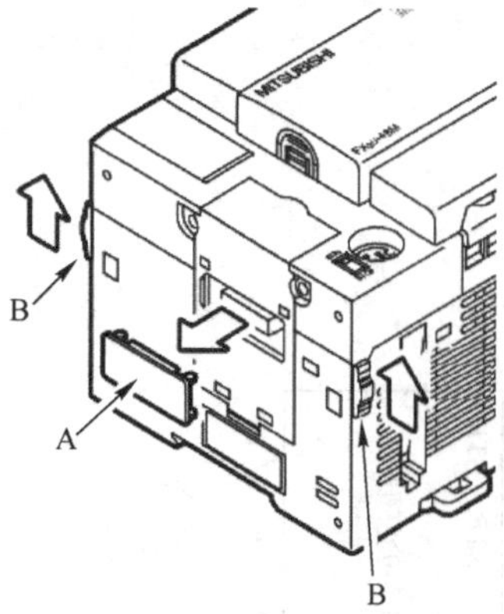

图 4-3-34 附加件安装前准备

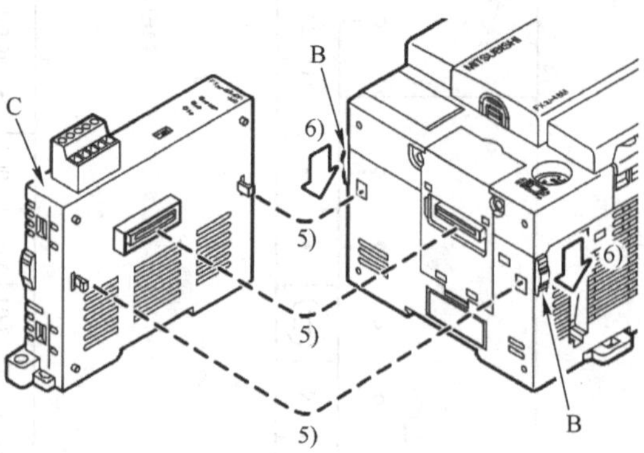

图 4-3-35 附加件安装示意图

（2）通信模块 FX_{3U}-485ADP-MB 与变频器 E700 的连接

1）PU 接口插针排列，如图 4-3-36 所示。

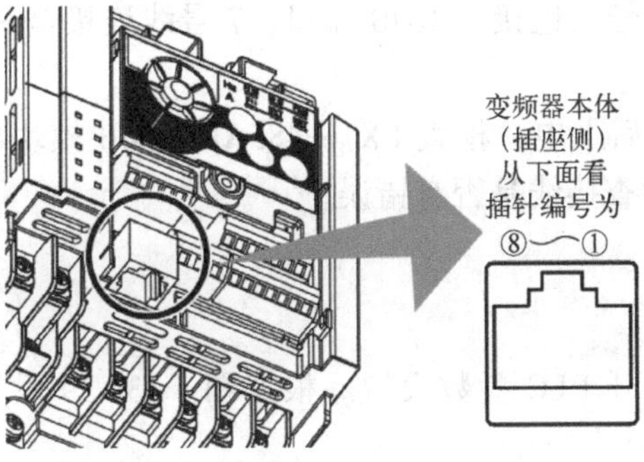

插针编号	名　称	内　容
①	SG	接地（与端子 5 导通）
②	—	参数单元电源
③	RDA	变频器接收+极
④	SDB	变频器发送-极
⑤	SDA	变频器发送+极
⑥	RDB	变频器接收-极
⑦	SG	接地（与端子 5 导通）
⑧	—	参数单元电源

图 4-3-36　变频器 PU 接口插针排列

注意：● ②、⑧号插针为操作面板或参数单元用电源。进行 RS-485 通信时请不要使用。

● 请勿连接至个人计算机的 LAN 端口、FAX 调制解调器用插口或电话用模块接口等。由于电气规格不一致，可能会导致产品损坏。

● 使用通过变频器供电的 RS-485 转换器时，请确保只通过 1 台变频器供电。

2）FX_{3U}-485ADP-MB 接口排列

通信模块接口排列如图 4-3-37 所示其连接步骤如下：

① 模块连接完成后，接通电源，POWER 指示灯将会亮起；

② FX_{3U}-485ADP-MB 模块与变频器 E700 通过电缆连接完成后，RD 指示灯与 SD 指示灯将会在有数据流通过的情况下闪烁，这时表示接收与发送能在 PLC 与变频器间完成。

③ 若在发送数据时只有 RD 指示灯或 SD 指示灯闪烁，则说明接线发生错误，此时 PLC 与变频器不能正常进行通信，需重新接线，排除错误后再重新上电检查 SD 指示灯与 RD 指示灯是否都有闪烁。

3）FX_{3U}-485ADP-MB 与变频器 E700 连接。

模拟量模块 FX_{3U}-485ADP-MB 与变频器 E700 连接如图 4-3-38 所示其连接步骤如下：

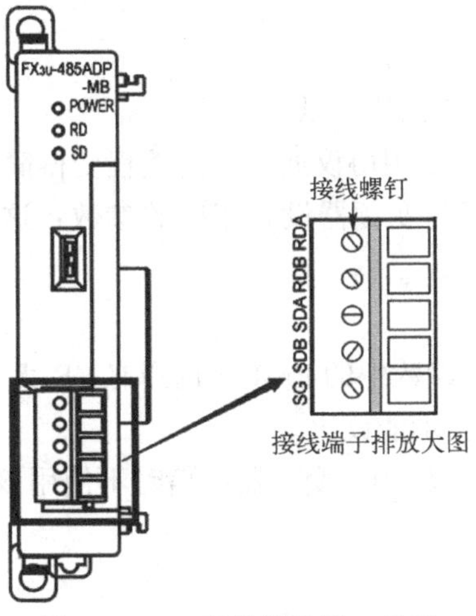

图 4-3-37　通信模块接口排列

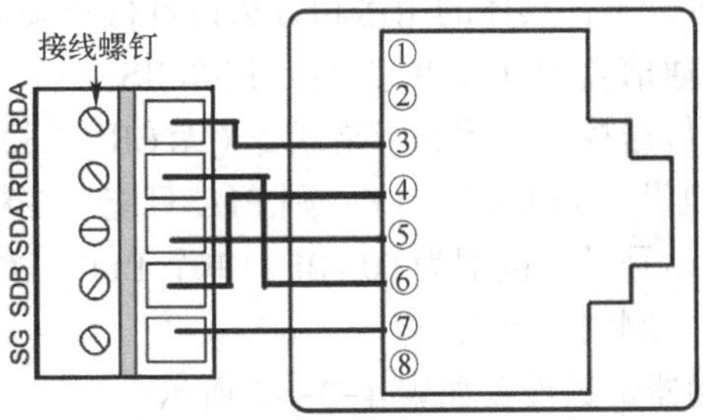

图 4-3-38　连接示意图

① 自制电缆或购买 10BASE-T 电缆（型号为 SGLPEV-T 0.5 mm×4P）；

② 参考图 4-3-37，将电缆的 3 号线连接至 FX_{3U}-485ADP-MB 模块端子排的 RDA 端口，4 号线连接至 SDB 端口，5 号线连接至 SDA 端口，6 号线连接至 RDB 端口，7 号线连接至 SG 端口；

③ 将电缆的 RJ45 接头插入变频器的 PU 接口中后上电，检查 FX_{3U}-485ADP-MB 模块的 SD 指示灯与 RD 指示灯是否闪烁，如不闪烁，则请检查接线是否有错误。

2. PLC 与变频器连接参数设置

（1）PLC 参数设置

打开三菱编程软件 GX Work 2，创建新工程后打开 PLC 参数设置。根据图 4-3-39 设置 PLC 参数。设置步骤如下：

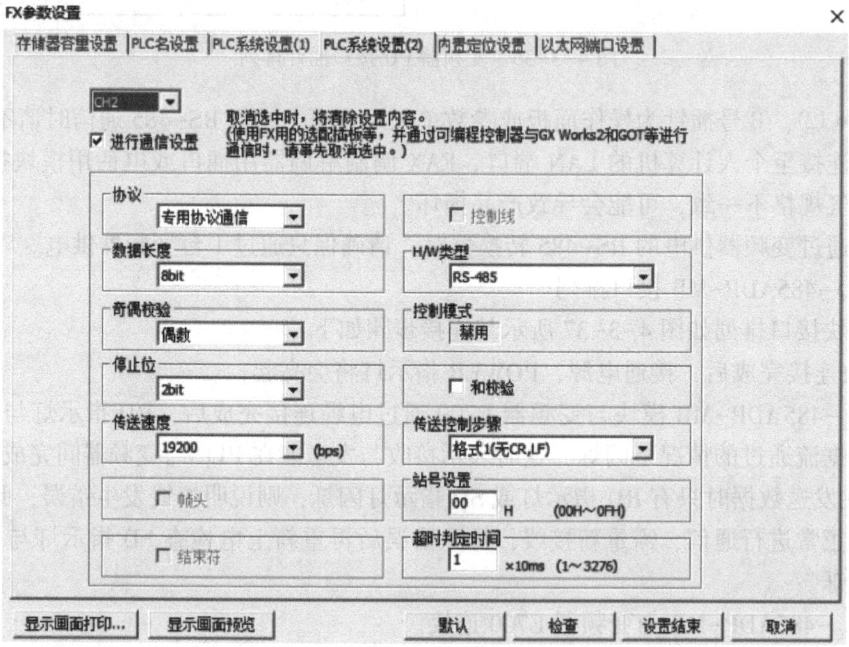

图 4-3-39 PLC 参数设置

1）选择 PLC 系统设置 2。

2）选择通道 2（CH2）；RS-485 通信一般选用通道 2 出错率低。

3）选择专用协议通信；三菱 PLC 与三菱变频器选择专用协议通信会使编程变得简单。

4）数据长度、奇偶校验、停止位以及传送速度选择与变频器设置相同的参数；这几项对应上就可以了，具体的用途和方法请自行查阅资料。

5）通信类型（H/W 类型）选择 RS-485。

6）传送控制步骤选择格式 1（无 CR，LF），变频器参数中的 Pr. 124 选择有 CR 无 LF；若 Pr. 124 也设置为无 CR、LF，则 PLC 只能向变频器写入，不能读出。

7）站号设置范围为 00~0F；单个 PLC 工作时一般设为 00，变频器通信时不使用该参数。

（2）变频器参数设置

变频器参数设置如表 4-3-12 所示。

表 4-3-12　PLC 通信控制的变频器参数设置

序　号	参 数 号	设 置 值	参数定义	备　注
1	p1	50	频率上限	基础设置
2	p2	5	频率下限	
3	p79	0	运行模式选择	
4	p340	1	运行模式选择	
5	p117	1	变频器站号	与程序对应
6	p118	192	波特率	与 PLC 设置对应即可通信
7	p119	1	数据位长 8，停止位 2	
8	p120	2	偶校验	
9	p121	9999	通信错误无报警	
10	p122	9999	不进行通信校验	
11	p123	9999	通信等待时间	
12	p124	1	通信的 CR，LF 选择	
13	p338	0	起动指令权　通信接管	设置此参数后变频器的起动和频率将由通信控制
14	p339	0	频率指令权　通信接管	
15	p549	0	通信协议选择	协议选择为三菱专用协议
16	p342	1	写入参数到 RAM	重启变频器后变频器保持上一次的参数

注意：设置完参数后需重新上电变频器。

3. 变频调速的编程调试

(1) PLC 指令说明

1）软参数写入指令。

变频器软参数写入指令如图 4-3-40 所示。其中，

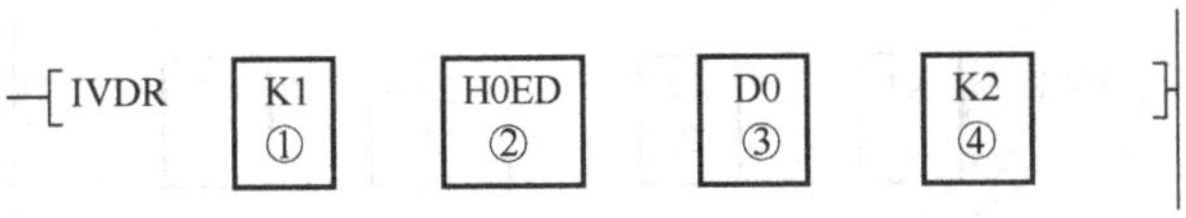

图 4-3-40　变频器软参数写入指令

- 参数①：变频器站号，用于变频器 p117 设置的参数；
- 参数②：指令代码，可参考变频器说明书中的通信运行和设定篇；常用写入指令代码有 HFA（正反转起动及频率选择，只选择正反转不选择频率时则会使用 HED 指令的频率起动）和 HED（频率）；
- 参数③：对参数②写入指令的数值设定，如图中参数②的 HED 的含义是写入运行频率，则频率大小为参数 3 设置的值，单位为 0.01 Hz（单位根据通信协议所决定）。即 D0 中数值写入 2500 时，变频器中接收到的数值是 25 Hz；
- 参数④：通道号，它与 PLC 设置中选择的 CH 相同，PLC 设置的是 CH2，所以参数④就写入 K2，即选择了通道 2 进行通信。

2）软参数读取指令。

变频器软参数读取指令如图 4-3-41 所示。其中，

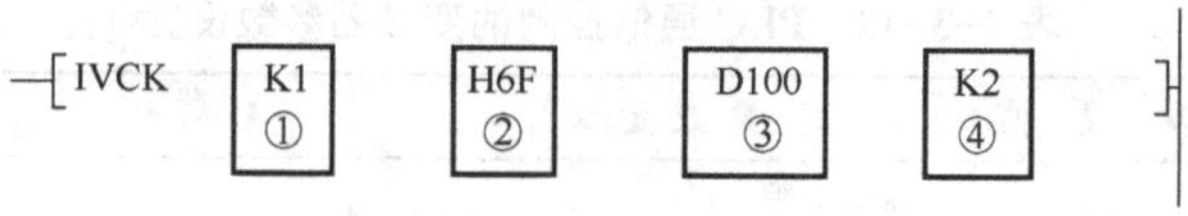

图 4-3-41 变频器软参数读取指令

- 参数①：变频器站号，用于变频器 p117 设置的参数；
- 参数②：指令代码，其常用读取代码有 H6F（输出频率）、H70（输出电流）、H71（输出电压）、H6D（设定频率）；
- 参数③：将参数②指令读取的内容放置在参数③的寄存器 D 中；
- 参数④：通道号，它与 PLC 设置中选择的 CH 相同，PLC 设置的是 CH2，所以参数④就写入 K2，即选择了通道 2 进行通信。

3）硬参数读取指令。

变频器硬参数读取指令如图 4-3-42 所示。其中，

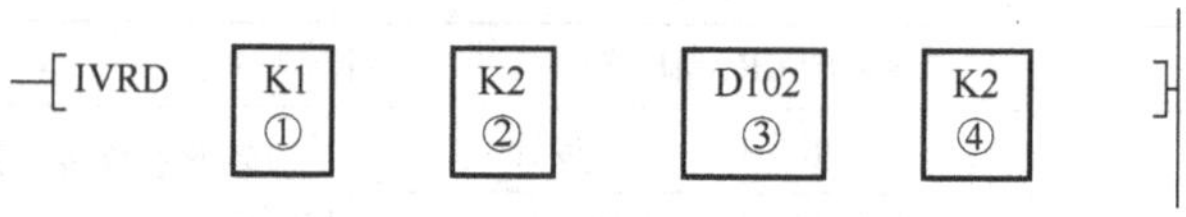

图 4-3-42 变频器硬参数读取指令

- 参数①：变频器站号，用于变频器 p117 参数设置；
- 参数②：表示变频器的第几号参数，图中参数②为 K2，即读取变频器中 Pr. 2 的参数；
- 参数③：将参数②指令读取的内容放置在参数③的寄存器 D 中；
- 参数④：通道号，它与 PLC 设置中选择的 CH 相同，PLC 设置的是 CH2，所以参数④就写入 K2，即选择通道 2 进行通信。

4）硬参数写入指令。

变频器硬参数写入指令如图 4-3-43 所示。其中，

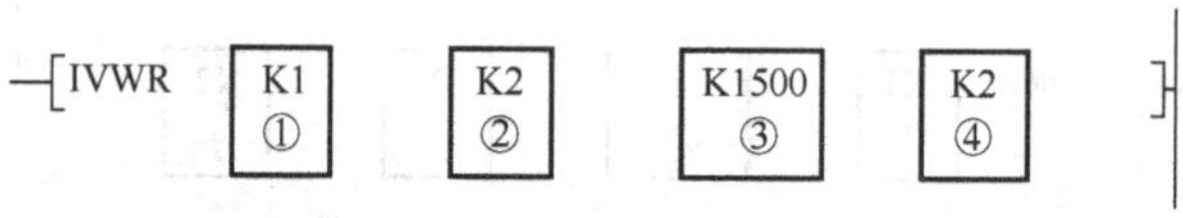

图 4-3-43 变频器硬参数写入指令

- 参数①：变频器站号，用于变频器 p117 参数设置；
- 参数②：表示变频器的第几号参数，图中写入 K2，即写入变频器中 Pr. 2 的参数；
- 参数③：将参数③寄存器 D 中的数值写入参数②中代表的变频器参数；
- 参数④：通道号，它与 PLC 设置中选择的 CH 相同，PLC 设置的是 CH2，所以参数④就写入 K2，即选择了通道 2 进行通信。

注意：该指令由于变频器的参数 p342 设置了只写入 RAM，写入参数后在变频器操作面板上的参数不会发生变化，但是该参数已被更改，能被实际应用。

（2）PLC 通信控制变频器调速实例

本实例的编程如图 4-3-44 所示，程序说明如下：

① 按下 X013 按钮，M0 自锁，将起动指令发给变频器，变频器接收到指令后接通 M8029，将 M0 自锁断开；

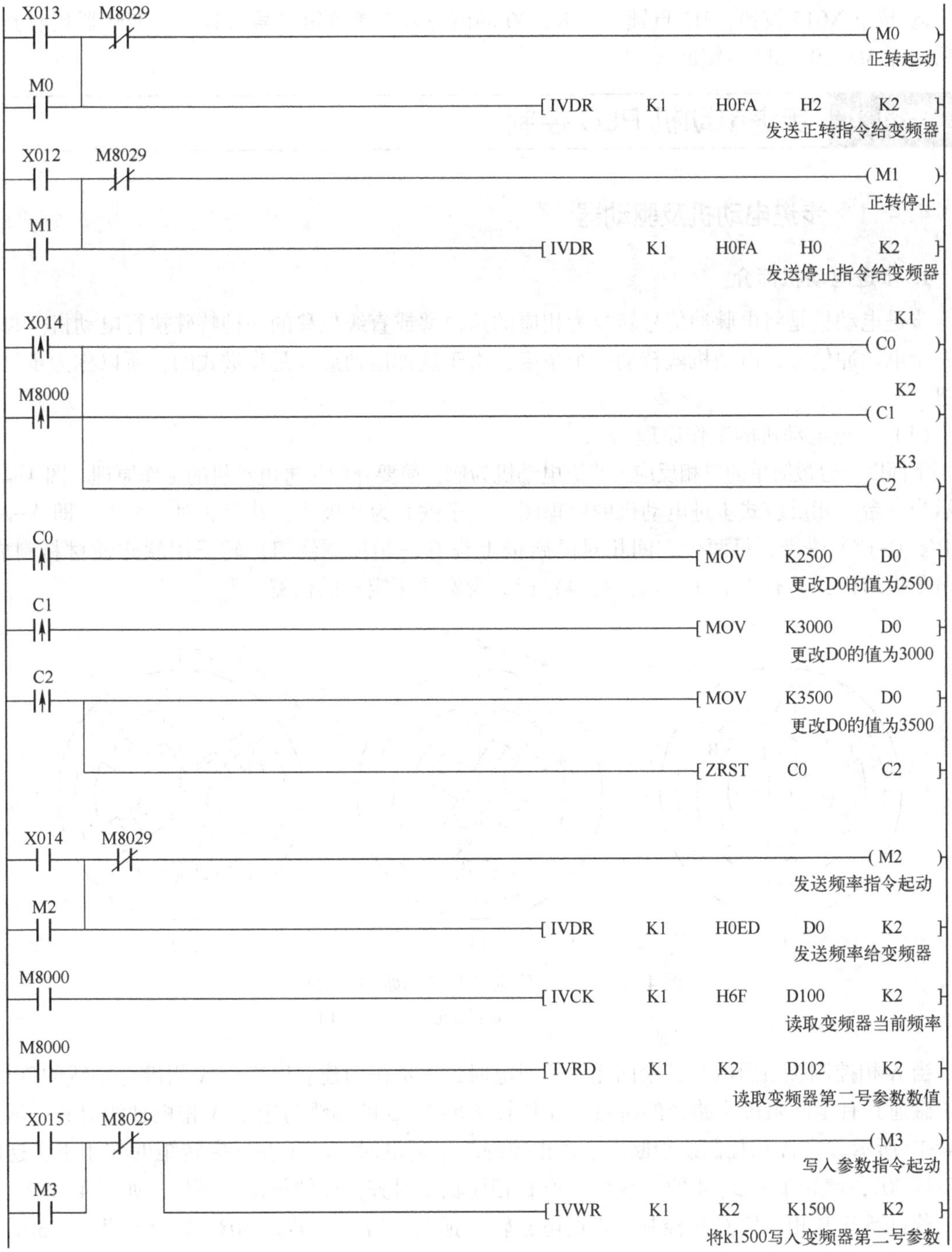

图 4-3-44 变频器调速实例

② 按下 X012 按钮，M1 自锁，将停止指令发给变频器，变频器接收到指令后接通 M8029，将 M1 自锁断开；

③ 通过判断按 X014 的次数来设置要发送给变频器的速度，IVDR 指令一直接通，给变频器发送速度信号；

④ 通过 IVCK 指令从变频器读取当前运行频率，频率值放置于数据寄存器 D100 中；

⑤ 按下 X015 按钮，M3 自锁，将 K1500 的值写入变频器第二号参数中。变频器接收到信号后接通 M8029，M3 自锁断开。

任务 4.4 步进电动机 PLC 控制

4.4.1 步进电动机及驱动器

1. 步进电动机简介

步进电动机是将电脉冲信号转换为相应的角位移或直线位移的一种特殊执行电动机。每输入一个电脉冲信号，电动机就转动一个角度，由于这种运动形式是步进式的，所以称为步进电动机。

(1) 步进电动机的工作原理

下面以一台最简单的三相反应式步进电动机为例，简要介绍步进电动机的工作原理。图 4-4-1 所示为一台三相反应式步进电动机的原理图。定子铁心为凸极式，共有 3 对（6 个，即 A-A′，B-B′，C-C′）磁极，每两个空间相对的磁极上绕有一相控制绕组。转子用软磁性材料制成，也是凸极结构，只有 4 个（1，2，3，4）齿，齿宽等于定子的极宽。

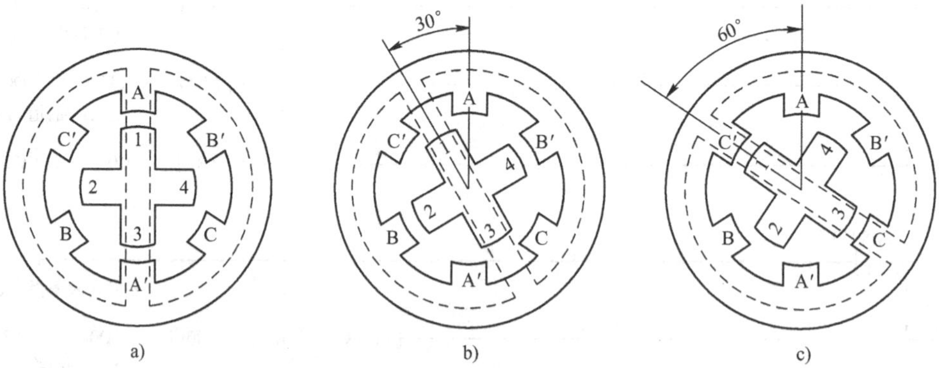

图 4-4-1 三相反应式步进电动机的原理图

a）A 相通电 b）B 相通电 c）C 相通电

当 A 相控制绕组通电，其余两相均不通电时，电动机内建立以定子 A 相极为轴线的磁场。由于磁通具有走磁阻最小路径的特点，使得转子齿 1、3 的轴线与定子 A 相极轴线对齐，如图 4-4-1a 所示。当 A 相控制绕组断电、B 相控制绕组通电时，转子在反应转矩的作用下，逆时针转过 30°，使转子齿 2、4 的轴线与定子 B 相极轴线对齐，即转子走了一步，如图 4-4-1b 所示。若再断开 B 相，使 C 相控制绕组通电，转子逆时针方向又转过 30°，使转子齿 1、3 的轴线与定子 C 相极轴线对齐，如图 4-4-1c 所示。如此按 A→B→C→A 的顺序轮流通电，转子就会一步一步地按逆时针方向转动。其转速取决于各相控制绕组通电与断电的频率，旋转方向取决于控制绕组轮流通电的顺序。若按 A→C→B→A 的顺序通电，则电动机按顺时针方向转动。

上述通电方式称为三相单三拍。“三相”是指三相步进电动机；“单”是指每次只有一相控制绕组通电；控制绕组每改变一次通电状态称为一拍，“三拍”是指改变三次通电状态为一个循环。每一拍转子转过的角度称为步距角，三相单三拍运行时，步距角为 30°。显然，这个角度太大，不能付诸使用。

如果把控制绕组的通电方式改为 A→AB→B→BC→C→CA→A，即一相通电接着两相通电方式轮流进行，完成一个循环需要经过 6 次改变通电状态，称为三相单/双六拍通电方式。当 A、B 两相绕组同时通电时，转子齿的位置应同时考虑到两对定子极的作用，只有 A 相极和 B 相极对转子齿所产生的磁拉力相平衡的中间位置，才是转子的平衡位置。这样，单/双六拍通电方式下转子平衡位置增加了一倍，步距角为 15°。

进一步减少步距角的措施是采用定子磁极带有小齿、转子齿数很多的结构。分析表明，这样结构的步进电动机，其步距角可以很小。一般情况下，实际的步进电动机产品，都采用这种方法实现步距角的细分。例如输送单元所选用的 Kinco 3S57Q-04056 三相步进电动机，它的步距角在整步方式下为 1.8°，半步方式下为 0.9°。

除了步距角外，步进电动机还有相电流保持转矩、阻尼转矩和电动机惯量等技术参数，这些参数的物理意义可参阅有关步进电动机的相关资料。3S57Q-04056 步进电动机部分技术参数见表 4-4-1。

表 4-4-1　3S57Q-04056 步进电动机部分技术参数

参数名称	步距角/(°)	相电流/A	保持转矩/(N·m)	阻尼转矩/(N·m)	电动机惯量/(kg·cm^2)
参数值	1.8	5.8	1.0	0.04	0.3

（2）步进电动机的使用

步进电动机的使用，一是要注意正确地安装；二是要正确地接线。

安装步进电动机，必须严格按照产品说明书的要求进行。步进电动机是一个精密装置，安装时注意不要敲打它的轴端，更不要拆卸电动机。

不同步进电动机的接线有所不同，3S57Q-04056 步进电动机的接线图如图 4-4-2 所示，三相绕组的 6 根引出线，必须按头尾相连的原则连接成三角形。改变绕组的通电顺序就能改变步进电动机的转动方向。

2. 步进电动机的驱动装置

步进电动机需要专门的驱动装置（驱动器）供电，驱动器和步进电动机是一个有机的整体。步进电动机的运行性能是电动机及其驱动器二者配合所反映的综合效果。

一般来说，每一台步进电动机大都有其对应的驱动器，例如，与 Kinco 3S57Q-04056 三相步进电动机配套的驱动器是 Kinco 3M458 三相步进电动机驱动器。图 4-4-3 和图 4-4-4 分别是它的外观图和典型接线图，其中驱动器可采用 DC 24~40 V 电源供电。在 YL-335B 中，该电源由输送单元专用的开关稳压电源（DC 24 V、8 A）供给。输出相电流和输入/输出电流规格如下。

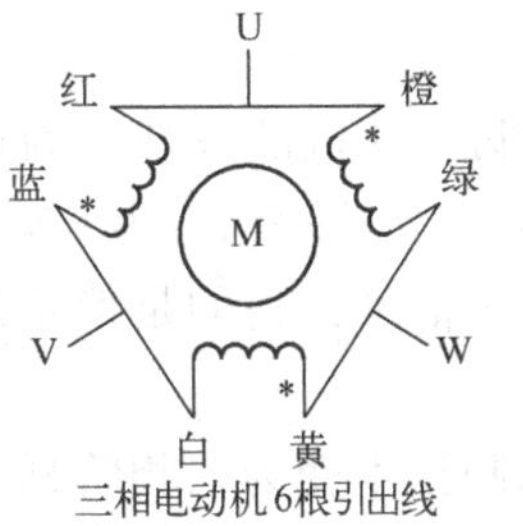

线色	电动机信号
红色	U
橙色	
蓝色	V
白色	
黄色	W
绿色	

图 4-4-2　3S57Q-04056 步进电动机的接线

图 4-4-3　Kinco 3M458 外观图

1）输出相电流为3.0~5.8A，输出相电流通过拨动开关设定；驱动器采用自然风冷的冷却方式。

2）控制信号的输入电流为6~20mA，控制信号的输入电路采用光耦隔离。输送单元PLC输出公共端Vcc使用的是DC 24V电压，所使用的限流电阻R1为2kΩ。

由图4-4-4可知，步进电动机驱动器的功能是接收来自PLC一定数量和频率的脉冲信号以及电动机旋转方向的信号，并给步进电动机提供三相功率脉冲信号。

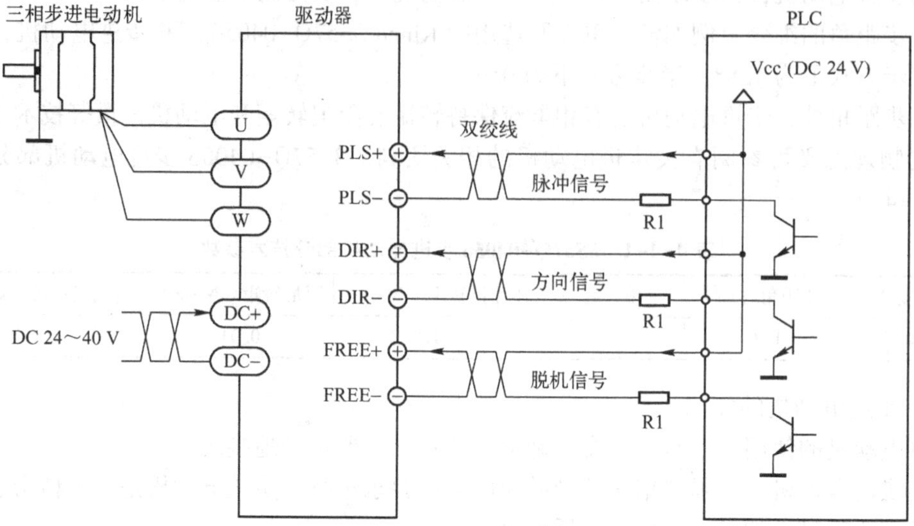

图4-4-4 Kinco 3M458的典型接线图

步进电动机驱动器的组成包括脉冲分配器和脉冲放大器两部分，主要解决向步进电动机的各相绕组分配所输出的脉冲和功率放大这两个问题。

脉冲分配器是一个数字逻辑单元，它接收来自PLC的脉冲信号和转向信号，把脉冲信号按一定的逻辑关系分配到每一相脉冲放大器上，使步进电动机按选定的运行方式工作。由于步进电动机各相绕组是按一定的通电顺序不断循环来实现步进功能的，因此脉冲分配器也称为环形分配器。实现这种分配功能的方法有多种，例如，可以由双稳态触发器和门电路组成，也可由可编程逻辑器件组成。

脉冲放大器的功能是进行脉冲功率放大。因为脉冲分配器能够输出的电流很小（毫安级），而步进电动机工作时需要的电流较大，因此需要进行功率放大。此外，输出的脉冲波形、幅度和波形前沿陡度等因素对步进电动机运行性能有重要的影响。Kinco 3M458驱动器采取如下措施，大大改善了步进电动机运行性能。

1）内部驱动直流电压达40V时，能提供更好的高速性能。

2）具有电动机静态锁紧状态下的自动半流功能，可大大降低电动机的发热。为调试方便，驱动器还有一对脱机信号输入线FREE+和FREE−（图4-4-4），当这一信号为ON时，驱动器将断开输入到步进电动机的电源电路。YL-335B没有使用这一信号，目的是使步进电动机在通电后，即使静止时也保持自动半流的锁紧状态。

3）该驱动器采用交流伺服驱动原理，把直流电压通过脉宽调制技术变为三相阶梯式正弦波形电流，如图4-4-5所示。

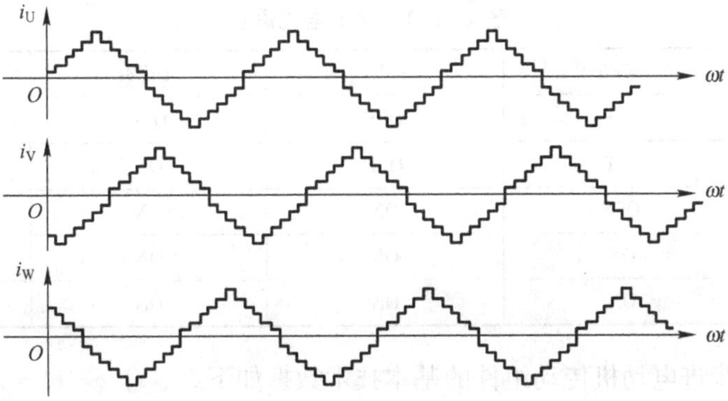

图 4-4-5　相位差为 120°的三相阶梯式正弦波形电流

阶梯式正弦波形电流按固定时序分别流过三相绕组，其每个阶梯对应电动机转动一步。通过改变驱动器输出正弦电流的频率来改变电动机转速，而输出的阶梯数确定了每步转过的角度，角度越小，其阶梯数就越多，即细分就越大，从理论上说此角度可以设得足够小，因此细分数可以很大。该驱动器具有最高可达 10000 步/转的驱动细分功能，细分可以通过拨动开关设定。

驱动细分方式不仅可以减小步进电动机的步距角，提高分辨率，而且可以减少或消除低频振动，使电动机运行更加平稳均匀。

在该驱动器的侧面连接端子中间有一个红色的 8 位 DIP 功能设定开关，可以用来设定驱动器的工作方式和工作参数，包括细分设置、静态电流设置和运行电流设置。图 4-4-6 是 DIP 开关功能说明，表 4-4-2 和表 4-4-3 分别为细分设置和输出电流设置。

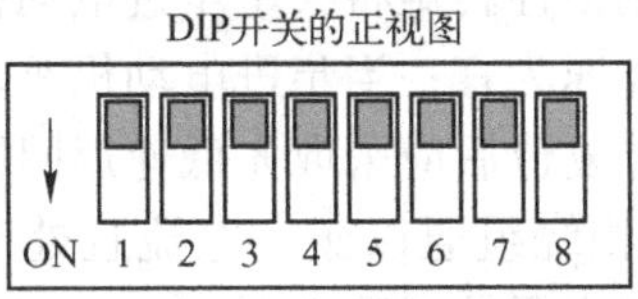

开关序号	ON功能	OFF功能
DIP1～DIP3	细分设置用	细分设置用
DIP4	静态电流全流	静态电流半流
DIP5～DIP8	电流设置用	电流设置用

图 4-4-6　3M458 DIP 开关功能说明

表 4-4-2　细分设置

DIP1	DIP2	DIP3	细　分
ON	ON	ON	400 步/转
ON	ON	OFF	500 步/转
ON	OFF	ON	600 步/转
ON	OFF	OFF	1000 步/转
OFF	ON	ON	2000 步/转
OFF	ON	OFF	4000 步/转
OFF	OFF	ON	5000 步/转
OFF	OFF	OFF	10000 步/转

表 4-4-3 输出电流设置

DIP5	DIP6	DIP7	DIP8	输出电流
OFF	OFF	OFF	OFF	3.0 A
OFF	OFF	OFF	ON	4.0 A
OFF	OFF	ON	ON	4.6 A
OFF	ON	ON	ON	5.2 A
ON	ON	ON	ON	5.8 A

3S57Q-04056 步进电动机传动组件的基本技术数据如下。

该步进电动机步距角为 1.8°，即在无细分的条件下每 200 个脉冲下电动机转一圈（若通过驱动器设置细分精度后，可以达到每 10000 个脉冲下电动机转一圈）。

对于采用步进电动机作为动力源的 YL-335B 系统，出厂时驱动器设置的细分精度为 10000 步/转。如前所述，直线运动组件的同步轮齿距为 5 mm，共 12 个齿，旋转一周时搬运机械手的位移达 60 mm，即每步机械手的位移达 0.006 mm；电动机驱动电流设为 5.2 A；静态锁定方式为静态半流。

3. 使用步进电动机应注意的问题

控制步进电动机运行时，应注意步进电动机运行中失步的问题。

步进电动机失步包括丢步和越步。丢步时，转子前进的步数小于脉冲数；越步时，转子前进的步数多于脉冲数。丢步严重时，将使转子停留在一个位置上或围绕一个位置振动；越步严重时，设备将发生过冲。

使机械手装置返回原点的操作中，常会出现越步情况。当机械手装置回到原点时，原点开关动作，使指令输入 OFF。但如果到达原点前速度过高，则惯性转矩将大于步进电动机的保持转矩而使步进电动机越步，因此回原点的操作应确保足够低速为宜；当步进电动机驱动机械手高速运行时紧急停止，则不可避免出现越步情况，因此急停复位后应采取先低速返回原点且重新校准，再恢复原有操作的方法（保持转矩是指电动机各相绕组通以额定电流且处于静态锁定状态时，电动机所能输出的最大转矩，它是步进电动机最主要的参数之一）。

由于电动机绕组本身是感性负载，输入频率越高，励磁电流就越小。频率高，磁通量变化加剧，涡流损失加大。因此，输入频率增高，输出转矩会降低。最高工作频率的输出转矩只能达到低频转矩的 40%~50%。进行高速定位控制时，如果指定频率过高，则会出现丢步现象。

此外，如果机械部件调整不当，会使机械负载增大。注意步进电动机不能过载运行，哪怕是瞬间过载，都会造成丢步，严重时将导致停转或在原地不规则反复振动。

4.4.2 YL-335B 装配单元Ⅱ

在 2017 年全国职业院校技能大赛高职组“自动线安装与调试”赛项中，参照世界技能大赛的命题方式，第一次创新式引用了“未知单元”，该单元为 YL-335B 装配单元Ⅱ，要求完成其机械装配和编程。

1. 装配单元Ⅱ的结构概述

装配单元Ⅱ的外观如图 4-4-7 所示。整个工作单元由供料机构和转盘机构组成。

装配单元的功能是完成将该单元料仓内的黑色和白色塑料工件以及金属小圆柱工件以嵌入方式，放置在装配台上待装配工件中的装配过程。

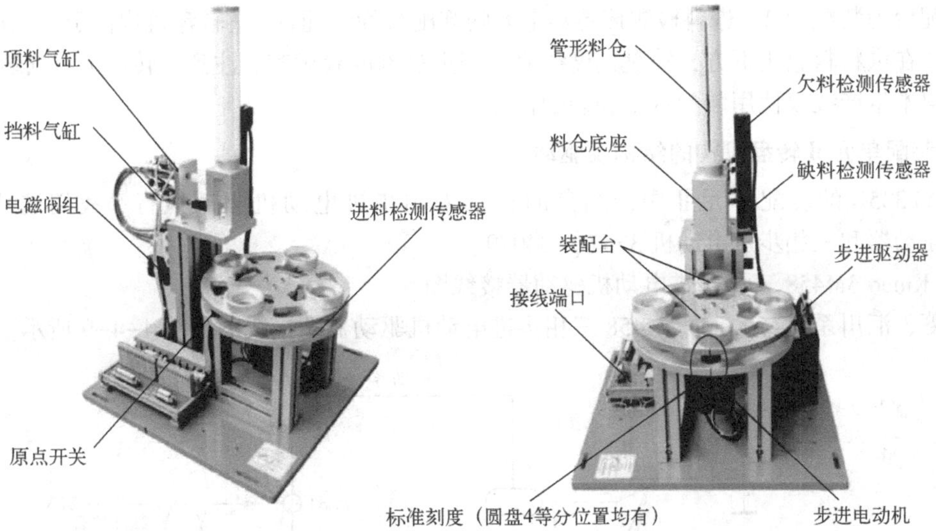

图 4-4-7　装配单元Ⅱ的外观结构图

装配单元的结构组成包括：管形料仓、供料机构、转盘机构、气动系统及其电磁阀组等，信号采集及其自动控制系统，用于电器连接的端子排组件，用于其他机构安装的铝型材支架及底板，传感器安装支架等其他附件。

1）管形料仓：用来存储装配用的金属、黑色和白色塑料小圆柱零件。它由塑料圆管和中空底座构成。塑料圆管顶端放置加强金属环，以防止破损。当工件被竖直放入料仓的空心圆管内时，由于二者之间有一定的间隙，使其能在重力作用下自由下落。

为了能对料仓供料不足和缺料时报警，在塑料圆管底部和底座处分别安装了 2 个漫反射型光电式传感器（E3Z-L 型），并在料仓的塑料圆管上纵向铣槽，使光电式传感器的红外光斑能可靠照射到被检测的物料上。

2）供料机构：系统气源接通后，顶料气缸的初始位置处在缩回状态，挡料气缸的初始位置处在伸出状态。这样，当从料仓上面放下工件时，工件将被挡料气缸活塞杆终端的挡块阻挡而不能落下。

需要进行落料操作时，首先使顶料气缸伸出，把次下层的工件夹紧，然后挡料气缸缩回，工件掉入转盘机构的物料台上。之后挡料气缸复位伸出，顶料气缸缩回，次下层工件跌落到挡料气缸活塞杆终端挡块上，为再一次供料做准备。

3）转盘机构：输送单元运送来的待装配工件直接被放置在该机构的料台定位孔中，光电式传感器（GRTE18S-N1317）检测到料台中有工件，步进电动机驱动转盘旋转至供料机构下方，供料机构供出小圆柱零件，以完成准确的定位和装配。转盘机构中原点传感器为对射型光电式传感器 PM-L25。原点位置的确定如图 4-4-8 所示。

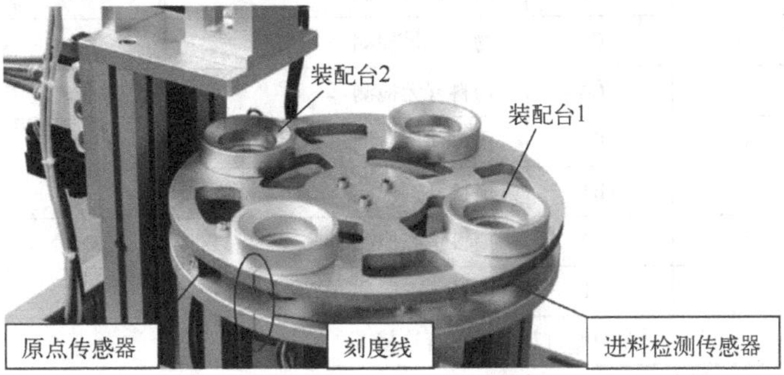

图 4-4-8　装配单元Ⅱ中原点位置的确定

图 4-4-8 中，靠近原点传感

器的装配台为装配台 2，进料检测传感器上方的装配台为装配台 1。转盘机构位于原点位置时，装配台 2 在供料料仓正下方，转盘刻度线应与固定盘刻度线对齐。注意：转盘上可安装 4 个装配台，但本生产线仅使用装配台 1 和装配台 2。

2. 装配单元Ⅱ转盘机构的结构及驱动

在 YL335B 的装配单元Ⅱ中，圆盘的转动采用步进电动机驱动执行。我们选用 Kinco 3M458 驱动器和三相步进电动机 3S57Q-04079。

1）Kinco 3M458 三相步进电动机驱动器接线图。

三菱、汇川系统与 Kinco 3M458 三相步进电动机驱动器的接线图如图 4-4-9 所示。

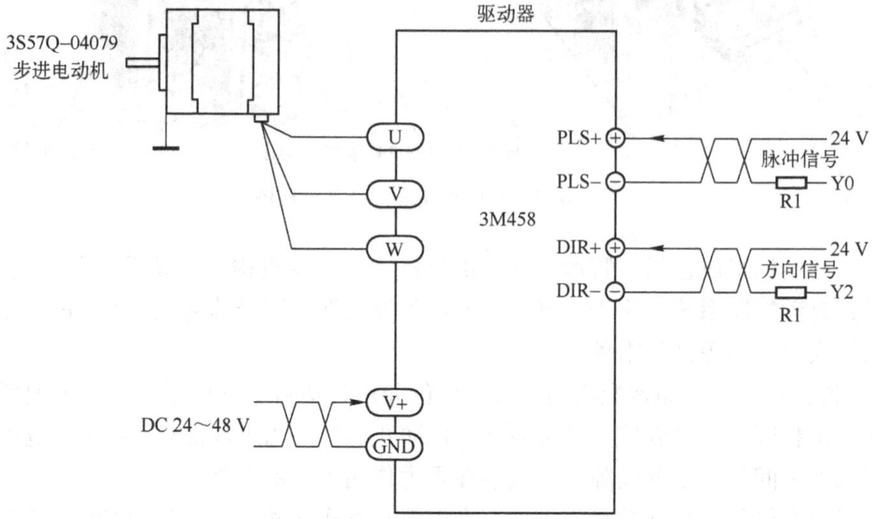

图 4-4-9 三菱、汇川系统与 Kinco 3M458 三相步进电动机驱动器接线图

2）装配单元Ⅱ电气接线。

定义装配单元Ⅱ装置侧接线端口信号端子的分配表如表 4-4-4 所列。

表 4-4-4 装配单元Ⅱ装置侧接线端口信号端子的分配表

输入端口中间层			输出端口中间层		
端子号	设备符号	信 号 线	端子号	设备符号	信 号 线
2	BG1	原点检测	2	PLS+	步进电机驱动器脉冲信号+
3	BG2	前入科口检测	3	PLS-	步进电机驱动器脉冲信号-
4	BG3	物料不足检测	4	DIR+	步进电机驱动器方向信号+
5	BG4	物料有无检测	5	DIR-	步进电机驱动器方向信号-
6	1B2	顶料到位检测	6	1Y	挡料电磁阀
7	1B1	顶料复位检测	7	2Y	顶料电磁阀
8	2B2	挡料状态检测	8		
9	2B1	下料状态检测			
10#～17#端子没有连接			7#～14#端子没有连接		

注：采用 FX 或 H2U 系列的系统，需将驱动器 PLS+、DIR+信号线连接到+24 V。

4.4.3 脉冲指令及应用

步进电动机是将电脉冲信号转变为角位移或者线位移的开环元件。在非过载的情况下，电动机的转速取决于脉冲频率和细分数。脉冲频率直接影响转速，频率越高，转速越高，但转速太高时，转矩会不足，并且电动机转速过快会产生丢步和抖动现象。

步距角为1.8°的电动机，表示每走一步旋转1.8°，一圈为360°，需要走200步。如果不细分，则控制器1s发200个脉冲就可以走一圈。现在设定步进驱动器细分为2，即一圈需要200×2（400）步。控制器仍保持1s 200个脉冲的频率，这时1s只能走半圈。细分越大，控制定位越精确，速度也会相应变低，为了不降低速度，这时只能提高脉冲发生频率。

本小节中介绍两个脉冲指令：PLSY和PLSR。其中，PLSY指令是没有加/减速的脉冲输出指令；PLSR是带有加/减速的脉冲输出指令，加速时间和减速时间需要计算。

1. PLSY指令

PLSY指令是以指定的频率产生定量脉冲的指令。在指令中可以设置脉冲频率、脉冲总数和发出脉冲的输出点；它只能控制脉冲数，如果是加方向的脉冲模式，那么对该方向信号要另选一个普通开关点进行控制。方向信号先于脉冲指令的给定。

PLSY为16位指令，DPLSY为32位指令。PLSY指令的使用如图4-4-10所示，其各操作数设定内容如下。

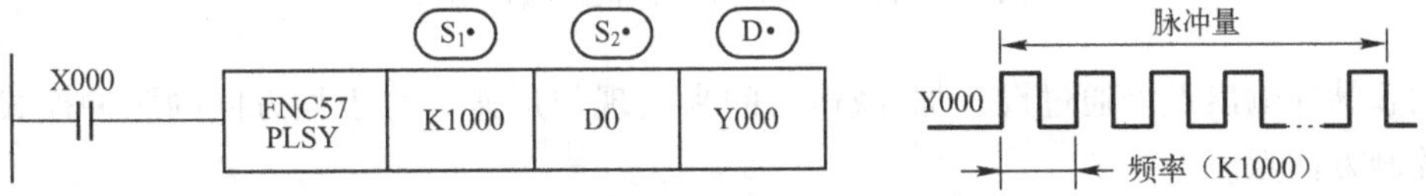

图4-4-10 PLSY指令的使用

1）S1为指定频率。FX_{2N}和FX_{2NC}的范围：2~20000Hz，FX_{1S}和FX_{1N}的范围为16位指令时为1~32767Hz，32位指令时为1~100000Hz。在指令执行中若更改S1指定的字软元件的内容，其输出频率也随之发生改变。

2）S2为指定产生的脉冲量。允许设定的范围：16位指令时为1~132767（PLS），32位指令时为1~2147483647脉冲个数。将该值指定为零时，则对产生的脉冲不做限制。

3）D为脉冲输出口（限于Y000，Y001）。

PLSY指令的PLC编程用法如图4-4-11所示。

注意：1）本程序中脉冲频率是800Hz，从Y000口发出4800个脉冲，如果步进电动机转一圈需要1000个脉冲，则该指令可驱动电动机转4.8圈。

2）使用时，M8029要紧跟该指令之后，并复位驱动信号。D8140会累计Y000口所发出的脉冲数，因此周期性动作时注意对其复位。

3）在输出过程中改变D0的值，其输出脉冲频率立刻改变（调速很方便）；在输出过程中改变输出脉冲数D10的值，其输出脉冲数并不改变，只有驱动断开再一次闭合后才按新的脉冲数输出。

2. PLSR指令

PLSR指令是带加/减速功能的脉冲输出指令。针对指定的最高频率，进行定加速，在达到所指定的输出脉冲数后，进行定减速。在指令中可以设置脉冲的最大频率、脉冲总数、加/

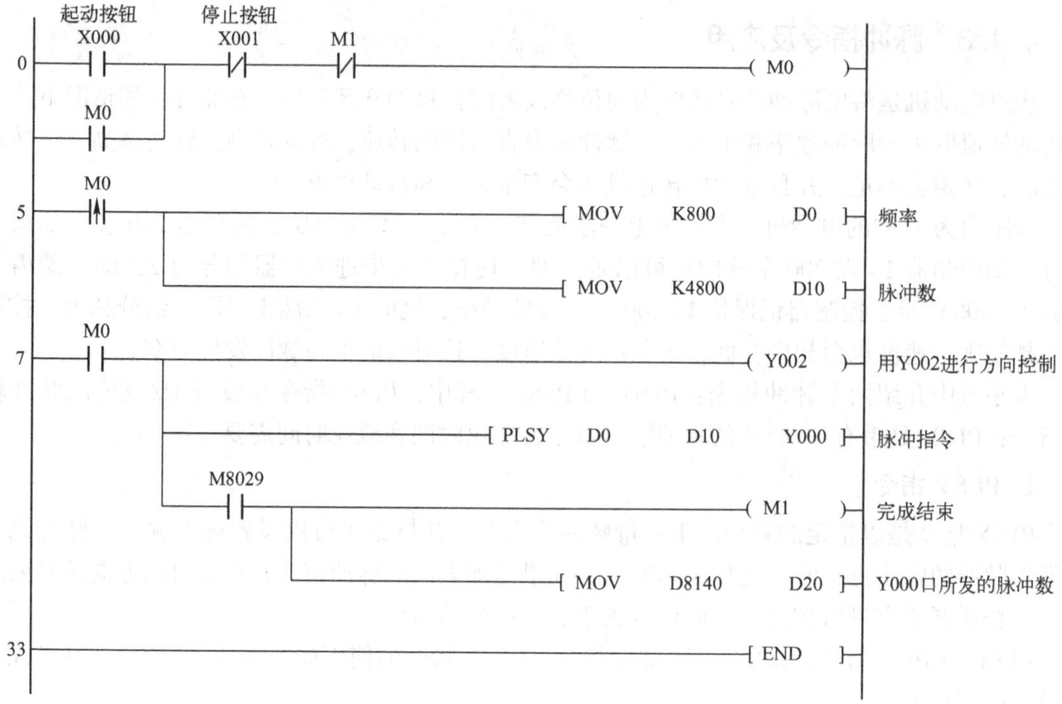

图 4-4-11 PLSY 指令的 PLC 编程用法

减速时间和脉冲输出点。通过设置加/减速时间来实现匀加速。对于加方向的脉冲模式，还需要另外控制方向点。

该指令各操作数的设定内容如下。PLSR 为 16 位指令，DPLSR 为 32 位指令。PLSR 指令的使用如图 4-4-12 所示，其操作数设定内容如下。

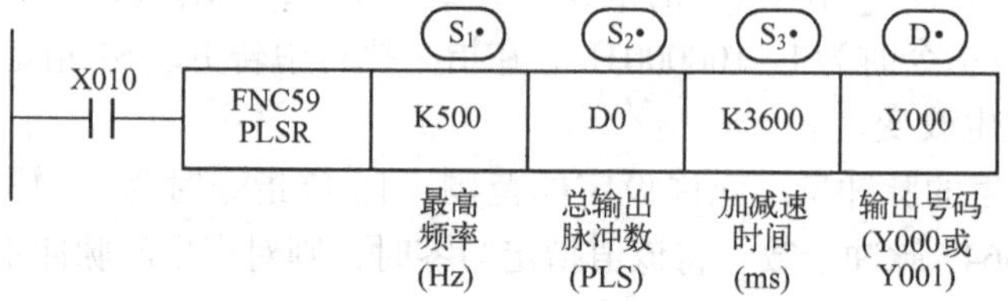

图 4-4-12 PLSR 指令的使用

1）S_1 为最高频率（Hz）。可设定范围：10~20000 Hz。频率以 10 的倍数指定。所指定的最高频率的 1/10 可作为减速时的一次变量（频率）。因此需将其设定在步进电动机不失调的范围内。

2）S_2 为总输出脉冲数（PLS）。可设定范围：16 位运算时为 110~32767（PLS）；32 位运算时为 110~2147483647（PSL）。设定值不满 100 时，脉冲不能正常输出。使用 DPLSR 指令时，此例中（D1，D0）作为 32 位设定值处理。

3）S3 为加/减速度时间（ms）。加速时间和减速时间以相同值动作。可设定范围：5000 ms 以下，但要遵照以下的条件设定：

① 加/减速时间设定在 PLC 的扫描时间最大值（D8012 值）的 10 倍以上。若不到 10 倍，则加/减速时序不一定准确。

② 作为加/减速时间可以设定最小值，其公式为：

$$S_3 \geqslant \frac{90000}{S_1} \times 5$$

设定上述公式的值时，加/减速时间的误差增大，若设定值不到 $90000/S_1$ 时，对 $90000/S_1$ 进行四舍五入后运行。

③ 作为加/减速时间可以设定最大值，其公式为：

$$S_3 \leqslant \frac{S_2}{S_1} \times 818$$

PLSR 指令的 PLC 编程如图 4-4-13 所示。

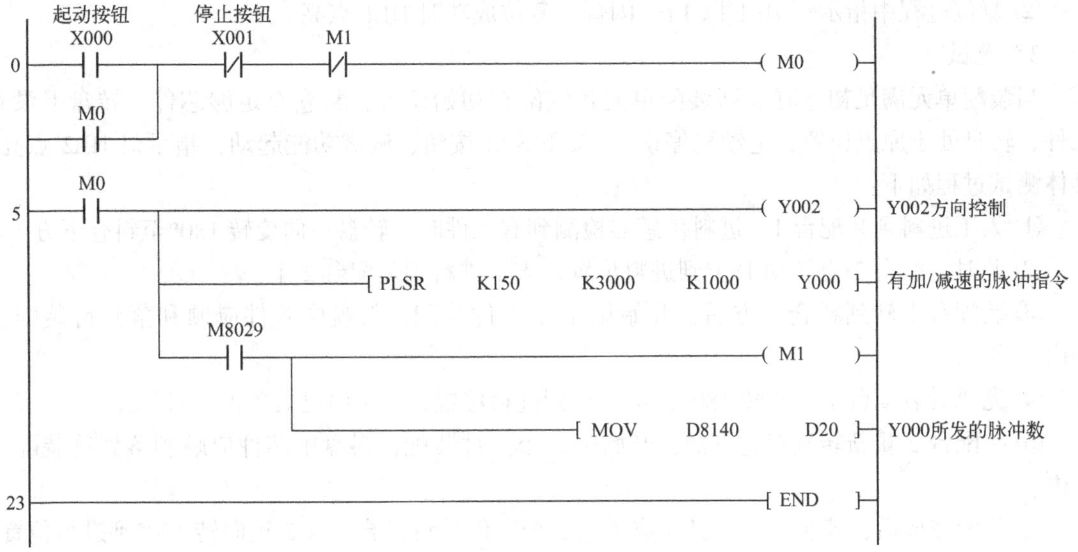

图 4-4-13　PLSR 指令的 PLC 编程

注意：当 X000 接通时，Y000 输出 15 Hz 脉冲，在加速的 1 s 时间内，Y000 输出的脉冲频率分 10 级增加，加速到 150 Hz。

3. 与脉冲输出有关的特殊内部存储器

- M8029：脉冲发完后 M8029 闭合。当 M0 断开后 M8029 自动断开。
- M8147：Y000 输出脉冲时闭合，发完后脉冲自动断开。
- M8148：Y001 输出脉冲时闭合，发完后脉冲自动断开。
- D8140：记录 Y000 输出的脉冲总数，32 位寄存器。
- D8142：记录 Y001 输出的脉冲总数，32 位寄存器。
- D8136：记录 Y000 和 Y001 输出的脉冲总数，32 位寄存器。

4.4.4　装配单元 Ⅱ 的 PLC 编程

1. 装配单元 Ⅱ 的单站测试

（1）控制流程

1）准备。

① 断开各工作单元 PLC 与编程设备的连接，关闭各站工作电源，关闭气源，清除各工作

站上的所有工件。

② 将二联件压力设定为 0.5 MPa，接通气源。

③ 将装配按钮和指示灯模块的 SA（工作模式）开关扳到接通位置（扳向右边）。

④ 使装配单元Ⅱ转盘转动到对原点位置有足够偏离的位置，然后接通装配单元Ⅱ工作电源。电源接通后转盘应无跳动现象。

2）复位。

按下复位按钮 SB1，装配单元执行复位操作。

① 复位过程中转盘转动应平稳，到达原点后，转盘的刻度线与固定圆盘刻度线对齐，装配台 2 位于供料盘正下方（装配台 1 和装配台 2 的定义请参阅 4.4.2）

② 复位过程中指示灯 HL1 以 1 Hz 闪烁，复位成功时 HL1 点亮。

3）测试

当装配单元满足初态时（即装配单元各气缸在初始位置，料仓有足够芯件，转盘上没有工件，转盘处于原点位置，电动机停止），按下 SB2 按钮，测试功能起动，指示灯 HL2 点亮。具体测试过程如下：

① 人工进料到装配台 1。进料传感器检测到有工件时，转盘正向旋转 180°至料仓下方。

② 此时装配台 2 也转动 180°到进料位置。人工进料到装配台 2 上。

③ 装配台 1 转到料仓下方后，开始第 1 个工件装配，料盘中芯件应顺利落到待装配工件内。

④ 完成后装配台 1 正向转 180°，重新转到进料位置，人工将已装配的工件取走。

⑤ 装配台 2 重新转到料仓下面，开始第 2 个工件装配，料盘中芯件应顺利落到待装配工件内。

⑥ 装配完成后，若装配台 1 已完成了第 3 个工件进料，装配台 2 正向转 180°到进料位置，人工取出装配台 2 的已装配工件。

⑦ 装配台 1 转到料仓下方后，开始第 3 个工件装配，料盘中芯件应顺利落到待装配工件内。

⑧ 装配完成后，若装配台 2 工件已取出，装配台 1 正向转 180°，重新转到进料位置，人工将已装配的工件取走。

可按以上顺序重复运行。若运行中再次按下 SB2 按钮，则不再进行人工进料。

4）测试注意事项

① PLC 编程实现，判断 2 个装配台当前是否有工件有工件的话，完成有工件装配台的工件装配，然后正向转至进料位置以取出工件。

② 当 2 个装配台上都没有工件时，测试过程停止。

③ 测试过程结束，指示灯 HL2 熄灭。转盘刻度线与固定盘刻度线的对齐关系应无明显偏离。

④ 测试过程中，转盘运动应平稳无明显晃动现象。

⑤ 测试过程结束后关闭装配单元Ⅱ工作电源，并手动使转盘转到对原点位置有足够偏离的位置。

（2）控制程序分析

1）定义的 I/O 信号如表 4-4-5 所列。

表 4-4-5 定义的 I/O 信号

输入信号				输出信号			
输入点	信号符号	信号名称	信号来源	输出点	信号符号	信号名称	输出目标
X000	BG1	原点检测	装置测端口	Y000	PLS-	驱动器脉冲信号	装置测端口
X001	BG2	前入料口检测		Y001			
X002	BG3	物料不足检测		Y002	DIR-	驱动器方向信号	
X003	BG4	物料有无检测		Y003			
X004	1B2	顶料到位检测		Y004	1Y	顶料电磁阀驱动	
X005	1B1	顶料复位检测		Y005	2Y	挡料电磁阀驱动	
X006	2B2	挡料状态检测		Y006			
X007	2B1	下料状态检测		Y007			
X010				Y010			
X011				Y011			
X012				Y012			
X013				Y013			
X014				Y014			
X015				Y015	HL1		指示灯模块
X016				Y016	HL2		
X017				Y017	HL3		
X020	SB1	控制按钮	按钮模块	Y020~Y027 没有接线			
X021	SB2	控制按钮					
X022	QS	急停开关					
X023	SA	工作模式选择					
X24~X27 没有接线							

2）设定步进驱动器的 DIP 开关，如表 4-4-6 所列。

表 4-4-6 步进驱动器的 DIP 开关

开关	PID1	PID2	PID3	PID4	PID5	PID6	PID7	PID8
状态	OFF	OFF	OFF	OFF	OFF	OFF	OFF	ON
说明	细分为 10000 步/转			静态电流是动态电流的一半	输出相电流为 4 A			

3）编程案例。

按照上述任务要求，可以采取相对指令或者绝对指令的编程方式。以下采取相对指令编程。编程顺序：上电初始化（图 4-4-14）→回归原点（图 4-4-15）→初始状态时按 SB2 按钮起动，起动后按 SB2 按钮停止（图 4-4-16）→运行指示灯显示（图 4-4-17）→第一次放料（图 4-4-18）→正转 180°并落料，开始第二个工件的放料（图 4-4-19）→正转 180°并落料，拿走第一个装配体，重新放料（图 4-4-20）→正转 180°并落料，结束放料（图 4-4-21）→当物料口没有工件时，正转 180°，取出装配体，回测试运行中的初步（图 4-4-22）→测试运行中按下 SB2 按钮，完成当前工件装配后，跳到停止进料步（图 4-4-23）。其中，每次落料驱动程序如图 4-4-24 所示。

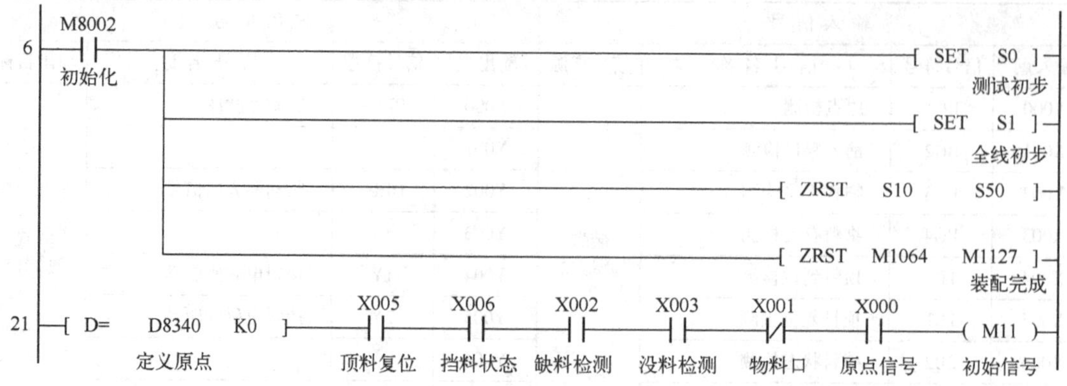

图 4-4-14 上电初始化

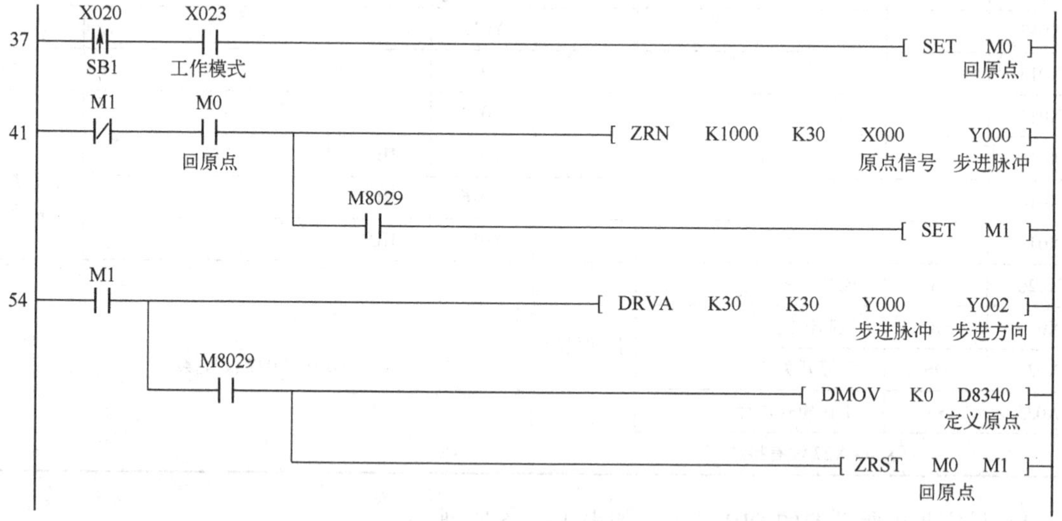

图 4-4-15 回归原点

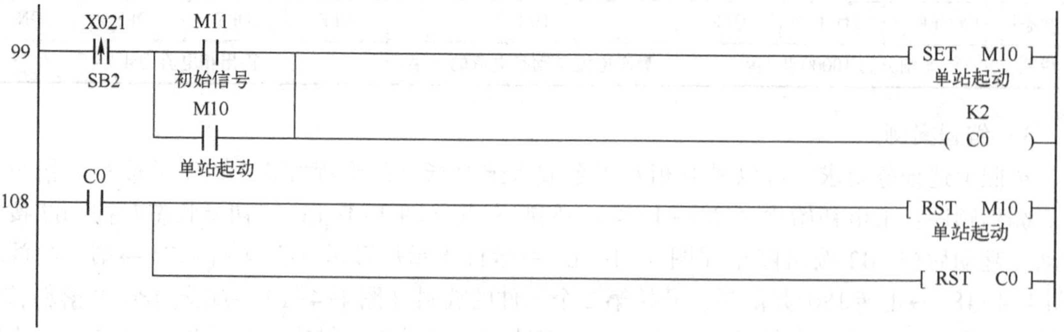

图 4-4-16 初始状态时按 SB2 按钮起动，按 SB2 按钮停止

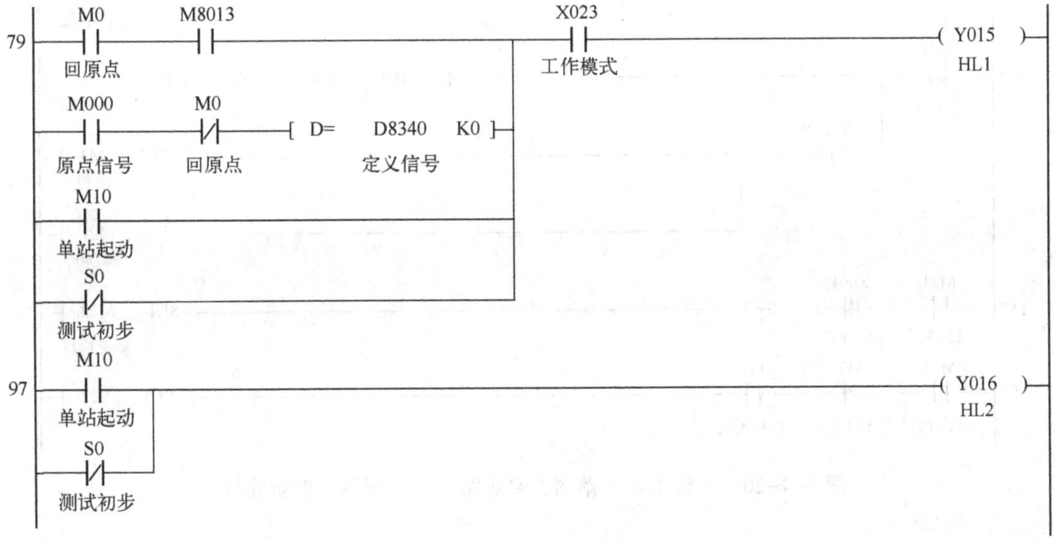

图 4-4-17 运行指示灯显示

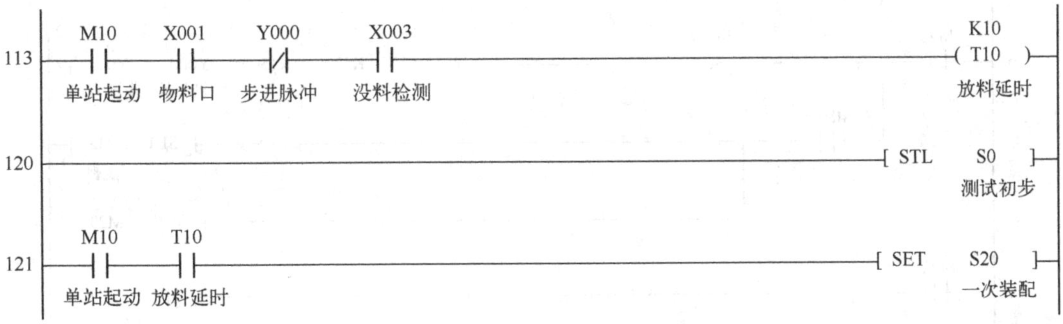

图 4-4-18 起动后第一次放料

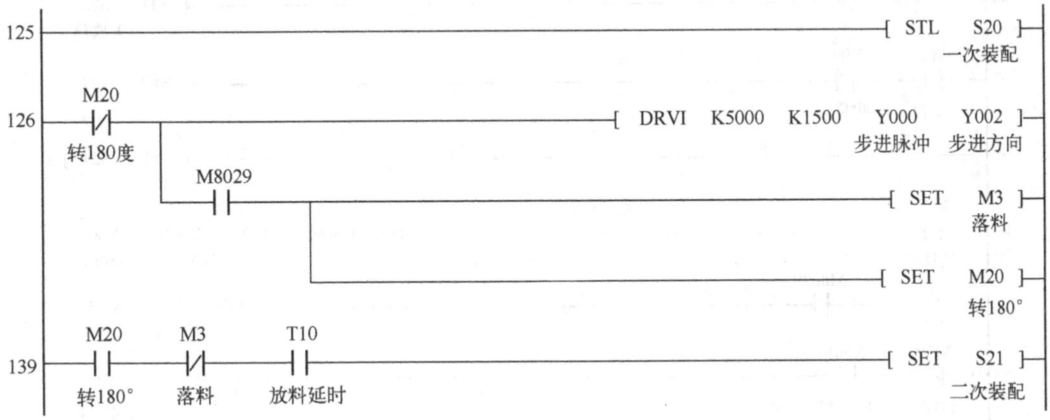

图 4-4-19 正转 180°并落料，开始第二个工件的放料

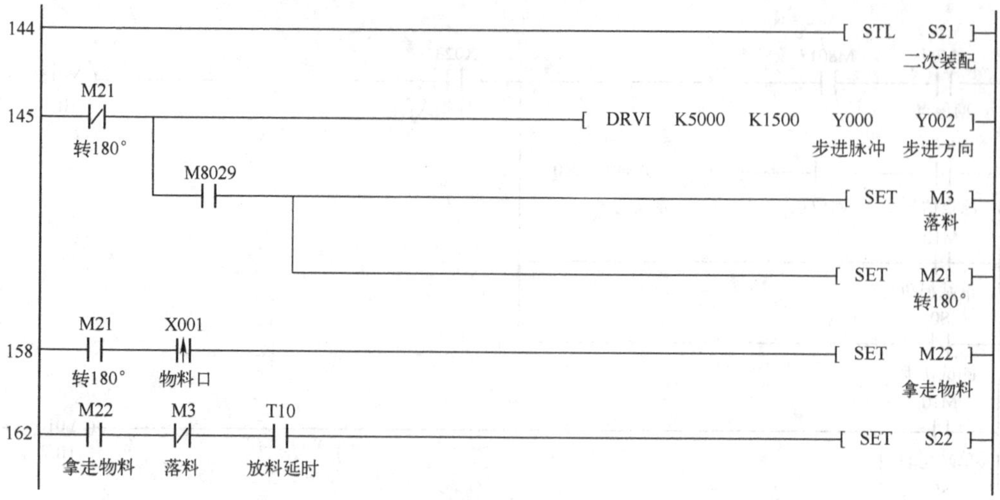

图 4-4-20 正转 180°并落料，拿走第一个装配体，重新放料

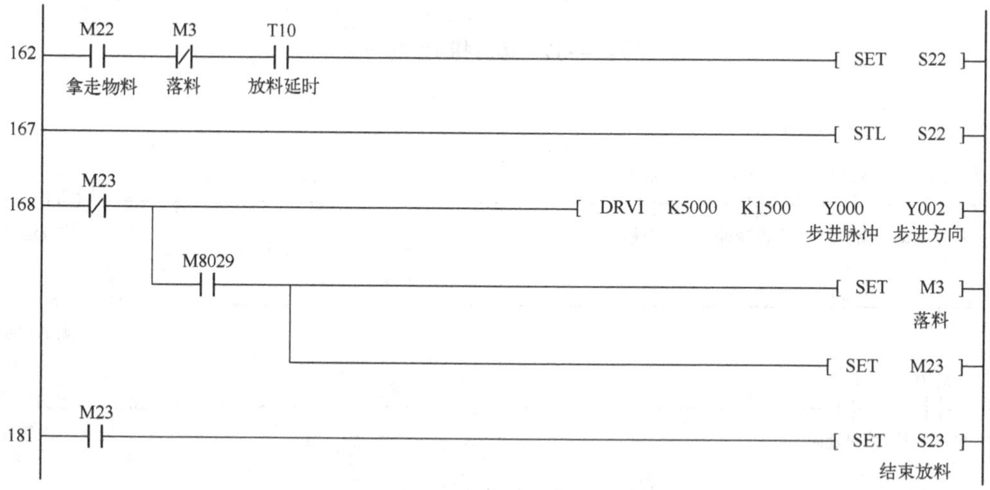

图 4-4-21 正转 180°并落料，结束放料

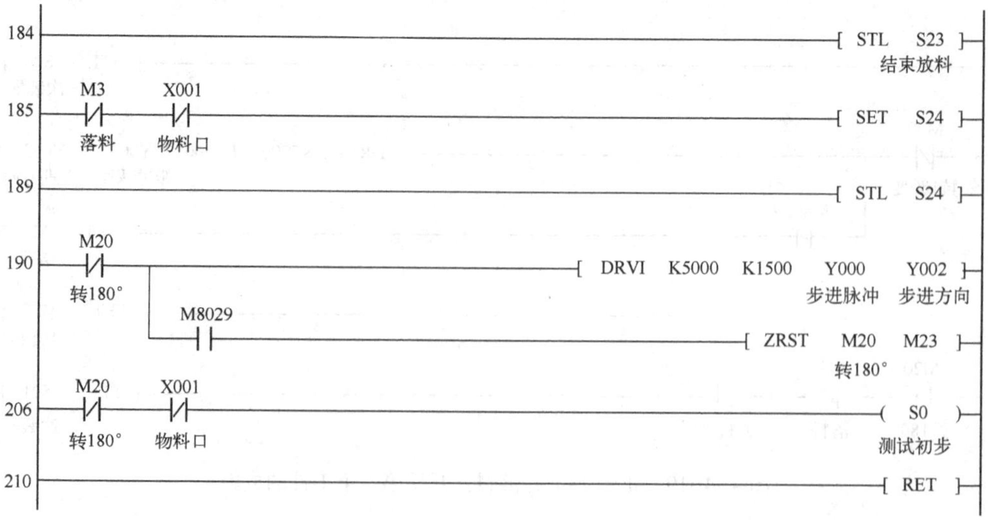

图 4-4-22 当物料口没有工件时，正转 180°，取出装配体，回测试运行中的初步

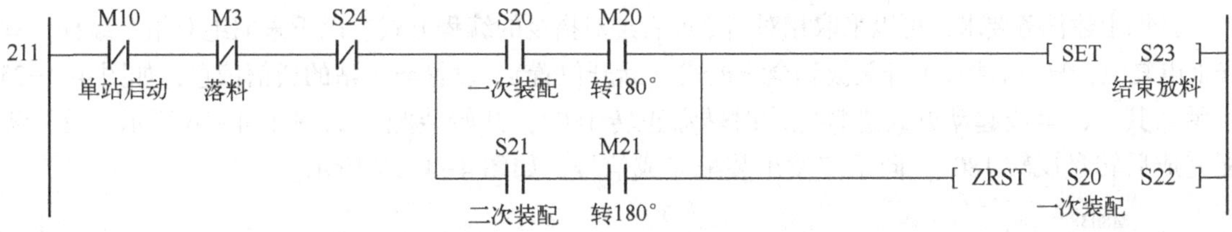

图 4-4-23　测试运行中按下 SB2，完成当前工件装配后，跳到停止进料步

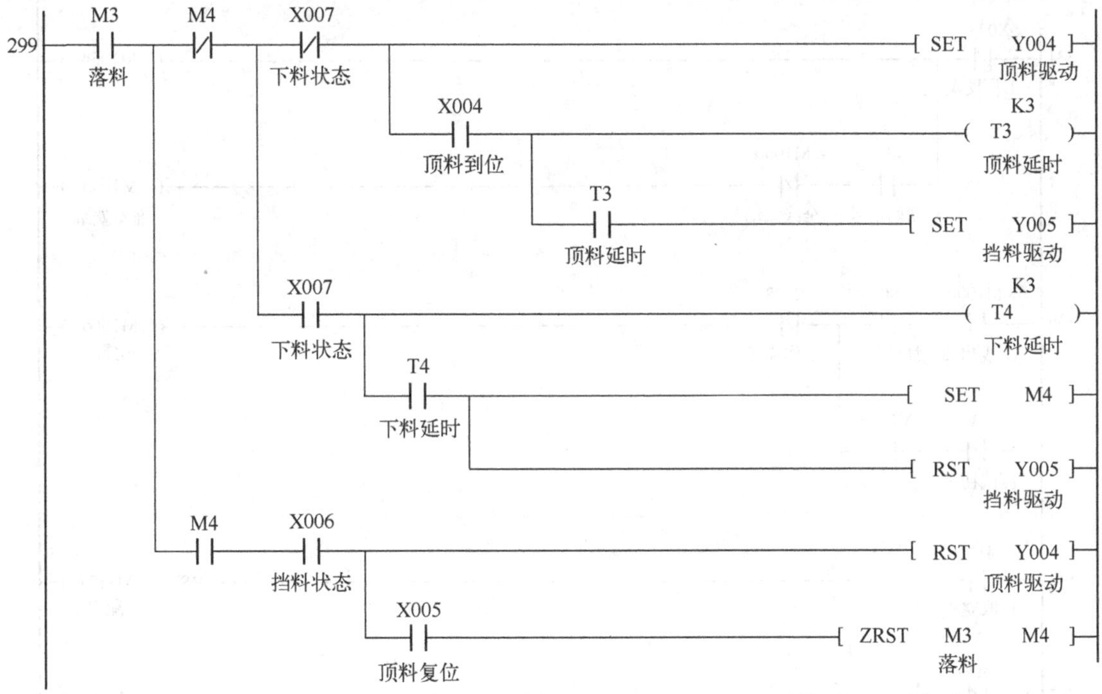

图 4-4-24　每次落料驱动程序

2. 装配单元Ⅱ的全线运行

（1）任务描述

1）装配单元重新上电后，按下按钮/指示灯模块的复位按钮 SB1，执行复位操作，使转盘回到原点位置。

2）将装配按钮/指示灯模块的 SA（工作模式）开关扳到全线模式（断开位置）。

3）系统起动后，当装配台 1 检测到有工件，并接收到输送站发送的装配请求时，转盘正向旋转 180°，转至供料机构下方停止。

4）装配站供料机构执行供料动作，将芯体装配至工件中。

5）当供料完成时，转盘反向旋转 180°，装配台 1 工件返回至进料口位置，向输送站发送装配完成信号，等待机械手抓取。

6）接收到系统停止命令后，装配站完成当前工件装配并将其送至进料口位置后停止。

（2）编程案例

按照上述任务要求，可以采取相对指令或者绝对指令的编程方式。以下采取绝对指令编程。首先上电复位，复位后将SA开关扳到全线模式（断开位置），设置与主站的通信信息，如图4-4-25所示。其二，全线起动方式进料完成时转盘正转180°，开始装配，如图4-4-26所示。最后装配完成后转盘反转180°，向系统发出装配完成信号，如图4-4-27所示。

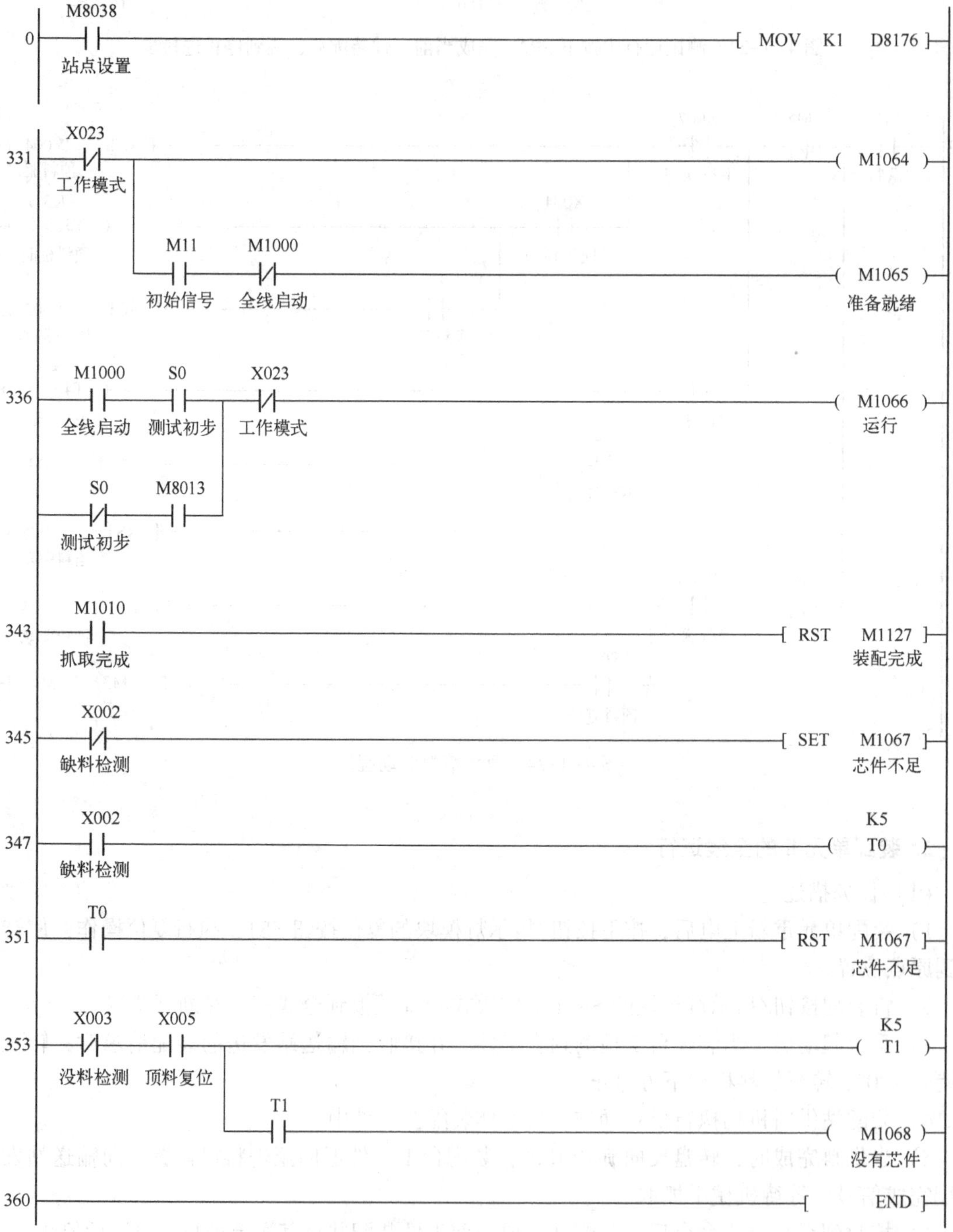

图4-4-25　上电复位，通信设置

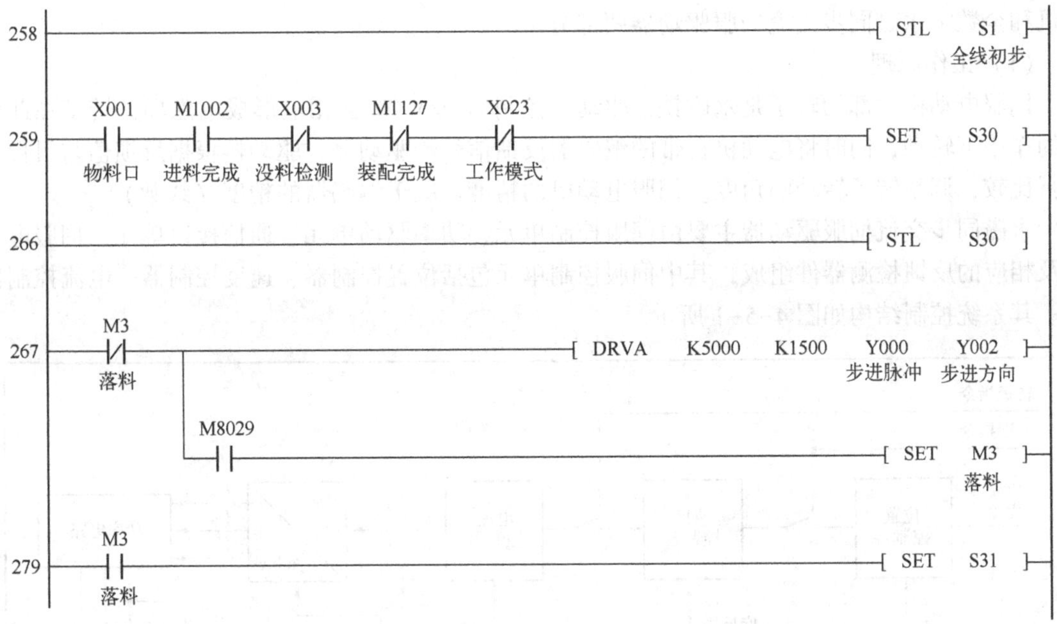

图 4-4-26 全线起动进料完成时正转 180°，开始装配

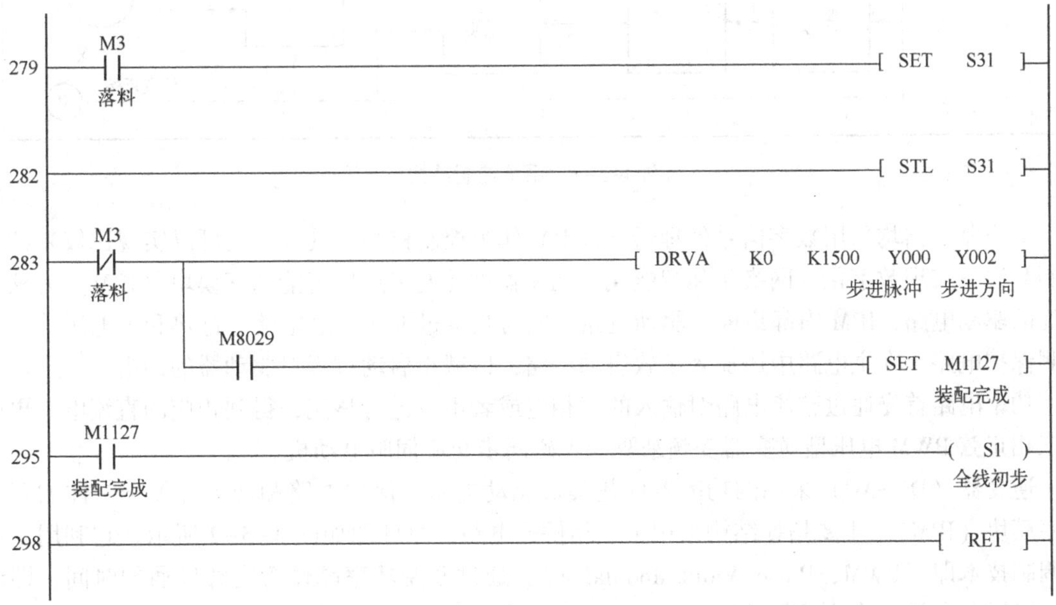

图 4-4-27 装配完成后转盘反转 180°，向系统发出装配完成信号

任务 4.5 伺服电动机 PLC 控制

4.5.1 伺服电动机及放大器

1. 永磁交流伺服系统概述

现代高性能的伺服系统，大多数采用的是永磁交流伺服系统，其包括永磁同步交流伺服电

动机和全数字永磁同步交流伺服驱动器两部分。

(1) 工作原理

伺服电动机内部的转子是永磁铁，驱动器控制的 U/V/W 三相电形成电磁场，转子在此磁场的作用下转动，同时将电动机自带的编码器反馈信号给驱动器，驱动器根据反馈值与目标值进行比较，调整转子转动的角度。伺服电动机的精度取决于编码器的精度（线数）。

永磁同步交流伺服驱动器主要由伺服控制单元、功率驱动单元、通信接口单元、伺服电动机及相应的反馈检测器件组成，其中伺服控制单元包括位置控制器、速度控制器、电流控制器等。其系统控制结构如图 4-5-1 所示。

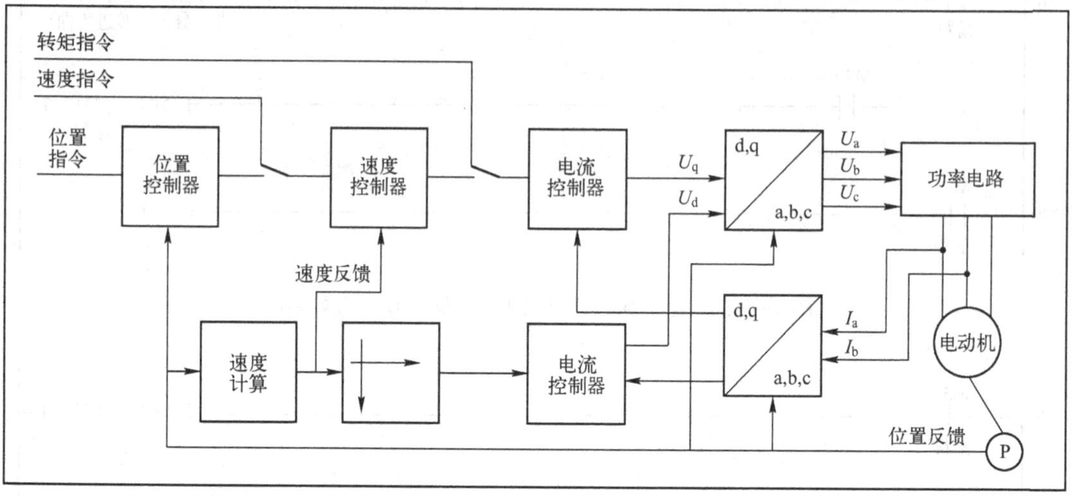

图 4-5-1 系统控制结构

伺服驱动器均采用数字信号处理器（DSP）作为控制核心，其优点是可以实现比较复杂的控制算法，实现数字化、网络化和智能化。功率器件普遍采用以智能功率模块（IPM）为核心设计的驱动电路，IPM 内部集成了驱动电路，同时具有过电压、过电流、过热和欠电压等故障检测保护电路，在主电路中还加入了软启动电路，以减小启动过程对驱动器的冲击。

功率电路首先通过整流电路对输入的三相电或者市电进行整流，得到相应的直流电。再通过三相正弦 PWM 电压型逆变器变频来驱动永磁同步交流伺服电动机。

逆变器（DC-AC）采用的功率器件是集成驱动电路、保护电路和功率开关于一体的智能功率模块（IPM），主要拓扑结构采用了三相桥式电路，原理图如图 4-5-2 所示。它利用了脉宽调制技术即（PWM，Pulse Width Modulation），通过改变功率晶体管交替导通的时间，即改变每半周期内晶体管的通断时间比，来改变逆变器输出波形的频率，也就是说通过改变脉冲宽度来改变逆变器输出电压幅值的大小以达到调节功率的目的。

(2) 交流伺服系统的位置控制模式

由图 4-5-1 和图 4-5-2 可说明如下两点。

1）伺服驱动器输出到伺服电动机的三相电压波形基本是正弦波（高次谐波被绕组电感滤除），而不是像步进电动机那样是三相脉冲序列，即使从位置控制器输入的是脉冲信号。

2）伺服系统用作定位控制时，位置指令被输入到位置控制器，速度控制器输入端前面的电子开关被切换到位置控制器输出端，同样，电流控制器输入端前面的电子开关被切换到速度控制器输出端。因此，位置控制模式下的伺服系统是一个三闭环控制系统，两个内环分别是电

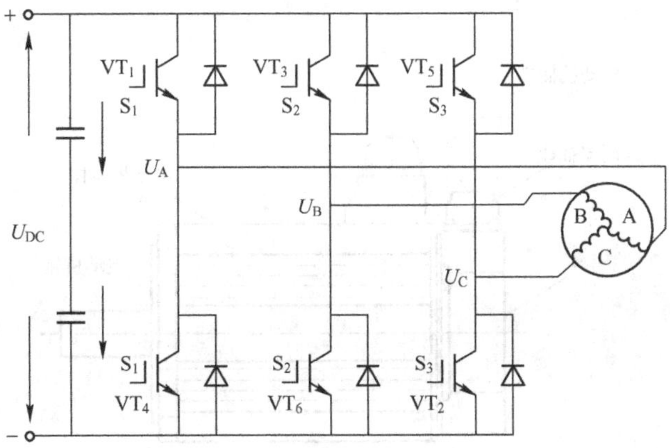

图 4-5-2 三相桥式电路原理图

流环和速度环。

由自动控制理论可知，这样的系统结构提高了系统的响应速度、稳定性和抗干扰能力。在足够高的开环增益下，系统的稳态误差接近于零。这就是说，在稳态时，伺服电动机以指令脉冲和反馈脉冲近似相等时的速度运行。而在达到稳态前，系统将在偏差信号作用下驱动电动机加速或减速。若指令脉冲突然消失（例如紧急停车时，PLC 立即停止向伺服驱动器发出驱动脉冲），伺服电动机仍会运行到反馈脉冲数等于指令脉冲消失前的脉冲数时才停止。

(3) 位置控制模式下的电子齿轮

位置控制模式下，等效的单闭环位置控制系统框图如图 4-5-3 所示。

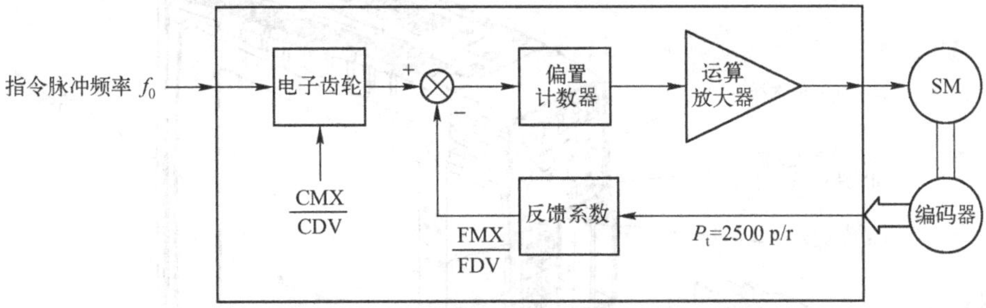

图 4-5-3 等效的单闭环位置控制系统框图

图 4-5-3 中，指令脉冲信号和电动机编码器反馈脉冲信号进入驱动器后，均通过电子齿轮进行变换才能进行偏差计算。电子齿轮实际是一个分-倍频器，合理搭配它们的分-倍频值，可以灵活地设置指令脉冲的行程。

例如 YL-335B 所使用的松下 MINAS A4 系列 AC 伺服电动机和驱动器，电动机编码器反馈脉冲为 2500 脉冲/转（p/r）。默认情况下，驱动器反馈脉冲电子齿轮的分-倍频值为 4 倍频。如果希望指令脉冲为 6000 p/r，那么就应把指令脉冲电子齿轮的分-倍频值设置为 10000/6000。从而实现 PLC 每输出 6000 个脉冲，伺服电动机旋转一周，驱动机械手恰好移动 60 mm 的整数倍关系。具体设置方法将在本小节后面的内容介绍。

2. 松下 MINAS A4 系列 AC 伺服电动机和驱动器

在 YL-335B 的输送单元中，采用了松下 MHMD022P1U 永磁同步交流伺服电动机及 MADDT1207003 全数字永磁同步交流伺服驱动装置作为运输机械手的运动控制装置。该伺服电动机结构如图 4-5-4 所示。

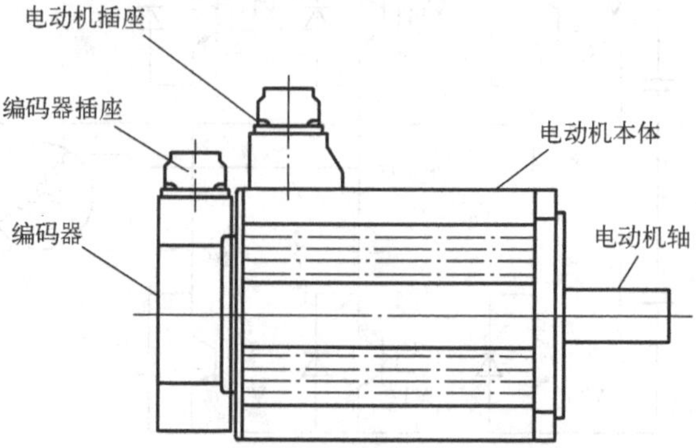

图 4-5-4 伺服电动机结构

MHMD022P1U 的含义：MHMD 表示电动机类型为大惯量，02 表示电动机的额定功率为 200 W，2 表示电压规格为 200 V，P 表示编码器为增量式编码器，脉冲数为 2500 p/r，分辨率为 10000，输出信号线数为 5 根。

MADDT1207003 的含义：MADDT 表示松下 A4 系列 A 型驱动器，T1 表示最大瞬时输出电流为 10 A，2 表示电源电压规格为单相 200 V，07 表示电流监测器额定电流为 7.5 A，003 表示脉冲控制专用。该驱动器的外观和面板如图 4-5-5 所示。

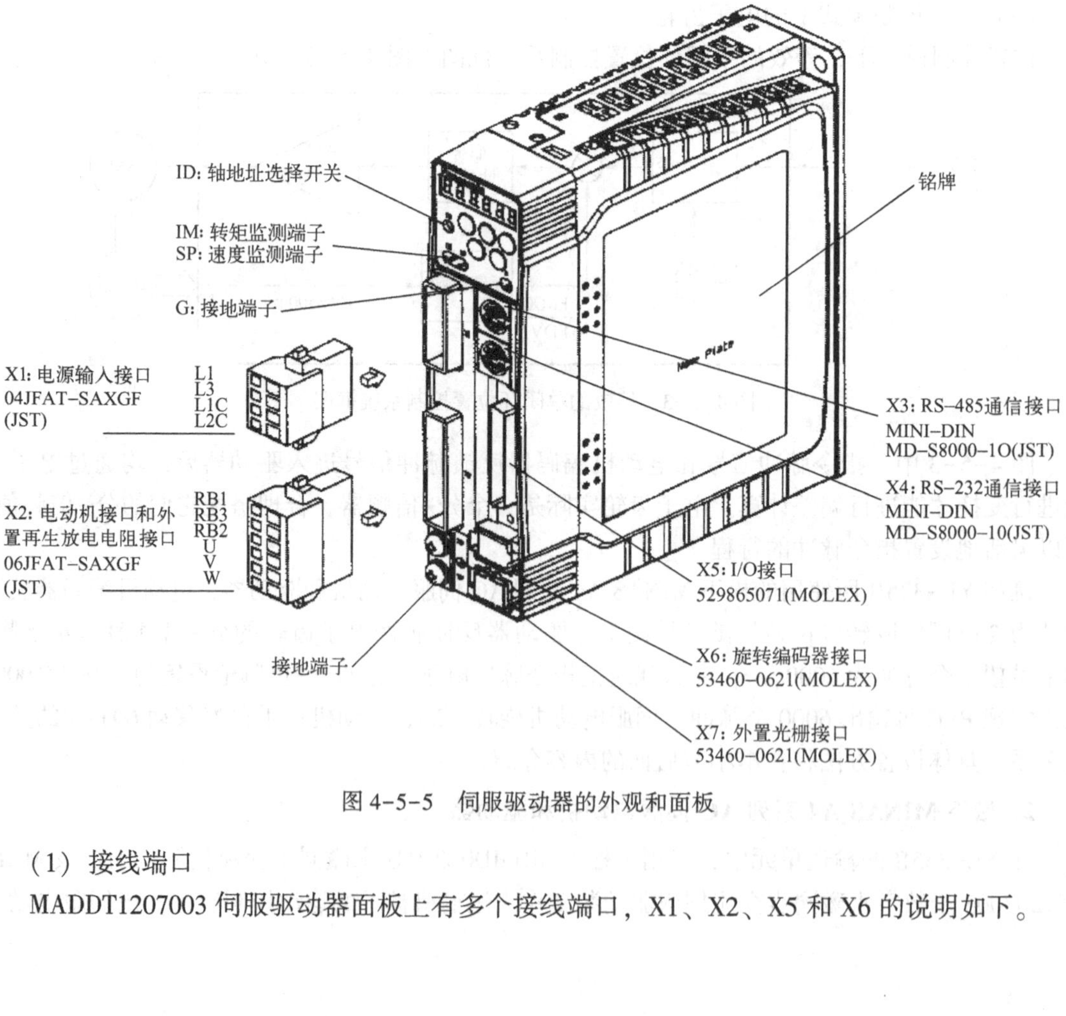

图 4-5-5 伺服驱动器的外观和面板

（1）接线端口

MADDT1207003 伺服驱动器面板上有多个接线端口，X1、X2、X5 和 X6 的说明如下。

1）X1：电源输入接口，AC 220 V 电源连接到 L1、L3 主电源端子，同时连接到控制电源端子 L1C、L2C 上。

2）X2：电动机接口和外置再生放电电阻器接口。U、V、W 端子用于连接电动机。必须注意，电源电压务必按照驱动器铭牌上的指示使用，电动机接线端子（U、V、W）不可以接地或短路，交流伺服电动机的旋转方向不像感应电动机可以通过交换三相相序来改变，必须保证驱动器上的 U、V、W 接线端子与电动机主电路接线端子按规定的次序一一对应，否则可能造成驱动器的损坏。必须保证电动机的接地端子、驱动器的接地端子以及滤波器的接地端子可靠地连接到同一个接地点上，机身也必须接地。RB1、RB2、RB3 端子是外置再生放电电阻，MADDT1207003 中其规格为 100 Ω/10 W，YL-335B 没有使用外置放电电阻。

3）X5：I/O 控制信号接口，其部分引脚信号定义与选择的控制模式有关，不同模式下的接线参考《松下 A 系列伺服电动机手册》。YL-335B 输送单元中，伺服电动机用于定位控制，因此选用位置控制模式，所采用的是简化接线方式，该伺服电动机电气接线图如图 4-5-6 所示。

4）X6：连接到电动机旋转编码器的信号接口，连接电缆应选用带有屏蔽层的双绞电缆，屏蔽层应接到电动机侧的接地端子上，并且应确保将编码器电缆屏蔽层连接到插头的外壳（FG）上。

（2）伺服驱动器的参数设置

松下的伺服驱动器有 7 种控制运行方式，即位置控制、速度控制、转矩控制、位置/速度控制、位置/转矩控制、速度/转矩控制和全闭环控制。下面介绍常用的前 3 种：

- 位置控制方式就是通过输入脉冲串来使电动机定位运行，电动机转速与脉冲串频率相关，电动机转动的角度与脉冲个数相关。
- 速度控制方式有两种：一是通过输入直流（-10～10 V）指令电压调速；二是选用驱动器内设置的内部速度来调速。
- 转矩控制方式是通过输入直流（-10～10 V）指令电压调节电动机的输出转矩，这种方式下运行必须要进行速度限制，有设置驱动器内的参数限制和输入模拟量电压限制两种方法。

（3）伺服驱动器参数设置方式说明

MADDT1207003 伺服驱动器的参数共有 128 个，Pr00～Pr7F，与 PC 连接后，在专门的调试软件上进行设置，也可以在驱动器的面板上进行设置。修改少量参数时，可通过驱动器操作面板来完成，其操作面板如图 4-5-7 所示。其上各个按键的说明见表 4-5-1 所示。

表 4-5-1 伺服驱动器操作面板按键的说明

按键说明	激活条件	功能
MODE	在模式显示时有效	在以下 5 种模式之间切换：①监视器模式；②参数设置模式；③EEPROM 写入模式；④自动调整模式；⑤辅助功能模式
SET	一直有效	用来在模式显示和执行显示之间切换
▲ ▼	仅对小数点闪烁的哪一位数据位有效	改变个模式里的显示内容、更改参数、选择参数或执行选中的操作
◀		把移动的小数点移动到更高位数

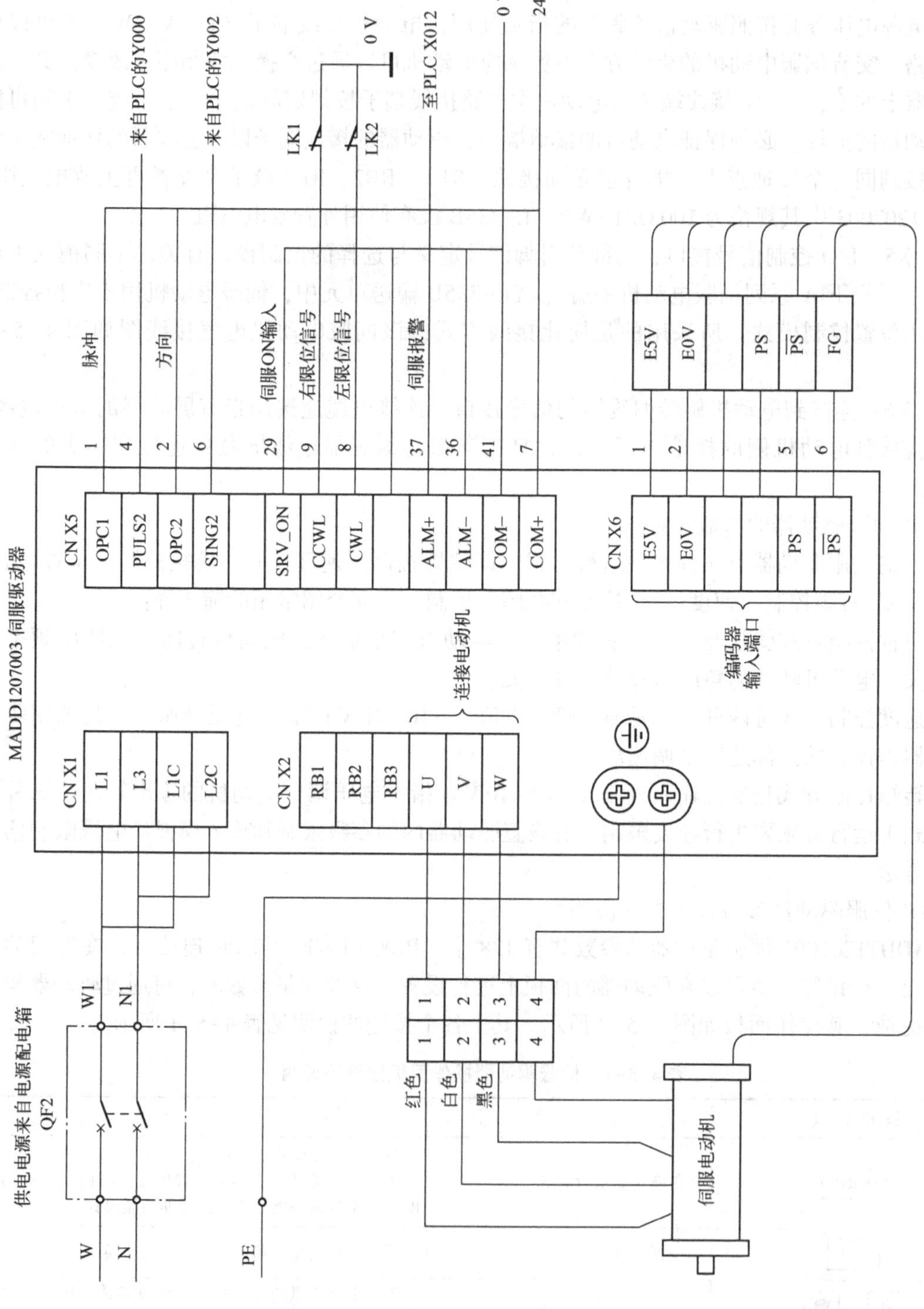

图4-5-6 伺服驱动器电气接线图

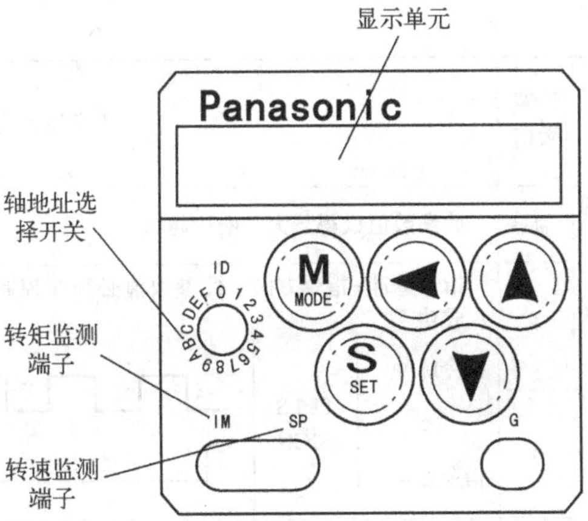

图 4-5-7　驱动器参数设置操作面板

面板操作说明如下：

1）参数设置。先按〈SET〉键，再按〈MODE〉键选择“Pr00”后，按向上、向下或向左的方向键选择通用参数的项目，按〈SET〉键进入。然后按向上、向下或向左的方向键调整参数，调整完后，按〈SET〉键返回。再选择其他项进行调整。

2）参数保存。按〈MODE〉键选择〈EE-SET〉后，再按〈SET〉键确认，出现“EEP-”，然后按向上的方向键 3 s，出现“FINISH”或“reset”，然后重新通电即可保存。

3）手动实现 JOG 运行。按〈MODE〉键选择“AF-ACL”模式，然后按向上或向下的方向键选择〈AF-JOG〉后，再按〈SET〉键一次，显示“JOG-”，然后按向上的方向键 3 s 显示“ready”，再按向左的方向键 3 s 出现“sru_on”锁紧轴，按向上或向下的方向键，单击正/反转按钮。注意先通过断电将伺服驱动的 S-ON 断开。

（4）伺服驱动器部分参数说明

在 YL-335B 上，伺服驱动装置工作于位置控制模式，FX_{1N}-40MT PLC 的 Y000 输出脉冲作为伺服驱动器的位置指令，脉冲的数量决定伺服电动机的旋转位移，即机械手的直线位移，脉冲的频率决定了伺服电动机的旋转速度，即机械手的运动速度；Y002 的输出脉冲作为伺服驱动器的方向指令。对于控制要求较为简单的情况，伺服驱动器可采用自动增益调整模式。根据上述要求，松下 A4 和 A5 系列伺服驱动器参数设置如表 4-5-2 和表 4-5-3 所示。

表 4-5-2　松下 A4 系列伺服驱动器参数设置表

序号	参数		设置数值	功能和含义
	参数编号	参数名称		
1	Pr01	LED 初始状态	1	显示电动机转速
2	Pr02	控制模式	0	位置控制（相关代码 P）
3	Pr04	行程限位禁止输入无效设置	2	当左或右限位动作，会发生 Err38 行程限位禁止输入信号出错报警。设置此参数值必须在控制电源断电重启之后才能修改、写入成功
4	Pr20	惯量比	1678	该值自动调整得到
5	Pr21	实时自动增益设置	1	实时自动调整为常规模式，运行时负载惯量的变化很小

（续）

序号	参数		设置数值	功能和含义
	参数编号	参数名称		
6	Pr22	实时自动增益的机械刚性选择	1	此参数值设得越大，响应越快
7	Pr41	指令脉冲旋转方向设置	1	指令脉冲+指令方向。此参数值必须在控制电源断电重启之后才能修改、写入成功 指令脉冲 + 指令方向 PULS SIGN 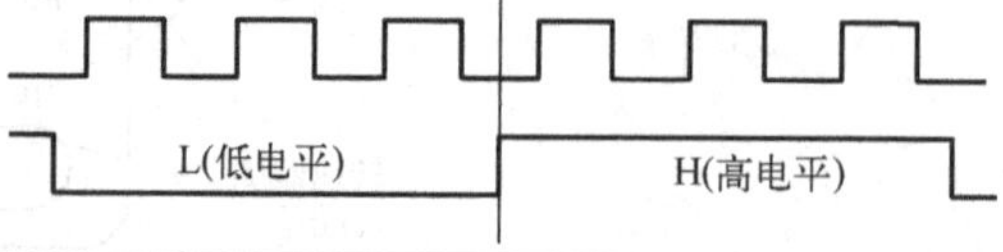
8	Pr42	指令脉冲输入方式	3	
9	Pr48	指令脉冲分倍频第1分子	10000	每转所需指令脉冲数 = 编码器分辨率 × $\frac{Pr4B}{Pr48\times 2^{Pr4A}}$ 现编码器分辨率为10000（2500 p/r×4），参数设置如下 每转所需指令脉冲数 = $10000\times\frac{Pr4B}{Pr48\times 2^{Pr4A}}$ $=10000\times\frac{6000}{10000\times 2^0}$ $=6000$
10	Pr49	指令脉冲分倍频第2分子	0	
11	Pr4A	指令脉冲分倍频分子倍率	0	
12	Pr4B	指令脉冲分倍频分母	6000	

注：其他参数的说明及设置请参看《松下 Minas A4 系列伺服电动机、驱动器使用说明书》。

表 4-5-3 松下 A5 系列伺服驱动器参数设置表

序号	参数		设置数值	功能和含义	初始值
	参数号	参数名称			
1	Pr5.28	LED 初始状态	1	显示电动机转速	
2	Pr00.1	控制模式	0	设定范围：0~6，为0时是位置控制模式	0
3	Pr5.04	驱动禁止输入设定	2	设定范围：0~2， 0：POT→正方向驱动禁止（右限位动作）， NOT→负方向驱动禁止（左限位动作） 但不发生报警 1：POT、NOT 无效 2：POT/NOT 中任何单方的输入，将发生 Err38.0（驱动禁止输入保护）出错报警	1
4	Pr0.04	惯量比	250	实时自动增益调整有效时，实时推断惯量比，每 30 min 保存在 EEPROM 中	
5	Pr0.02	实时自动增益设置	1	为0时，实时自动调整功能无效；为1是标准模式，实时自动调整有效，是保持稳定性的模式。不进行可变载荷并且也不使用摩擦补偿	1
6	Pr0.03	实时自动增益的机械刚性选择	13	实时自动增益调整有效时的机械刚性设定。此参数值设得越大，响应越快，但容易产生振动。	13
7	Pr0.06	指令脉冲旋转方向设置	与所使用指令有关	指令脉冲 + 指令方向。此参数值必须在控制电源断电重启之后才能修改、写入成功 指令脉冲 + 指令方向 PULS SIGN 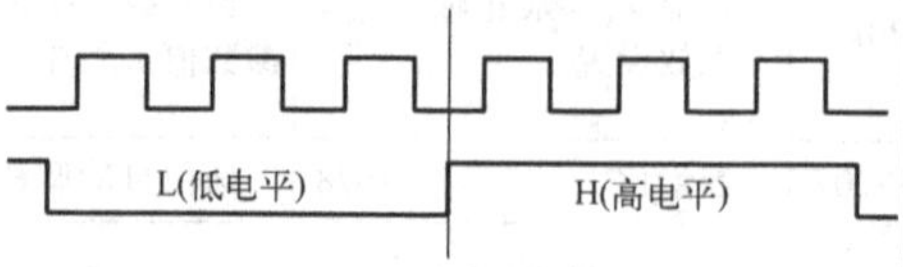	0
8	Pr0.07	指令脉冲输入方式	3		1

（续）

<table>
<tr><th rowspan="2">序号</th><th colspan="2">参　数</th><th rowspan="2">设置数值</th><th rowspan="2">功能和含义</th><th rowspan="2">初始值</th></tr>
<tr><th>参数号</th><th>参 数 名 称</th></tr>
<tr><td>9</td><td>Pr0. 08</td><td>相当于电动机每旋转 1 次的指令脉冲数</td><td>6000</td><td rowspan="4">① 若 Pr0. 08≠0，电动机每转 1 次的指令脉冲数不受 Pr0. 09、Pr0. 10 设定值的影响
指令脉冲输入 → 编码器分辨率 / 【Pr0.08设定值】 → 位置指令
② 若 Pr0. 08=0，Pr0. 09=0
指令脉冲输入 → 编码器分辨率 / 【Pr0.10设定值】 → 位置指令
③ 若 Pr0. 08=0，Pr0. 09≠0
指令脉冲输入 → 【Pr0.09设定值】 / 【Pr0.10设定值】 → 位置指令
编码器分辨率为 10000(2500 p/r×4)</td><td rowspan="4"></td></tr>
<tr><td>10</td><td>Pr0. 09</td><td>第 1 指令分频、倍频的分子</td><td>0</td></tr>
<tr><td>11</td><td>Pr0. 10</td><td>指令脉冲分频、倍频的分母</td><td>6000</td></tr>
<tr><td></td><td></td><td></td><td></td></tr>
</table>

注：对表中参数 Pr0. 01、Pr5. 04、Pr0. 06、Pr0. 07、Pr0. 08 的设置必须在控制电源断电重启后才能修改，写入成功；其他参数的说明及设置请参看《松下 MINAS A5 系列伺服电动机、驱动器使用说明书》。

以上参数设置的说明如下。

① Pr5. 04 是保护参数，用于设定越程故障发生时的保护策略。当设定为 2 时，表示当 左或右限位动作，都会发生 Err38. 0（驱动禁止输入保护）出错报警，伺服电动机立即停止。只有当越程信号复位，并且驱动器断电后再重新通电，报警才能复位。

② Pr0. 02、Pr0. 03 是动态参数，用以设置实时自动调整功能是否有效，以及有效时系统的机械刚性。对于 YL-335B 正常运行中实时推断出来的惯量比（惯量比是指电动机轴的负载惯量与伺服电动机轴的旋转惯量比值的百分数），也无须设置。

③ Pr0. 06，Pr0. 07 用以分别设定指令脉冲旋转方向和指令脉冲输入方式。

- Pr0. 07 规定了指令脉冲旋转方向：两相正交脉冲时 Pr0. 07=0 或 2；正向和负向脉冲序列时 Pr0. 07=1；指令脉冲+指令方向时 Pr0. 07=3。用 PLC 的高速脉冲输出方式驱动时，选择 Pr0. 07=3。
- 当 Pr0. 06=0，Pr0. 07=3，指令方向信号 SING 为高电平（有电流输入）时，正向旋转。

如果需要反向旋转，则改变指令方向信号 SING 为低电平（无电流输入）。

- 当 Pr0. 06=1，Pr0. 07=3，指令方向信号 SING 为低电平（无电流输入）时，正向旋转。

如果需要反向旋转，则改变指令方向信号 SING 为高电平（有电流输入）。

④ Pr0. 08、Pr0. 09、Pr0. 10 用于电子齿轮设置，由于 Pr0. 08≠0 时，电动机每旋转 1 次的指令脉冲数不受 Pr0. 09、Pr0. 10 的设定影响，故只需设置 Pr0. 08 即可。

YL-335B 中，同步轮齿数=12，齿距=5 mm，每转 60 mm，为便于编程计算，希望脉冲当量为 0. 01 mm，即伺服电动机转一圈，需要 PLC 发出 6000 个脉冲，故设定 Pr0. 08=6 000。

4. 5. 2 伺服电动机的调试

松下伺服调试软件 PANATERM 可以在松下电器机电（中国）有限公司官网获取，在 PC 上安装后，通过与伺服驱动器建立通信如图 4-5-8，就可将伺服驱动器的参数状态读出或写入，其操作如图 4-5-9~图 4-5-14 所示。

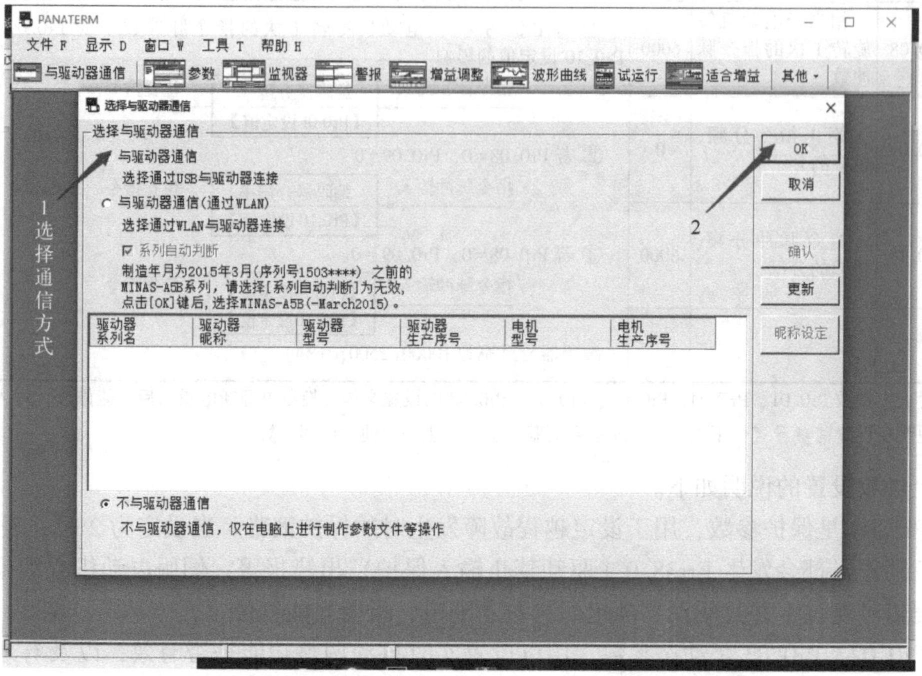

图 4-5-8 驱动器参数设置软件 PANATERM 打开后的窗口

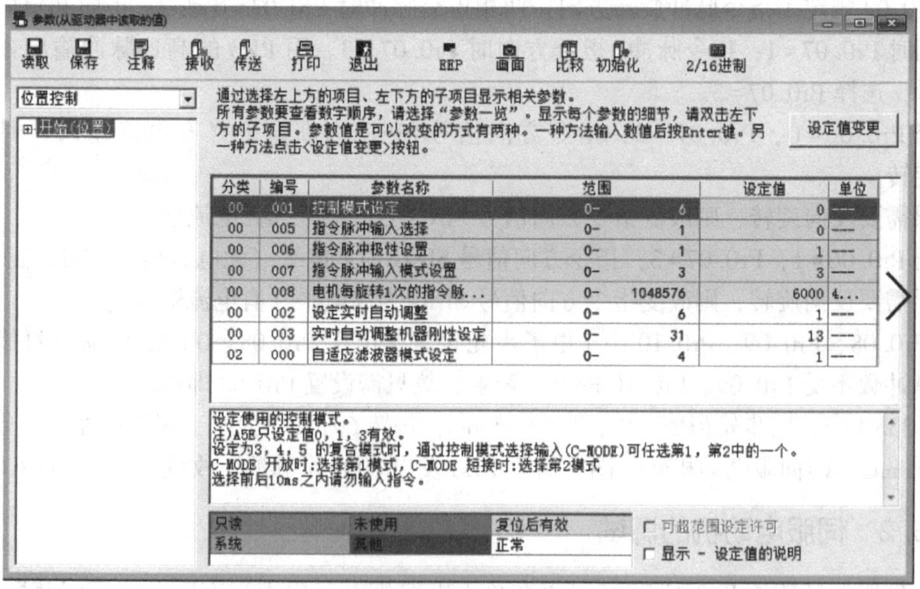

图 4-5-9 读取伺服驱动器参数

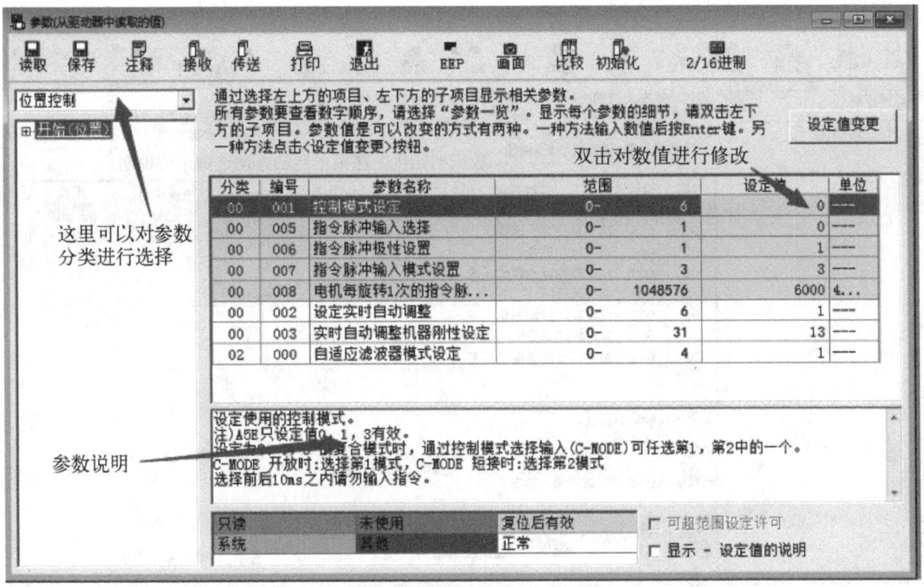

图 4-5-10　修改伺服驱动器参数

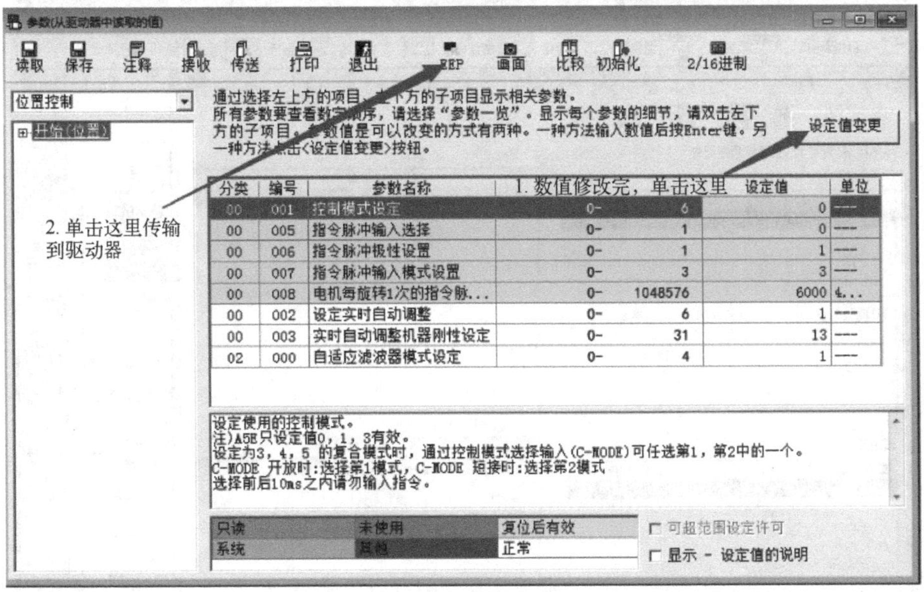

图 4-5-11　保存伺服驱动器参数

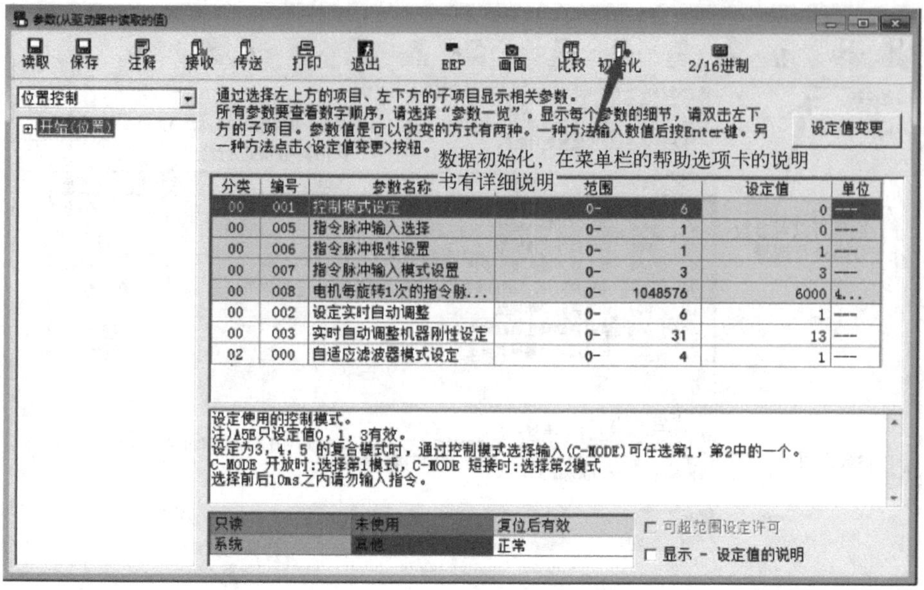

图 4-5-12 初始化伺服驱动器参数

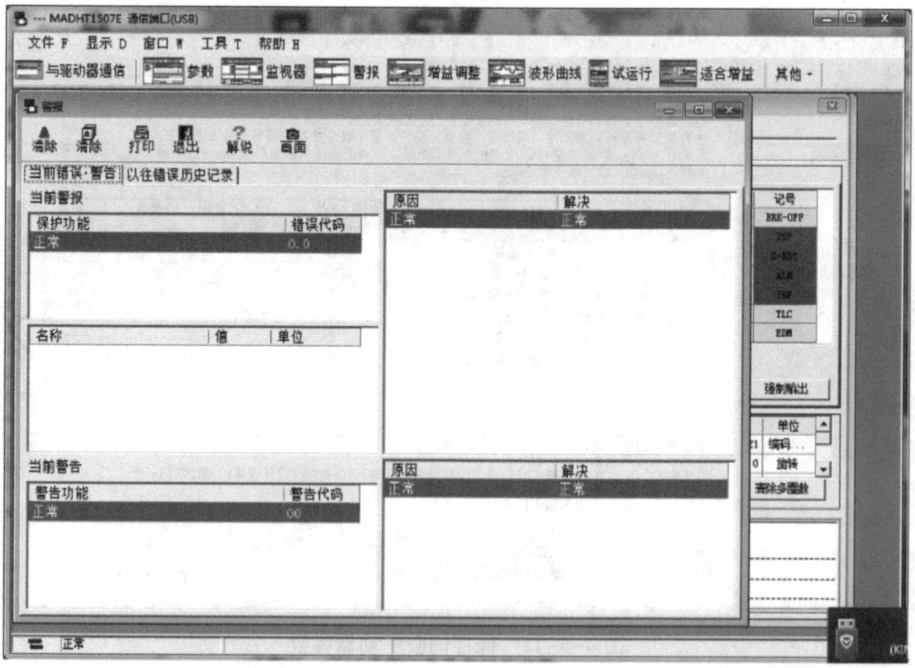

图 4-5-13 伺服驱动器报警窗口

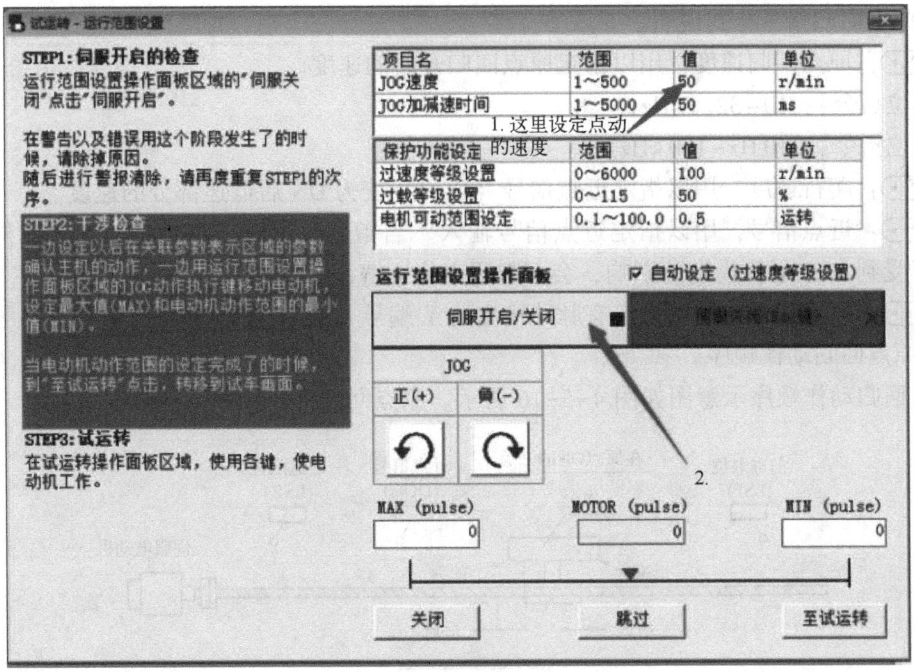

图 4-5-14　伺服机构试运行窗口

4.5.3　输送单元的 PLC 编程

晶体管输出型 FX_{1N}系列 PLC 的 CPU 单元支持高速脉冲输出功能，但仅限于 Y000 和 Y001 点。输出脉冲的频率最高可达 100 kHz。FX_{3U}系列则有 Y000、Y001 和 Y002 三轴输出点。

1. FX-PLC 定位指令

二维码 4-5
定位指令应用

以 FX_{1N}为例，对输送单元伺服电动机的控制主要是返回原点和定位控制。可以使用脉冲输出指令 FNC57（PLSY）、带加/减速的脉冲输出指令 FNC59（PLSR）、可变速脉冲输出指令 FNC157（PLSV）、原点回归指令 FNC156（ZRN）、相对位置控制指令 FNC158（DRVI）、绝对位置控制指令 FNC158（DRVA）来实现。这里只介绍后 3 条定位指令，其他指令参见该系列 PLC 编程手册相关内容。

（1）原点回归指令 FNC156（ZRN）

当 PLC 断电时控制信号会消失，因此在通电和初始运行时，必须执行原点回归指令，将机械动作的原点位置的数据事先写入。原点回归指令格式如图 4-5-15 所示。

图 4-5-15　ZRN 的指令格式

1）原点回归指令格式说明。

① (S1•)：原点回归速度，用以指定原点回归开始的速度。

[16 位指令]：10~32767 Hz；

[32 位指令]：10 Hz~100 kHz。

② (S2•)：爬行速度，用以指定近点信号（DOG）变为 ON 后低速部分的速度。

③ (S3•)：近点信号，用以指定近点信号输入。当指令表示输入继电器（X）以外的元件时，由于受到 PLC 运算周期的影响，会引起原点位置偏移的增大。

④ (D1•)：原点信号，用以指定有脉冲输出的 Y 编号（仅限于 Y000 或 Y001）。

2）原点回归动作顺序。

原点回归动作顺序示意图如图 4-5-16 所示。原点回归动作按照下述顺序进行。

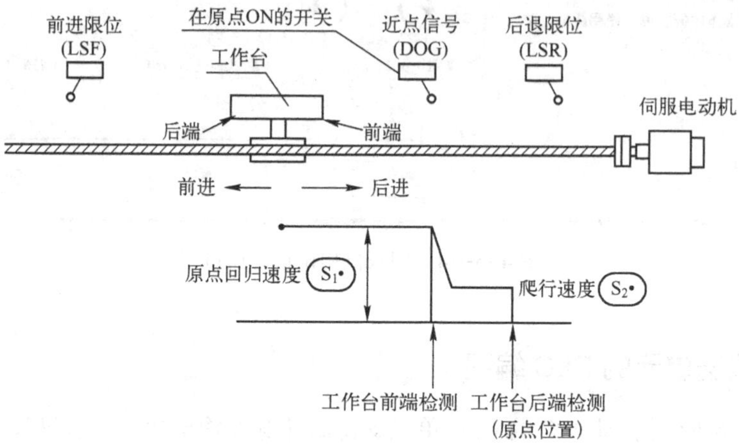

图 4-5-16 原点回归动作顺序示意图

① 驱动指令后，输送单元以原点回归速度开始移动。

- 在原点回归过程中，指令驱动触点变为 OFF 状态时，输送单元将不减速而停止。
- 指令驱动触点变为 OFF 后，在脉冲输出中（Y000：M8147，Y001：M8148）状态为 ON 时，触点将不接受指令的再次驱动。

② 当近点信号（DOG）由 OFF 变为 ON 时，减速至爬行速度。

③ 当近点信号（DOG）由 ON 变为 OFF 时，在停止脉冲输出的同时，向当前值寄存器（Y000：[D8141，D8140]，Y001：[D8143，D8142]）中写入 0。另外，M8140（清零信号输出功能）为 ON 时，同时输出清零信号。随后，当执行完成标志位 M8029 动作的同时，脉冲输出中状态变为 OFF。

（2）相对位置控制指令 FNC158（DRVI）

FNC158（DRVI）是以相对位置驱动方式执行单速位置控制的指令，指令格式如图 4-5-17 所示。

1）指令格式说明。

① (S1•)：输出脉冲数（相对位置指令）。

[16 位指令]：-32768~32767；

[32 位指令]：-999999~999999。

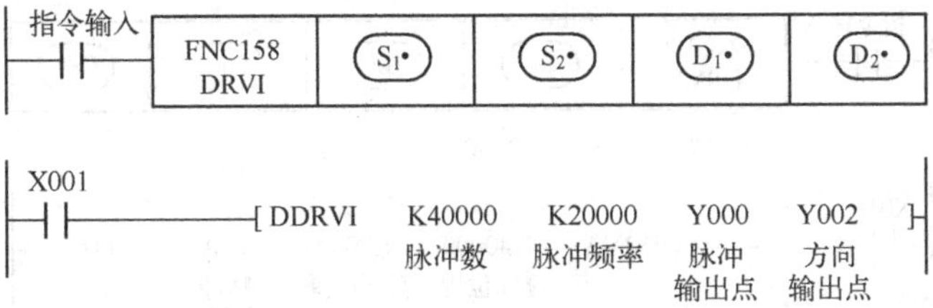

图 4-5-17 DRVI 的指令格式

② $S_2\bullet$：输出脉冲数。

[16 位指令]：10~32767 Hz；

[32 位指令]：10 Hz~100 kHz。

③ $D_1\bullet$：脉冲输出起始地址，仅用于 Y000、Y001。

④ $D_2\bullet$：方向信号输出起始地址。根据方向的正负，按照以下方式动作。

[+(正)]→ON；

[-(负)]→OFF。

- 指定输出脉冲数 $S_1\bullet$，以对应相应值寄存器中的相对位置。

向 [Y000] 输出时→[D8141（高位），D8140（低位）]（使用 32 位）；

向 [Y001] 输出时→[D8143（高位），D8142（低位）]（使用 32 位）；

反转时，当前值寄存器的数值减小。

- 旋转方向通过输出脉冲数 $S_1\bullet$ 的正负符号来指定。
- 在指令执行过程中，即使改变操作数的内容，也无法在当前运行中表现出来，只有在下一次指令执行时才有效。
- 若在指令执行过程中，指令驱动的触点变为 OFF 时，输送单元将减速停止，此时执行完成标志 M8029 不动作。
- 指令驱动触点变为 OFF 后，在脉冲输出标志（Y000:[M8147],Y001:[M8148]处于 ON 时，触点将不接受指令的再次驱动）。

2）使用 DRVI 指令注意事项。

注意各操作数间的相互配合：

① 加/减速时的变速级数固定在 10 级，故一次变速量是最高频率的 1/10。因此设定最高频率时应考虑在步进电动机不失步的范围内。

② 加/减速时间不小于 PLC 的扫描时间最大值（D8012 值）的 10 倍，否则加/减速各级时间不均等（具体的设定请参阅 FX_{1N} 编程手册）。

（3）绝对位置控制指令 FNC158（DRVA）

FNC158（DRVA）是以绝对位置驱动方式执行单速位置控制的指令，指令格式如图 4-5-18 所示。

指令格式说明同相对位置控制指令 FNC158（DRVI）。

（4）与脉冲输出功能有关的特殊内部存储器

与脉冲输出功能有关的特殊内部存储器如表 4-5-4 所列。各个数据寄存器内容可以利用 “(D)MOV K0 D81□□” 执行清除。

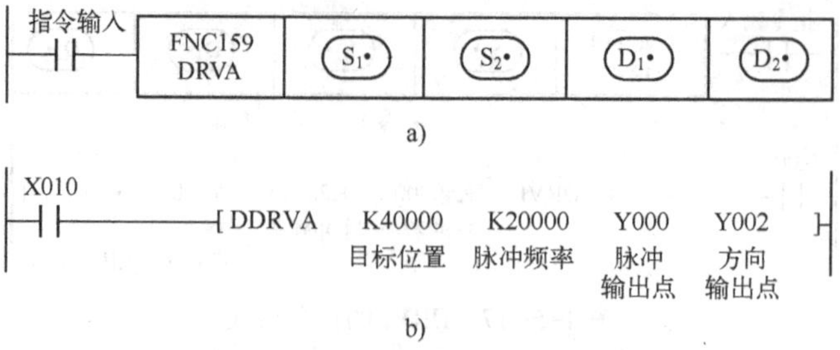

图 4-5-18 DRVA 的指令格式

a）指令格式 b）指令实例

表 4-5-4 与脉冲输出功能有关的特殊内部存储器

FX_{1N}存储器	FX_{3U}存储器	内　容
[D8141，D8140]	[D8341，D8340]	输出至 Y000 的脉冲总数
[D8143，D8142]	[D8351，D8350]	输出至 Y001 的脉冲总数
[D8136，D8137]	[D8136，D8137]	输出至 Y000 和 Y001 的脉冲总数
[M8145]	[M8349]	Y000 脉冲输出停止（立即停止）
[M8146]	[M8359]	Y001 脉冲输出停止（立即停止）
[M8147]	[M8340]	Y000 脉冲输出中监控
[M8148]	[M8350]	Y001 脉冲输出中监控

2. 输送单元的程序编写

从前面所述的对传送工件功能测试的任务可以看出，整个功能测试过程应包括通电后复位、传送功能测试、紧急停止处理和状态指示等部分，本单元功能测试是一个步进顺序控制过程。在子程序中可采用步进指令驱动实现。

紧急停止处理过程：急停按钮动作，输送单元立即停止工作，系统立刻停止运行，在急停复位后，应从急停前的断点开始继续运行。为了实现上面的功能，需要主控指令（MC，MCR）配合。

输送单元程序控制的关键是伺服电动机的定位控制，本程序采用 FX_{1N} 绝对位置控制指令来定位，因此需要知道各工位的绝对位置脉冲数。

表 4-5-5 列出了伺服电动机运行中各工位的绝对位置。

表 4-5-5 伺服电动机运行中各工位的位置

序　号	站　点	脉 冲 量	移 动 方 向
0	低速回零（ZRN）		
1	原点（零位）→供料单元（第 1 个站）	3667	
2	供料单元→加工单元（第 2 个站）	46000	DIR
3	供料单元→装配单元（第 3 个站）	81200	DIR
4	供料单元→分拣单元（第 4 个站）	105300	DIR

综上所述，主程序应包括通电初始化、复位过程（子程序）及准备就绪后投入运行等阶段。主程序如图 4-5-19~图 4-5-24 所示。

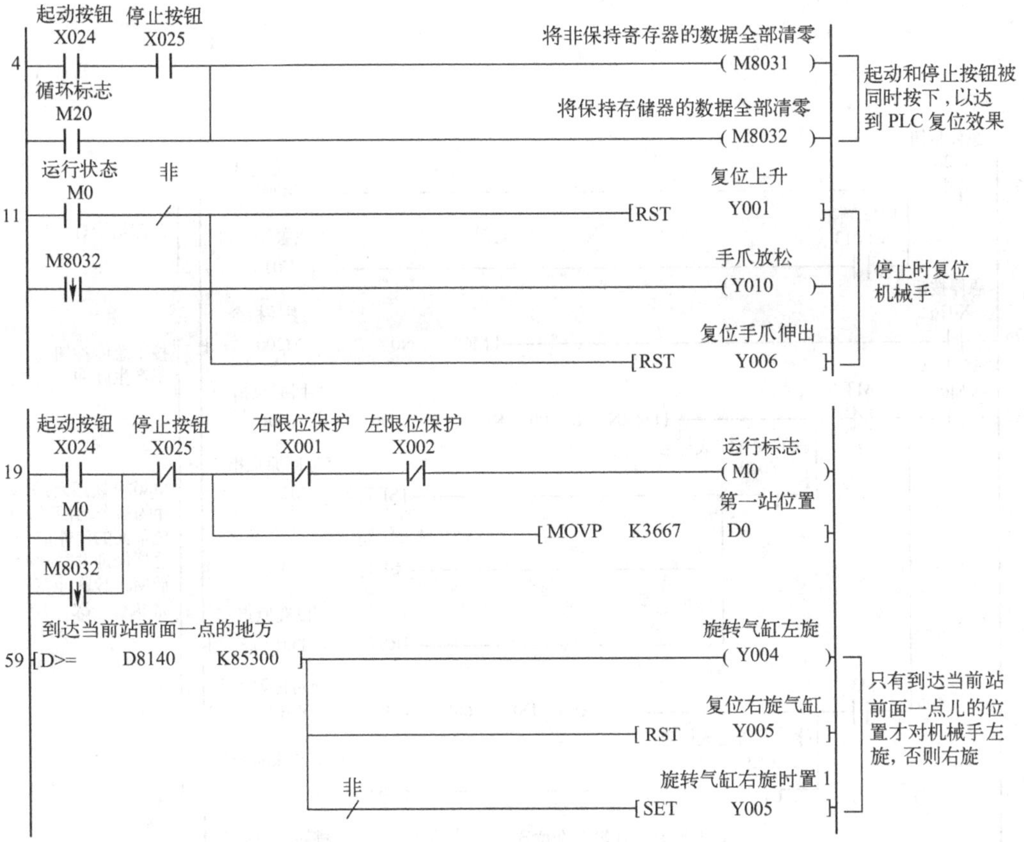

图 4-5-19 初始化与启动

程序初始化与起动。程序停止之后会自动复位机械手：下降，缩回，放松。用 M8031 和 M8032 来复位寄存器数值、再用它们的下降沿驱动程序的起动，或按起动按钮起动。起动后把第一个站的位置存放在 D0 里面。可以将旋转气缸左旋独立出来，到位置时气缸为左旋，不到位置时气缸为右旋，如图 4-5-19 所示。

当系统进入运行状态后，在每一扫描周期都调用急停处理子程序。急停动作时，将主控位 M200 置 1，主控指令停止执行，伺服电动机停止，机械手保持原态直至急停复位后，重复之前的动作。其程序如图 4-5-20 所示。

编写程序时，要弄清楚程序的动作流程。在第一个站的时候机械手动作顺序是：伸出→夹紧（保持）→上升（保持）→缩回。到第二个站时是：伸出→下降→分开→缩回，再去取工件的时候其动作顺序与第一站是一样的，因此在这里要编写两个子程序，采用程序调用的方法来实现抓取和放下工件的动作控制，使得程序编写简化。调用子程序的程序段如图 4-5-21 所示。

取工件子程序如图 4-5-22 所示，在机械手完成抓取的动作时，将下一个位置的脉冲数传到 D0 中，再重新调用 DRVA 指令。

放下工件子程序如图 4-5-23 所示。前三个站都是放下工件后又要抓取工件，所以在执行完 P2 子程序后重新调用 P1 子程序。

循环子程序如图 4-5-24 所示，循环时先要对之前使用过的 D 和 M 复位，设置循环标志。

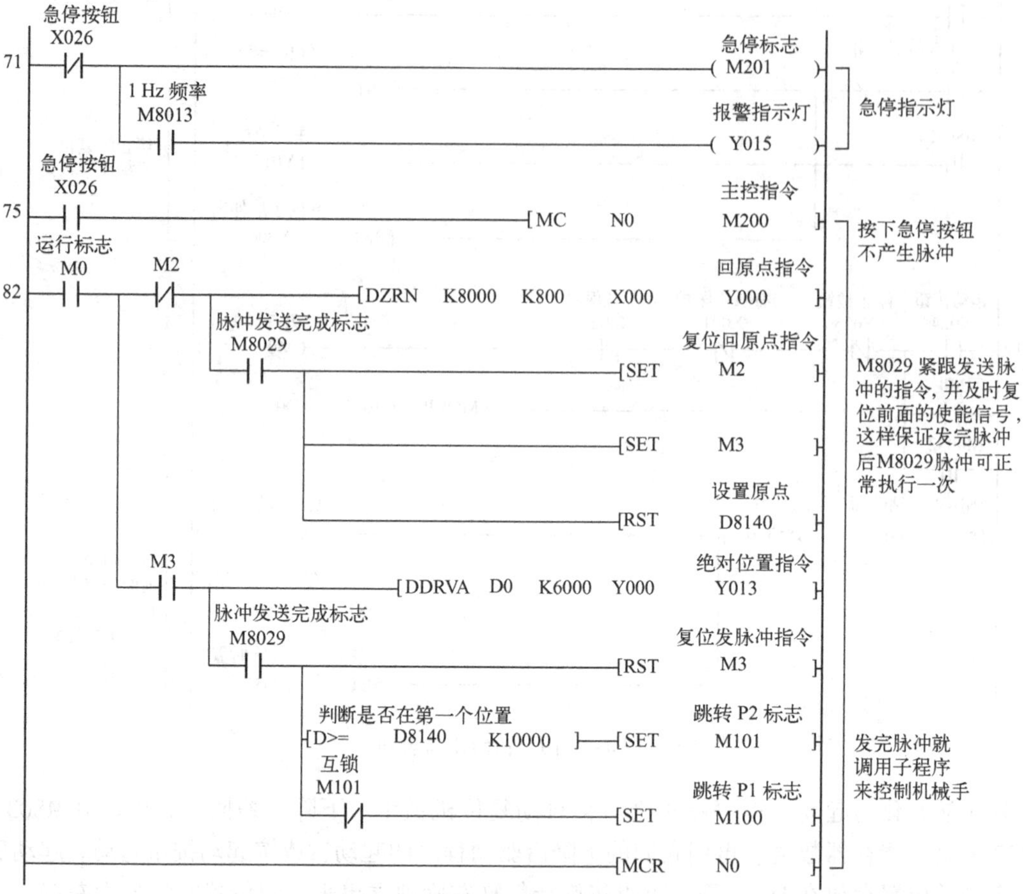

图 4-5-20 回原位和绝对位置

图 4-5-21 调用子程序

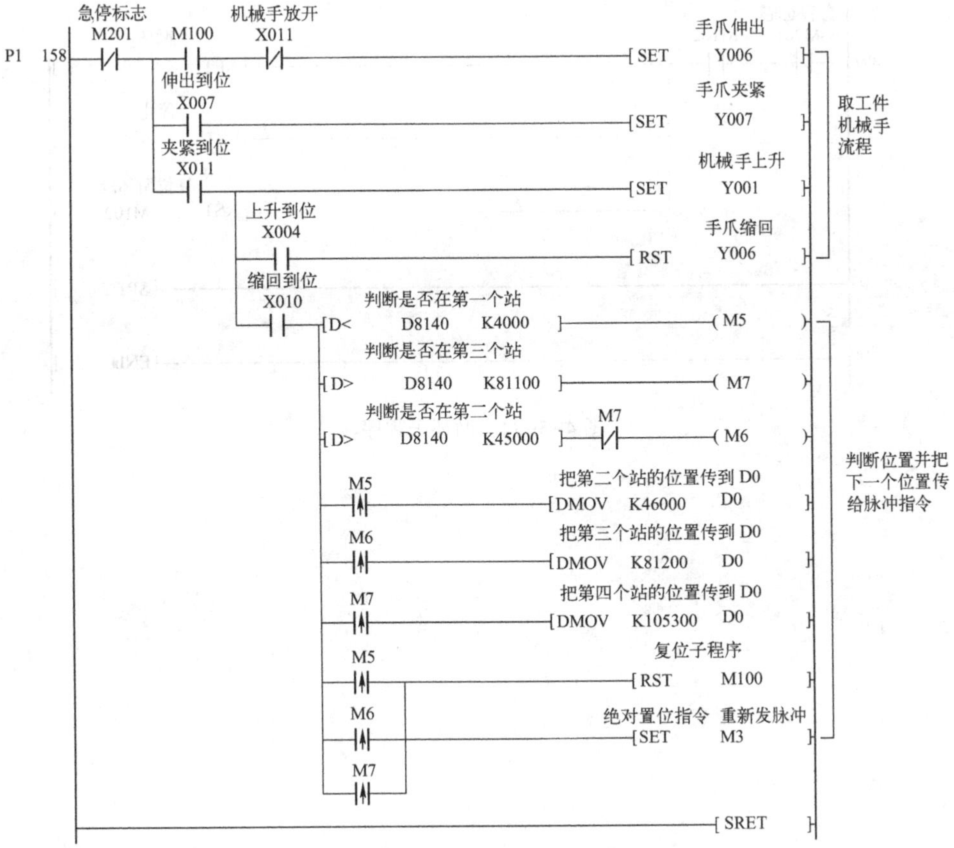

图 4-5-22　取工件子程序

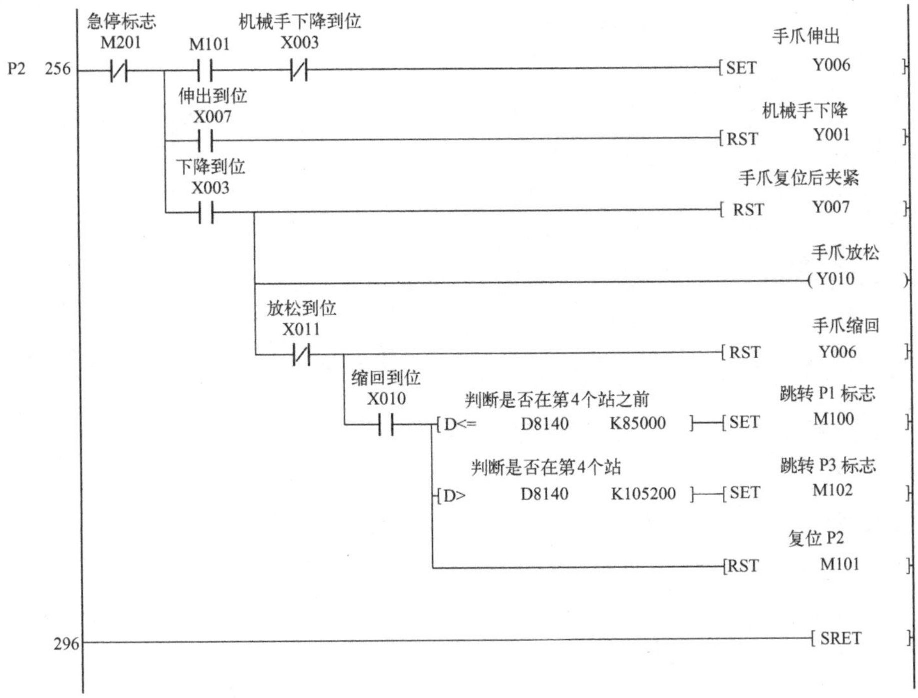

图 4-5-23　放工件子程序

急停标志
M201
M102
P3 297
循环
SET M20
停止
RST M0
复位循环段
RST M102
303
SRET
306
END

图 4-5-24 循环子程序

项目 5　虚实调试

本项目采用 FX_{3U} PLC+MX OPC Server，在 NX-MCD 平台和真实产线上，在全线联网控制下实现虚实同步联调。对供料单元提供的成品工件，由输送机械手搬运到分拣单元，完成分拣任务。

[知识目标]

1. 认识虚拟服务器的交互。
2. 理解设备虚实调试测试信号连接的原理。
3. 理解设备实体模型虚实调试技术。

[能力目标]

1. 能根据单个设备资源信号的逻辑关系，编制控制程序。
2. 能根据外部真实 PLC 设备搭建 OPC 服务器，进行符号表导入，建立连接。
3. 能建立通信通道，用 PLC、OPC、MCD 软件调试三者的通断情况。
4. 能进行外部真实 PLC 设备搭建及 MX OPC 服务器建立，进行真实设备模型与软件端虚拟模型的虚实同步调试。

任务 5.1　建立虚拟调试环境

5.1.1　在虚拟服务器环境下建立逻辑关系符号表并编程

(1) NX MCD 信号配置

使用信号适配器设置运动副、碰撞传感器等参数来设定 MCD 输入、输出信号，如图 5-1-1 所示，用以连接外部信号，例如 OPC 服务器、PLCSIM Adv 等信号。

图 5-1-1　信号配置

(2) NX MCD 中定义信号适配器

单击“主页”下的“电气”组中的“符号表”下拉按钮，在下拉列表中选择“信号适配器”图标，如图 5-1-2 所示，弹出“信号适配器”对话框，定义信号适配器参数，如图 5-1-3 所示。

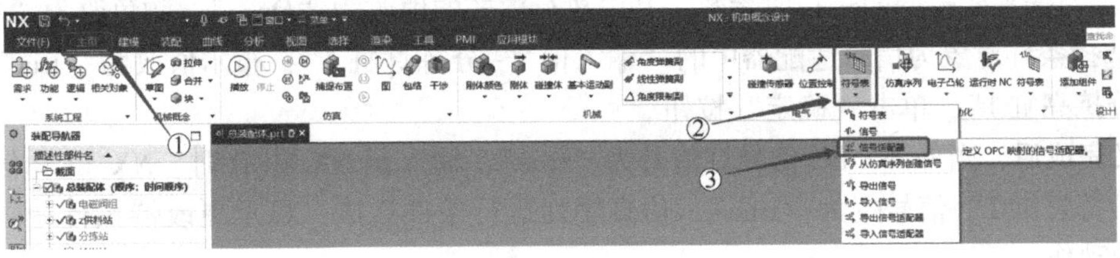

图 5-1-2　打开信号适配器

（3）NX MCD 输入信号

NX MCD 内部的输入信号与外部 OPC 的输出信号连接，使 PLC 的信号输入至 NX MCD，达到 PLC 输出控制 NX MCD 输入的目的。

1）定义 NX MCD 输入信号，以分拣单元信号灯为例。

打开信号适配器对话框，如图 5-1-4 所示，添加信号，选择“输入”模式；数据类型选择“布尔型 bool”，对应值可以为“true”或者“false”，这里选择初始值为“false”；名称改为“分拣灯缸 1”；信号适配器总名称改为“分拣站灯”，单击“确定”按钮。

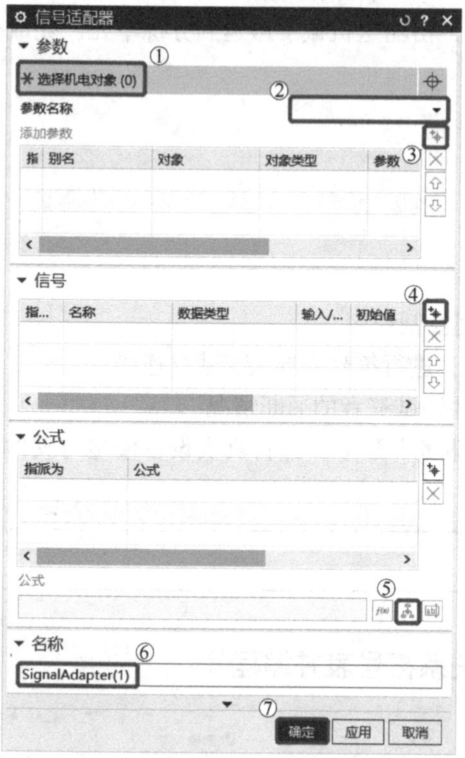

图 5-1-3 设置信号适配器参数

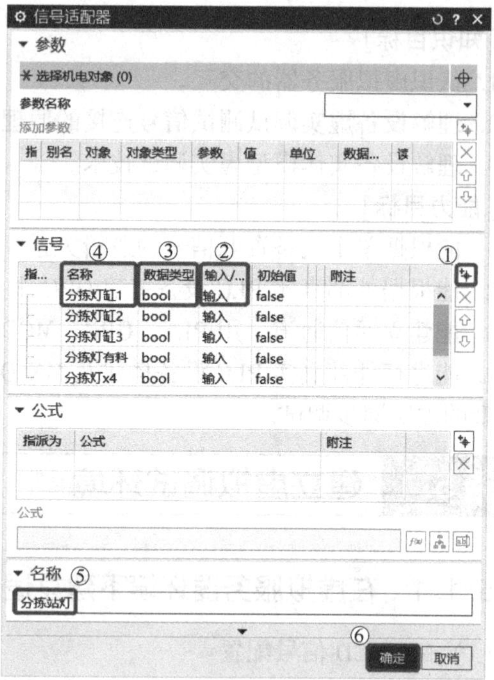

图 5-1-4 创建输入信号

定义完成后，外部 PLC 信号输入至 NX MCD 内部，外部信号为“true”，内部信号也为“true”；外部信号为“false”，内部信号也为“false”。

创建生成的输入信号还可以作为 NX MCD 内部仿真序列的条件而使用。

2）以分拣单元气缸 1 伸出到位传感器信号灯为例。

打开“仿真序列”对话框，如图 5-1-5 所示，选择机电对象为“分拣灯缸 1 伸出-显示更改器”，勾选需要改变的运行时参数，其中执行模式的值改为“Once”，颜色改为“186（红色）”，选择条件对象为信号适配器中的“输入信号-分拣灯缸 1”，布尔值改为“true”，名称改为“分拣亮缸 1”，单击“确定”按钮。

定义完成后，当外部 OPC 信号灯信号为“true”，输入至 NX MCD 时，NX MCD 信号适配器中“分拣灯缸 1”信号变为“true”，仿真序列运行条件达成，显示更改器执行一次颜色变为红色的动作。

（4）NX MCD 输出信号

NX MCD 的输出信号与外部 OPC 的输入信号连接，使 NX MCD 的信号输出至 PLC，达到 NX MCD 给予 PLC 反馈信号的目的。

定义 NX MCD 输出信号，以分拣单元传送带停止信号为例。

打开“仿真序列”对话框，如图 5-1-6 所示，机电对象选择“分拣缸 1-碰撞传感器”添加为参数，参数名称选择“已触发”，对象别名重命名为“分拣缸 1”；添加信号，选择“输出”模式；名称改为“虚分拣停”，并勾选“指派为”复选框；数据类型选择“布尔型”，对应值可以为“true”或者“false”，这里选择初始值为“false”；选择要定义的信号，添加对应公式“If（分拣缸 1 | 分拣缸 2 | 分拣缸 3）Then（true）Else（false）”；信号适配器名称改为“分拣传送带”。

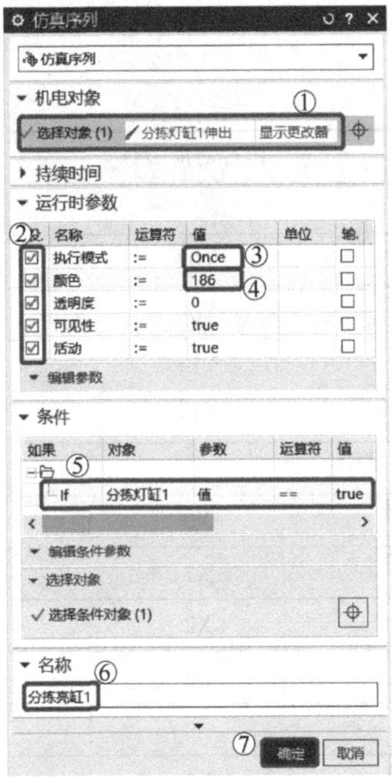

图 5-1-5　创建仿真序列

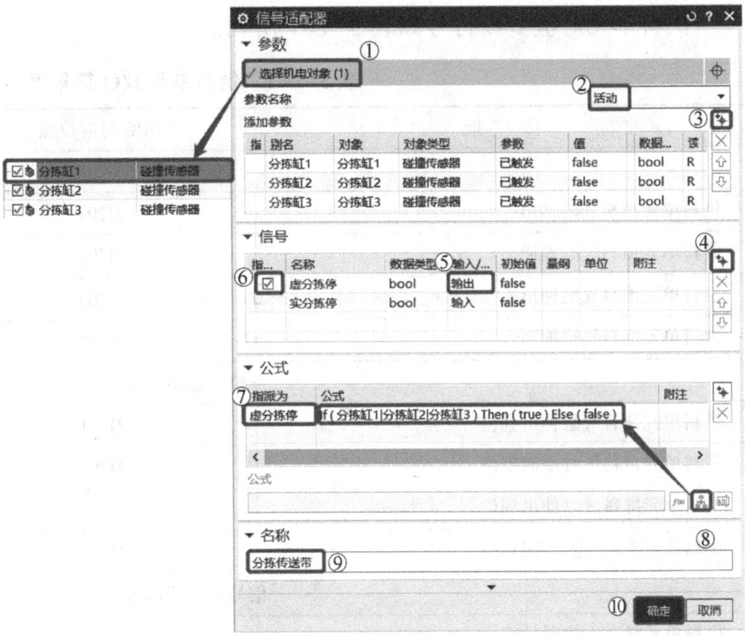

图 5-1-6　创建输出信号

定义完成后，NX MCD 信号输出至 PLC，当分拣缸 1 或分拣缸 2 或分拣缸 3 碰撞传感器信号为“true”时，NX MCD 中“虚分拣停”输出信号为“true”。

各个单站输出信号设置如图 5-1-7～图 5-1-8 所示。

图 5-1-7　供料单元信号设置

图 5-1-8　分拣单元信号设置

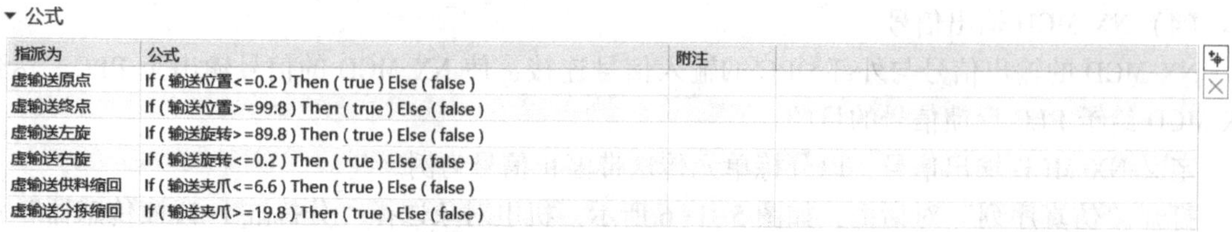

公式

指派为	公式	附注
虚输送原点	If (输送位置<=0.2) Then (true) Else (false)	
虚输送终点	If (输送位置>=99.8) Then (true) Else (false)	
虚输送左旋	If (输送旋转>=89.8) Then (true) Else (false)	
虚输送右旋	If (输送旋转<=0.2) Then (true) Else (false)	
虚输送供料缩回	If (输送夹爪<=6.6) Then (true) Else (false)	
虚输送分拣缩回	If (输送夹爪>=19.8) Then (true) Else (false)	

图 5-1-9 输送单元信号设置

5.1.2 与外部真实 PLC 设备建立信号连接并导入符号表

1. 定义符号表

（1）供料单元对应 I/O 符号表

供料单元对应 I/O 符号如表 5-1-1 所列。

表 5-1-1 供料单元 I/O 符号表

功 能	OPC 对应位点	PLC 对应 I/O
气缸部分		
供料单元顶料气缸伸出	M201	Y0+
供料单元顶料气缸缩回	M202	Y0-
供料单元推料气缸伸出	M203	Y1+
供料单元推料气缸缩回	M204	Y1-
气缸传感器部分		
供料单元顶料气缸伸出到位	M301	X0
供料单元顶料气缸缩回到位	M302	X1
供料单元推料气缸伸出到位	M303	X2
供料单元推料气缸缩回到位	M304	X3
信号传感器部分		
供料单元料仓中物料足够	M401	X5
供料单元料仓底部物料有无	M402	X6
实供料单元外料台物料有无	M403	X4
虚拟仿真信号部分		
虚供料单元外料台物料有无 M404	M404	

（2）分拣单元对应 I/O 符号表

分拣单元对应 I/O 符号如表 5-1-2 所列。

表 5-1-2 分拣单元 I/O 符号表

功能	OPC 对应位点	PLC 对应 I/O
气缸部分		
分拣单元气缸 1 伸出	M211	Y4+
分拣单元气缸 1 缩回	M212	Y4-
分拣单元气缸 2 伸出	M213	Y5+

（续）

功能	OPC 对应位点	PLC 对应 I/O
气缸部分		
分拣单元气缸 2 缩回	M214	Y5-
分拣单元气缸 3 伸出	M215	Y6+
分拣单元气缸 3 缩回	M216	Y6-
传输带起动	M217	Y0
气缸传感器部分		
分拣单元气缸 1 伸出到位	M311	T0
分拣单元气缸 1 缩回到位	M312	T1
分拣单元气缸 2 伸出到位	M313	T2
分拣单元气缸 2 缩回到位	M314	T3
分拣单元气缸 3 伸出到位	M315	T4
分拣单元气缸 3 缩回到位	M316	T5
信号传感器部分		
实分拣单元物料有无	M411	X3
分拣单元光纤检测	M412	X5
分拣单元金属检测	M413	X4
分拣单元物料有无灯	M414	X3
实分拣单元运动到位	M415	c251
虚拟仿真信号部分		
虚分拣单元物料有无	M414	
虚分拣单元停止	M417	

（3）输送单元对应 I/O 符号表

输送单元对应 I/O 符号如表 5-1-3 所列。

表 5-1-3 输送单元 I/O 符号表

功　能	OPC 对应位点	PLC 对应 I/O
气缸部分		
实输送单元开始运动信号	M421	M1
实输送单元供料缩回	M422	M51
实输送单元分拣缩回	M423	M62
实输送单元跑动到终点信号	M424	M2、M8029
实输送单元跑动到原点信号	M425	d8340=0
实输送单元左旋信号	M426	Y4
实输送单元右旋信号	M427	Y5
气缸传感器部分		
输送单元手爪夹紧到位	M321	X11+
输送单元手爪松开到位	M322	X11-

（续）

功　能	OPC 对应位点	PLC 对应 I/O
气缸传感器部分		
输送单元手爪伸出到位	M323	X7
输送单元手爪缩回到位	M324	X10
输送单元上升到位	M325	X4
输送单元下降到位	M326	X3
实输送单元左旋到位	M327	X5
实输送单元右旋到位	M328	X6
虚拟仿真信号部分		
虚输送单元供料缩回信号	M428	
虚输送单元分拣缩回信号	M429	
虚输送单元跑动到终点信号	M430	
虚输送单元跑动到原点信号	M431	
虚输送单元左旋到位信号	M432	
虚输送单元右旋到位信号	M433	

上述的 I/O 表中的输入/输出与对应工作单元电路图中的输入/输出相同，虚拟仿真信号部分则与虚拟软件中的输出信号对应。然后在三菱编程软件 GX Work2 中编辑好程序，使输入/输出与 OPC 的位点分别对应。

2. 在 MX OPC Configurator 应用中添加对应的位点

在 MX OPC Configurator 应用中添加对应的位点，可按下列步骤进行。

（1）打开 MX OPC Configurator

（2）新建一个新的配置文件

如图 5-1-10 所示，打开 MX OPC Configurator，单击左上角的“File”选项，再单击下拉列表中的“New”选项，就可以新建一个新的配置文件。选择所需要的 PLC 型号、连接方式、配置所需要连接的软元件以及其他设置。

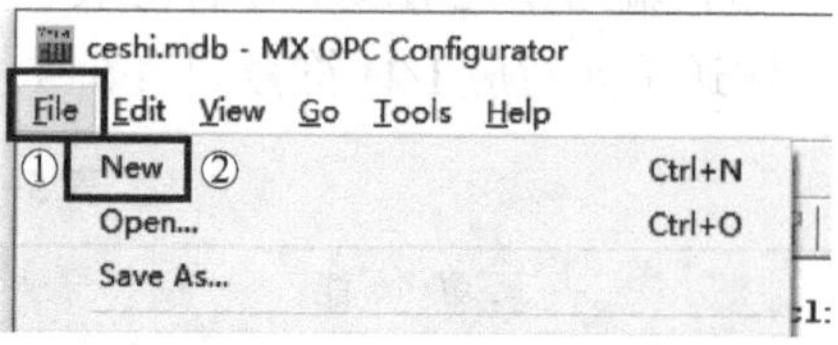

图 5-1-10　新建配置文件

在“Save New MS Access Database”对话框中，先选择新建文件的保存路径，再输入保存文件的文件名，最后单击“保存”按钮，保存新建的配置文件，如图 5-1-11 所示。创建好新建文件之后可以找到存放路径，便于再次调用，下次使用相同的 PLC 时就不需要重新设置各项参数。

（3）选择连接方式及 CPU 类型

1）在 MX OPC Configurator 窗口中，单击“Address Space”选项，在弹出的选项框中单击“New MX Device”选项，即可通过后续设置来选择用户所需要的 PLC 型号以及连接方式，新建 MX 设备如图 5-1-12 所示。

2）单击“New MX Device”选项后，会出现“MX Transfer Setup”对话框，选择“Configure”选项，可以选择设备，如图 5-1-13 所示。

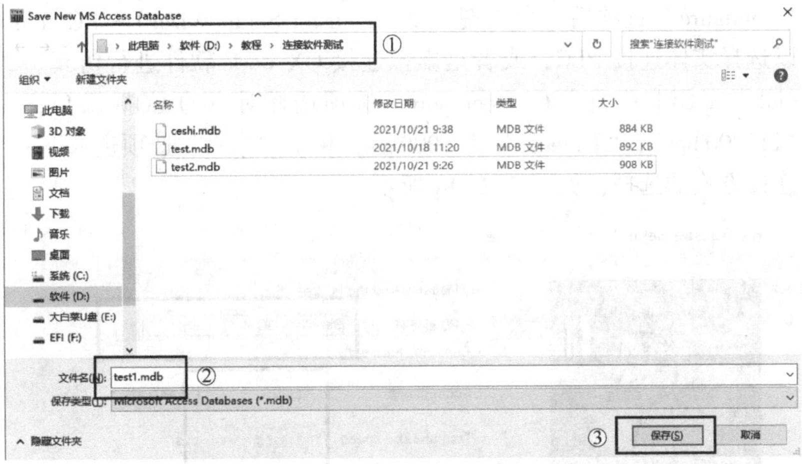

图 5-1-11　保存新建的配置文件

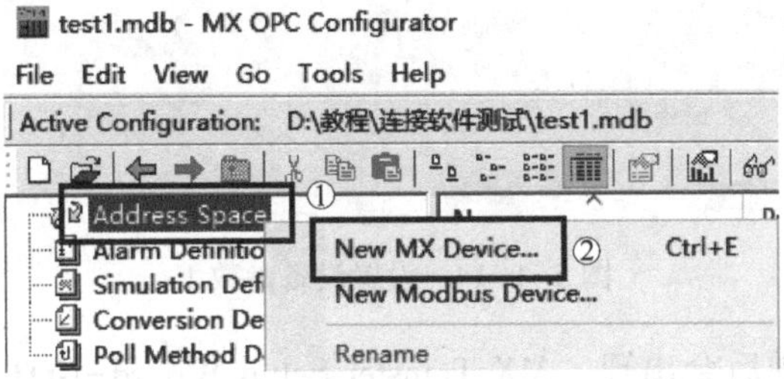

图 5-1-12　新建 MX 设备

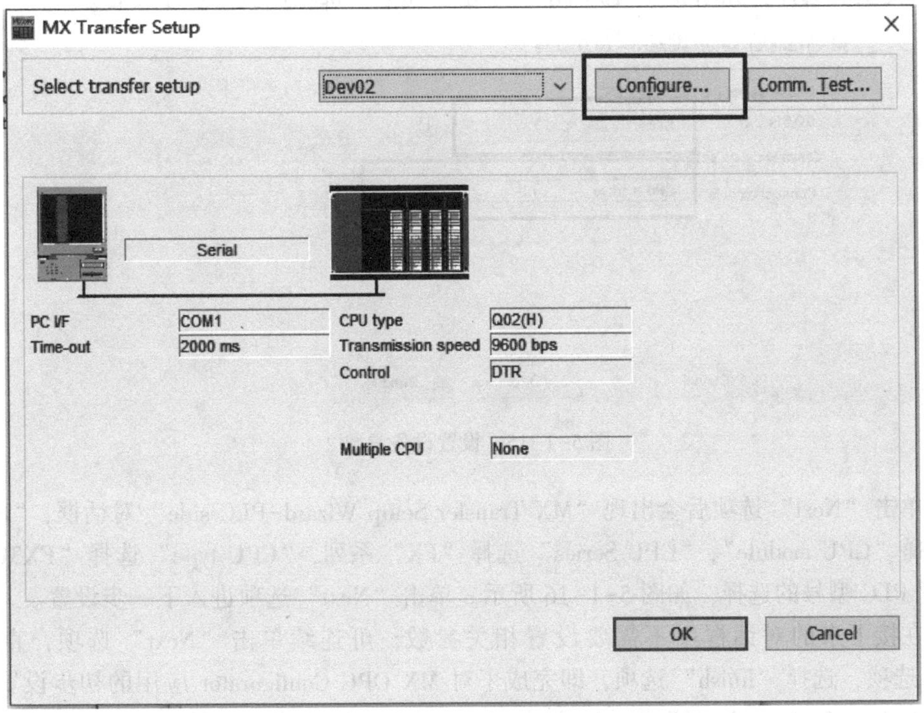

图 5-1-13　设备选择

3）单击“Configure”选项后，会出现“MX Transfer Setup Wizard - PC side”对话框，在此对话框中可以选择实体连接PLC，或者是虚拟连接GX work软件进行仿真。“PC side I/F”选项选择“Serial(via GOT)”，“Connect port”选项选择对应的COM端口，“Transmission Speed”选择“115200 bps”，“Timeout”为1000 ms；单击“Next”选项进入下一步的设置，这样就完成了对连接方式的选择，如图5-1-14所示。

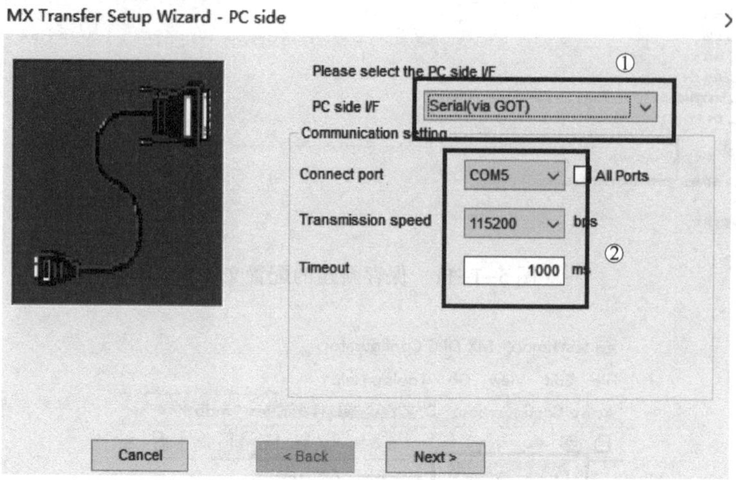

图5-1-14 设置设备参数1

4）单击“Next”选项后会出现“MX Transfer Setup Wizard-GOT side”对话框，“GOT-PLC I/F”选项选择“Serial”选项，“Connect module”选项选择“CPU module”，即完成了对GOT接口类型的选择，如图5-1-15所示。单击“Next”选项进入下一步设置。

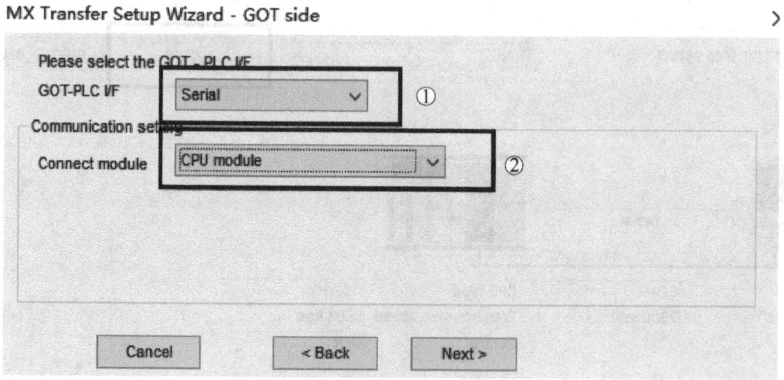

图5-1-15 设置设备参数2

5）单击“Next”选项后会出现“MX Transfer Setup Wizard-PLC side”对话框，“PLC side I/F”选择“CPU module”，“CPU Series”选择“FX”系列，“CPU type”选择“FX3U(C)”，即完成了PLC型号的选择，如图5-1-16所示。单击“Next”选项进入下一步设置。

6）在接下来的对话框中不需要设置相关参数，可连续单击“Next”选项，直至出现“finish”选项，选择“finish”选项，即完成了对MX OPC Configurator应用的初步设置；然后回到“MX Transfer Setup”对话框中，单击“Comm. Test”选项，如图5-1-17所示，进行连接的测试，测试MX OPC Configurator是否与刚才设置的PLC连接成功。

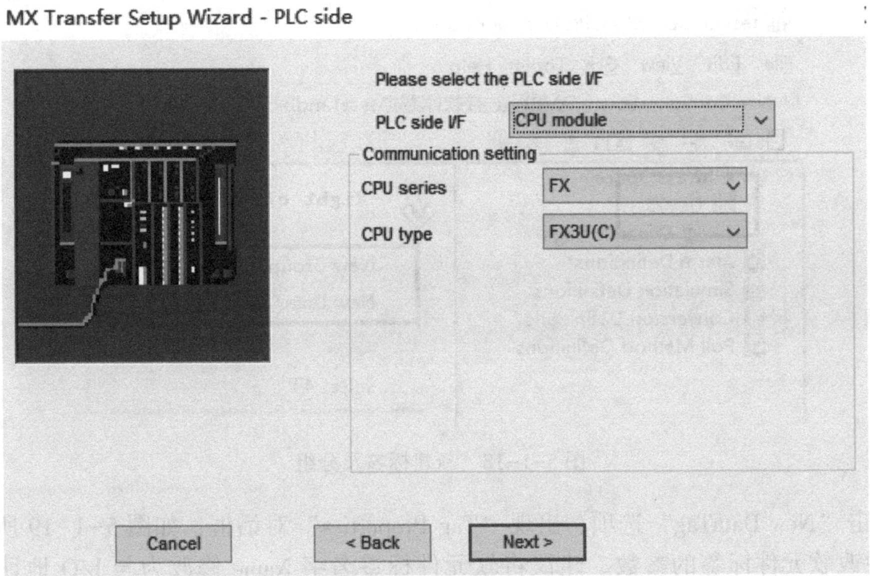

图 5-1-16　设置设备参数 3

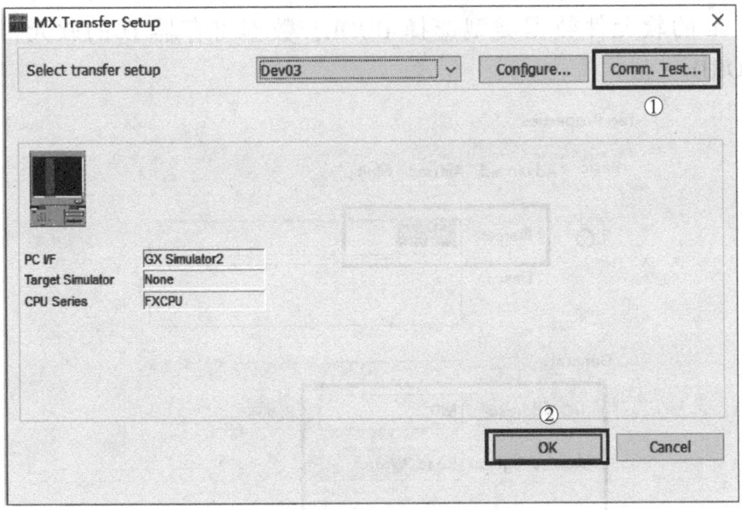

图 5-1-17　连接测试

如出现“Fail to connect to PLC”则为连接失败；若出现“connected to PLC Type of connected CPU is XXX”则为连接成功。连接成功后单击“OK”按钮，则完成 MX OPC Configurator 对 CPU 型号的选择。接下来可以设置在 OPC 软件中对 PLC 软元件的监视和通信。

（4）设置 OPC 位点

1）单击新创建的设备（Dev03），在右边的空白处右击，出现选择菜单；选择“New Group”选项，可以创建新的分组，选择“New DataTag”选项，可以创建新的元件标签，如图 5-1-18 所示。对创建的元件标签进行分类，分为 X、Y、M、D 等类别，便于在后续的应用中对 PLC 中相同的位点更改属性（受软件限制，只能更改 M 和 D 的值，X 与 Y 的值只能进行监测）。

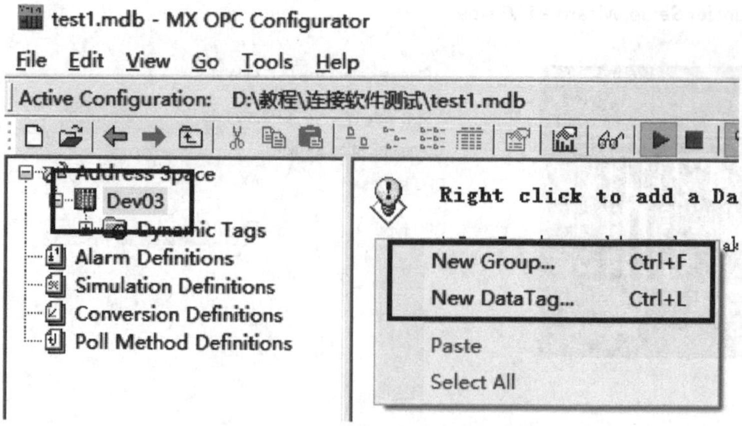

图 5-1-18 新建标签及分组

2）单击“New DataTag”选项，出现“Tag Properties”对话框，如图 5-1-19 所示，在该对话框中更改软元件标签的参数。建议将软元件标签名字 Name 修改为与 I/O 地址相同的名称，后续要调用。将 I/O Address 中软元件地址更改为自设的元件地址，Access Rights 中的读写权限更改为自己需要的读写权限（Read，Write），Data Type 中的数据类型根据软元件的类型选择，M，X，Y 的软元件数据类型选择 BOOL，数据寄存器 D 的软元件数据类型选择 WORD 或者 DWORD。

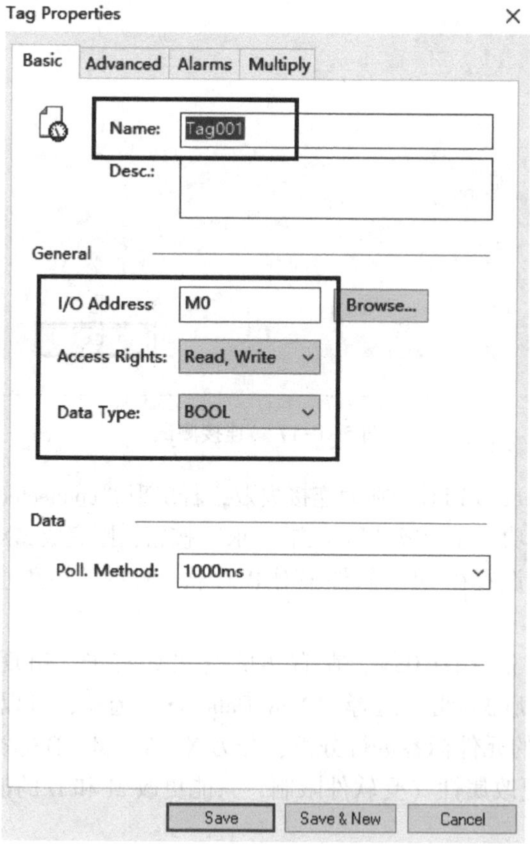

图 5-1-19 新建标签设置

3）设置好需要的数据后单击下方的“Save”来保存设置好的软元件标签。以此类推，可设置所需监视或读写的软元件标签。

4）设置完所需的软元件标签后，单击“开始”按钮▶，再单击监测按钮，分别如图5-1-20所示。可以实时观测PLC内的I/O变化。右击下方的软元件标签列表中的某个软元件标签，然后选择“Write to tag”选项可以对该软元件的值进行更改。该更改能同时会反馈到PLC中和组态软件中。

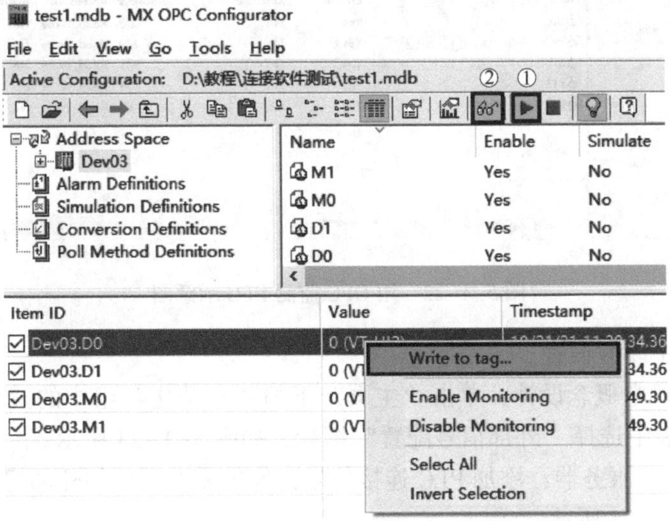

图5-1-20 开始监测及更改标签软元件值

以此类推，将符号表中对应的位点添加进MX OPC Configurator应用中，并打开监视窗口查看位点添加是否成功。

5.1.3 测试PLC、OPC、MCD三者信号的通断

建立了虚拟调试环境后，需要对PLC、OPC、MCD三者信号的通断进行测试，调试观察三方是否连通。可按下列步骤进行。

1）编写PLC信号测试程序。

如图5-1-21所示，在实物中接通X13按钮或在MX OPC软件内接通M1时，M0与Y0会接通，赋值K10进入D0；在OPC的监视窗口中X13，M0，Y0的值会置为1，D0的值会变为10，也可以在OPC的监视窗口中X013、M0、Y000的值置1。

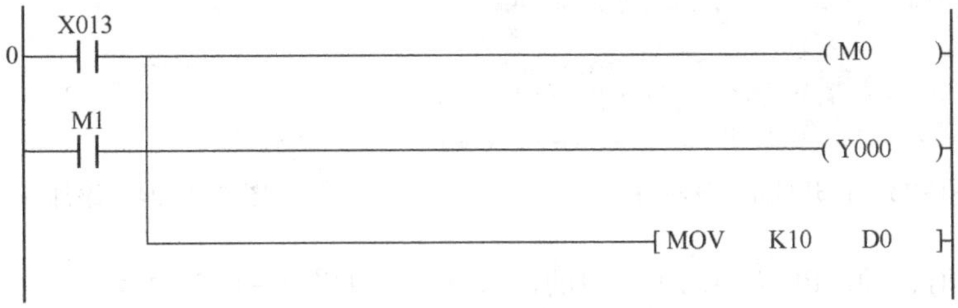

图5-1-21 PLC信号测试程序

2）MX OPC Configurator 位点添加。

按照5.1.2小节中的步骤（4）操作，在OPC内添加好所需要的位点，添加完成后单击监视按钮（图中标号①），如图5-1-22所示，再单击开始按钮（图中标号②），对PLC中对应的软元件及I/O进行监视。

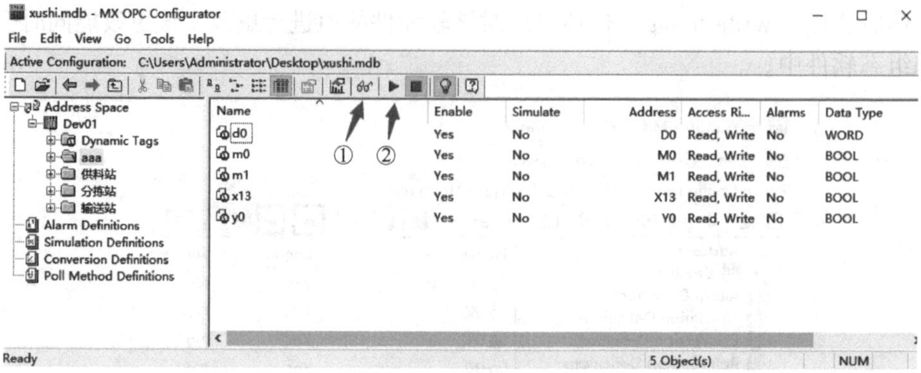

图5-1-22 用OPC监测PLC示意图

3）NX -MCD中属性设置。

打开NX MCD机电概念设计，单击“主页”下的“自动化”组中的“外部信号配置”下拉按钮，在下拉列表中选择“外部信号配置”图标，如图5-1-23所示。

选择“OPC DA”服务器，添加PLC连接信号，勾选需要用到的外部配置信号，单击“确定”按钮，如图5-1-24所示。

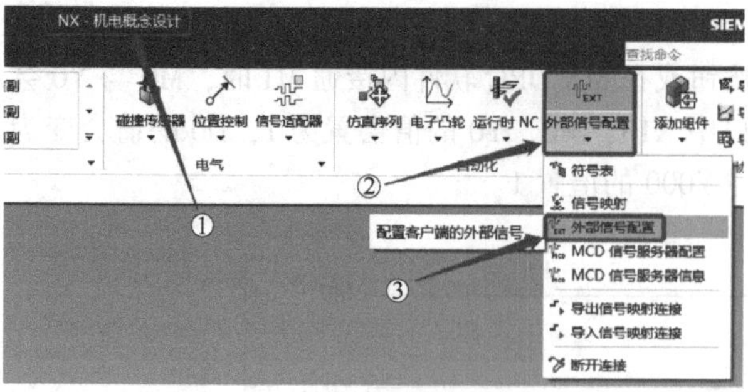

图5-1-23 打开外部信号配置

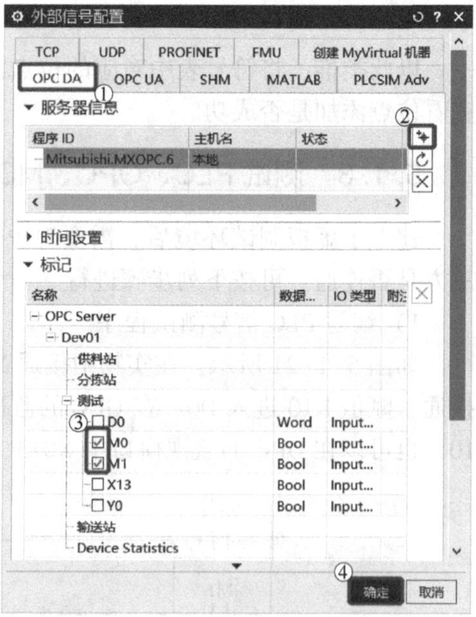

图5-1-24 添加外部信号配置

建立信号映射，使OPC与MCD之间的信号连通，如图5-1-25所示。

4）虚实仿真测试。

完成信号创建于连接后，在MX OPC单击“播放”按钮，进入监控模式，在NX MCD中

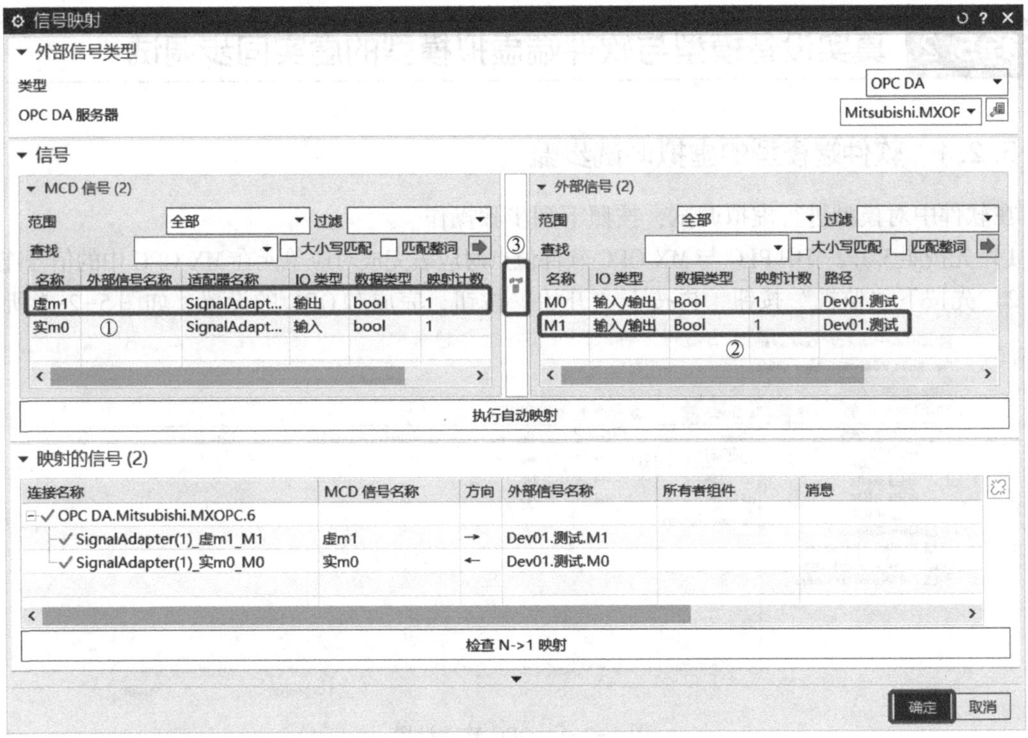

图 5-1-25　信号映射的建立

单击“播放”按钮。

初始 MX OPC 信号为“0”，NX MCD 仿真中气缸未伸出，效果如图 5-1-26 所示。

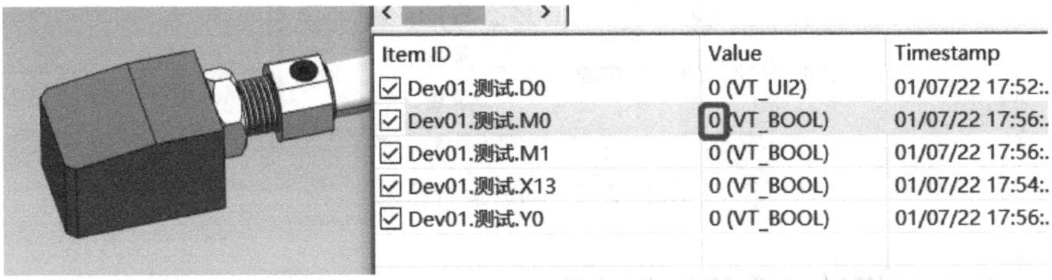

图 5-1-26　气缸未伸出

双击测试变量 M0 的值 Value 栏，可以修改 M0 的值，把“0”改为“1”，设置 MX OPC 信号为“1”，NX MCD 仿真中气缸伸出，效果如图 5-1-27 所示。

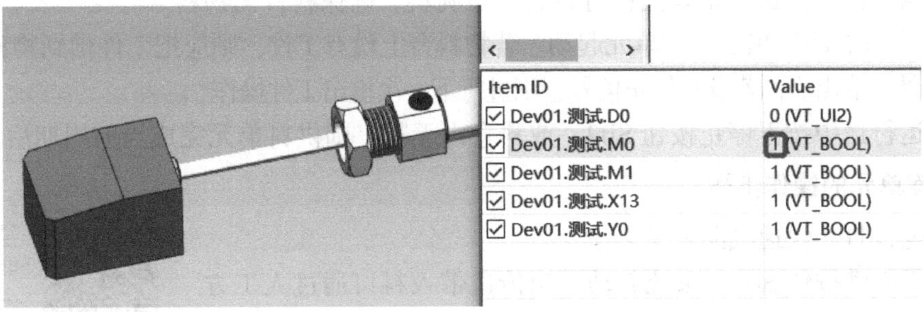

图 5-1-27　气缸已伸出

任务 5.2 真实设备模型与软件端虚拟模型的虚实同步调试

5.2.1 软件端模型的虚拟调试步骤

在软件中对模型进行虚拟调试，按照下列步骤操作。

1）先按照5.1.2节中PLC与MX OPC软件位点对应表完成对应单元在MX OPC中的信号连接；

2）先按下“监视”按钮，再按下“开始”按钮，完成对OPC的设置，如图5-2-1所示；

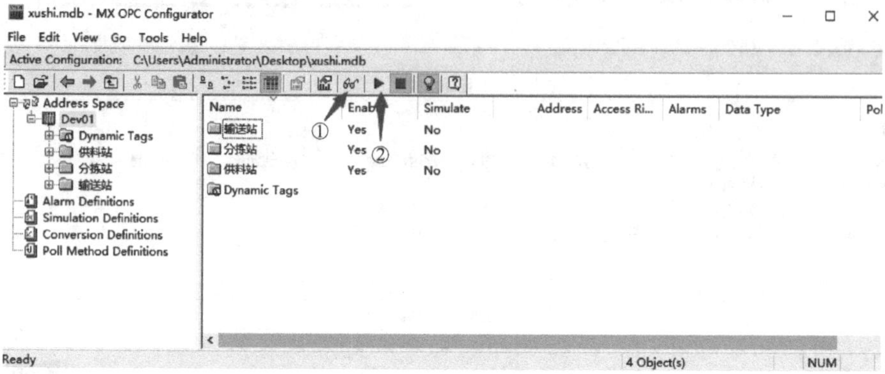

图5-2-1 OPC软件设置

3）在NX MCD打开定义好的单站模型文件（即5.1.1节定义完成的模型文件）；

4）单击“播放”按钮，如图5-2-2所示，运行虚拟调试。

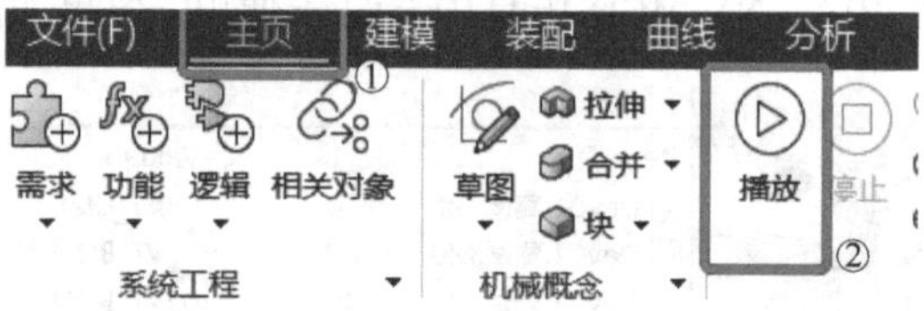

图5-2-2 播放运行结果

5.2.2 设备端模型的实际操作步骤

虚拟调试开启了，下一步对实体设备正常操作。

1. 供料单元的操作步骤

1）上电，打开快速气路开关；将料仓填至满料，确保料台无物料。

2）按下起动按钮SB1，工作单元起动。若物料台上没有工件，则应把工件推到物料台上。物料台上的工件被取出后，若没有停止信号，则进行下一次推出工件操作。

3）在运行途中按下停止按钮SB2，或料仓内无料；则供料单元完成当前周期后停止。

2. 分拣单元的操作步骤

二维码5-1 供料单元虚实联调

1）上电，打开快速气路开关。

2）按下起动按钮SB1，系统起动。当传送带入料口通过人工方式放下已装配的工件时，变频器立即起动，驱动传动电动机以频率为 30 Hz 的速度将工件送往分拣区，执行分拣单元分拣工作任务。

3）按下停止按钮 SB2，若设备没有运行，则停止分拣单元，若设备正在运行，则完成当前周期之后停止运行。

二维码 5-2 分拣单元虚实联调

3. 输送单元的操作步骤

1）上电，打开快速气路开关；

2）按复位按钮，使机械手装置回到原点位置；

3）机械手回到原点位置后，按下起动按钮 SB1，设备起动；

4）抓取工件：手臂伸出→提升台下降→手爪夹紧并提起工件→手臂缩回；

5）移动到分拣单元；

6）放下工件：手臂伸出→提升台下降→手爪松开并放下工件→手臂缩回；

7）移动回原点，一轮周期结束；

8）若没有停止信号，则继续开始新的周期。

二维码 5-3 输送单元虚实联调

项目 6 触摸屏组态

人机界面（Human Machine Interface）是操作人员与机器设备之间双向沟通的桥梁。可以连接 PLC、变频器、直流调速器和仪表等工业控制设备，利用显示屏显示，通过输入单元（如触摸屏、键盘和鼠标等）写入工作参数或输入操作命令，实现人与机器信息交互。它由硬件和软件两部分组成。使用者先使用 HMI 的画面组态软件制作“工程文件”，再通过 PC 和 HMI 产品的串行通信口，把编制好的“工程文件”下载到 HMI 的处理器中运行。

[知识目标]

1. 了解触摸屏界面的应用。
2. 理解生产线设备中触摸屏界面的组建原理。

[能力目标]

1. 能进行触摸屏界面的安装和与 PLC 通信测试。
2. 能进行生产线设备中触摸屏界面的组建与调试。

任务 6.1 昆仑通态 TPC7062KS 触摸屏操作

YL-335B 采用了昆仑通态研发的触摸屏界面 TPC7062KS。这是一款在实时多任务嵌入式操作系统 Windows CE 环境中运行的 MCGS 嵌入式组态软件。

该产品采用了 7 in 高亮度、TFT 液晶显示屏（分辨率为 800×480 像素），以及四线电阻式触摸屏（分辨率为 4096×4096 像素），色彩达 64 K。

CPU 主板以 ARM 结构嵌入式低功耗 CPU 为核心，主频为 400 MHz，具有 64 MB 存储空间。

6.1.1 触摸屏硬件连接

TPC7062KS 触摸屏界面的电源进线和各种通信端口均在其背面，如图 6-1-1 所示。

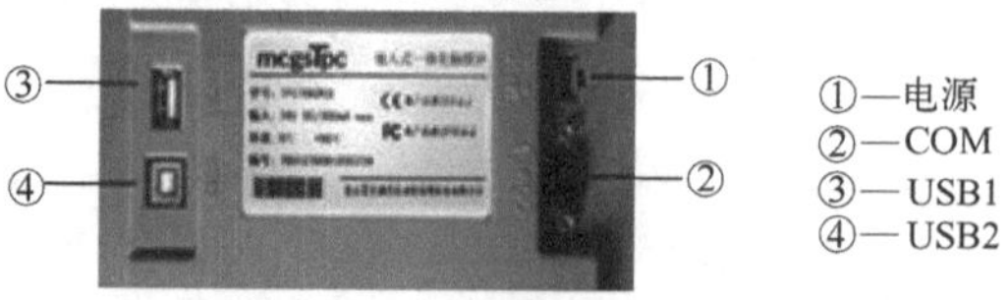

图 6-1-1 TPC7062KS 的接口

其中 USB1 端口用来连接鼠标和 U 盘等，USB2 端口用于工程项目下载，COM（RS-232）端口用来连接 PLC。其下载线和通信线如图 6-1-2 所示。

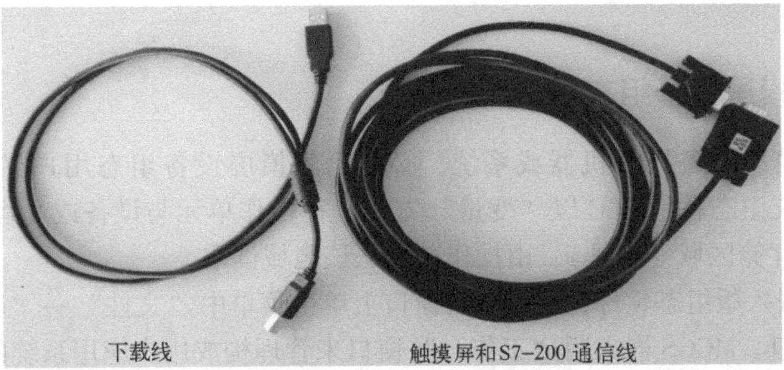

图 6-1-2 下载线和通信线

1. TPC7062KS 触摸屏与个人计算机的连接

在 YL-335B 上，TPC7062KS 触摸屏是通过 USB2 端口与个人计算机连接的，连接前个人计算机中应先安装 MCGS 组态软件。

如利用 MCGS 组态软件把资料下载到 HMI 时，只需在“下载配置”对话框中，选择“连机运行”按钮，再单击“工程下载”按钮即可进行下载，如图 6-1-3 所示。如果要在计算机上模拟测试工程项目，则选择“模拟运行”按钮，然后下载工程。

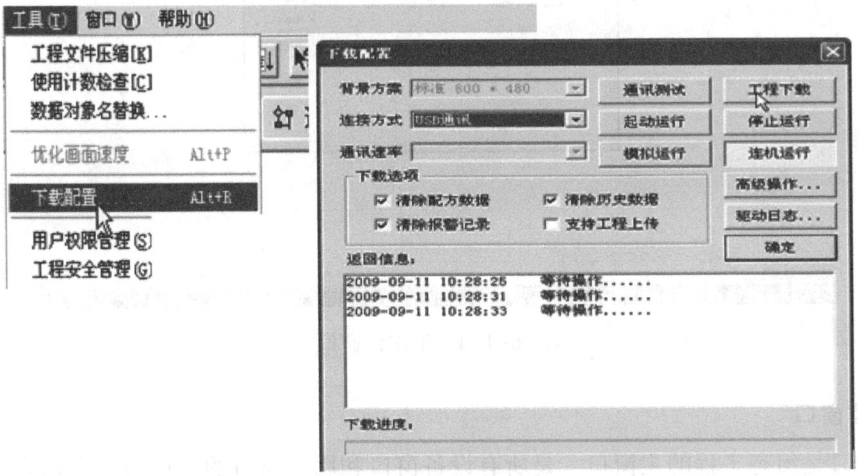

图 6-1-3 工程下载方法

2. TPC7062KS 触摸屏与 S7-200 PLC 的连接

在 YL-335B 上，触摸屏通过 COM 端口直接与输送站的 PLC（PORT1）的编程端口连接。通信线采用西门子 PC-PPI 电缆，PC-PPI 电缆把 RS-232 端口转为 RS-485 端口。PC-PPI 电缆 9 针母头插在触摸屏侧，9 针公头插在 PLC 侧。

3. TPC7062KS 触摸屏与三菱 PLC 的连接

在 YL-335B 上，触摸屏通过 COM 端口直接与输送单元的 PLC FX1 的编程端口连接。所使用的通信线为三菱的下载线。

为了实现正常通信，除了正确进行硬件连接，还须对触摸屏的串行口进行 0 属性“通用串口及设备”设置，是在设备窗口组态中实现，设置方法将在后面的工作任务 6.1.2 中详细说明。

6.1.2 触摸屏设备组态

为了通过触摸屏设备操作机器或系统，必须给触摸屏设备组态用户界面，该过程称为"系统组态"。系统组态就是 PLC 以"变量"方式进行操作单元与设备或过程之间的通信。变量值写入 PLC 的存储区域（地址），由操作单元从该区域读取。

运行 MCGS 嵌入版组态软件，在出现的窗口上单击菜单中"文件"→"新建工程"，弹出图 6-1-4 所示窗口。MCGS 嵌入版"工作台"窗口来管理构成用户应用系统的 5 个部分。"工作台"窗口上的 5 个选项卡为：主控窗口、设备窗口、用户窗口、实时数据库和运行策略，分别对应于 5 个不同的界面，每一个界面负责管理用户应用系统的一个部分，用鼠标单击不同的选项卡，可切换至不同的界面，对相应部分进行组态操作。

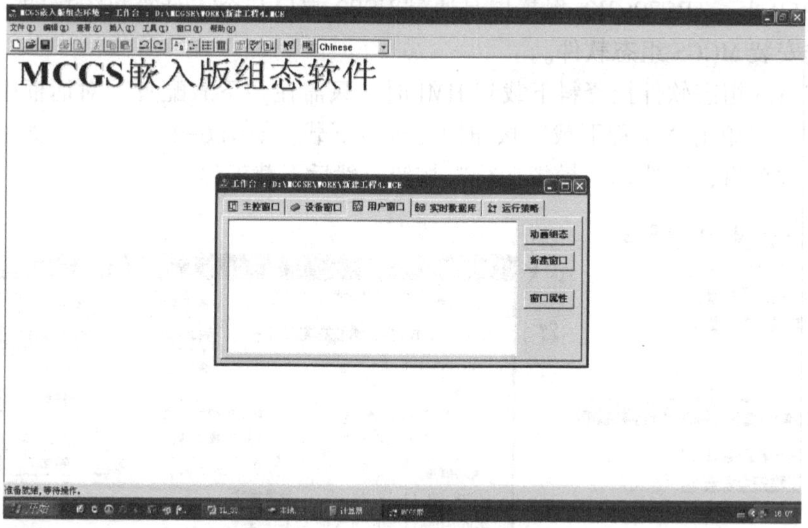

图 6-1-4 工作台窗口

1. 主控窗口

主控窗口是组态工程的主窗口，是所有设备窗口和用户窗口的父窗口，它相当于一个大的容器，可以放置一个设备窗口和多个用户窗口，负责这些窗口的管理，并调度用户策略的运行。同时，主控窗口又可以组态工程结构的主框架，可在主控窗口内设置系统运行流程及特征参数，方便用户的操作。

2. 设备窗口

设备窗口用于搭建系统与作为测控对象的外部设备建立联系的后台作业环境，负责驱动外部设备，控制外部设备的工作状态。系统通过设备与数据之间的通道，把外部设备的运行数据采集进来，送入实时数据库，供系统其他部分调用，并且把实时数据库中的数据输出到外部设备，实现对外部设备的操作与控制。

3. 用户窗口

用户窗口本身是一个"容器"，用来放置各种图形对象（图元、图符和动画构件），不同的图形对象对应不同的功能。通过对用户窗口内多个图形对象的组态，生成美观的图形界面，为实现动画显示效果做准备。

4. 实时数据库

数据对象用来描述系统中的实时数据，用对象变量代替传统意义上的值变量，把利用数据库技术管理的所有数据对象的集合称为实时数据库。

实时数据库是MCGS嵌入版软件系统的核心，是应用系统的数据处理中心。系统各个部分均以实时数据库为公用区交换数据，实现各个部分协调动作。

设备窗口通过设备构件驱动外部设备，将采集的数据送入实时数据库；由用户窗口组成的图形对象，与实时数据库中的数据对象建立连接关系，以动画形式实现数据的可视化；运行策略通过策略构件，对数据进行操作和处理。实时数据库数据流如图6-1-5所示。

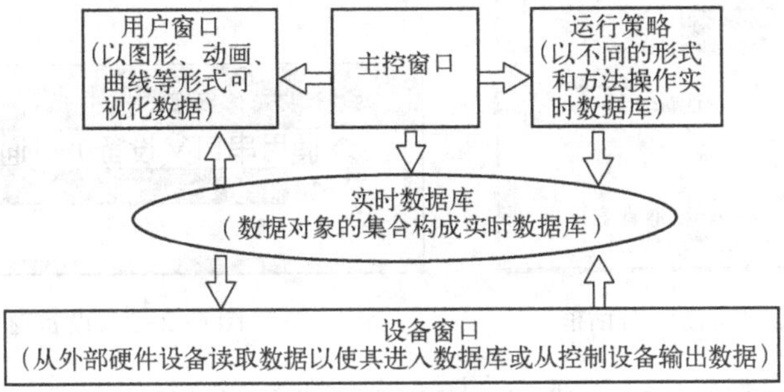

图6-1-5 实时数据库数据流

5. 运行策略

对于复杂的工程，监控系统需设计成多分支、多层循环嵌套式结构，按照预定的条件，对系统的运行流程及设备的运行状态进行有针对性的选择和精确的控制。为此，MCGS嵌入版软件引入运行策略的概念，用于解决上述问题。

“运行策略”是用户为实现对系统运行流程的控制所组态生成的一系列功能块的总称。MCGS嵌入版软件为用户提供了进行策略组态的专用窗口和工具箱。运行策略的建立，使系统能够按照设定的顺序和条件，操作实时数据库，控制用户窗口的打开、关闭以及设备构件的工作状态，从而实现对系统工作过程精确控制及有序调度管理。

任务6.2 昆仑通态触摸屏调试

6.2.1 触摸屏与PLC连接调试

1. 串口连接

运行“MCGS嵌入版组态环境”软件，单击MCGS界面中左上角的“文件（F）”，在下拉菜单中选择“新建工程”。在“新建工程设置”对话框中选择触摸屏型号，若在TPC类型中找不到“TPC7062KS”，则选择“TPC7062K”，如图6-2-1所示。

为了使触摸屏和PLC通信连接，要把定义好的数据对象与PLC内部变量进行连接，具体操作步骤如下。

1）在“设备窗口”中双击“设备窗口”选项卡进入。

2）单击工具栏中的“工具箱”图标按钮，打开“设备工具箱”。

3）在可选设备列表中，双击“通用串口父设备”，然后双击“三菱_FX 系列编程口”，出现“通用串口父设备”和“三菱_FX 系列编程口”，如图 6-2-2 所示。

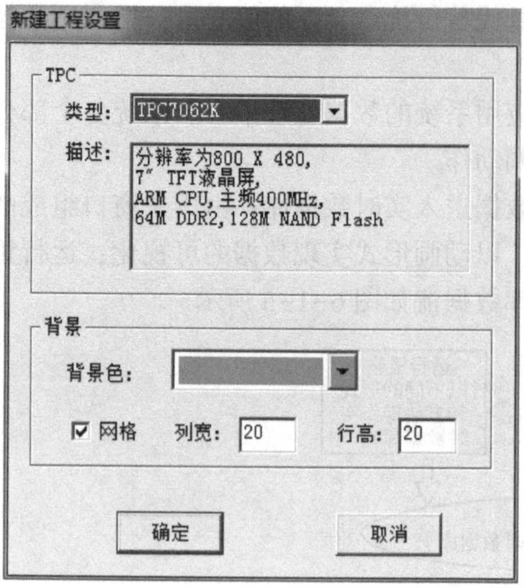

图 6-2-1 “新建工程设置”对话框

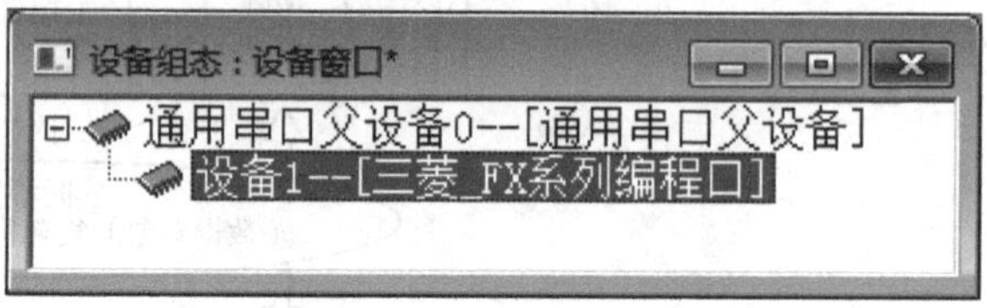

图 6-2-2 设备窗口的设置

4）双击“通用串口父设备”，进入“通用串口设备属性设置”对话框，按 FX PLC 编程端口的通信要求设置：串口端口号（1~255）设置为 0-COM1；通信波特率设置为 6-9600；数据校验方式设置为 2-偶校验；其他设置为系统默认设置，如图 6-2-3 所示。

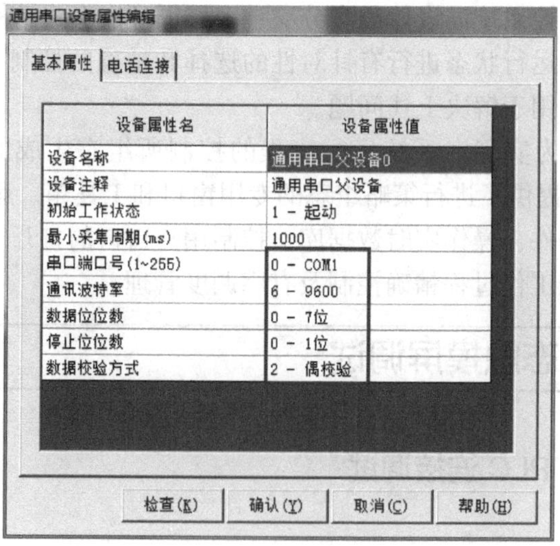

图 6-2-3 通用串口设置

5）双击“三菱_FX 系列编程口”，进入“设备编辑窗口”对话框，如图 6-2-4 所示。将窗口左下方“CPU 类型”选择“2-FX2N CPU”。将窗口右边的“通道名称”默认为“X000~X007”，可以单击“删除全部通道”按钮对其进行删除。

6）设置好 CPU 类型后单击图 6-2-4 中的“确认”按钮，选择菜单上的“工具”→“下载配置”，单击“连机运行”按钮，“连接方式”选“USB 通信”，最后单击“通讯测试”按钮，如图 6-2-5 所示。

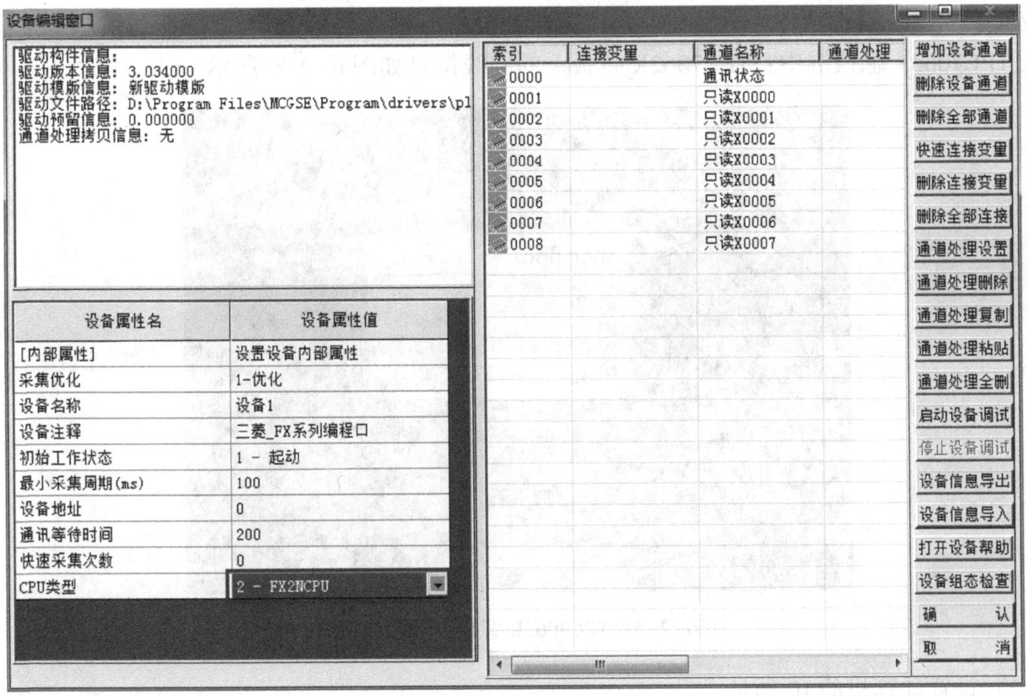

图 6-2-4　“设备编辑窗口”的设置

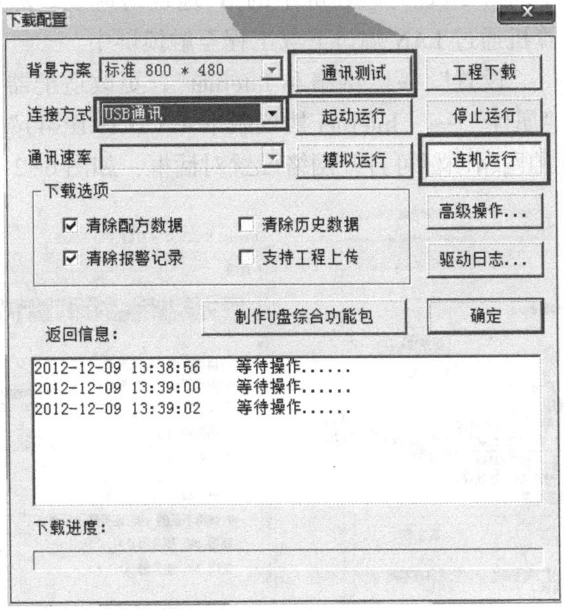

图 6-2-5　“下载配置”对话框

显示“通信测试正常”后，能正常连通触摸屏，下载组态界面。

2. 计算机通过 LAN 通信端口下载程序至 TPC7062Ti 触摸屏

TPC7062Ti 触摸屏程序可以通过网络下载，其下载步骤如下。

1）先通过网线把计算机和触摸屏连接起来。

将计算机与触摸屏通过网线连接，使 PC 与触摸屏 TPC7062K 通过网线通信；连接前计算机应安装 MCGS 组态软件，然后在个人计算机中设置好组态界面并通过 LAN 通信端口下载工程至 TPC7062K 触摸屏中；TPC7062K 背板上的网线接口如图 6-2-6 所示。

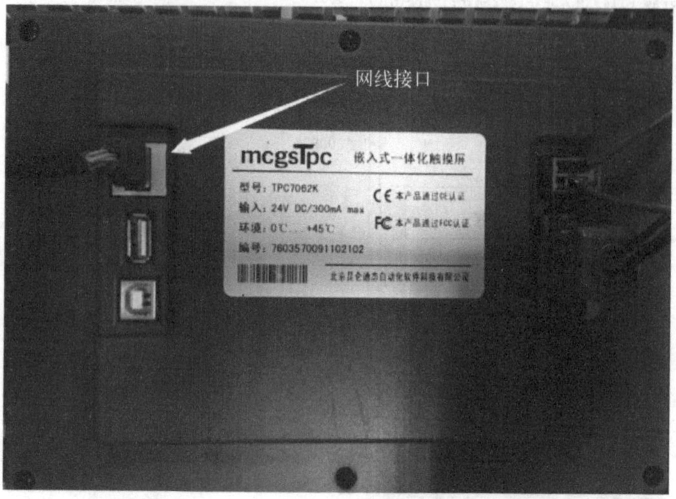

图 6-2-6 TPC7062K 背板上的网线接口

2）设置计算机的 IP 地址。

为了通过 LAN 端口下载工程至触摸屏中，必须先设置个人计算机中的 Internet 协议版本 4（TCP/IPv4），使计算机中的 IP 地址与触摸屏中的 IP 地址对应上。然后才能使触摸屏和计算机通过 LAN 口通信，计算机通过 LAN 端口下载工程至触摸屏中。

执行“开始”菜单→“设置”→“网络和 Internet”，更改适配器选项→找到网线接口→右击该网线接口，选择“属性”→“Internet 协议版本 4（TCP/IPv4）”命令。

3）双击计算机桌面的网络图标可打开网络设置对话框，如图 6-2-7 所示。

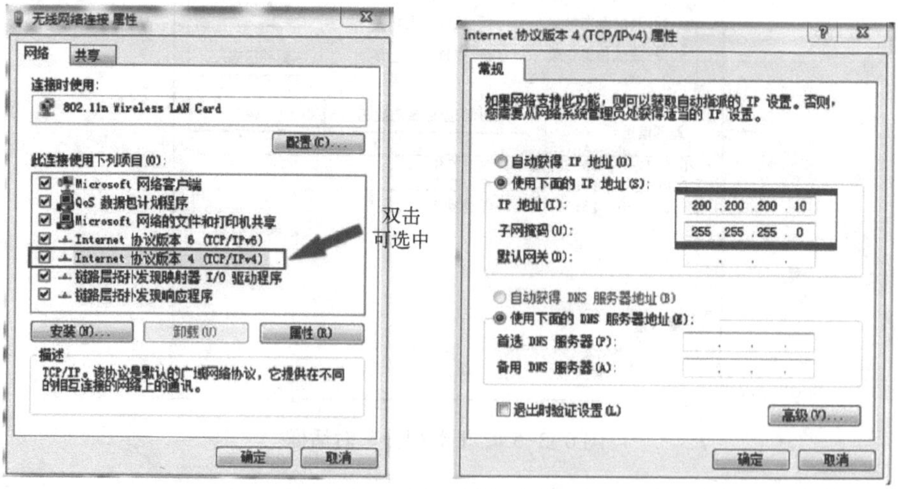

a) b)

图 6-2-7 计算机网络设置

4）触摸屏下载配置的设置。

设置完个人计算机中的 Internet 协议版本 4（TCP/IPv4）后，为了让设置好的组态界面通过 LAN 端口下载至 TPC7062K 触摸屏中，还需要在 MCGS 组态软件中对下载进行设置；选择“工具”→“下载配置”或按〈Alt+R〉，会出现以“下载配置”对话框，如图 6-2-8 所示进行配置，然后在 MCGS 中将设置好的组态界面通过 LAN 端口下载工程至触摸屏中；如需模拟运行，则执行如图 6-2-9 所示的操作。

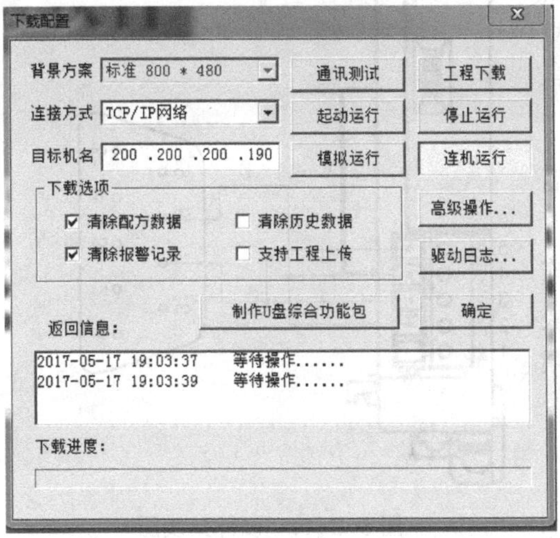

图 6-2-8　触摸屏连机时下载配置的设置

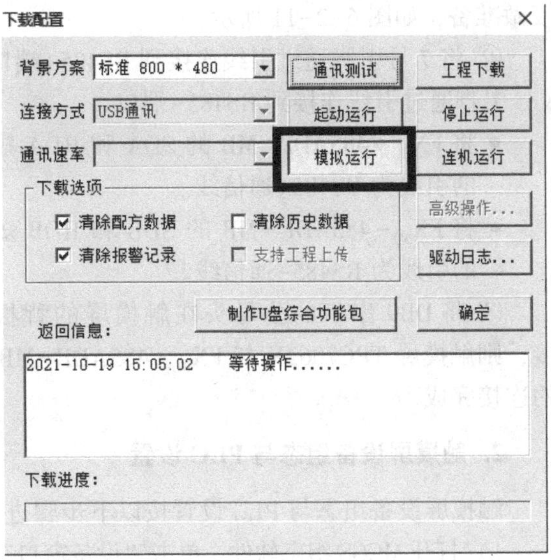

图 6-2-9　触摸屏“模拟运行”按钮

6.2.2　通信模块调试

1. FX_{3U}-PLC 通过 FX_{3U}-485ADP-MB 与触摸屏进行 RS-485 通信连接

1）触摸屏电源端子接线。

将 24 V 电源线剥线后插入电源插头接线端子中后使用一字螺丝刀将电源插头螺钉锁紧；将电源插头插入产品的电源插座即可完成触摸屏电源端子接线。

2）触摸屏通信线连接

TPC7062K 触摸屏界面的电源进线及通信端口在触摸屏的背面，其中 USB1 端口用于连接 U 盘及鼠标等方便操作触摸屏的硬件。USB2 端口以及 LAN 端口用于设置组态界面并下载至触摸屏中使用。串口（DB9）用于连接 PLC，与 PLC 进行 RS-485 或者 RS-232 通信；本案例通过串口（DB9）以及 FX_{3U}-485ADP-MB 来使触摸屏与 PLC FX_{3U}进行 RS-485 通信。触摸屏串口引脚定义如图 6-2-10 所示。

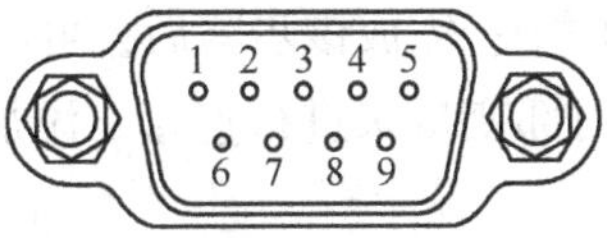

串口引脚

端口	PIN	引脚定义
COM1	2	RS232 RXD
	3	RS232 TXD
	5	GND
COM2	7	RS485+
	8	RS485-

图 6-2-10　触摸屏串口引脚及其定义

RS-485 接口是接线端子形式。将引脚中的 COM2（也就是引脚 7 和引脚 8）引出，分别接至另一通信设备中的 RS-485+和 RS-485-端口即可完成 RS-485 通信。

3）触摸屏通过RS-485通信连接FX_{3U} PLC通信扩展模块FX_{3U}-485ADP-MB的步骤如下。

① 在DB9串口的母头上通过焊接引线，引出7号和8号引脚。为后续与FX_{3U}-485ADP-MB模块连接做准备，如图6-2-11所示。

② 将7号引脚通过引线连接到RS485+端口，将8号引脚通过引线连接到RS485-端口。

- 将FX_{3U}-485ADP-MB的SDA和RDA短接后的引线为RS485+通信线。
- 将FX_{3U}-485ADP-MB的SDB和RDB短接后的引线为RS485-通信线。

③ 将DB9串口的公母头在触摸屏的背板上连接，则触摸屏TPC7062K与FX_{3U}-485ADP-MB模块的连接完成。

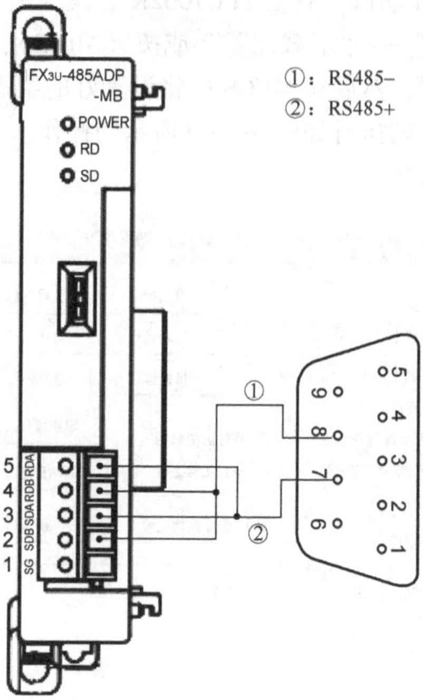

图6-2-11 硬件接线图

2. 触摸屏设备组态与PLC设置

触摸屏设备组态与PLC设置按以下步骤进行。

1）打开MCGS组态软件，单击“设备窗口”选项卡，双击“设备窗口”图标，如图6-2-12所示。

2）然后会出现“设备组态：设备窗口”画面，右击“设备组态：设备窗口”中的空白区域，在弹出的快捷菜单中单击“设备工具箱”。然后可以通过里面的“设备管理”功能添加所需要的设备驱动，如图6-2-13所示。

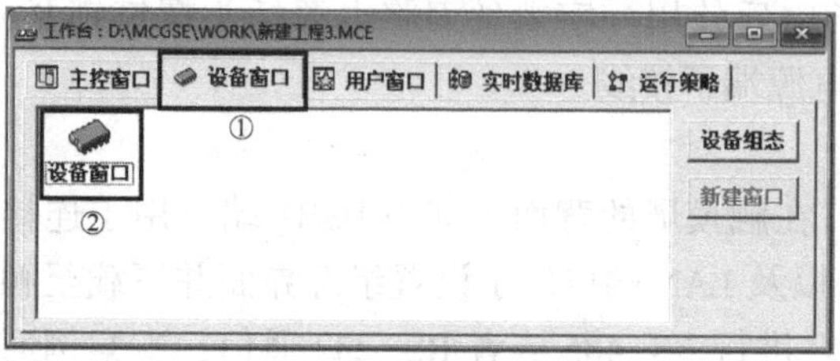

图6-2-12 MCGS工作台

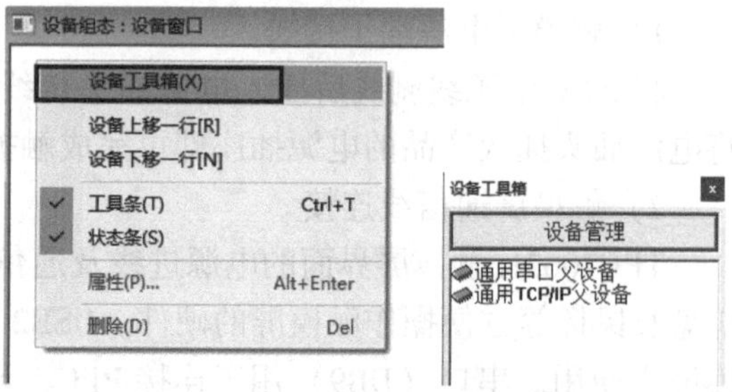

图6-2-13 设备窗口及设备工具箱

3）单击“设备管理”，找到“三菱_FX系列串口”，单击“三菱_FX系列串口”，单击“增加”，则三菱_FX系列串口被添加到选定设备对话框中；完成该步骤后，可以从设备工具箱中选用三菱_FX系列串口，使定义好的数据对象与PLC内部变量来进行连接。添加三菱FX系列串口如图6-2-14所示。

4）添加完FX系列串口后，单击图6-2-14中的“确认”按钮退出设备管理窗口，此时“设备工具箱”中出现“三菱_FX系列串口”，先双击“通用串口父设备”，将通用串口父设备添加到“设备组态：设备窗口”中，然后再双击“三菱_FX系列串口”，将该串口添加为通用串口父设备的子设备，则设备组态初步完成。设置三菱_FX系列串口操作如图6-2-15所示。

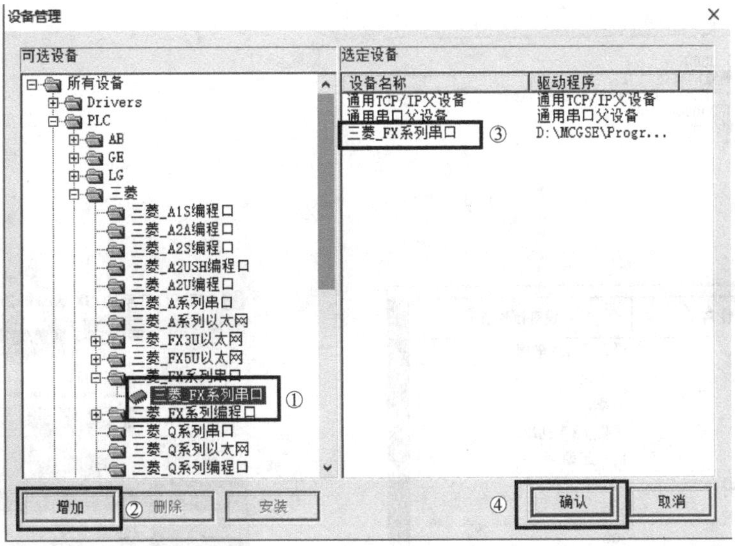

图 6-2-14　添加三菱_FX 系列串口

5）设置通用串口父设备参数。双击“通用串口父设备 0--[通用串口父设备]”，进入“通用串口设备属性编辑”对话框，按三菱_FX 系列 PLC 串口的通信要求，设置通用串口，参数设置如图 6-2-16 所示。

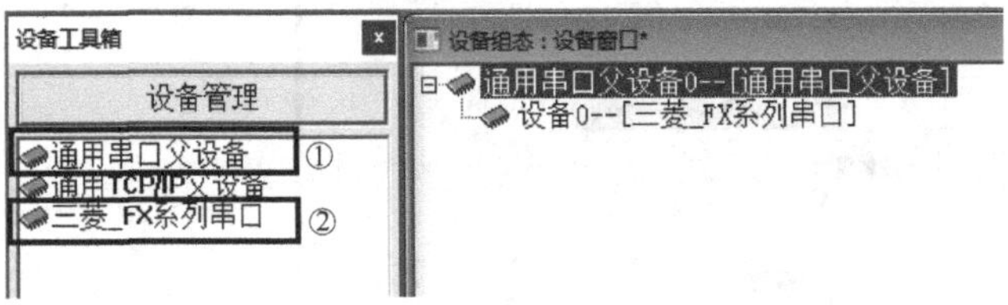

图 6-2-15　设置三菱_FX 系列串口

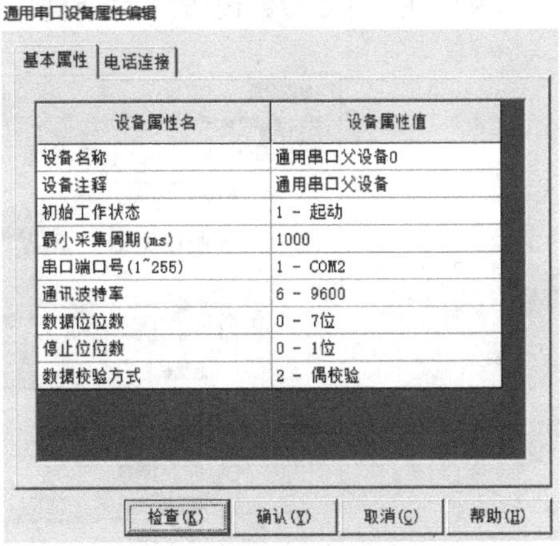

图 6-2-16　设置通用串口

6）设置三菱_FX 系列串口参数。双击“设备 0--[三菱_FX 系列串口]”进入“设备编辑窗口”，设置设备编辑窗口的参数，如图 6-2-17 所示。

7）打开编程软件 GX Work2，创建新工程，系列选择 FX CPU，机型选择 $FX_{3U}/FX_{3U}C$；工程类型选择简单工程，程序语言选择梯形图，然后单击“确认”按钮。

8）在软件的“导航”的“工程”选项中找到“参数”选项，单击“参数选项”后会出现“PLC 参数”选项，此时再双击“PLC 参数”选项，如图 6-2-18 所示，就会出现“FX 参数设置”对话框；在该对话框中可以调整 PLC 的各项参数，包括特殊模块设置、内置定位设置、以太网端口设置、储存器容量设置、软元件设置、PLC 名称设置和 PLC 系统设置等参数，如图 6-2-19 所示。

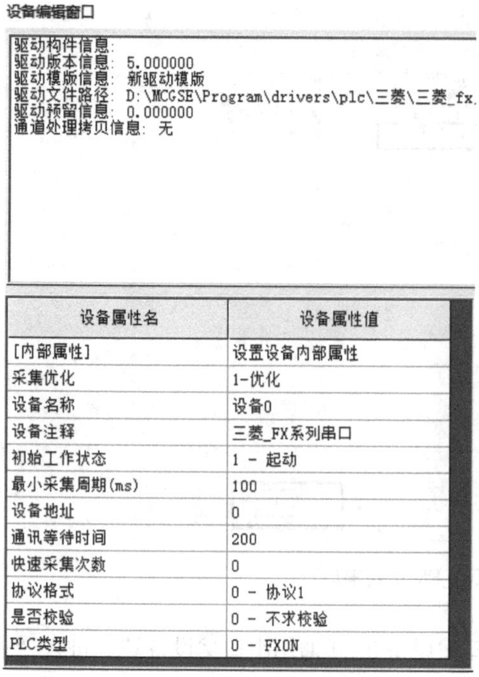

图 6-2-17 三菱_FX 系列串口参数设置

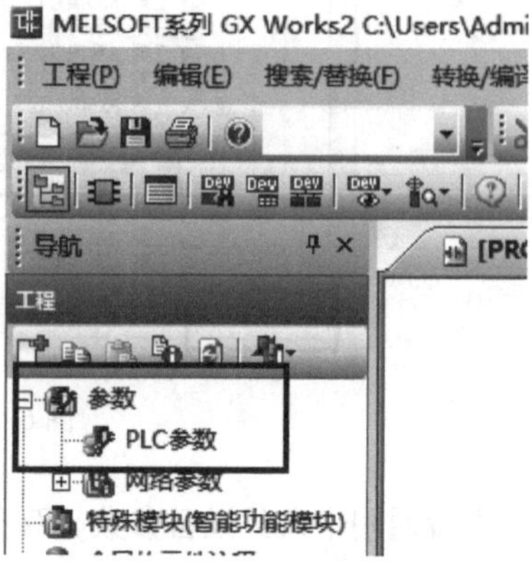

图 6-2-18 打开“PLC 参数”

9）在“FX 参数设置”对话框中，单击 PLC 系统设置（2），参数设置如图 6-2-19 所示。

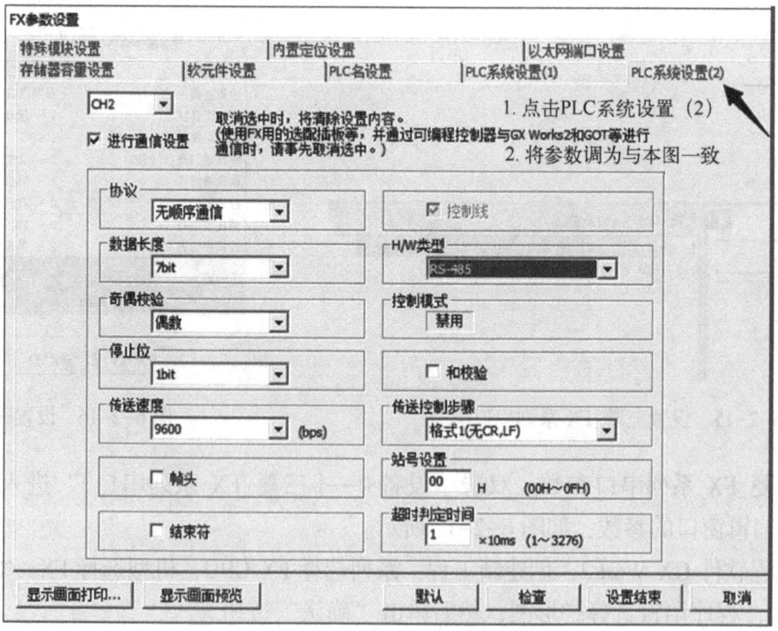

图 6-2-19 设置 PLC 参数

单击“设置结束”按钮，完成触摸屏与 PLC 的通信设置。

10）在 MCGS 的“下载配置”对话框中单击“通讯测试”按钮，如图 6-2-20 所示。

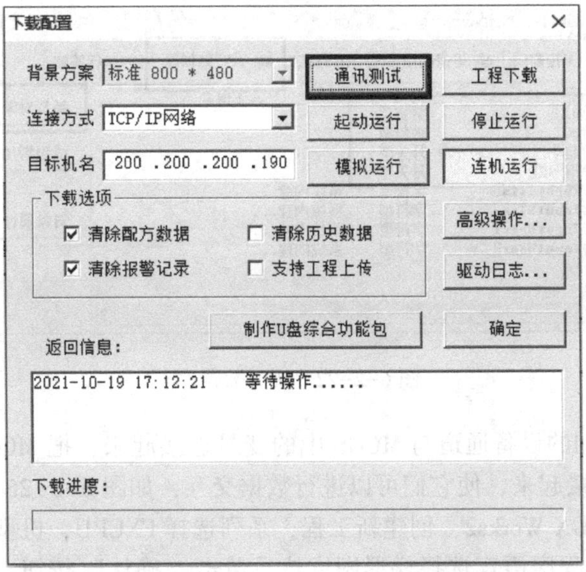

图 6-2-20 MCGS 下载配置

6.2.3 设备组态应用

1. 连接应用案例

现以制作一个按钮、一个指示灯和一个数据输入框的小例程，实现触摸屏设备组态。

1）显示“通信测试正常”后，在 MCGS 组态软件中制作简单的 M 的读写和 D 的读写，在用户窗口中添加指示灯、按钮、和文本框用于 M 的接收和发送，以及 D 的接收和发送。如图 6-2-21 所示。

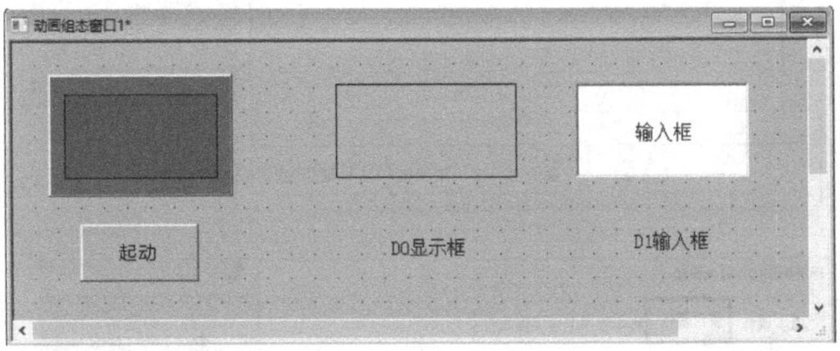

图 6-2-21 MCGS 组态窗口

2）定义变量。打开“工作台”对话框，单击“实时数据库”选项卡，再单击“新增对象”，将变量添加进实时数据库中，定义 D1、D0、启动、指示灯等变量的相关属性；再将相关属性跟组态界面中的元件连接在一起，元件的属性定义就设置好了，如图 6-2-22 所示。

3）双击对应元件的图标，弹出对应元件的“单元属性设置”对话框。如图 6-2-23 所示，分别对指示灯、按钮、D0、D1 分别进行定义。

4）将变量与 PLC 的读写通道连接。打开“设备编辑窗口”对话框，单击“添加设备通道”，在弹出的“添加设备通道”对话框中选择需要的通道类型和通道地址，然后单击“确认”按钮，将其添加到串口通道中，如图 6-2-24 所示。

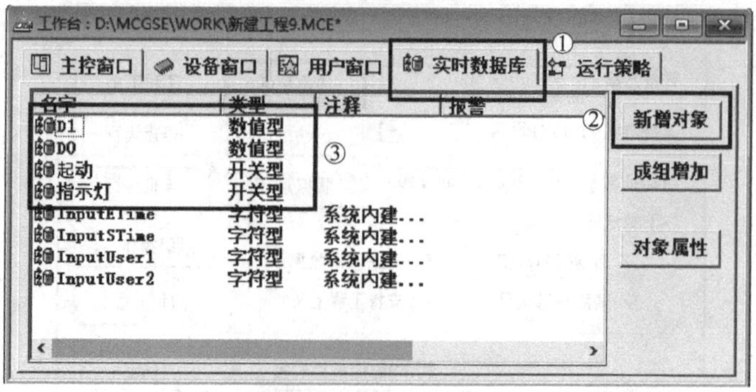

图 6-2-22 实时数据库

5）将步骤 4）添加的设备通道与 MCGS 中的变量连接起来，把 MCGS 组态软件中的元件与 PLC 中的 M 和 D 连接起来，使它们可以进行数据交互，如图 6-2-25 所示。

6）打开编程软件 GX Works2，创建新工程，系列选择 FXCPU，机型选择 $FX_{3U}/FX_{3U}C$；工程类型选择简单工程，程序语言选择梯形图，然后单击“确认”按钮。编写测试程序，测试 PLC 和触摸屏是否连通。

7）创建新工程后用梯形图进行编程，测试程序如图 6-2-26 所示。

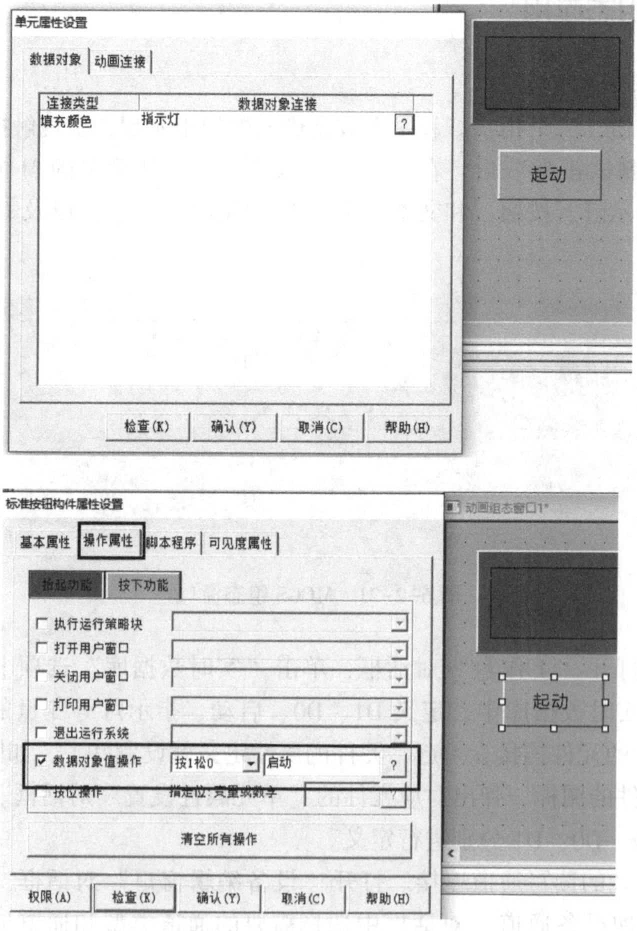

图 6-2-23 各元件的属性设置

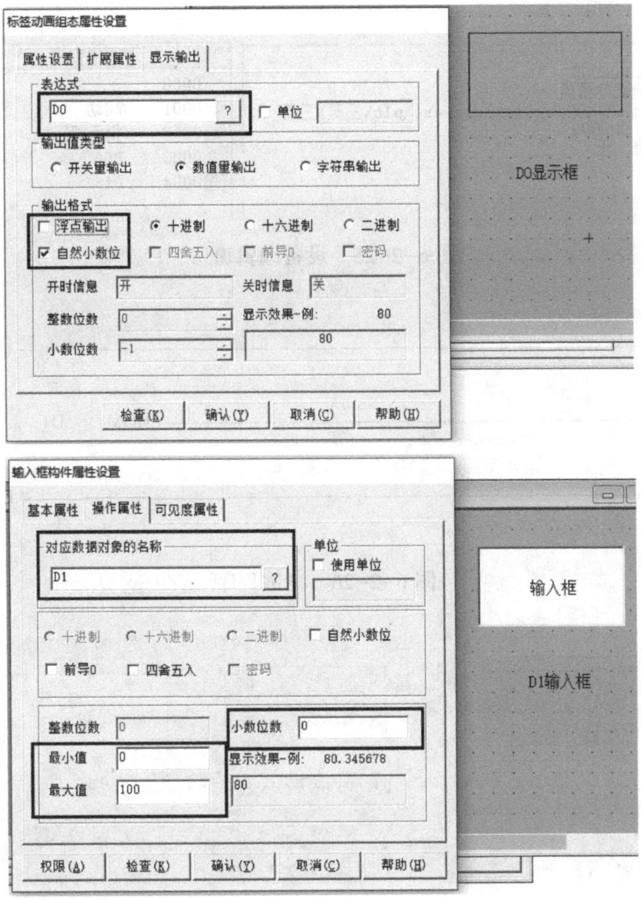

图 6-2-23 各元件的属性设置（续）

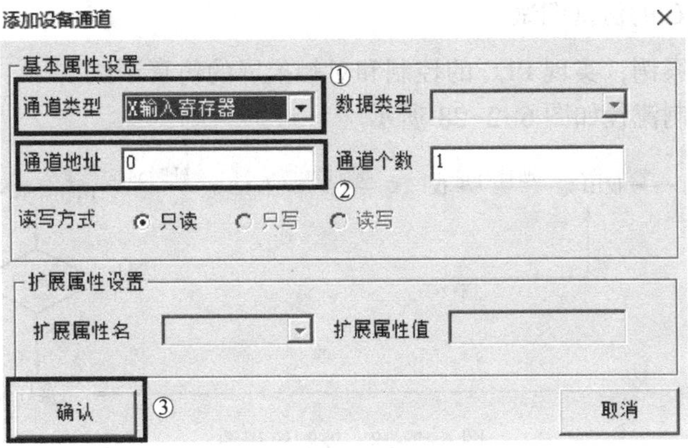

图 6-2-24 通道设置

8）将 MCGS 中编辑好的工程通过 COM 串口或 LAN 端口下载至触摸屏 TPC7062K 中并运行。单击“起动”按钮时，指示灯由红色变为绿色；在 D1 输入框内输入数值时，D0 数值框也会同步更新为与 D1 输入框输入数值相同的数值。这个运行效果说明触摸屏与 PLC 已经连接成功。联机后的触摸屏显示效果如图 6-2-27 所示。

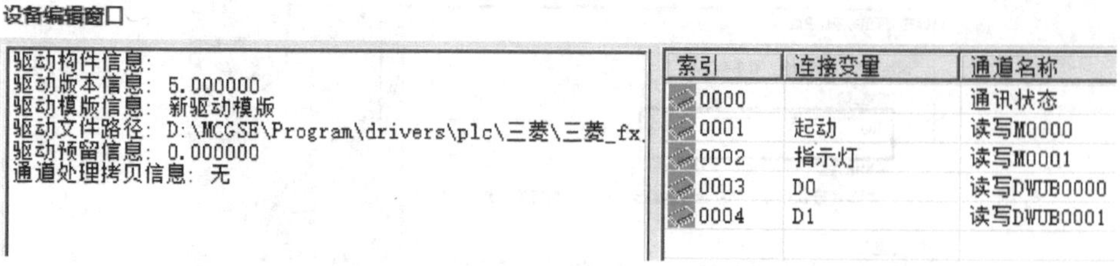

图 6-2-25 设备编辑窗口

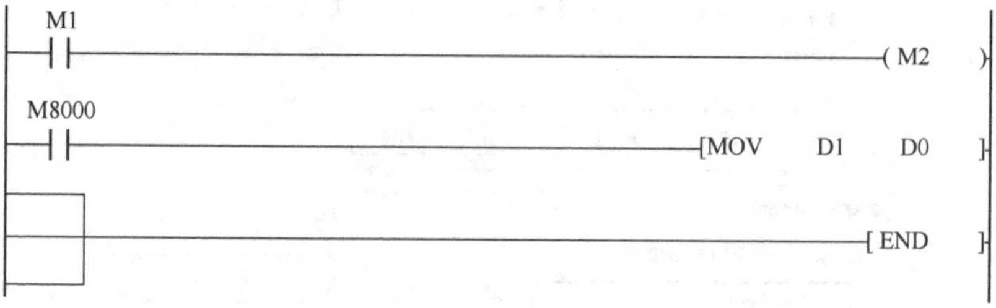

图 6-2-26 测试程序

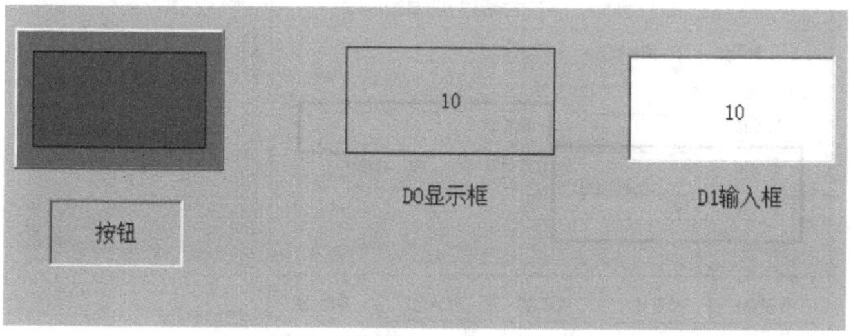

图 6-2-27 联机后的触摸屏显示效果

2. 连接 FX_{3U} PLC 的仿真调试

以三盏指示灯的案例，实现 PLC 的控制和对触摸屏的仿真调试。

三盏指示灯的控制流程如图 6-2-28 所示。

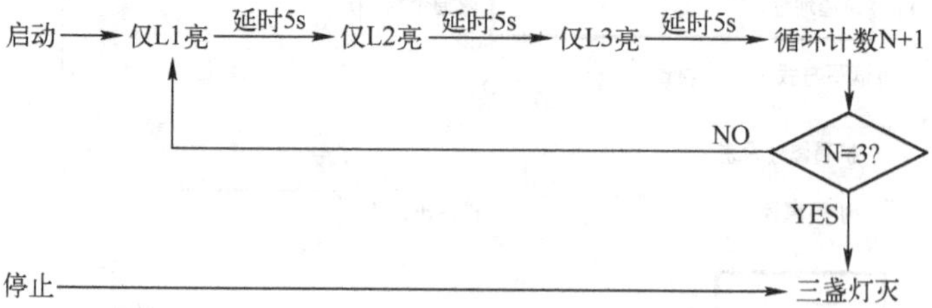

图 6-2-28 控制流程图

可用 GX Works2 软件进行 PLC 控制的程序编制、在 MCGS v7.7 软件中进行 HMI 界面组态的编辑。需在 HMI 界面组态中添加起动、停止按钮以及 L1、L2、L3 三盏指示灯。实现触摸屏仿真软件与实体 PLC 的联调。

在仿真时，强制输入 M0 使控制系统起动，M1 控制停止；与触摸屏画面上的起动按钮并联。

6.2.4　虚拟仿真调试

昆仑通态触摸屏可以通过 OPC 协议与三菱 PLC 虚拟连接。

二维码 6-1 触摸屏仿真软件与实体 PLC 的联调视频

1. MC OPX Configurator 软件设置

（1）新建 MC OPX Configurator 文件

1）双击桌面的 MX OPC Configurator 的软件图标，打开 MX OPC Configurator，在 MX OPC Configurator 窗口中，单击左上角的“File”选项，再单击下拉列表中的“New”选项，就可以新建一个配置文件，如图 6-2-29 所示。

2）在随后弹出的“Save New MS Access Database”对话框中，先选择新建文件保存的路径，再输入保存文件的文件名，最后单击“保存”按钮，如图 6-2-30 所示。创建好的新建文件后可以重复调用，下次使用同一个 PLC 时就不需要重新设置各项参数。

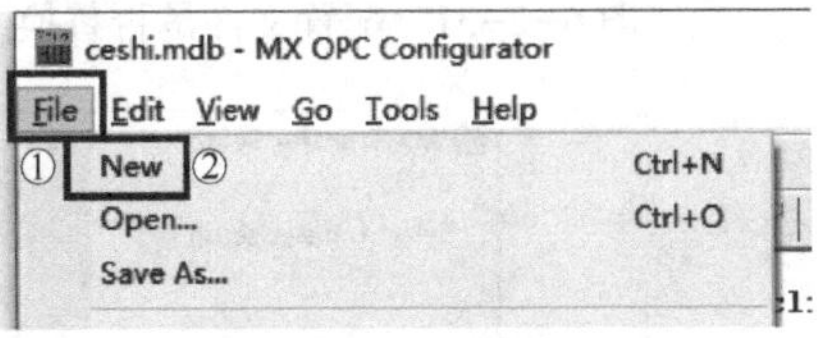

图 6-2-29　新建配置文件

3）单击窗口右上角的关闭按钮以关闭 MX OPC Configurator 软件，会弹出如图 6-2-31 所示对话框，单击“是”，则 MX OPC Configurator 会将新创建的文件应用于 MX OPC Configurator 中，下次重新打开 MX OPC Configurator 时，可以对新创建的文件进行编辑和配置。

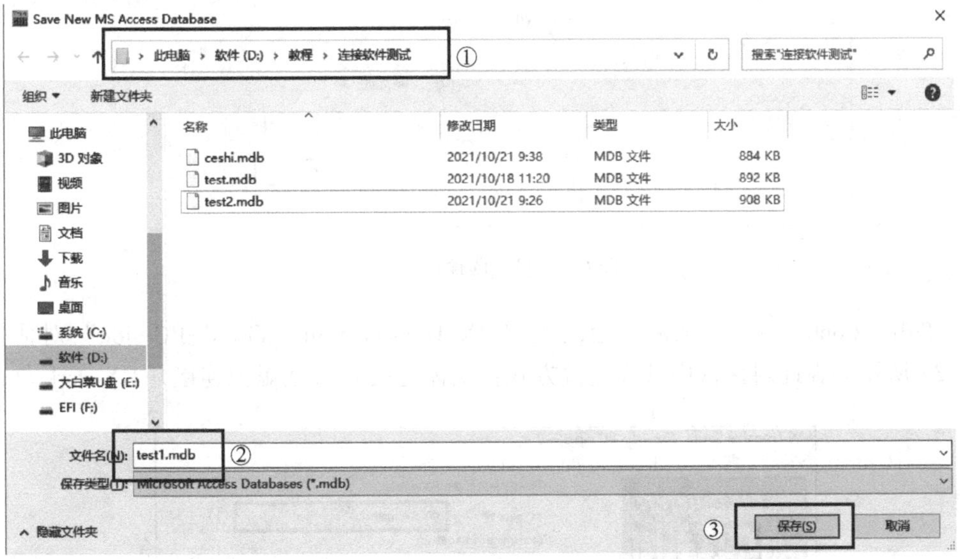

图 6-2-30　保存新建的配置文件

（2）设置 PLC 参数

本例用 MCGS6.2 和 GX Works2 作为演示软件。

1）打开 MX OPC Configurator，单击“Address Space”选项，在弹出的选项框中单击“New MX Device”选项，如图 6-2-32 所示。对于图中新建的 MX 设备，可通过后续设置来选择用户所需要的 PLC 型号以及连接方式。

2）单击“New MX Device”选项后，会出现“MX Transfer Setup”对话框，单击“Configure”选项，选择要连接的设备，如图 6-2-33 所示。

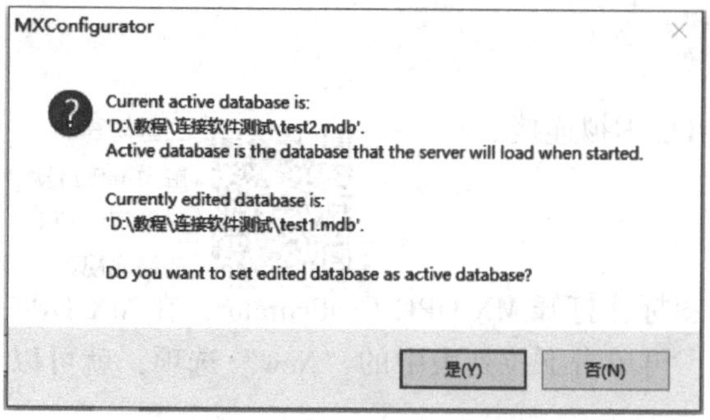

图 6-2-31 配置文件是否替换

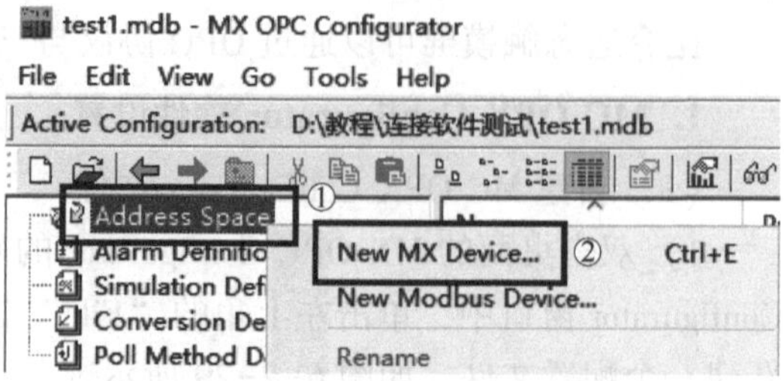

图 6-2-32 新建 MX 设备

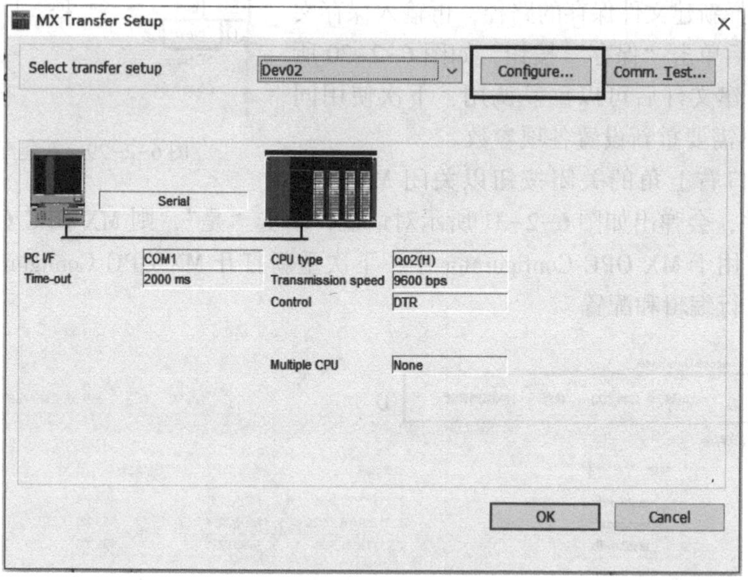

图 6-2-33 选择设备组合

3）单击“Configure”选项后，会出现“MX Transfer Setup Wizard-PC side”对话框，如图 6-2-34 所示。在此对话框中选择连接方式：实体连接 PLC 或虚拟连接并 GX work 软件进行

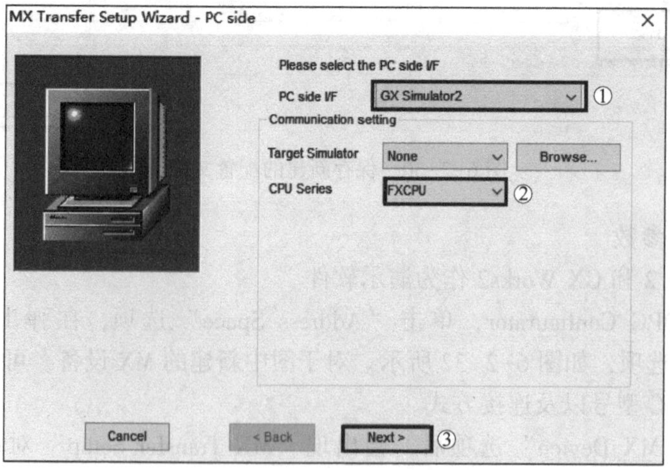

图 6-2-34 设置设备参数

仿真。虚拟连接时在“PC side I/F”选项选择“GX Simulator2”，“CPU Series”选择“FX-CPU”，单击“Next”选项进入下一步的设置，在弹出的下一个对话框中单击“finish”，则完成了对 CPU 的型号选择和连接方式的选择。

4）在上一步骤单击“Finish”选项后，回到“MX Transfer Setup”对话框中，单击“Comm. Test”选项，测试 MX OPC Configurator 是否与刚才设置的 PLC 连接成功，连接测试如图 6-2-35 所示。

如出现“Fail to connect to PLC”则为连接失败；若出现“connected to PLC Type of connected CPU is xxx”则为连接成功。连接成功后单击“OK”，则完成 MX OPC Configurator 对 CPU 型号的选择。后续可以在 OPC 软件中设置对 CPU 的软元件的监视和通信。

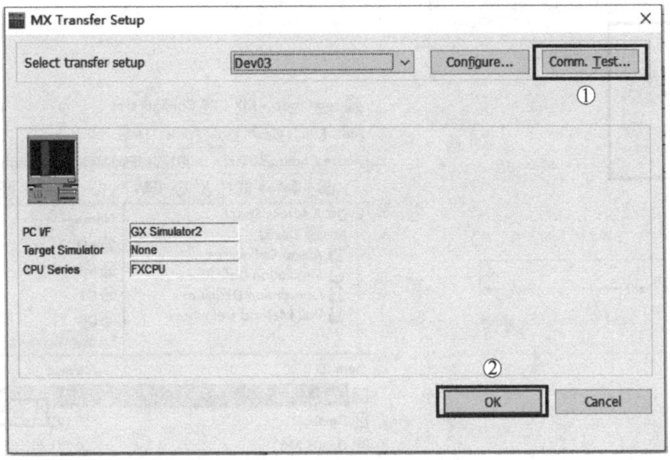

图 6-2-35　连接测试

（3）设置软元件

1）单击新创建的设备“Dev03”，在右边的空白处右击，出现快捷菜单；选择“New Group”选项可以创建新的分组，对创建的元件标签进行分类，例如 X，Y，M，D 等。选择“New DataTag”选项，可以创建新的元件标签，并对 PLC 中的相同的点位进行更改属性。软件使用中，只能更改 M 和 D 的值，监测 X 与 Y 的值。新建标签及分组如图 6-2-36 所示。

2）单击“New DataTag”选项，出现“Tag Properties”对话框，在该对话框中更改软元件标签的参数。建议将软元件标签名字 Name 修改为与 I/O 地址相同的名称，方便后续调用。将 I/O Address 中的软元件地址更改为相应的软元件地址，将 Access Rights 中的读写权限更改为相应的读写权限（一般选择 Read，Write），Data Type 中的数据类型根据软元件的信号类型选择，M，X，Y 的软元件数据类型选择 BOOL，数据寄存器 D 的软元件数据类型选择 WORD 或者 DWORD。

然后单击下方的“Save”按钮保存设置好的软元件标签。以此类推，设置仿真运行所需的监视或读写的软元件标签。新建标签的设置如图 6-2-37 所示。

3）设置完软元件标签后，如图 6-2-38 所示，单击开始按钮（图中①），再单击监

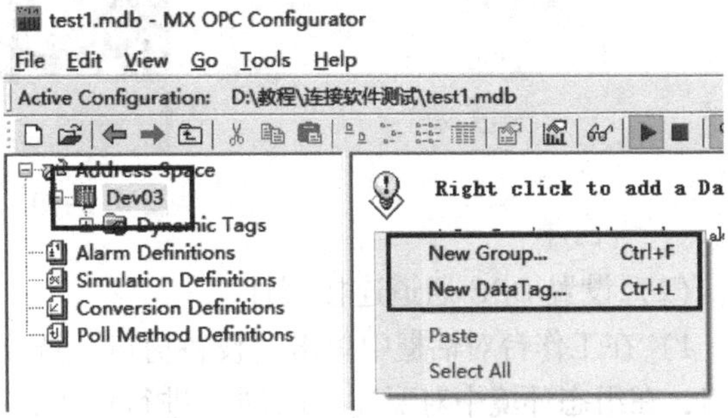

图 6-2-36　新建标签及分组

测按钮（图中②），可实时观测 PLC 内的 I/O 变化。还可以右击下方的软元件标签列表中的某个软元件标签，然后选择“Write to tag”选项对该软元件的值进行更改。此时更改的值能同步反馈到 PLC 中和组态软件中，更改标签软元件值如图 6-2-38 所示。至此 MC OPC Configurator 的设置和测试已完成。

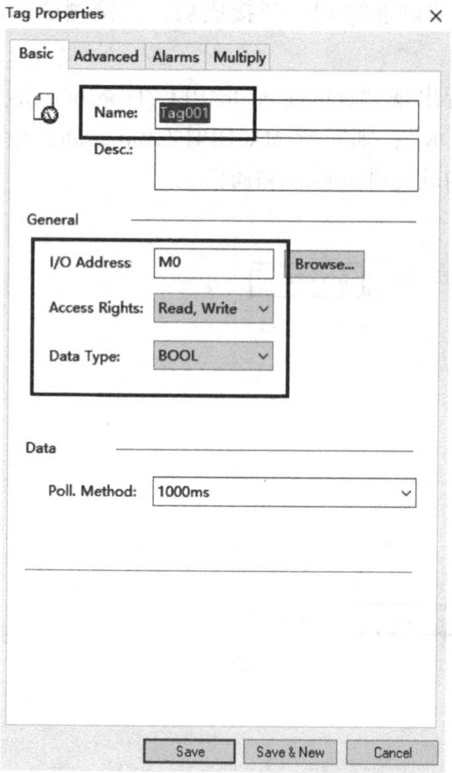

图 6-2-37 新建标签的设置

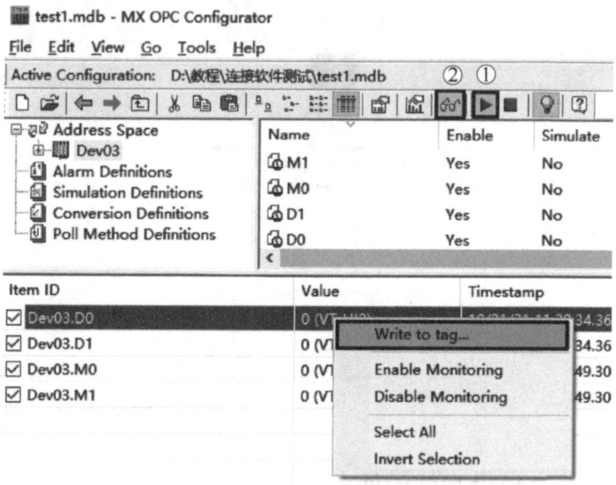

图 6-2-38 更改标签软元件值

2. 设置 MCGS6.2 组态软件

（1）创建新文件

打开 MCGS6.2 组态软件，创建一个新工程，如图 6-2-39 所示。

图 6-2-39 新建工程

（2）设置 OPC 通道连接属性

1）在工作台对话框中单击“设备窗口”选项卡，再单击“设备窗口”选项，打开设备组态窗口，在组态环境中对要连接的硬件进行设置，确定组态软件与哪种硬件连接，如图 6-2-40 所示。

2）在“设备组态：设备窗口”对话框中右击空白处，调出“设备工具箱”。再从设备工具箱中单击“设备管理”，在“设备管理”对话框中选择所需硬件的驱动设备，对该驱动设备进行配置，设备工具箱如图6-2-41所示。

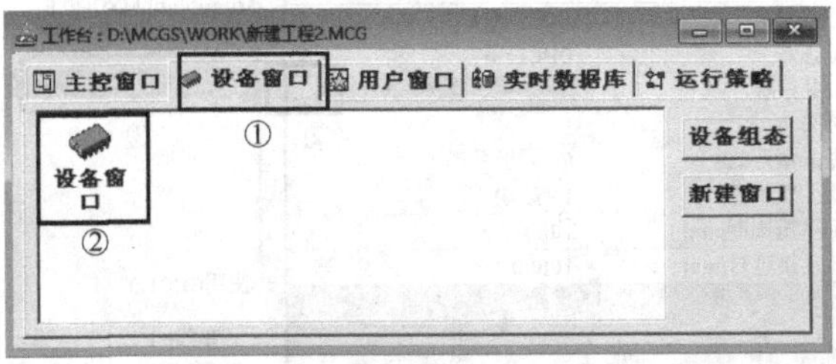

图6-2-40 MCGS工作台

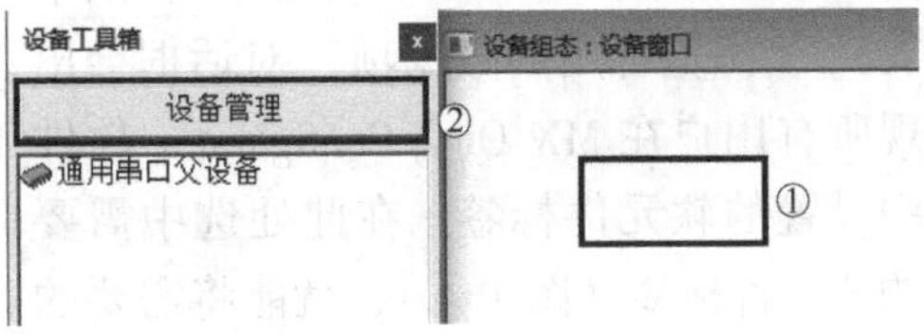

图6-2-41 设备工具箱

3）用MCGS6.2组态软件的仿真与GX Work 2的仿真进行虚拟联调时，在“设备管理”对话框中，选择OPC设备，通过MX OPC Configurator软件来进行MCGS6.2仿真与GX Work 2仿真的虚拟联调。在“可选设备”一栏中，选择“OPC设备”，单击“增加”按钮，OPC设备被添加到“选定设备”一栏中，单击“确认”按钮，在设备工具箱中就能看到“OPC设备”选项，如图6-2-42所示。

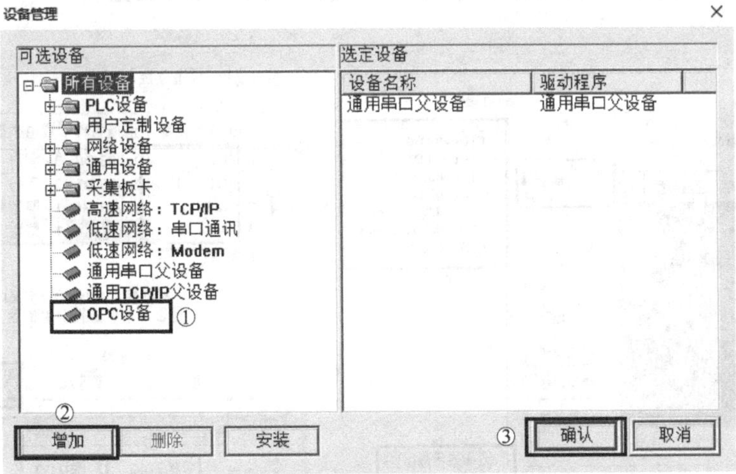

图6-2-42 在设备工具箱中添加OPC设备

4）双击“OPC设备”选项，将其添加到“设备组态：设备窗口”对话框中。后续就可以对其进行设置来确定MCGS6.2与MX OPC Configurator的通道属性，从而对GX Work 2仿真PLC或者实体PLC做出M的写入和D的读写。在设备窗口中添加OPC设备如图6-2-43所示。

5）双击“设备组态：设备窗口”对话框中的“OPC设备”选项，设置OPC串口，如图6-2-44所示。打开“通用OPC设备属性编辑”对话框，单击“基本属性”选项卡（图中①），在设备属性名下选择“OPC服务器”，单击带点图标（图中②），则会出现“浏览可用的OPC服务器”对话框，在此对话框“选择计算机上注册的OPC服务器”的下面选择“Mitsubishi. MXOPC. 6”（图中③），然后单击“确认”按钮，就选择了MX OPC Configurator软件注册的OPC服务器。

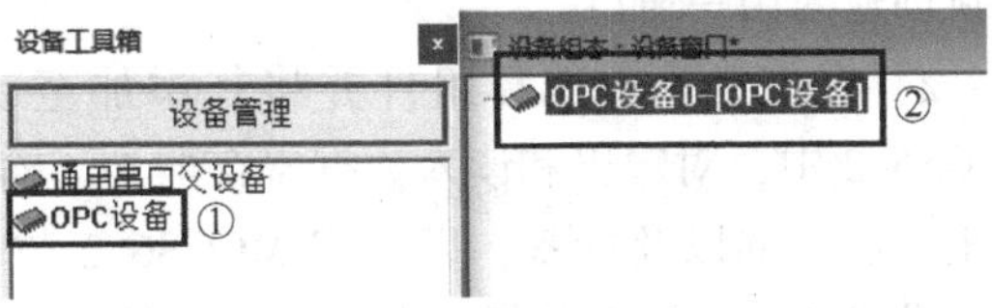

图6-2-43 在设备窗口中添加OPC设备

6）OPC通道连接设置如图6-2-45所示。单击“通道连接”选项卡（图中①），单击“查询通道”选项（图中②），出现“浏览可用的数据项”对话框，取消选中下面的“分级显示数据项”（图中③），“浏览可用的数据项”对话框会出现所有用户在MX OPC Configurator软件中设置的软元件标签，在此处选中需要的软元件标签（图中④），就能将需要的软元件标签添加进MCGS6.2中，并与软元件属性进行连接。

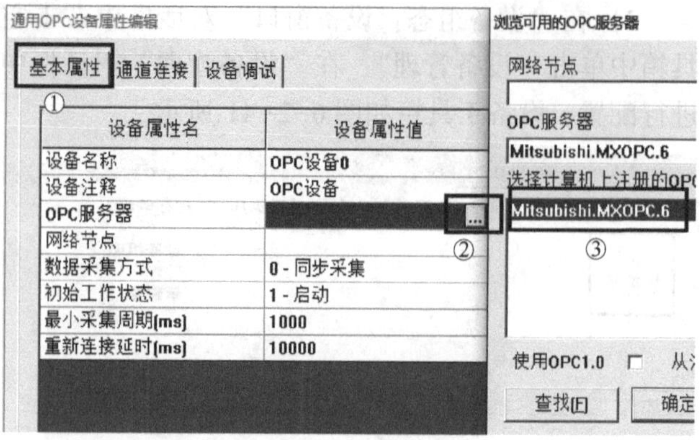

图6-2-44 设置OPC串口

7）如图6-2-46所示，以步骤6）中通道名相同的名称设置通道连接对象（图6-2-46中①），单击“检查”按钮（图中②），出现“添加数据对象”对话框，因为之前在组态环境中并未添加该数据对象，所以需要添加数据对象才能使组态环境中的元件与MX OPC Configurator中的软元件标签连接在一起。单击“全部添加”按钮（图中③），则所有的连接对象全部添加进组态环境的实时数据库中等待被调用，单击“确认”按钮完成设置。

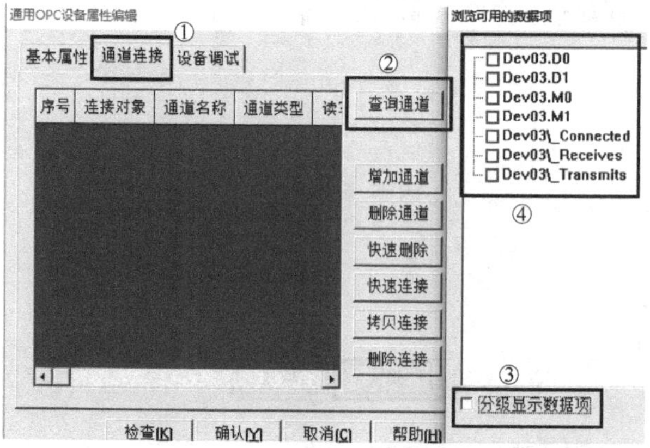

图6-2-45 设置OPC通道连接

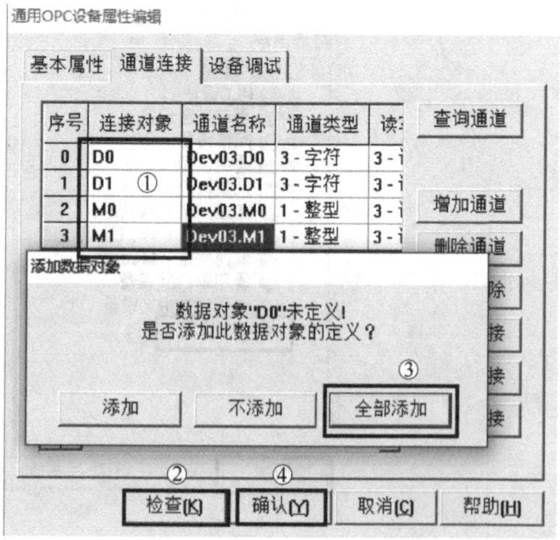

图6-2-46 设置通道连接对象

3. MCGS6.2通过MX OPC Configurator连接GX Work 2的简单调试

该简单调试，按下列步骤进行。

1）如图6-2-47所示，在“工作台”对话框中选择“用户窗口”选项卡（图中①），单击新建窗口（图中②），创建一个新的用户窗口后，可以在新建的用户窗口中进行各项组态元件的编辑与组态元件属性设置和属性连接。创建完新的用户窗口后单击窗口0（图中③），进入新创建的用户窗口。

2）在工具箱中选择组件并将其添加至动画组态窗口中并进行属性设置。本案例是在MCGS6.2中，对输出和读入数据寄存器D、输出继电器M简单应用进行介绍，此案例使用了按钮、输入框以及标签，以确定MCGS6.2与GX Work 2是否能通过MX OPC Configurator连接。设置的元件属性包括组态界面及元件属性，如图6-2-48所示。

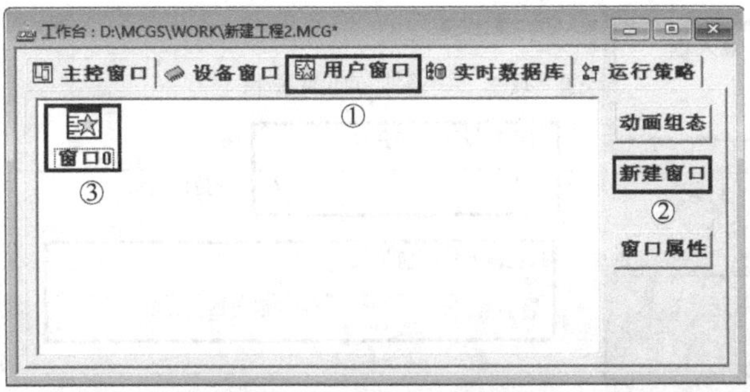

图 6-2-47　MCGS 工作台

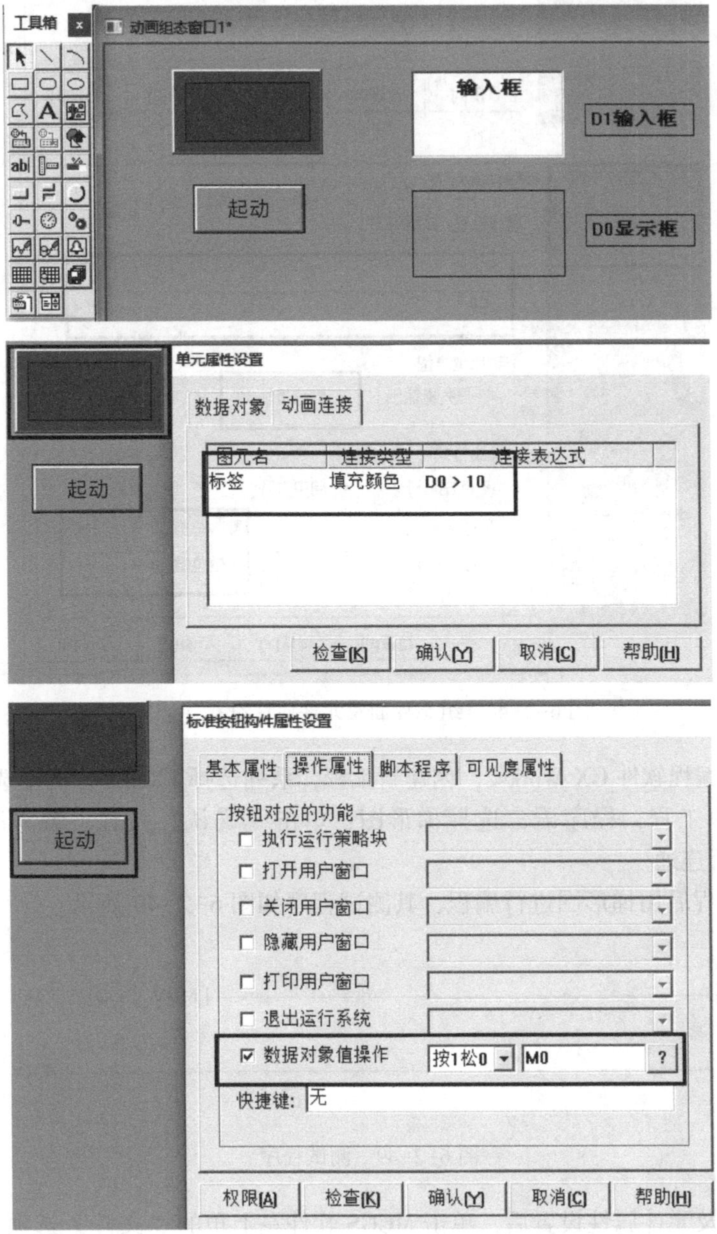

图 6-2-48　组态界面及元件属性设置

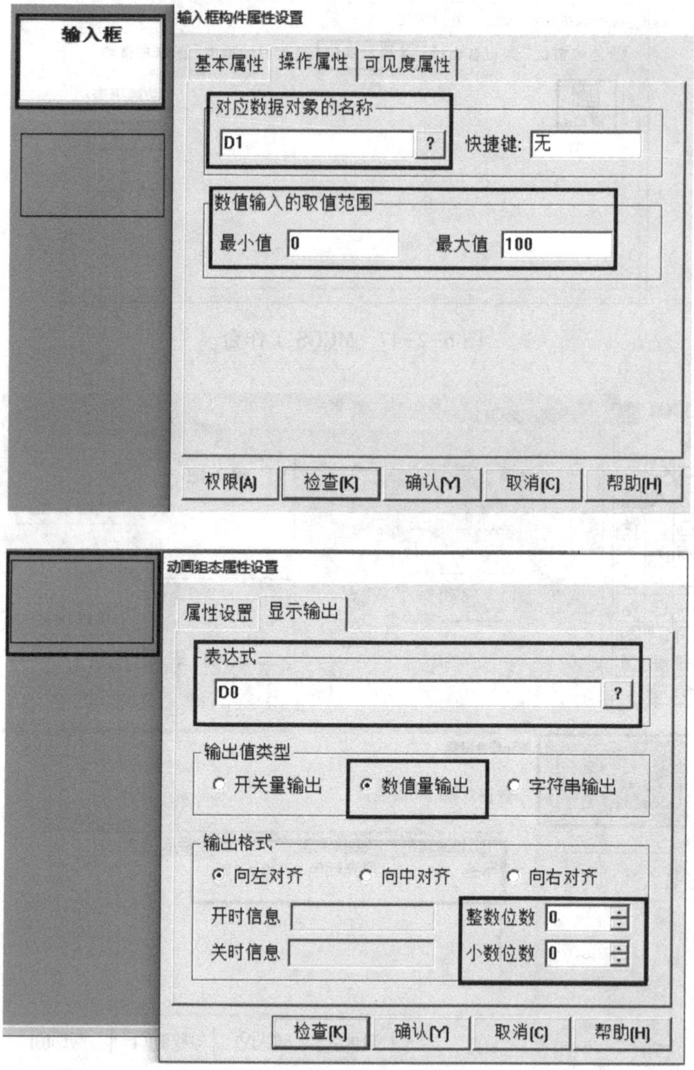

图 6-2-48 组态界面及元件属性设置（续）

3）打开三菱编程软件 GX Works2，创建新工程，系列选择 FXCPU，机型选择 $FX_{3U}/FX_{3U}C$；工程类型选择简单工程，程序语言选择梯形图；单击“确认”按钮。编写测试程序，调试 PLC 和触摸屏是否连通。

4）创建新工程后用梯形图进行编程，其测试程序如图 6-2-49 所示。

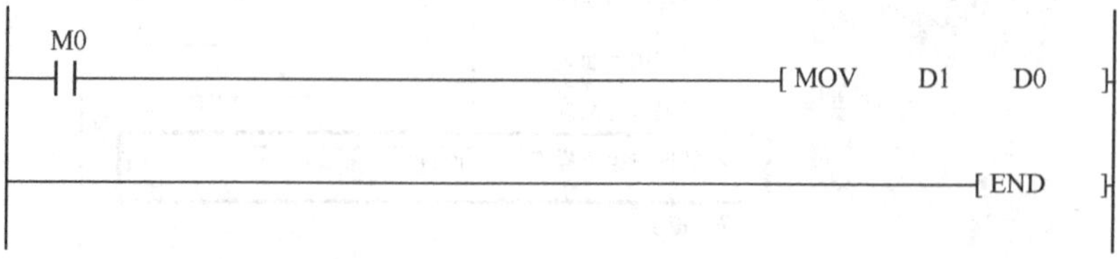

图 6-2-49 测试程序

5）完成元件及元件属性设置后，单击 MCGS 软件左上角的“文件”选项，在弹出的下拉列表中选择“进入运行环境”选项，进入 MCGS 的仿真中。

若打开了MCGS组态软件后没有弹出用户窗口，则单击“系统管理”，选择在MCGS组态软件中设置的窗口中打开，即可进行MCGS6.2与GX Works 2通过MX OPC Configurator通信连接的测试。

如图6-2-50所示，出现仿真界面后，在D1输入框中输入20，按启动按钮，PLC程序会将D1的数值赋予D0，当D0大于10，则指示灯从红色变成绿色；则证明M的输入和D的读入/输出都能连接成功。

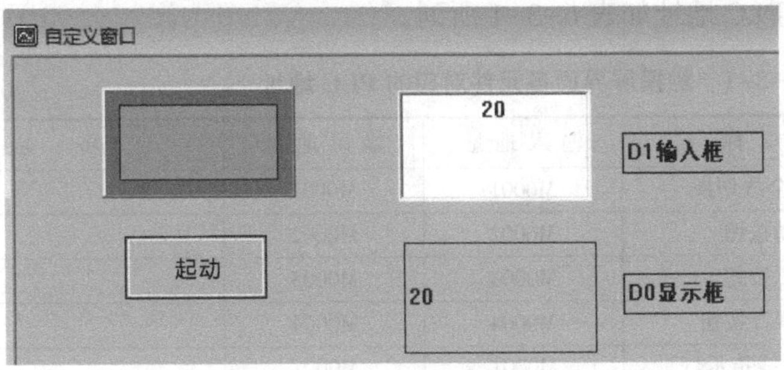

二维码 6-2
触摸屏连接 GX Works 的调试

图6-2-50　仿真界面

4. 昆仑通态触摸屏仿真软件连接GX Works2仿真PLC的调试

以6.2.3小节中的三盏灯显示为例，通过昆仑通态触摸屏软件的仿真画面与三菱GX Works2中仿真PLC联调，通过OPC实现虚拟仿真。

用GX Works2软件进行PLC控制程序的编制、在MCGSE6.2中进行HMI界面组态的编辑。在HMI界面组态中添加起动、停止按钮以及L1、L2、L3三盏指示灯。

仿真运行时，需要实现信号灯控制的要求。在仿真时，强制输入M0用以起动，M1用以停止。

任务6.3　分拣及输送单元组态界面设计

6.3.1　分拣单元组态界面设计

分拣单元单站工作时，可以单接触摸屏界面。分拣单元界面如图6-3-1所示。

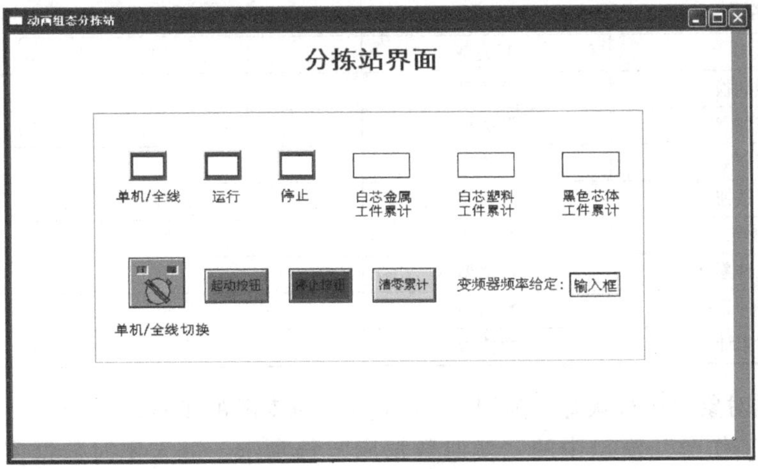

图6-3-1　分拣单元界面

界面包含了下面几个方面的内容。

① 状态指示：单机/全线、运行、停止；

② 切换旋钮：单机/全线切换；

③ 按钮：起动按钮、停止按钮、清零累计按钮；

④ 数据输入：变频器输入频率给定；

⑤ 数据输出显示：白芯金属工件累计、白芯塑料工件累计、黑芯工件累计。

触摸屏界面各元件对应的 PLC 地址如表 6-3-1 所列。

表 6-3-1　触摸屏界面各元件对应的 PLC 地址

元件类别	名　称	输入地址	输出地址	备　注
位状态切换开关	单机/全线切换	M0001	M0001	
位状态开关	起动按钮	M0002	M0002	
	停止按钮	M0003	M0003	
	清零累计按钮	M0004	M0004	
位状态指示灯	单机/全线指示灯	M0001	M0001	
	运行指示灯		M0000	
	停止指示灯		M0000	
数值输入元件	变频器频率给定	D0000	D0000	最小值为 0，最大值为 50
数值输出元件	白芯金属工件累计	D0130		
	白芯塑料工件累计	D0131		
	黑芯工件累计	D0132		

触摸屏界面组态的步骤如下。

（1）创建工程

TPC 类型（软件的选型）中如果找不到“TPC7062KS”，可选择“TPC7062K”，工程名称为“335B-分拣站”。

（2）定义数据对象

根据表 6-3-1 定义数据对象，所有数据对象的名称与类型见表 6-3-2。

表 6-3-2　触摸屏界面各数据对象的名称与类型

数据名称	数据类型	注　释
运行状态	开关型	
单机全线切换	开关型	
起动按钮	开关型	
停止按钮	开关型	
累计清零按钮	开关型	
变频器频率给定	数值型	
白芯金属工件累计	数值型	
白芯塑料工件累计	数值型	
黑芯工件累计	数值型	

下面以数据对象“运行状态”为例，介绍定义数据对象的步骤。

1）单击“工作台”窗口中的“实时数据库”选项卡，进入实时数据库对话框。单击“新增对象”按钮，在窗口的数据对象列表中，增加新的数据对象，系统默认定义的名称为

"Data1""Data2""Data3"等（多次单击该按钮，可增加多个数据对象），如图6-3-2所示。

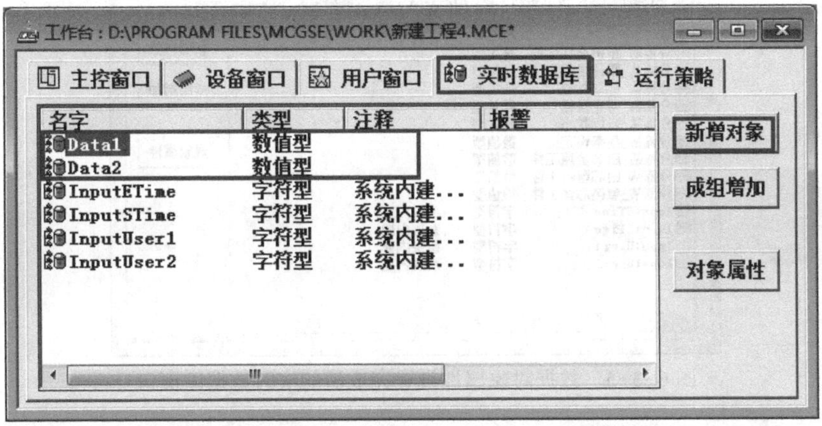

图6-3-2 新增对象设置

2）选中对象，如"Data1"，双击进入"数据对象属性设置"对话框，进行属性设置，如图6-3-3所示。根据要求设定"对象定义"中的"小数位""最大值"和"最小值"，如图6-3-4所示。数据对象设置完成后的实时数据库窗口如图6-3-5所示。

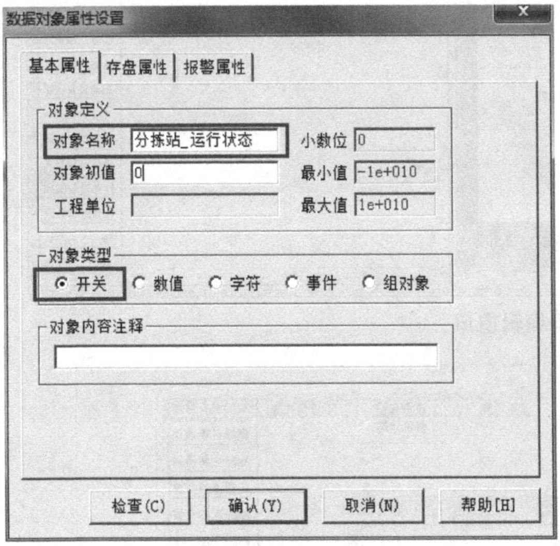

图6-3-3 数据对象属性设置——运行状态

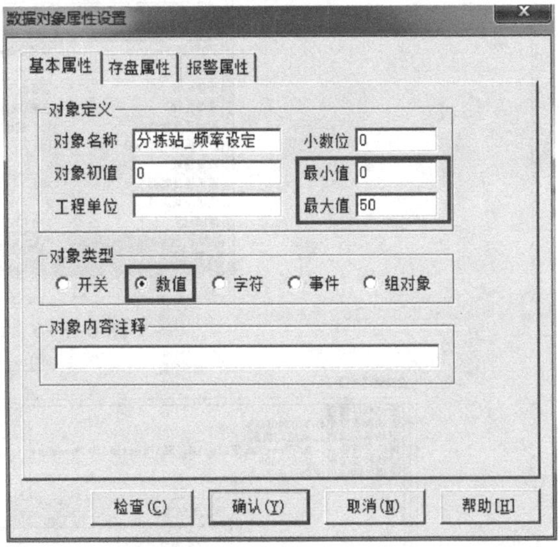

图6-3-4 数据对象属性设置——频率设定

3）进行PLC I/O对应的通道设置。打开"设备编辑窗口"，把系统默认的通道删除，添加对应的设备通道，如图6-3-6和图6-3-7所示。

4）完成对所有变量的定义，如图6-3-8所示。

（3）画面和元件的制作

1）新建画面以及属性设置的步骤如下。

① 在"用户窗口"中单击"新建窗口"按钮，建立"窗口0"。选中"窗口0"，单击"窗口属性"，进行用户窗口属性设置。

② 将窗口名称改为"分拣画面"；窗口标题改为"分拣画面"。

③ 单击"窗口背景"，在"其他颜色"中选择所需的颜色，如图6-3-9所示。

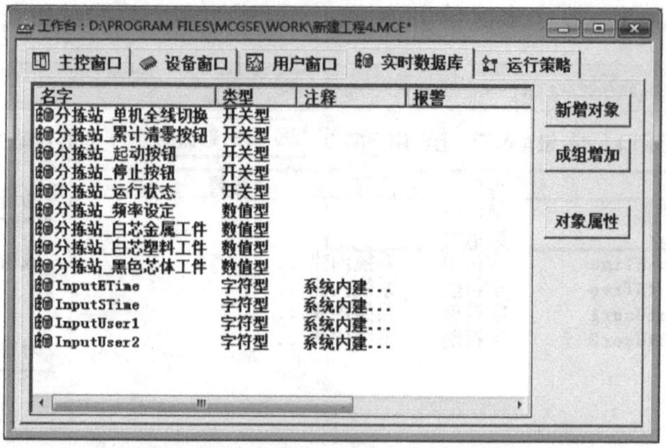

图 6-3-5　数据对象属性设置完成后的实时数据库窗口

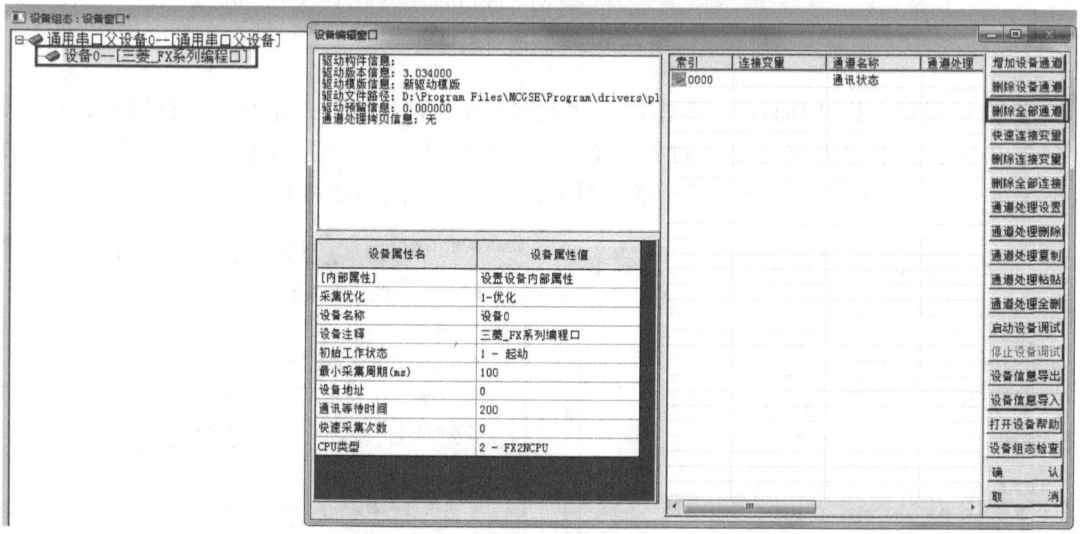

图 6-3-6　设备编辑窗口

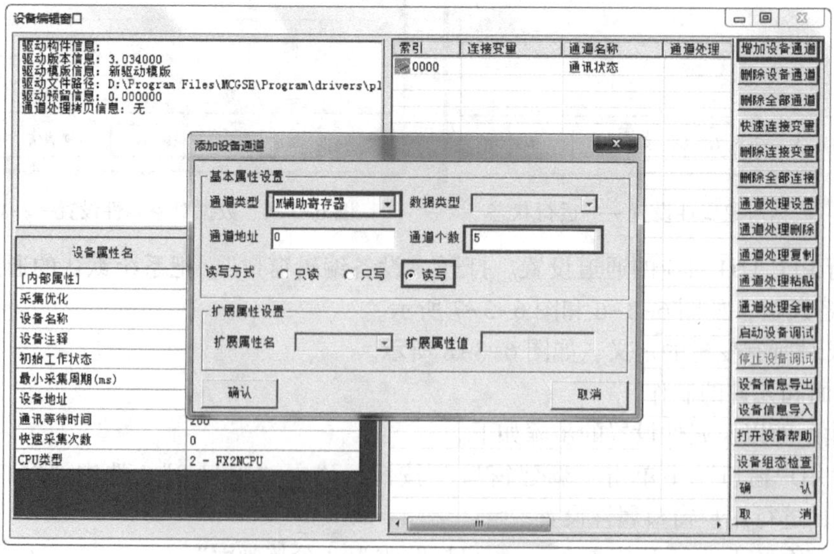

图 6-3-7　增加设备通道

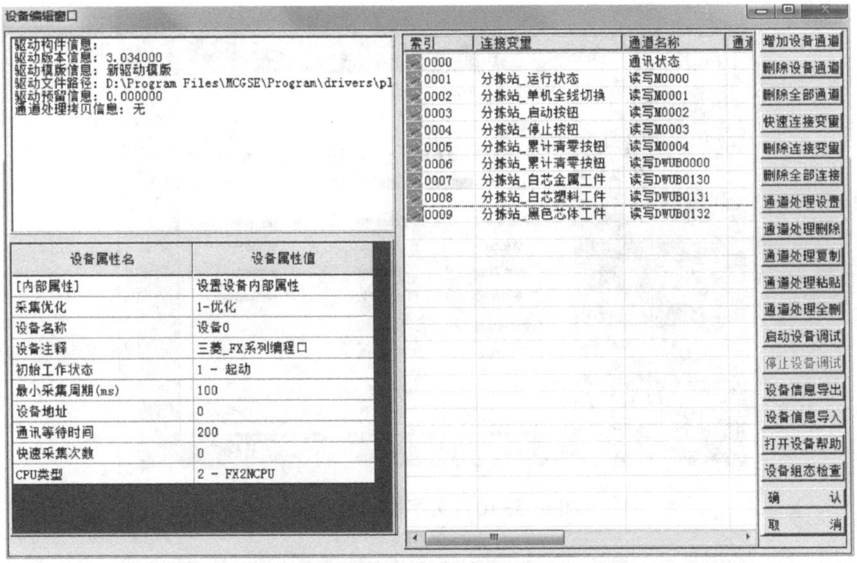

图 6-3-8　完成对所有变量的定义

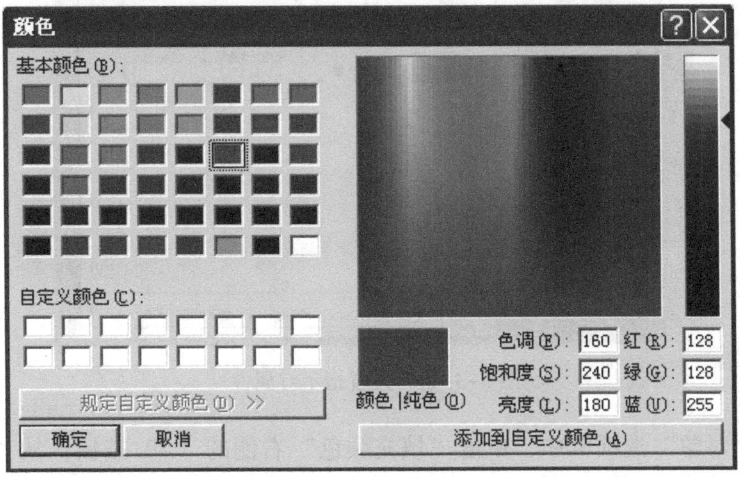

图 6-3-9　选择窗口背景颜色

2）制作文字框图。以标题文字的制作为例进行说明：

① 在“用户窗口”中选择“分拣画面”，单击“动画组态”按钮。

② 单击工具栏中的“工具箱”图标按钮，打开绘图工具箱。

③ 选择工具箱内的“标签”图标按钮A，这时光标呈“十字”形，在窗口顶端中心位置拖动鼠标，根据需要拉出一个大小合适的矩形。

④ 在光标闪烁位置处输入文字“分拣站界面”，按〈Enter〉键或在窗口中任意位置单击一下，文字输入完毕。

⑤ 选中文字框，设置如图 6-3-10 所示。

3）制作状态指示灯。以“单机/全线”指示灯为例说明：

① 单击 MCGS 界面左边的绘图工具箱中的“插入元件”图标按钮，弹出“对象元件库管理”对话框，选择“指示灯 6”，单击“确认”按钮，双击指示灯，弹出“单元属性设置”对话框，如图 6-3-11 所示。

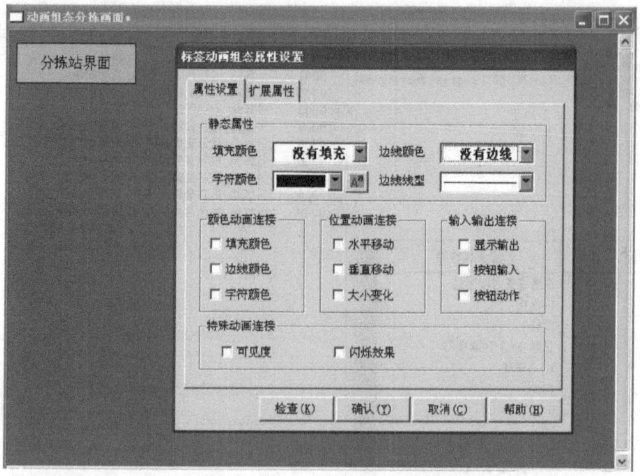

图 6-3-10 文字框属性设置

图 6-3-11 设置指示灯属性

② 在“数据对象”选项卡中，单击“填充颜色”右侧的“?”按钮，从“数据中心”选择“单机/全线切换”变量。

③ 在“动画连接”选项卡中，单击“填充颜色”，右侧出现 > 按钮，如图 6-3-12 所示。

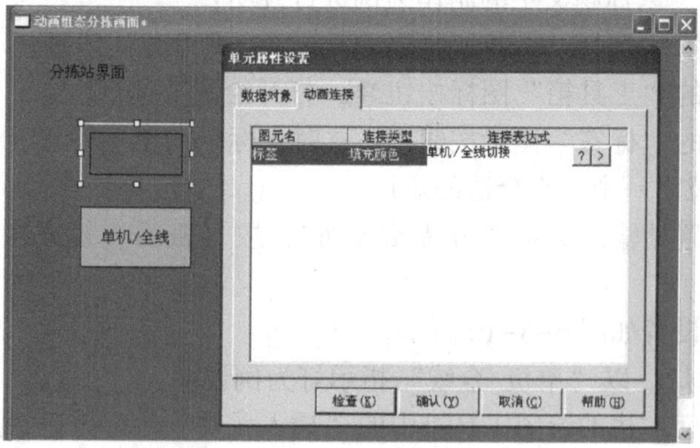

图 6-3-12 动画连接设置

④ 单击按钮，出现图 6-3-13 所示的“标签动画组态属性设置”对话框。

⑤ 在“属性设置”选项卡中，选择填充颜色：白色。

⑥ 在“填充颜色”选项卡中，选择分段点 0 对应颜色：白色；选择分段点 1 对应颜色：浅绿色，如图 6-3-14 所示，单击“确认”按钮完成设置。

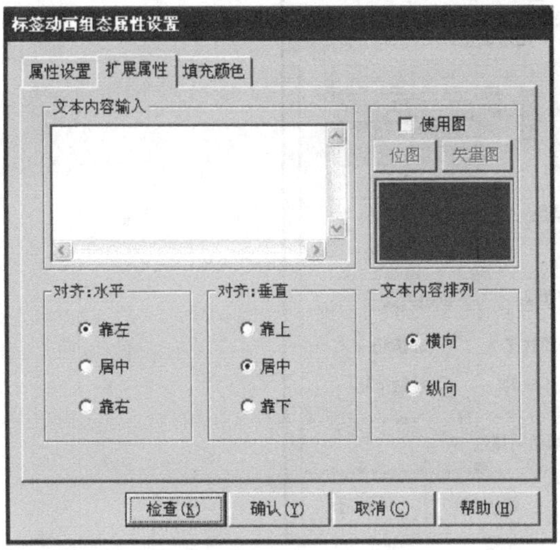

图 6-3-13　“标签动画组态属性设置”对话框

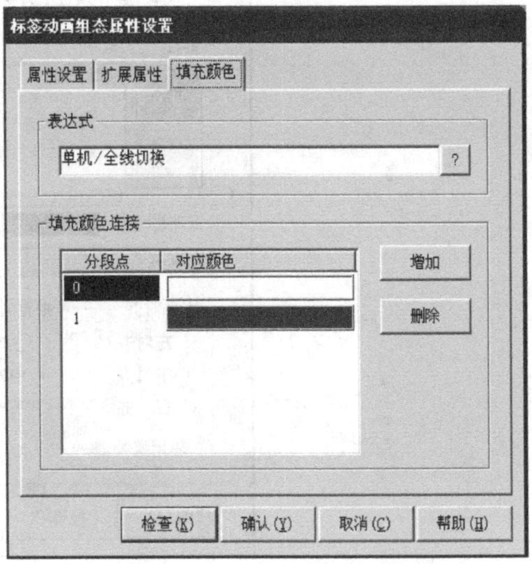

图 6-3-14　填充分段点对应颜色

4）制作切换旋钮。

单击绘图工具箱中的“插入元件”图标按钮，弹出“对象元件库管理”对话框（图 6-3-15a），选择“开关 6”，单击“确认”按钮。双击旋钮，弹出图 6-3-15 所示的“单元属性设置”对话框（图 6-3-15b），将“数据对象”选项卡下的“按钮输入”和“可见度”对应的“数据对象连接”设置为“单机/全线切换”。

a)　　　　b)

图 6-3-15　设置切换旋钮的参数

5）制作按钮。以起动按钮为例进行说明。

① 单击绘图工具箱中图标按钮▭，在窗口中拖出一个大小合适的按钮，双击该按钮，出现“标准按钮构件属性设置”对话框，其属性设置如图6-3-16所示。

图6-3-16 设置起动按钮

② 在“基本属性”选项卡中，无论是选择“抬起”还是“按下”状态，文本都设置为“起动按钮”；“抬起”功能属性设置：字体设置为宋体，字体大小设置为五号，背景颜色设置为浅绿色；“按下”功能属性设置：字体大小设置为小五号，其他设置同“抬起”功能。

③ 在“操作属性”选项卡中，“抬起”功能设置：将数据对象操作清零，起动按钮；“按下”功能设置：将数据对象操作置1，起动按钮。

④ 其他为默认设置。单击“确认”按钮完成设置。

6）数值输入框。

① 单击工具箱中的图标按钮ab|，拖动光标，绘制1个输入框。

② 双击已绘制好的输入框，进行属性设置。设置的属性参数如下。

- 对应数据对象的名称：最高频率设置；
- 使用单位：Hz；
- 最小值：40；
- 最大值：50；
- 小数位数：0。

其设置结果如图6-3-17所示。

7）数据显示。以白芯金属工件累计数据显示为例。

① 单击工具箱中的A图标按钮，拖动光标，绘制1个显示框。

② 双击显示框，出现“标签动画组态属性设置”对话框，在“输入/输出连接”域中，选中“显示输出”选项，在“标签动画组态属性设置”对话框出现“显示输出”选项卡，如图6-3-18所示。

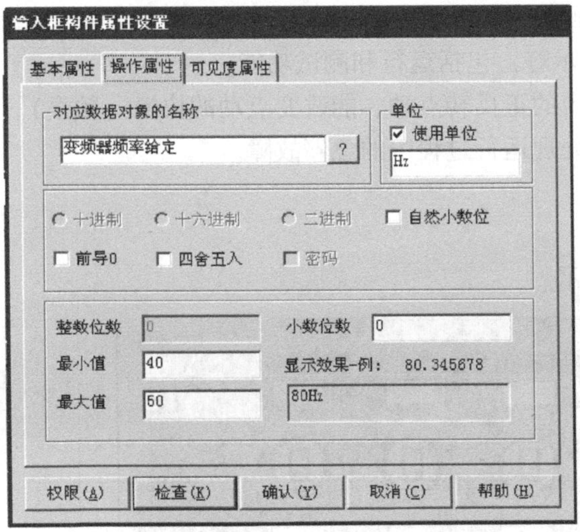

图 6-3-17　输入框的属性设置

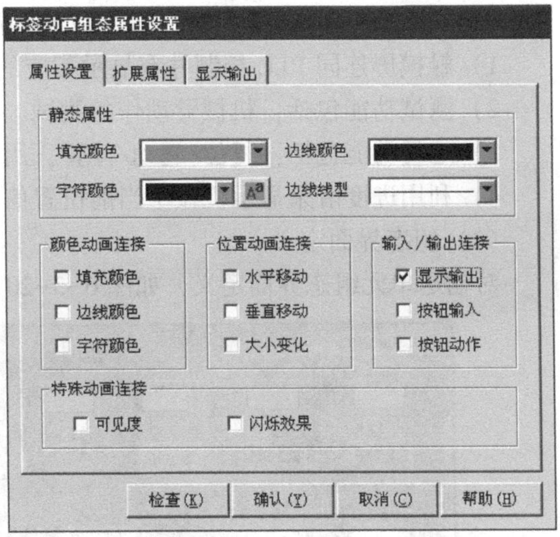

图 6-3-18　输出的显示设置

③ 单击“显示输出”选项卡，设置显示输出属性，其参数设置如下。

- 表达式：白芯金属工件累计；
- 单位：个；
- 输出值类型：数值量输出；
- 输出格式：十进制；
- 整数位数：0；
- 小数位数：0。

④ 单击“确认”按钮，制作完毕。

8）制作矩形框。

单击工具箱中的图标按钮▭，制作图 6-3-1 所示分拣单元界面上的白色矩形线框。在窗口的左上方分别拖出多个大小合适的矩形，设置白线框参数的步骤如下。

① 单击工具栏上的“填充色”图标按钮，设置矩形框的背景颜色为：没有填充；

② 单击工具栏上的“线色”图标按钮，设置矩形框的边线颜色为：白色；

③ 然后双击矩形，出现图 6-3-19 所示的“动画组态属性设置”对话框，系统默认属性设置如图 6-3-19 所示，单击“确认”按钮完成。

注意：运行时分拣单元 PLC 编程端口要通过通信电缆与触摸屏 COM1 端口连接。

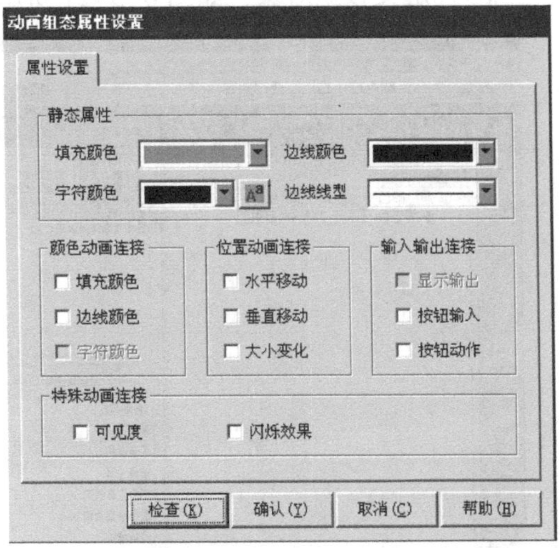

图 6-3-19　设置窗口背景色

6.3.2　输送单元组态界面设计

输送单元单站工作时，可以设计组态界面。具体步骤读者可自行完成，这里只给出界面设计要求和结果。

（1）输送单元单站运行时，输送站组态界面的要求如下。

1）触摸屏连同PLC控制并有显示相应的指示灯，包括运行和测试功能。

2）测试功能包括：机械臂动作的测试、滑台的正反转点动，能改变点动的快慢（频率）。

3）运行功能包括：复位/起动/停止，用来处理运行过程中的急停故障。

4）利用进度滑条显示机械手当前位置信息。

（2）组态界面定义

对输送单元组态界面定义，如图6-3-20所示。

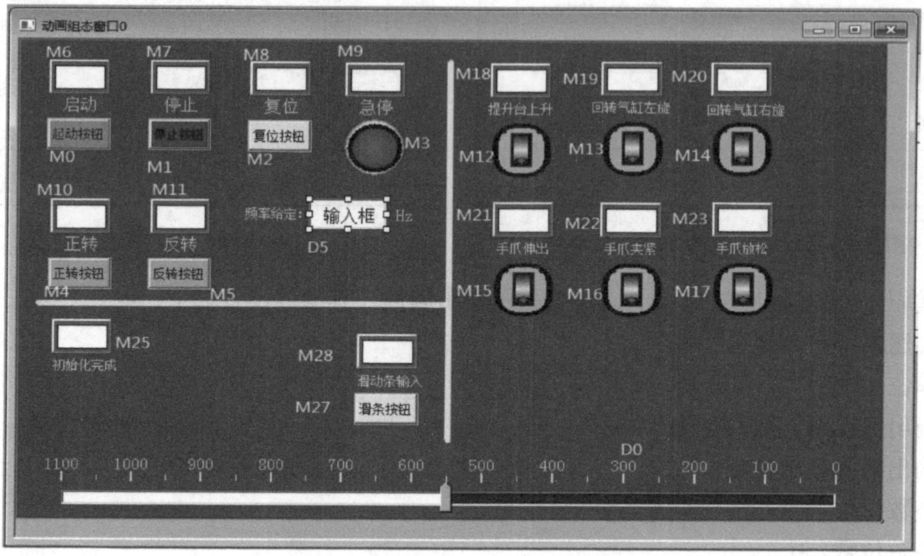

图6-3-20 输送单元组态界面定义

（3）定义数据对象，如图6-3-21所示。

图6-3-21 定义输送单元数据对象

项目 7 FX 系列 PLC 的 N:N 网络通信控制

PLC 控制技术的应用已从独立单机控制向数台互连网络发展，把 PLC、计算机以及其他智能装置通过传输介质连接起来，以实现迅速、准确、及时的数据通信，从而构成功能强大、性能出色的自动控制系统。本项目介绍三菱 FX 系列 PLC N:N 网络的组建，几个 PLC 通过串行通信网络进行数据的交互，实现控制系统的连接、组态和调试。

[知识目标]

1. 了解联网通信在设备中的应用。
2. 理解多个 PLC 互传送数据的原理。

[能力目标]

1. 能建立 PLC 间的 N:N 通信。
2. 能在多个 PLC 的变量区域中分配传送软元件。
3. 能组建总控系统，会利用交互的信息和变量的使用。

任务 7.1 组建 N:N 通信网络

触摸屏在输送单元总控 5 个工作单元的组态连接需要将 5 个单元的 PLC 控制器连成 N:N 网络的方式才能实现，如图 7-1-1 所示。运行时，输送单元 PLC 编程端口通过通信线与触摸屏 COM1 端口连接。PLC 通信的内容将在本项目下面的内容中介绍。

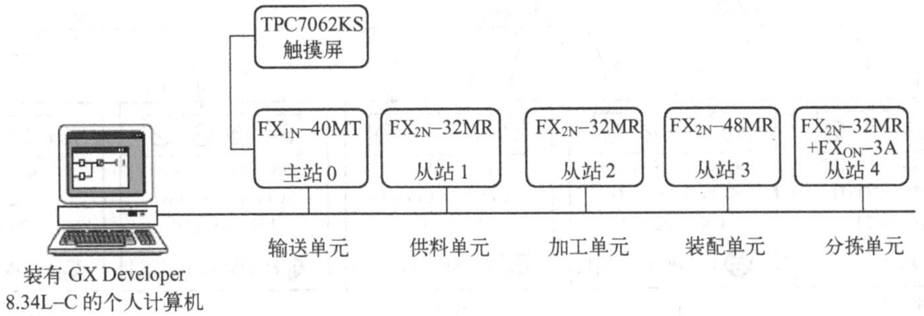

图 7-1-1　YL-335B 的通信网络

7.1.1 N:N 通信网络特性

FX 系列 PLC 支持以下 5 种类型的通信。

1）N:N 网络：用 FX_{2N}、$FX_{2N}C$、FX_{1N}、FX_{0N}系列 PLC 进行的数据传输可建立在 N:N 网络的基础上。使用这种网络，能连接小规模系统中的数据。它适合数量不超过 8 台 PLC（FX_{2N}、$FX_{2N}C$、FX_{1N}、FX_{0N}）之间的互连。

2）并行连接：这种网络采用 100 个辅助继电器和 10 个数据寄存器在 1:1 网络的基础上完

成数据传输。

3）计算机连接（用专用协议进行数据传输）：用 RS-485（422）单元进行的数据传输，在 1∶N（16）网络的基础上完成。

4）无协议通信（用 RS 指令进行数据传输）：用各种 RS-232 单元，包括个人计算机、条形码阅读器和打印机，来进行数据通信，这种通信使用 RS 指令或者一个 FX_{2N}-232IF 特殊功能模块来完成。

5）可选编程端口：对于 FX_{2N}、FX_{2N}C、FX_{1N}、FX_{1S} 系列 PLC，当该端口连接在 FX_{1N}-232BD、FX_{0N}-232ADP、FX_{1N}-232BD、FX_{2N}-422BD 上时，可以与外围设备（编程工具、数据访问单元、电气操作终端等）互连。

采用 FX 系列 PLC 的 YL-335B 系统选用 N∶N 网络实现各工作站的数据通信，本节只介绍 N∶N 网络的基本特性和组网方法，其他有关通信类型可参阅 FX 通信用户手册。N∶N 网络建立在 RS-485 传输标准上，网络中必须有一台 PLC 作为主站，其他 PLC 为从站，网络中站点的总数不超过 8 个。其中图 7-1-2a 是 FX_{1N} 和 FX_{2N} 系列的 N∶N 网络配置，图 7-1-2b 是 FX_{3U} 系列的 N∶N 网络配置。

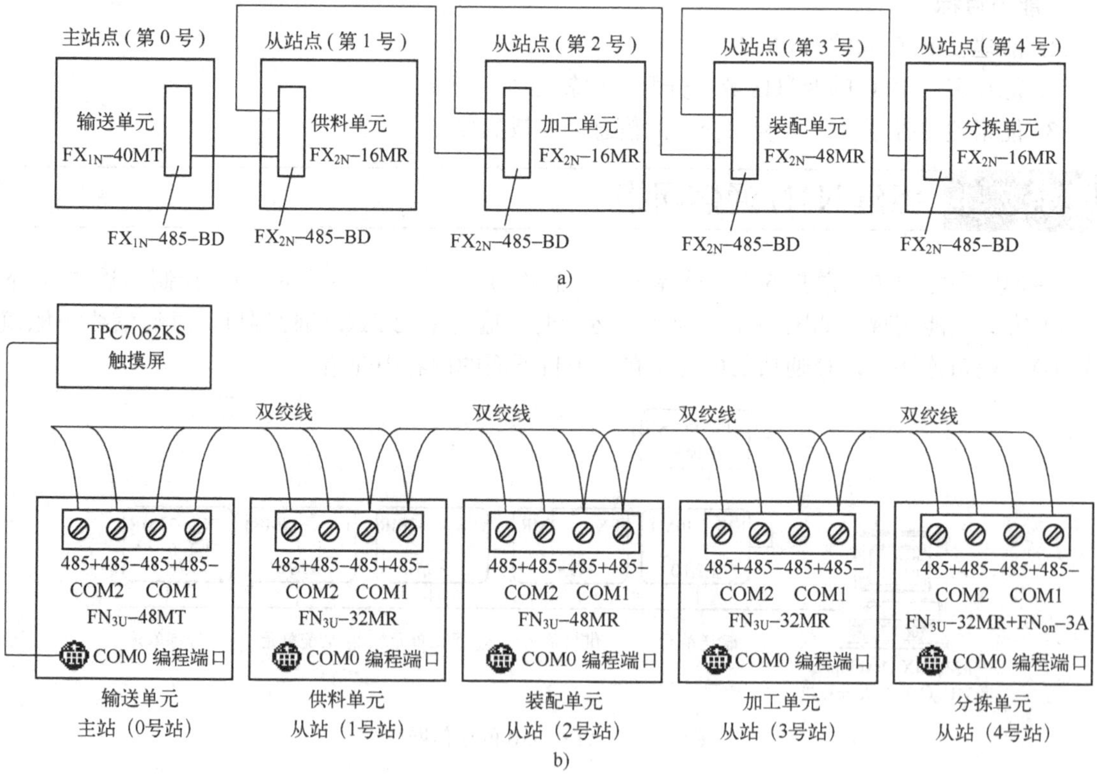

图 7-1-2 YL-335B 系统中三菱 FX 系列的 N∶N 网络配置

a）FX_{1N} 和 FX_{2N} 系列 b）FX_{3U} 系列

系统中使用的 RS-485 通信接口板为 FX_{2N}-485-BD 和 FX_{1N}-485-BD，最大延伸距离为 50 m，网络的站点数为 5 个。

FX_{3U}PLC 系列使用的通信接口板为 FX_{3U}-485-BD。

N∶N 网络的通信协议是固定的。通信方式采用半双工通信，波特率固定为 38400 bit/s；

数据长度、奇偶校验、停止位、标题字符、终结字符以及和校验等也均是固定的。

N:N 网络是采用广播方式进行通信的。对网络中每一站点都指定一个用特殊辅助继电器和特殊数据寄存器组成的链接存储区，各个站点对应的链接存储区地址编号都是相同的。各站点向对应的链接存储区中规定的数据发送区写入数据。网络上任何 1 台 PLC 中发送区的状态都会反映到网络中其他的 PLC 中，因此，数据可供通过 PLC 链接网络连接起来的所有 PLC 共享，且所有单元的数据都能同时完成更新。

7.1.2　N:N 通信网络硬件接线

网络安装前，应断开电源。各站 PLC 应插上 FX_{3U}485-BD 通信板。它的 LED 显示/端子排列如图 7-1-3 所示。

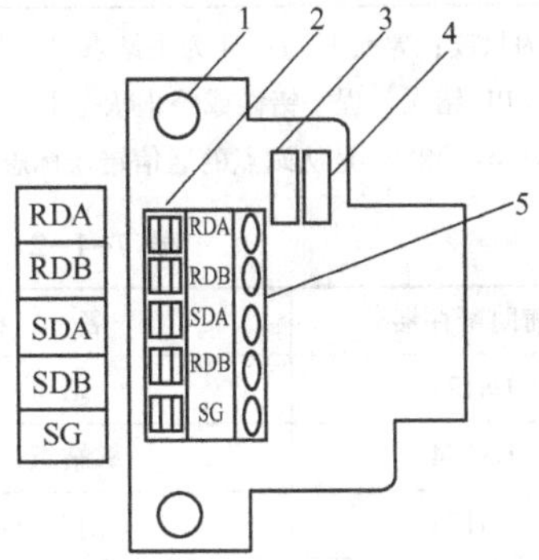

图 7-1-3　FX_{3U}485-BD 通信板显示/端子排列

1—安装孔　2—PLC 连接器　3—SD LED：发送时高速闪烁　4—RD LED：接收时高速闪烁　5—连接 RS-485 单元的端子

注：端子模块的上表面高于 PLC 面板盖子上表面大约 7 mm。

对 YL-335B 系统的 N:N 链接网络，各站点间用屏蔽双绞线相连，如图 7-1-4 所示，接线时须注意终端站要接上 110 Ω 的终端电阻（485-BD 通信板附件）。

进行网络连接时应注意以下几点：

1）R 为终端电阻，在端子 RDA 和 RDB 之间连接终端电阻（110 Ω）。

2）将端子 SG 连接到 PLC 主体的每个端子上，而主体用 100 Ω 或更小的电阻接地。

3）屏蔽双绞线的线径应在美制 AWG26~16 范围内，否则端子可能接触不良，不能确保正常的通信。连线时宜用压接工具把电缆插入端子，如果连接不稳定，则通信会出现错误。

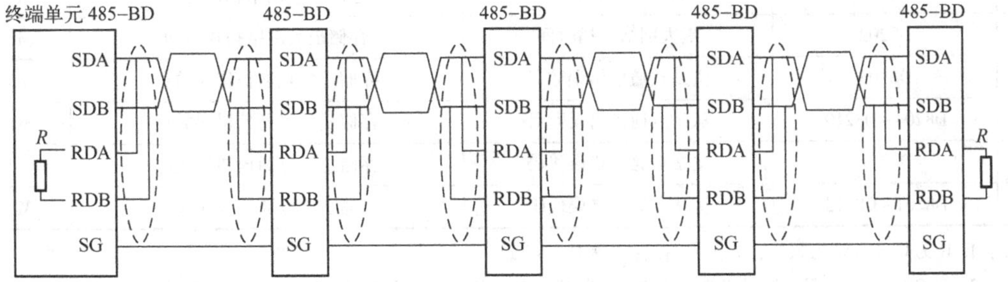

图 7-1-4　YL-335B PLC 链接网络的连接

如果网络上各站点 PLC 已完成网络参数的设置，则在完成网络连接后，再接通各 PLC 工作电源，可以看到，各站通信板上的 SD 和 RD 指示灯两者都出现点亮/熄灭交替的闪烁状态，说明 N:N 网络已经组建成功。

如果 RD 指示灯处于点亮/熄灭的闪烁状态，而 SD 指示灯根本不亮，这时需检查站点编号的设置、传输速率（波特率）和从站的总数目。

7.1.3　N:N 通信网络的编程

FX 系列 PLC N:N 通信网络的组建主要是用各站点 PLC 编程方式设置网络参数实现的。

FX 系列 PLC 规定了与 N : N 网络相关的标志位（特殊辅助继电器）、存储网络参数和网络状态的特殊数据寄存器。当 PLC 为 FX_{1N} 或 FX_{2N}（C）时，N : N 网络的相关标志（特殊辅助继电器）介绍见表 7-1-1，相关特殊数据寄存器介绍见表 7-1-2。

表 7-1-1 特殊辅助继电器名称及作用

特性	辅助继电器	名 称	作 用	响应类型
R	M8038	N : N 网络参数设置	用来设置 N : N 网络参数	M，L
R	M8183	主站点的通信错误	当主站点产生通信错误时 ON	L
R	M8184~M8190	从站点的通信错误	当从站点产生通信错误时 ON	M，L
R	M8191	数据通信	当与其他站点通信时 ON	M，L

注：1. R 为只读；W 为只写；M 为主站点；L 为从站点。

2. 在 CPU 错误、程序错误或停止状态下，对每一站点处产生的通信错误数无法实现计数。

3. M8184~M8190 是从站点的通信错误标志，第 1 从站用 M8184，…，第 7 从站用 M8190。

表 7-1-2 特殊数据寄存器名称及作用

特性	辅助寄存器	名 称	作 用	响应类型
R	D8173	站点号	存储它自己的站点号	M，L
R	D8174	从站点数量	存储从站点的总数	M，L
R	D8175	刷新范围	存储刷新范围	M，L
W	D8176	站点号	设置它自己的站点号	M，L
W	D8177	从站点总数	设置从站点总数	M
W	D8178	刷新范围	设置刷新范围模式号	M
W/R	D8179	重试次数	设置重试次数	M
W/R	D8180	通信超时	设置通信超时	M
R	D8201	当前网络扫描时间	存储当前网络扫描时间	M，L
R	D8202	最大网络扫描时间	存储最大网络扫描时间	M，L
R	D8203	主站点通信错误数目	存储主站点通信错误数目	L
R	D8204~D8210	从站点通信错误数目	存储从站点通信错误数目	M，L
R	D8211	主站点通信错误代码	存储主站点通信错误代码	L
R	D8201~D8218	从站点通信错误代码	存储从站点通信错误代码	M，L

注：1. R 为只读；W 为只写；M 为主站点；L 为从站点。

2. 在 CPU 错误，程序错误或停止状态下，对其自身站点处产生的通信错误数目无法实现计数。

3. D8204~D8210 是从站点的通信错误数目，第 1 从站用 D8204，…，第 7 从站用 D8210。

对于主站点可用编程方法设置网络参数，就是在程序开始的第 0 步（LD M8038），向特殊数据寄存器 D8176~D8180 写入相应的参数。对于从站点，则更为简单，只需在第 0 步（LD M8038）向 D8176 写入站点号即可。辅助继电器 M8038 表示组网设置。

例如，图 7-1-5 给出了设置输送单元（主站）网络参数的程序。

上述程序说明如下。

1）编程时需要把以上程序作为 N : N 网络参数设定程序，从第 0 步开始写入。该程序段不需要执行，只要把其编入此位置时，它将自动变为有效。

2）特殊数据寄存器 D8178 用于设置刷新范围，刷新范围是各站点的链接存储区。对于从

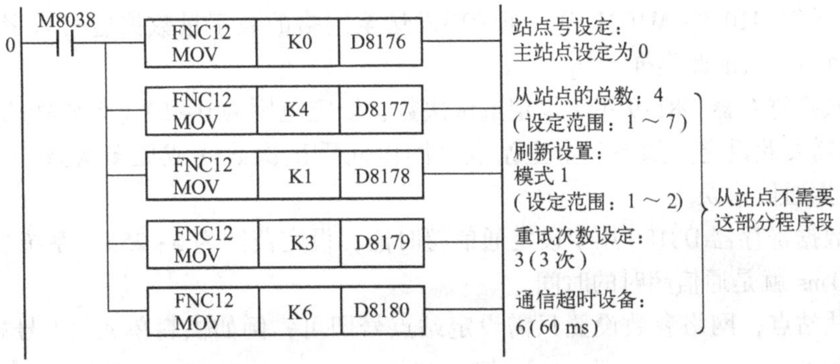

图7-1-5 主站点网络参数设置程序

站点，不需要此设定。根据网络中信息交换数据量的不同，可选择表7-1-3（模式0），表7-1-4（模式1）和表7-1-5（模式2）列出的3种刷新模式。在每种模式下使用的元件被N:N网络所有站点所占用。

表7-1-3 模式0时站号与字软元件对应表

站点号	元件	
	位软元件（M）	字软元件（D）
	0点	4点
第0号	—	D0~D3
第1号	—	D10~D13
第2号	—	D20~D23
第3号	—	D30~D33
第4号	—	D40~D43
第5号	—	D50~D53
第6号	—	D60~D63
第7号	—	D70~D73

表7-1-4 模式1时站号与位、字软元件对应表

站点号	元件	
	位软元件（M）	字软元件（D）
	32点	4点
第0号	M1000~M1031	D0~D3
第1号	M1064~M1095	D10~D13
第2号	M1128~M1159	D20~D23
第3号	M1192~M1223	D30~D33
第4号	M1256~M1287	D40~D43
第5号	M1320~M1351	D50~D53
第6号	M1384~M1415	D60~D63
第7号	M1448~M1479	D70~D73

表7-1-5 模式2时站号与位、字软元件对应表

站 点 号	元件		
	位软元件（M）	字软元件（D）	
	64点	FX2N系列 4点	FX3U系列 8点
第0号	M1000~M1063	D0~D3	D0~D7
第1号	M1064~M1127	D10~D13	D10~D17
第2号	M1128~M1191	D20~D23	D20~D27
第3号	M1192~M1255	D30~D33	D30~D37
第4号	M1256~M1319	D40~D43	D40~D47
第5号	M1320~M1383	D50~D53	D50~D57
第6号	M1384~M1447	D60~D63	D60~D67
第7号	M1448~M1511	D70~D73	D70~D77

在图7-1-5的程序里，刷新范围设定为模式1。这时每一站点占用32×8位软元件，4×8个字软元件作为链接存储区。在运行中，对于第0号站（主站），希望发送至网络的数字量数

据应写入位软元件 M1000~M1031 中，而希望发送至网络的数字量数据应写入字软元件 D0~D3 中，对其他各站点依此类推。

3）特殊数据寄存器 D8179 用于设定重试次数，设定范围为 0~10（系统默认值为 3），对于从站点，不需要此设定。如果一个主站点试图以此重试次数（或更多次数）与从站通信，则此站点将发生通信错误。

4）特殊数据寄存器 D8180 用于设定通信超时值，设定范围为 5~255（系统默认值为 5），此数值乘以 10 ms 就是通信超时的时间。

5）对于从站点，网络参数设置只需设定站点号即可，例如供料单元（1 号站）的设置，如图 7-1-6 所示。

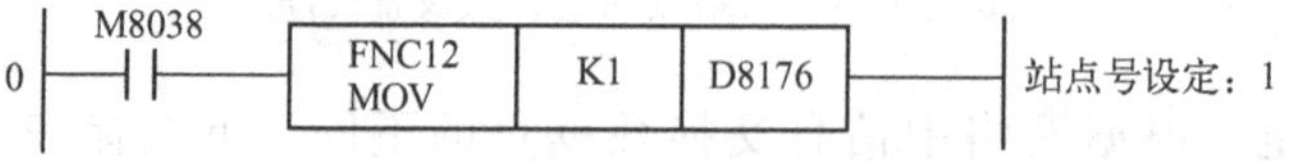

图 7-1-6 从站点网络参数设置程序

如果按上述方法对主站和各从站编程，完成网络连接后，再接通各 PLC 工作电源，这样，即使在 STOP 状态下，通信仍在进行。

任务 7.2 N:N 网络通信控制

7.2.1 PLC 之间的 N:N 网络通信控制

1 个 FX_{2N} 和 1 个 FX_{1N} 的 PLC 通过 N:N 网络交换数据。刷新范围设置为模式 1（可以访问每台 PLC 的 32 个位软元件和 4 个字软元件），重试次数为 3 次，超时时间为 60 ms。

如果使用 YL-335B 自动化生产线进行 2 个站的联网测试，需要将其他 3 个站进行断电，且将 FX_{1N} PLC 作为主站。

其控制要求如下：

1）通过 M1000~M1003，用主站的 X0~X3 来控制从站 1 的 Y0~Y3。

2）将从站 1 的 K10+K20 的运算结果存放到 D0 中，再通过从站 1 进行处理。

主站 PLC 程序如图 7-2-1 所示。

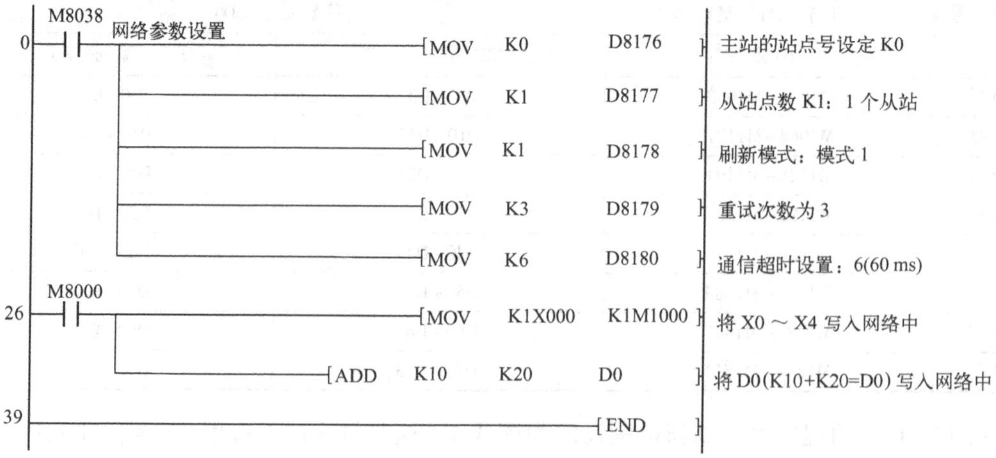

图 7-2-1 主站 PLC 程序

主站PLC程序中，将X0~X4对应主站写入网络中的M1000~M1003，让从站1可以读取。从站1的PLC程序如图7-2-2所示。

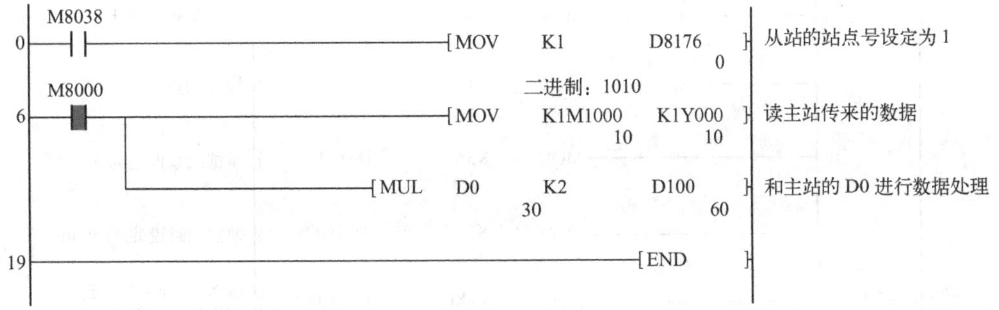

图7-2-2　从站1的PLC程序（运行状态）

从站1的PLC程序中，将读到的K1M1000转为二进制数值以控制对应的K1Y000输出，达到用主站的X0~X3控制从站1的Y0~Y3的目的。

D100将主站的数据D0在从站1进行相乘。

7.2.2　YL335-B的N:N网络通信调试

（1）任务要求

供料单元、加工单元、装配单元、分拣单元和输送单元的PLC（共5台）用FX_{2N}-485-BD通信板连接，以输送单元作为主站，站号为0，供料单元、加工单元、装配单元和分拣单元作为从站，站号：供料单元为1号、加工单元为2号、装配单元为3号和分拣单元为4号。需完成如下功能：

1）0号站的X1~X4分别对应1号站~4号站的Y0，当网络工作正常时，按下0号站的X1，则1号站的Y0输出，依此类推。

2）1号站~4号站的D200的值等于50时，对应0号站的Y1~Y4输出。

3）从1号站读取4号站的D220的值，将其保存到1号站的D220中。

（2）编写和调试程序

连接好通信端口后，就要编写主站程序和从站程序。在编程软件中进行监控，改变相关输入点和数据寄存器的状态，观察不同站的相关量的变化，看是否符合任务要求，如果符合说明则完成任务，若不符合则检查硬件和软件是否正确，修改重新调试，直到满足要求为止。

图7-2-3和图7-2-4所示，分别给出了输送单元和供料单元的参考程序。程序中选用了相应的站点通信错误标志位（特殊辅助继电器M8183~M8187，见表7-1-1）。例如，当某从站发生通信故障时，不允许主站从该从站的网络元件读取数据。使用站点通信错误标志位编程，对于确保通信数据的可靠性是有益的，注意站点不能识别自身的错误，因此为每一站点编写相应的错误提示程序是不必要的。

其余各工作站的程序，请读者自行编写。

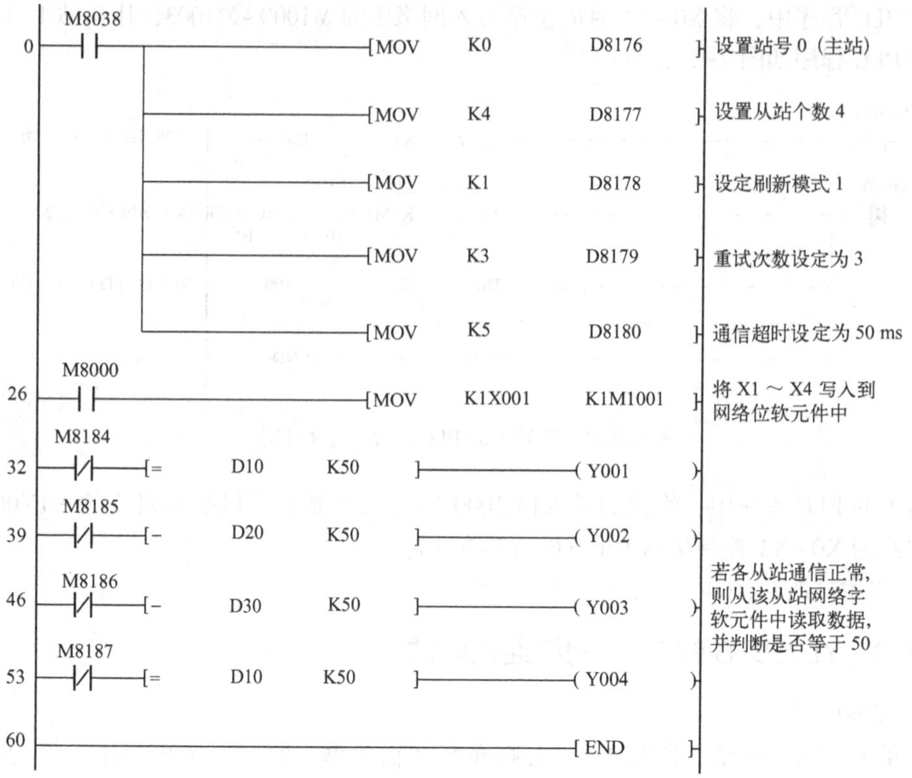

图 7-2-3 输送单元通信程序

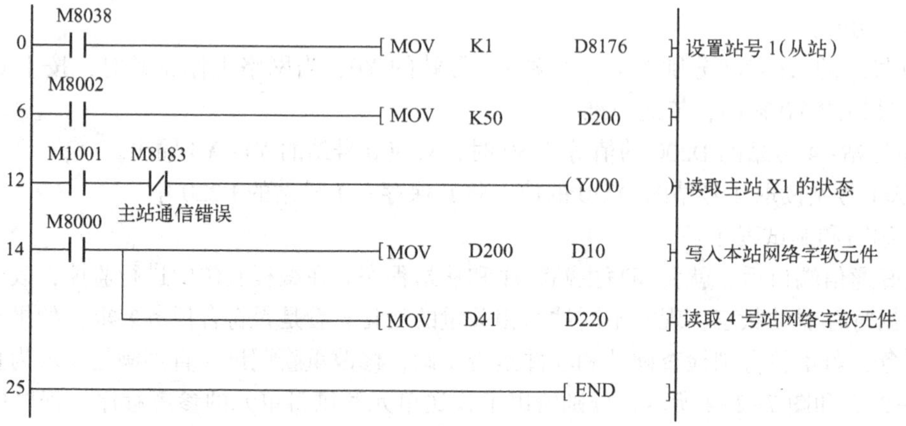

图 7-2-4 供料单元通信程序

项目 8　YL-335B 综合控制

YL-335B 型自动生产线设备上各工作单元的 PLC 之间的信息交换，通过 RS-485 网络实现，而系统运行的主令信号、各单元工作状态的监控，由连接到主站的嵌入式人机界面实现。本项目根据自动化生产线整体运行的系统组建和编程调试任务要求，进行联网总控任务的虚实联调技术的应用。

任务 8.1　联网总控任务布置

YL-335B 自动化生产线整体实训工作任务是综合性的，适合小组协作完成。

任务目标是：将供料单元料仓内的工件送往加工单元的物料台，加工完成后，把加工好的工件送往装配单元的装配台，然后把装配单元料仓内的白色和黑色两种不同颜色的小圆柱形零件嵌入到装配台上的工件中，完成装配后的成品被送往分拣单元以分拣输出。已完成加工和装配的工件如图 8-1 所示。

图 8-1-1　已完成加工和装配的工件

本任务要求如下。

1. 自动化生产线设备零部件的安装

完成 YL-335B 自动化生产线的供料、加工、装配、分拣和输送单元的部分装配工作，并把这些工作单元安装在 YL-335B 的工作台面上。

YL-335B 自动化生产线各工作单元的安装位置按照项目 4 中图 4-2-41 所示的要求布局。

对各工作单元的装配要求如下：

1）完成供料、加工和装配等工作单元的装配工作。

2）完成分拣单元装置侧的安装和调整，以及工作单元在工作台面上的定位。其装配的效果参照 4. 2. 4 节分拣单元结构的相关内容。

3）将输送单元的直线导轨和底板组件装配好，再将该组件安装在工作台上，并完成其余部件的装配，直至完成整个工作单元装置侧的安装和调整。

2. 气路连接及调整

1）按照项目4所介绍的分拣和输送单元气动系统图完成气路连接。

2）接通气源后检查各工作单元气缸初始位置是否符合要求，如不符合须适当调整。

3）完成气路调整，确保各气缸运行顺畅和平稳。

3. 电路设计和电路连接

根据生产线的运行要求完成分拣和输送单元电路设计和电路连接。

1）设计分拣单元的电气控制电路，并根据所设计的电路图进行连接。电路图应包括和变频器的主电路及控制电路。电路连接完成后应根据运行要求设定变频器有关参数，并现场测试旋转编码器的脉冲当量（测试3次取平均值，保留3位小数），上述参数应记录在所提供的电路图上。

2）设计输送单元的电气控制电路，并根据所设计的电路图进行连接。电路图应包括PLC、伺服电动机及其驱动器控制电路。电路连接完成后应根据运行要求设定伺服电动机驱动器有关参数，参数应记录在所提供的电路图上。

4. 各站PLC通信连接

采用N∶N网络分布式网络控制方式，指定输送单元作为系统主站。系统主令信号由触摸屏提供，系统紧急停止信号由输送单元的按钮/指示灯模块的急停按钮提供。安装在工作桌面上的警示灯能显示整个系统的主要工作状态，例如复位、起动、停止和报警等。

5. 用户界面的组态和触摸屏的连接

触摸屏应与系统中主站PLC的编程端口连接。

在TPC7062K触摸屏上组态画面的要求：用户窗口包括欢迎画面和主画面两个窗口，分别如图8-1-2和图8-1-3所示。其中，欢迎画面是开始画面，触摸屏通电后运行，画面上方的标题文字向右循环滚动。

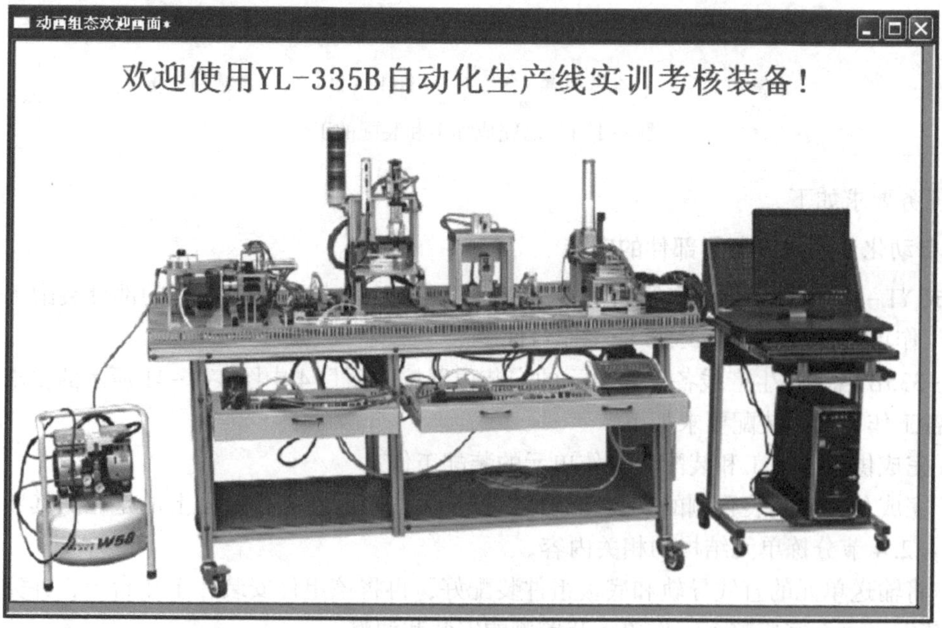

图8-1-2 欢迎画面

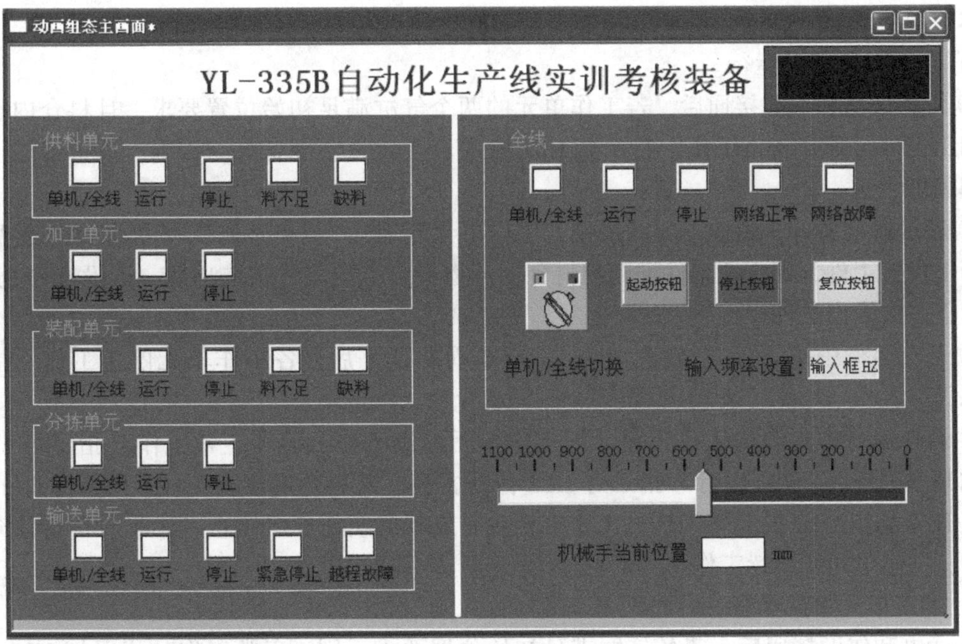

图 8-1-3　主画面

当触摸欢迎画面上任意部位时，系统都将切换到主画面。主画面组态应具有下列功能：

1）提供系统工作方式（单站/全线）选择信号和系统复位、起动和停止信号。

2）设定分拣单元变频器的运行频率（40~50 Hz）。

3）动态显示输送单元机械手装置当前位置（以原点位置为参考点，度量单位为 mm）。

4）指示网络的运行状态（正常、故障）。

5）指示各工作单元的运行、故障状态。其中故障状态包括：

- 供料单元的供料不足状态和缺料状态；
- 装配单元的供料不足状态和缺料状态；
- 输送单元抓取机械手装置越程故障（左或右极限开关动作）。

6）指示全线运行时系统的紧急停止状态。

6. 程序编制及调试

系统的工作模式分为单站工作和全线运行两种模式。

从单站工作模式切换到全线运行模式的条件是：各工作单元均处于停止状态，各单元的按钮/指示灯模块上工作方式选择开关置于全线模式，此时若将人机界面中选择开关切换到全线运行模式，则系统进入全线运行状态。

要从全线运行模式切换到单站工作模式，仅限当前工作周期完成后且将人机界面中选择开关切换到单站运行模式时才有效。

在全线运行模式下，各工作单元仅通过网络接收来自人机界面的主令信号，除主站急停按钮外，所有本站主令信号均无效。

（1）单站运行模式测试

单站运行模式下，各单元工作的主令信号和工作状态显示信号来自其 PLC 旁边的按钮/指示灯模块。并且按钮/指示灯模块上的工作方式选择开关 SA 应置于“单站方式”位置。各站的具体控制要求如下。

1）供料单元单站运行。

① 设备通电和气源接通后，若工作单元的两个气缸满足初始位置要求，且料仓内有足够的待加工工件，则“正常工作”指示灯 HL1 常亮，表示设备准备好。否则，该指示灯以 1 Hz 的频率闪烁。

② 若设备准备好，则按下起动按钮，工作单元起动，“设备运行”指示灯 HL2 常亮。若物料台上没有工件，则应把工件推到物料台上。物料台上的工件被取出后，若没有停止信号，则进行下一次推出工件操作。

③ 若在运行中按下停止按钮，则在完成本周期任务后，各工作单元停止工作，指示灯 HL2 熄灭。

④ 若在运行中料仓内工件不足，则工作单元继续工作，但“正常工作”指示灯 HL1 以 1 Hz 的频率闪烁，“设备运行”指示灯 HL2 保持常亮。若料仓内没有工件，则指示灯 HL1 和指示灯 HL2 均以 2 Hz 的频率闪烁。工作单元在完成本周期任务后停止。除非向料仓补充足够的工件，工作单元才继续工作。

2）加工单元单站运行。

① 通电和气源接通后，若各气缸满足初始位置要求，则“正常工作”指示灯 HL1 常亮，表示设备准备好。否则，该指示灯以 1 Hz 的频率闪烁。

② 若设备准备好，则按下起动按钮，设备起动，“设备运行”指示灯 HL2 常亮。当待加工工件被送到加工台上并被检出后，设备执行是将工件夹紧后将其送往加工区域冲压，完成冲压动作后返回待料位置的工件加工工序。如果没有停止信号输入，当再有待加工工件送到加工台上时，加工单元又开始下一周期工作。

③ 在工作过程中，若按下停止按钮，则加工单元在完成本周期的动作后停止工作。指示灯 HL2 熄灭。

④ 当待加工工件被检出而加工过程开始后，如果按下急停按钮，则本单元所有机构应立即停止运行，指示灯 HL2 以 1 Hz 的频率闪烁。急停按钮复位后，设备从急停前的断点开始继续运行。

3）装配单元单站运行。

① 设备通电和气源接通后，若各气缸满足初始位置要求，料仓上已经有足够的小圆柱形零件；工件装配台上没有待装配工件，则“正常工作”指示灯 HL1 常亮，表示设备准备好。否则，该指示灯以 1 Hz 的频率闪烁。

② 若设备准备好，则按下起动按钮，装配单元起动，“设备运行”指示灯 HL2 常亮。如果回转台上的左料盘内没有小圆柱形零件，则执行下料操作；如果左料盘内有零件，而右料盘内没有零件，则执行回转台回转操作。

③ 如果回转台上的右料盘内有小圆柱形零件且装配台上有待装配工件，则执行装配机械手抓取小圆柱形零件并将其放入待装配工件中的工序。

④ 完成装配任务后，装配机械手应返回初始位置，等待下一次装配。

⑤ 若在运行过程中按下停止按钮，则供料机构应立即停止供料，在装配条件满足的情况下，装配单元在完成本次装配后停止工作。

⑥ 在运行中发生“零件不足”报警时，指示灯 HL3 以 1 Hz 的频率闪烁，HL1 和 HL2 灯常亮；在运行中发生“零件没有”报警时，指示灯 HL3 以亮 1 s、灭 0.5 s 的方式闪烁，HL2

熄灭，HL1 常亮。

4）分拣单元单站运行工作要求。

① 初始状态：设备通电和气源接通后，若工作单元的 3 个气缸满足初始位置要求，则“正常工作”指示灯 HL1 常亮，表示设备准备好。否则，该指示灯以 1 Hz 的频率闪烁。

② 若设备准备好，则按下起动按钮，系统起动，“设备运行”指示灯 HL2 常亮。当传送带入料口放下已装配的工件时，变频器立即起动，驱动传动电动机以频率为 30 Hz 的速度，把工件带往分拣区。

③ 如果金属工件上的小圆柱形工件为白色芯件，则该工件到达 1 号滑槽中间，传送带停止，工件对被推到 1 号槽中；如果塑料工件上的小圆柱形工件为白色芯件，则该工件到达 2 号滑槽中间，传送带停止，工件对被推到 2 号槽中；如果工件上的小圆柱形工件为黑色芯件，则该工件对到达 3 号滑槽中间，传送带停止，工件对被推到 3 号槽中。工件被推出滑槽后，该工作单元的一个工作周期结束。仅当工件被推出滑槽后，才能再次向传送带下料。如果在运行期间按下停止按钮，该工作单元在本工作周期结束后停止运行。

5）输送单元单站运行。

单站运行的目标是测试设备传送工件的功能。要求其他各工作单元已经就位，并且在供料单元的物料台上放置了工件。具体测试过程要求如下。

① 输送单元在通电后，按下复位按钮 SB1，执行复位操作，使抓取机械手装置回到原点位置。在复位过程中，“正常工作”指示灯 HL1 以 1 Hz 的频率闪烁。

当抓取机械手装置回到原点位置，且输送单元各个气缸满足初始位置的要求，则复位完成，“正常工作”指示灯 HL1 常亮。按下起动按钮 SB2，设备起动，“设备运行”指示灯 HL2 也常亮，开始功能测试过程。

② 抓取机械手装置从供料站物料台抓取工件，抓取的顺序是：手臂伸出→手爪夹紧并抓取工件→提升台上升→手臂缩回。

③ 抓取动作完成后，伺服电动机驱动抓取机械手装置向加工站移动，移动速度不小于 300 mm/s。

④ 当抓取机械手装置被移动到加工站物料台的正前方后，即把工件放到加工站物料台上。抓取机械手装置在加工站放下工件的顺序是：手臂伸出→提升台下降→手爪松开并放下工件→手臂缩回。

⑤ 放下工件动作完成 2 s 后，抓取机械手装置执行抓取加工站工件的操作。抓取的顺序与供料站抓取工件的顺序相同。

⑥ 抓取动作完成后，伺服电动机驱动抓取机械手装置移动到装配站物料台的正前方。然后把工件放到装配站物料台上。其动作顺序与在加工站放下工件的顺序相同。

⑦ 放下工件动作完成 2 s 后，抓取机械手装置执行抓取装配站工件的操作。其抓取的顺序与在供料站抓取工件的顺序相同。

⑧ 机械手手臂缩回后，摆台逆时针旋转 90°，伺服电动机驱动抓取机械手装置从装配站向分拣站运送工件，到达分拣站传送带上方入料口后把工件放下，其动作顺序与在加工站放下工件的顺序相同。

⑨ 放下工件动作完成后，机械手手臂缩回，然后执行返回原点的操作。伺服电动机驱动抓取机械手装置以 400 mm/s 的速度返回，返回 900 mm 后，摆台顺时针旋转 90°，然后以 100 mm/s 的速度低速返回原点停止。

当抓取机械手装置返回原点后，一个测试周期结束。当供料单元的物料台上再次放置工件时，再按一次起动按钮 SB2，开始新一轮的测试。

（2）全线运行模式测试

全线运行模式下各工作单元相应部件的工作顺序以及输送单元机械手装置运行速度的要求，与单站运行模式一致。全线运行步骤如下：

1）系统通电，N∶N 网络正常后开始工作。触摸人机界面上的复位按钮，执行复位操作，在复位过程中，绿色警示灯以 2 Hz 的频率闪烁。红色和黄色灯均熄灭。

复位过程包括：使输送单元机械手装置回到原点位置和检查各工作单元是否处于初始状态。各工作单元初始状态包括：

① 各工作单元气动执行元件均处于初始位置；

② 供料单元料仓内有足够的待加工工件；

③ 装配单元料仓内有足够的小圆柱形零件；

④ 输送单元的紧急停止按钮未按下。

当输送单元机械手装置回到原点位置，且各工作单元均处于初始状态时，复位完成，绿色警示灯常亮，表示允许起动系统。这时触摸人机界面上的起动按钮，系统起动，绿色和黄色警示灯均常亮。

2）供料单元的运行。

系统起动后，若供料单元的物料台上没有工件，则应把工件推到物料台上，并向系统发出物料台上有工件信号。若供料单元的料仓内没有工件或工件不足，则向系统发出报警或预警信号。物料台上的工件被输送站机械手取出后，若系统仍然需要推出工件进行加工，则进行下一次推出工件操作。

3）输送单元运行 1。

当工件被推到供料单元的物料台后，输送单元抓取机械手装置执行抓取供料单元工件的操作。动作完成后，伺服电动机驱动抓取机械手装置移动到加工单元加工物料台的正前方，把工件放到加工站的加工台上。

4）加工单元运行。

加工单元加工台上的工件被检出后，执行加工过程。当加工好的工件重新被送回待料位置时，向系统发出冲压加工完成信号。

5）输送单元运行 2。

系统接收到加工完成信号后，输送单元机械手执行抓取已加工工件的操作。抓取动作完成后，伺服电动机驱动抓取机械手装置移动到装配站物料台的正前方，然后把工件放到装配单元物料台上。

6）装配单元运行。

装配单元物料台的传感器检测到工件到来后，开始执行装配过程。装配动作完成后，向系统发出装配完成信号。

如果装配单元的料仓或料槽内没有小圆柱形工件或工件不足，则向系统发出报警或预警信号。

7）输送单元运行 3。

系统接收到装配完成信号后，输送单元机械手抓取已装配的工件，然后从装配单元向分拣单元运送工件，到达分拣单元传送带上方入料口后把工件放下，然后执行返回原点的操作。

8）分拣单元运行。

输送单元机械手装置放下工件并缩回到位后，分拣单元的变频器立即起动，驱动传动电动机以最高运行频率（由人机界面指定）80%对应的速度，把工件带入分拣区进行分拣，工件分拣原则与单站运行相同。当分拣气缸活塞杆推出工件并返回后，向系统发出分拣完成信号。

9）仅当分拣单元分拣工作完成，并且输送单元机械手装置回到原点，系统的一个工作周期才算结束。如果在工作周期内没有触摸过停止按钮，则系统在延时1 s后开始下一周期工作。如果在工作周期内曾经触摸过停止按钮，则系统工作结束，警示灯中黄色灯熄灭，绿色灯仍保持常亮。系统工作结束后若再次按下起动按钮，则系统又重新工作。

（3）异常工作状态测试

1）工件供给状态的警示。

如果发生来自供料单元或装配单元的“零件不足”的预报警信号或“零件没有”的报警信号，则系统执行如下动作：

① 如果发生“零件不足”的预报警信号，则警示灯中的红色灯以1 Hz的频率闪烁，绿色和黄色灯保持常亮。系统继续工作。

② 如果发生“零件没有”的报警信号，则警示灯中红色灯以亮1 s、灭0.5 s的方式闪烁；黄色灯熄灭，绿色灯保持常亮。

若“零件没有”的报警信号来自供料单元，且供料单元物料台上已推出工件，则系统继续运行，直至完成该工作周期尚未完成的工作。当该工作周期工作结束时，系统将停止工作，除非“零件没有”的报警信号消失，否则系统不能再起动。

若“零件没有”的报警信号来自装配单元，且装配单元回转台上已落下小圆柱形工件，则系统继续运行，直至完成该工作周期尚未完成的工作。当该工作周期工作结束后，系统将停止工作，除非“零件没有”的报警信号消失，否则系统不能再起动。

2）急停与复位。

若系统工作过程中按下输送单元的急停按钮，则输送单元立即停车。在急停复位后，从急停前的断点开始继续运行。若急停按钮按下时，机械手装置正在向某一目标点移动，则急停复位后输送单元机械手装置应首先返回原点位置，停止运动，等候下一次操作指令。

任务8.2 联网总控任务实施

8.2.1 设备装调

YL-335B生产线各工作单元的机械安装、气路连接及调整、电气接线等的工作步骤和注意事项在前面已经讲述过，这里不再重述。

系统整体安装时，必须确定各工作单元的安装定位，为此首先要确定安装的基准点。由于工作台的安装特点，原点位置一旦确定后，输送单元的安装位置也已确定。图4-2-41指出了基准点到原点距离（X轴方向）为310 mm，这一点应首先确定。然后根据：①原点位置与供料单元物料台中心沿X轴方向重合；②供料单元物料台中心至加工单元加工台中心距离为430 mm；③加工单元的加工台中心至装配单元装配台中心距离为350 mm；④装配单元装配台中心至分拣单元进料口中心距离为560 mm。即可确定各工作单元在X轴方向的位置。

在空的工作台上进行系统安装的步骤如下。

1）完成输送单元装置侧的安装。包括直线运动组件、抓取机械手装置、拖链装置、电磁阀组件和装置侧电气接口等的安装；以及抓取机械手装置上各传感器引出线、连接到各气缸的气管沿拖链的敷设和绑扎；连接到装置侧电气接口的接线；单元气路的连接等。

2）供料、加工和装配等工作单元在完成其装置侧的装配后，在工作台上定位并安装。它们沿 Y 轴方向的定位，以输送单元机械手在伸出状态时，能顺利在它们的物料台上抓取和放下工件为准。

3）分拣单元在完成其装置侧的装配后，在工作台上定位并安装。沿 Y 轴方向的并定位，应使传送带上进料口中心点与输送单元直线导轨中心线重合；沿 X 轴方向的定位，应确保输送单元机械手运送工件到分拣单元时，能准确地把工件放到进料口中心上。

注意：在安装工作完成后，必须进行必要的检查和局部试验的工作，以确保及时发现问题。在投入全线运行前，应清理工作台上残留线头、管线和工具等，养成良好的职业素养。

8.2.2 参数设置和测试

按8.1的任务要求，电气接线完成后，应进行变频器和伺服驱动器有关参数的设定，并现场测试旋转编码器的脉冲当量。上述工作已在前面4.1.4小节分拣单元传感器和检测方案部分详细介绍过了，这里不再重复。

8.2.3 触摸屏组态

1. 工程分析和创建

根据8.1的任务要求，对工程进行分析和操作：

（1）工程框架

有两个用户窗口，即欢迎画面和主画面，其中欢迎画面是起动界面。1个策略即循环策略。

（2）数据对象

各工作单元以及全线的工作状态指示灯、单机/全线切换旋钮、起动按钮、停止按钮、复位按钮、变频器运行频率设定和机械手当前位置等。

（3）图形制作

1）欢迎画面窗口：图片，通过位图装载实现；文字，通过标签实现；按钮，由对象元件库引入。

2）主画面窗口：文字，通过标签实现；各工作单元以及全线的工作状态指示灯、时钟，由对象元件库引入；单机/全线切换旋钮、起动按钮、停止按钮、复位按钮，由对象元件库引入；运行频率设置，通过输入框实现；机械手当前位置，通过标签和滑动输入器实现。

（4）流程控制

流程控制可通过循环策略中的脚本程序策略块实现。

进行上述操作后，就可以创建工程，然后进行组态了。步骤是：在“用户窗口”中单击“新建窗口”按钮，建立“窗口0”和“窗口1”，然后分别设置两个窗口的属性。

2. 欢迎画面组态

（1）建立欢迎画面

选中“窗口0”，单击“窗口属性”按钮，进入用户窗口属性设置，包括：

① 窗口名称改为“欢迎画面”；

② 窗口标题改为“欢迎画面”；

③ 在“用户窗口”中，选中“欢迎画面”后右击，选择下拉菜单中的“设置为起动窗口”选项，将该窗口设置为运行时自动加载的窗口。

（2）编辑欢迎画面

选中“欢迎画面”画面图标，单击“动画组态”按钮，进入动画组态窗口，开始编辑画面。

1）装载位图。

选择工具箱内的“位图”图标按钮，光标呈“十字”形，在窗口左上角位置拖动光标，拉出一个矩形，使其填充整个窗口。

在位图上右击，选择“装载位图”，找到要装载的位图，选择该位图，如图 8-2-1 所示，然后单击“打开”按钮，则图片被装载到了该窗口。

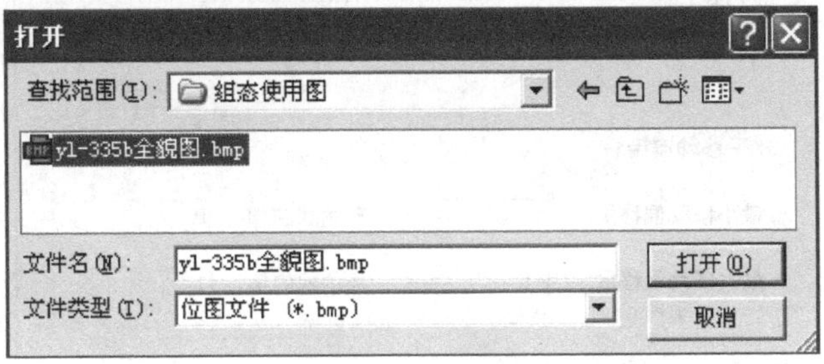

图 8-2-1　装载位图

2）制作按钮。

单击绘图工具箱中图标按钮，在窗口中拖出一个大小合适的按钮，双击该按钮，出现图 8-2-2a 所示的“标准按钮构件属性设置”对话框。在“可见度属性”选项卡中选择“按钮不可见”；在图 8-2-2b 所示的“操作属性”选项卡中单击“按下功能”，然后选中“打开用户窗口”并选择“主画面”，并使“数据对象值操作”为“HMI 就绪”的值“置 1”。

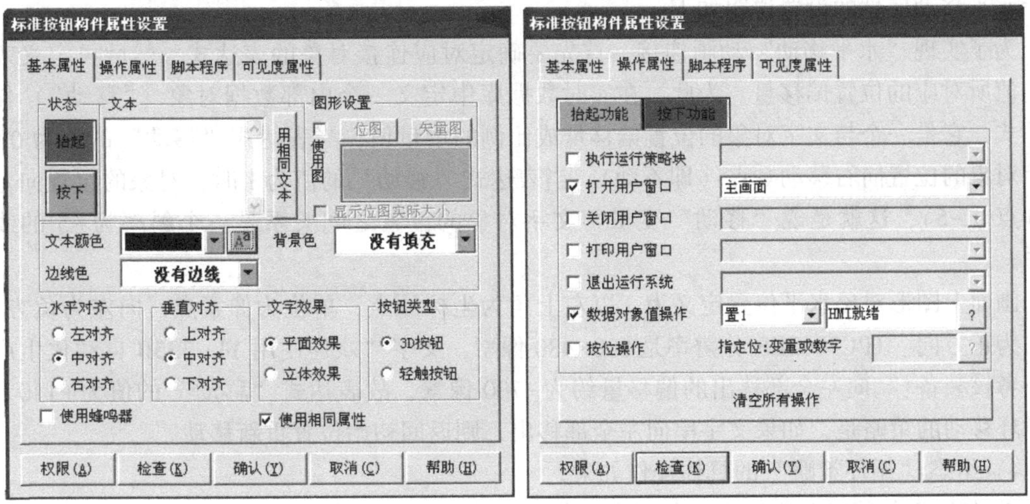

图 8-2-2　按钮构件属性设置

a）“基本属性”选项卡　b）“操作属性”选项卡

3）制作循环移动的文字框图。

① 选择工具箱内的“标签”图标按钮A，在窗口上方中心位置拖动，根据需要拉出一个大小适合的矩形。在光标闪烁位置输入“欢迎使用 YL-335B 自动化生产线实训考核装备!”，按〈Enter〉键或在窗口任意位置单击一下，完成文字输入。

② 静态属性设置如下。文字框的背景颜色：没有填充；文字框的边线颜色：没有边线；字符颜色：艳粉色；文字字体：华文细黑；字形：粗体；大小：二号。

③ 为了使文字循环移动，在静态属性画面的“位置动画连接”中勾选“水平移动”，这时在对话框上端就增添“水平移动”选项卡。水平移动属性的设置如图 8-2-3 所示。

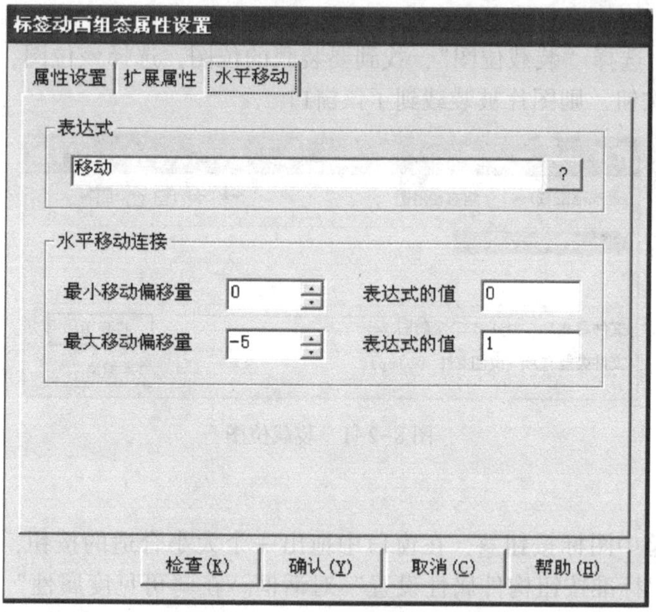

图 8-2-3　设置水平移动属性

水平移动属性的设置说明如下：

为了实现“水平移动”动画连接，首先要确定对应连接对象的表达式，然后再定义表达式的值所对应的位置偏移量。为此，在实时数据库中定义一个内部数据对象（“移动”）作为表达式，它是一个与文字对象的位置偏移量成比例的增量值，当表达式“移动”的值为 0 时，文字对象的位置向右移动 0 点（即不动），当表达式“移动”的值为 1 时，对象的位置向左移动 5 点（-5），这就是说“移动”变量与文字对象的位置之间关系是一个斜率为-5 的线性关系。

画面上图形对象水平位置定义为：以左上角为坐标原点，单位为像素点，向左为负方向，向右为正方向。TPC7062KS 分辨率是 800×480 像素，文字“欢迎使用 YL-335B 自动化生产线实训考核装备!”向左全部移出的偏移量约为-700 像素，故表达式“移动”的值为+140。文字循环移动的策略是，如果文字串向左全部移出，则返回初始位置重新移动。

4）组态“循环策略”的具体操作如下。

① 在“运行策略”选项卡中，双击“循环策略”进入策略组态窗口。

② 双击工具栏中的图标按钮进入“策略属性设置”，将循环时间设为 100 ms，单击“确认”按钮。

③ 在策略组态窗口中，单击工具栏中的“新增策略行”图标按钮，增加一条策略行，如图 8-2-4 所示。

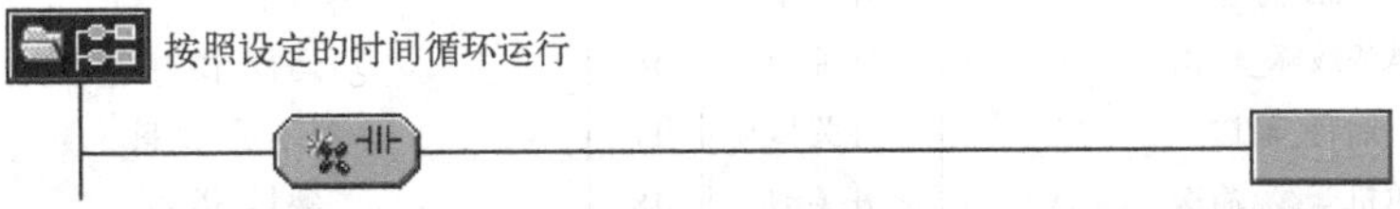

图 8-2-4　组态“循环策略”

④ 单击“策略工具箱”中的“脚本程序”，将光针移到策略块图标上单击，即添加脚本程序构件，如图 8-2-5 所示。

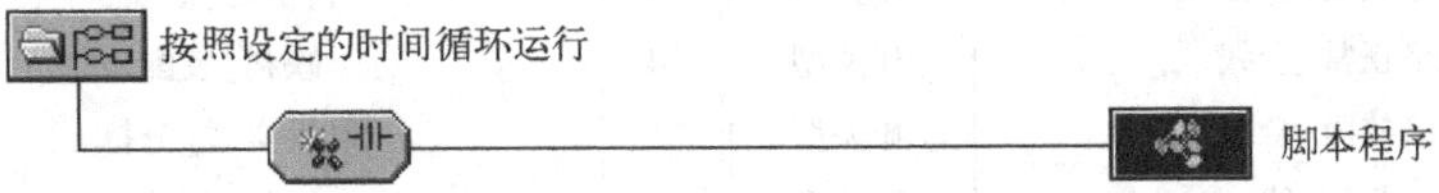

图 8-2-5　设置循环时间

⑤双击可进入策略条件设置，表达式中输入 1，即始终满足条件。

⑥ 双击可进入脚本程序编辑环境，输入下面的程序：

```
if 移动<=140 then
  移动=移动+1
else
  移动=-140
endif
```

⑦ 单击“确认”按钮，脚本程序编写完毕。

3. 主画面组态

(1) 建立主画面

1) 选中“窗口 1”，单击“窗口属性”按钮，进行用户窗口属性设置。

2) 将窗口名称和窗口标题改为“主画面”；在“窗口背景”中，选择所需要的颜色。

(2) 定义数据对象

各工作单元以及全线的工作状态指示灯、单机/全线切换旋钮、起动按钮、停止按钮、复位按钮、变频器、机械手等，都是需要与 PLC 连接，是进行信息交换的数据对象。定义数据对象的步骤如下：

① 单击工作台中的“实时数据库”选项卡，进入实时数据库窗口。

② 单击“新增对象”按钮，在窗口的数据对象列表中，增加新的数据对象。

③ 选中对象，单击“对象属性”按钮，或直接双击选中对象，则打开“数据对象属性设置”对话框，设置其属性。表 8-2-1 列出了主画面与 PLC 连接的全部数据对象。

(3) 设备连接

使定义好的数据对象和 PLC 内部变量进行连接，步骤如下：

1) 打开“设备工具箱”，在“设备属性值”列表中，双击“通用串口父设备”，然后双击“西门子_S7200PPI”。出现“通用串口父设备”和“三菱_FX 系列编程口”的窗口。

2) 设置通用串口设备的基本属性，如图 8-2-6 所示。

表 8-2-1　主画面与 PLC 连接的数据对象列表

序号	对象名称	类型	序号	对象名称	类型
1	HMI 就绪	开关型	15	单机全线_供料	开关型
2	越程故障_输送	开关型	16	运行_供料	开关型
3	运行_输送	开关型	17	料不足_供料	开关型
4	单机全线_输送	开关型	18	缺料_供料	开关型
5	单机全线_全线	开关型	19	单机全线_加工	开关型
6	复位按钮_全线	开关型	20	运行_加工	开关型
7	停止按钮_全线	开关型	21	单机全线_装配	开关型
8	起动按钮_全线	开关型	22	运行_装配	开关型
9	单机全线切换_全线	开关型	23	料不足_装配	开关型
10	网络正常_全线	开关型	24	缺料_装配	开关型
11	网络故障_全线	开关型	25	单机全线_分拣	开关型
12	运行_全线	开关型	26	运行_分拣	开关型
13	急停_输送	开关型	27	手爪当前位置_输送	数值型
14	变频器频率_分拣	数值型			

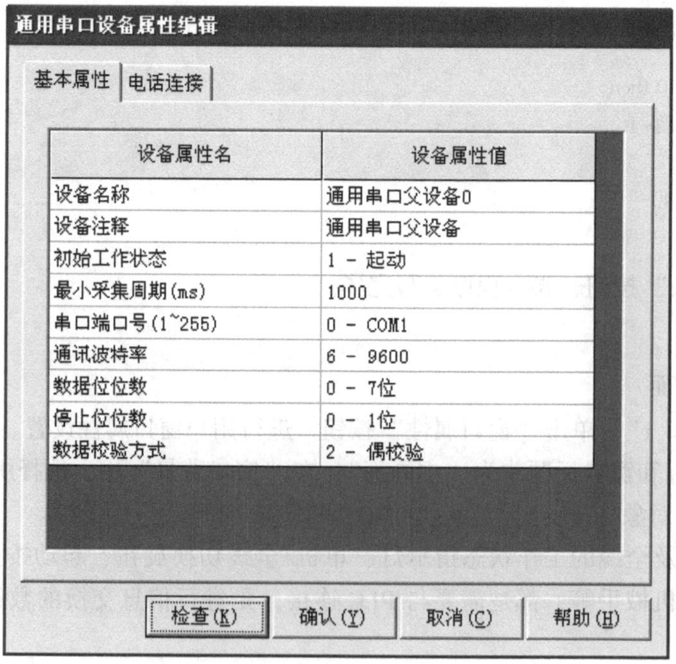

图 8-2-6　设置通用串口父设备基本属性

3）双击“三菱_FX 系列编程口”，进入“设备编辑窗口”，根据表 8-2-1 所列的数据，单击“增加设备通道”按钮逐个增加相应设备通道，如图 8-2-7 所示。

（4）主画面制作和组态

可按如下步骤制作主画面并组态。

1）首先制作主画面的标题文字、插入时钟；然后在工具箱中选择直线构件，把标题文字下方的区域划分为图 8-2-8 所示的两部分，左部分用于制作各从站单元画面，右部分用于制作主站输送单元画面。

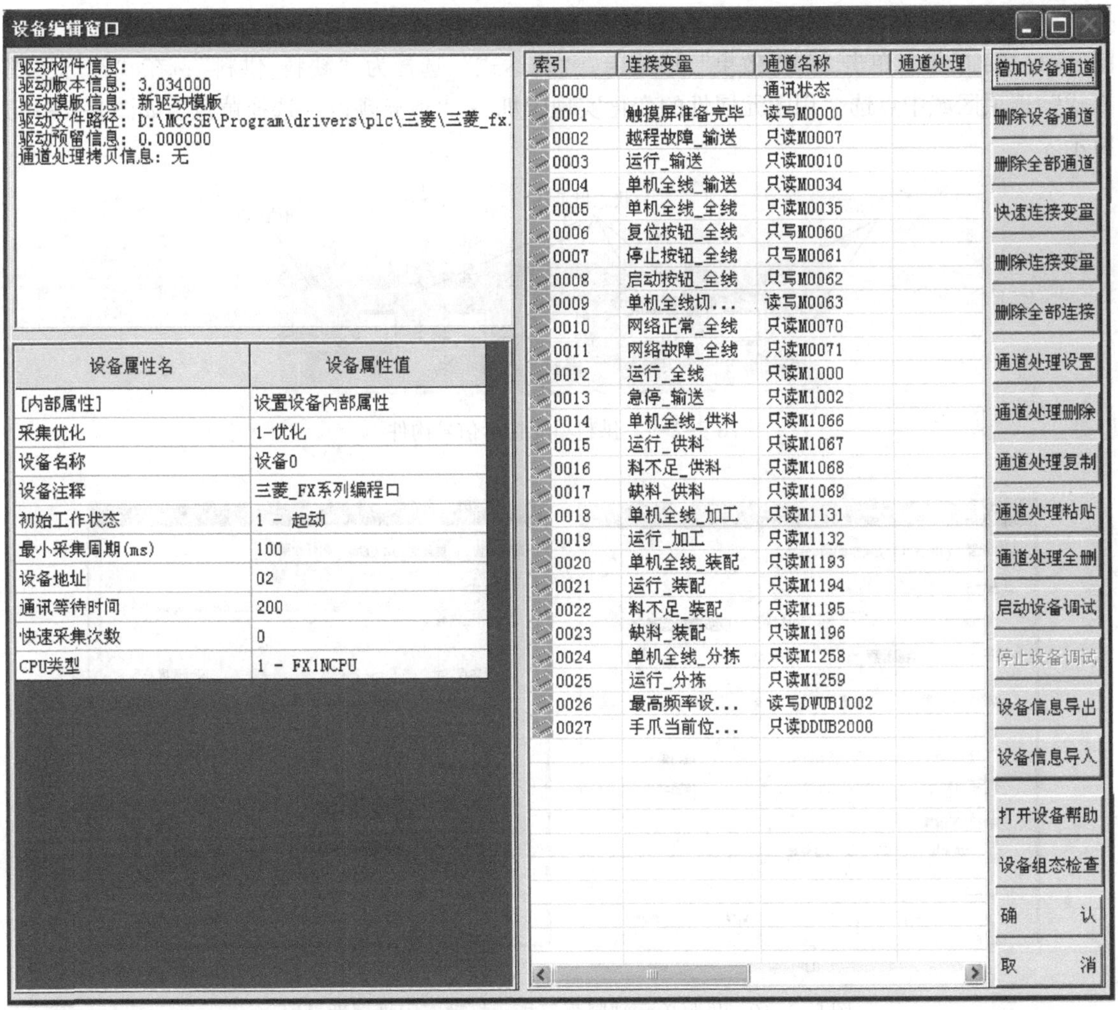

图 8-2-7 编辑变量通道

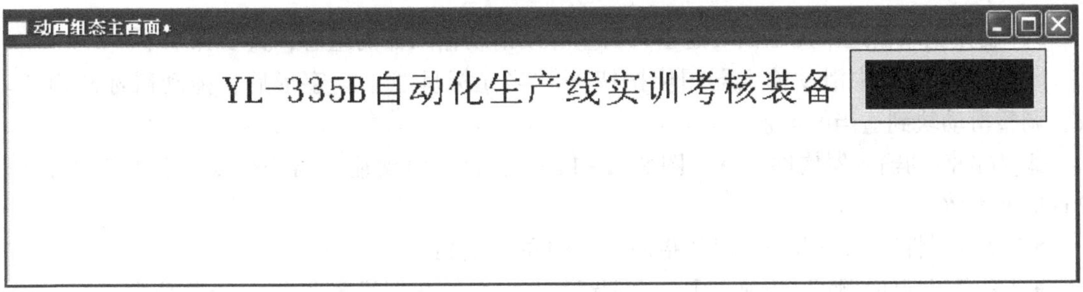

图 8-2-8 主画面组态

2）制作各从站单元画面并组态。以供料单元为例，其画面如图 8-2-9 所示，这些构件的制作和属性设置前面已有详细介绍，但对“料不足”和“缺料”两状态指示灯有报警时闪烁的要求，下面介绍供料单元缺料报警指示灯组态属性的设置。

与其他指示灯组态不同的是：缺料报警分段点 1 设置的颜色是红色，并且还需组态闪烁功能。步骤为：在“标签动画组态属性设置”对话框的“属性设置”选项卡的“特殊动画连接”选项区域中勾选“闪烁效果”，“填充颜色”旁边就会出现“闪烁效果”选项卡，如图 8-2-10a 所示。单击“闪烁效果”选项卡，“表达式”选择为“缺料_供料”；在“闪烁实现方式”选项区域中点选“用图元属性的变化实现闪烁”；“填充颜色”选择黄色，如图 8-2-10b 所示。

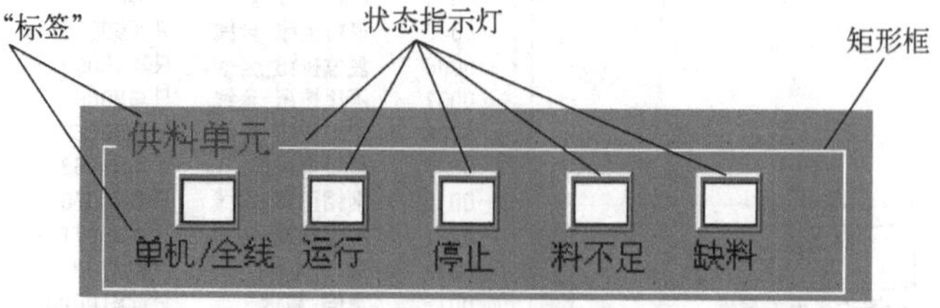

图 8-2-9 供料单元指示信号构件

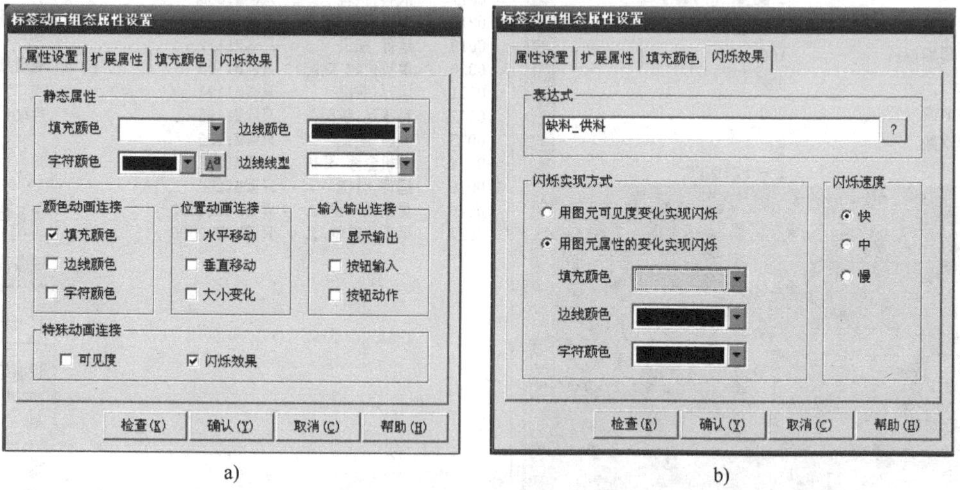

图 8-2-10 供料单元缺料报警指示灯动态闪烁属性设置

a）属性设置 b）闪烁效果设置

3）制作主站输送单元画面。这里只着重介绍滑动输入器的组态，其步骤如下。

① 选中工具箱中滑动输入器图标按钮，当光标呈“十”字形后，拖动鼠标画出滑动块，调整滑动块到适当的位置。

② 双击滑动输入器构件，进入图 8-2-11 所示的“滑动输入器构件属性设置”对话框。设置如下参数。

- “基本属性”选项卡中，滑块指向：指向左（上）；
- “刻度与标注属性”选项卡中，主划线数目：11；次划线数目：2；小数位数：0；
- “操作属性”选项卡中，对应数据对象名称：手爪当前位置_输送；滑块在最左（下）边时对应的值：1100；滑块在最右（上）边时对应的值：0；

其他为系统默认值。

③ 单击图 8-2-11 中“权限”按钮，进入“用户权限设置”对话框，选择管理员组，按“确认”按钮完成制作。图 8-2-12 是制作完成的效果图。

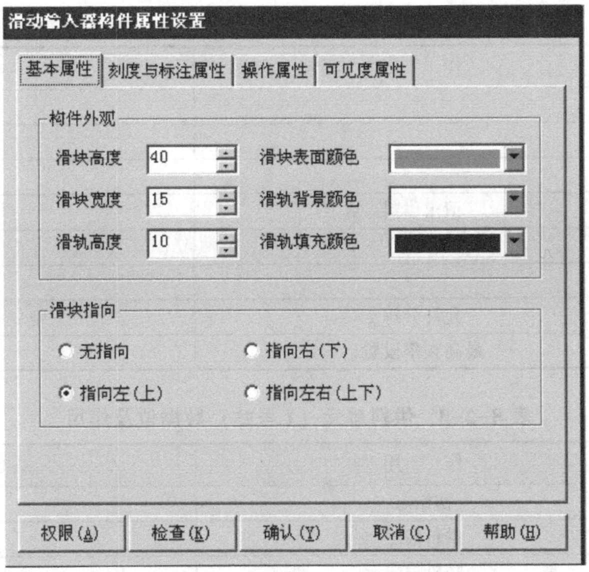

图 8-2-11　滑动输入器构件属性设置

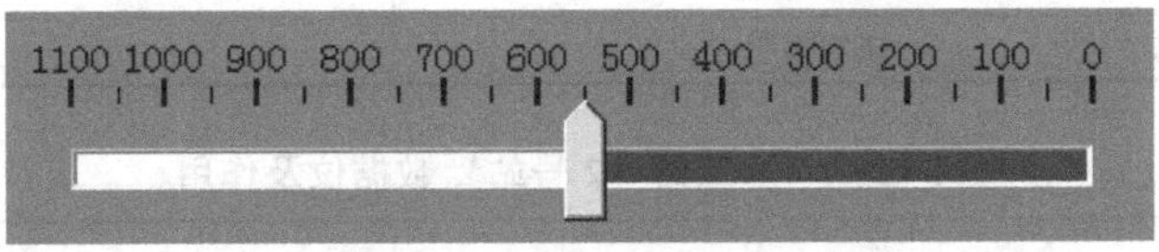

图 8-2-12　滑动输入器构件效果图

8.2.4　编程和调试

YL-335B生产线是一个分布式控制的自动化生产线，在设计整体控制程序时，首先从它的系统性着手，通过组建网络，规划通信，使系统组织起来。然后根据各工作单元的工艺任务，分别编制各工作单元的控制程序。

1. 通信规划

通过任务要求可以看到，网络中各站点需要交换的信息量并不大，可在N:N网络中定义采用模式1的刷新方式。各站通信数据的位地址数据见表8-2-2~表8-2-6。这些数据分别由各站PLC程序写入，全部数据被N:N网络所有站点共享。

表 8-2-2　输送单元（0号站）数据位及作用

输送单元位地址	作　用	备　注
M1000	全线运行	
M1001		
M1002	允许加工	
M1003	全线急停	
M1004		
M1005		
M1006		
M1007	HMI联机	
M1008		

（续）

输送单元位地址	作　用	备　注
M1009		
M1010		
M1011		
M1012	请求供料	
M1013		
M1014		
M1015	允许分拣	
D0	最高频率设置	

表 8-2-3　供料单元（1号站）数据位及作用

供料单元位地址	作　用	备　注
M1064	初始态	
M1065	供料信号	
M1066	联机信号	
M1067	运行信号	
M1068	料不足报警	
M1069	缺料报警	

表 8-2-4　加工站（2号站）数据位及作用

加工单元位地址	作　用	备　注
M1128	初始态	
M1129	加工完成	
M1130		
M1131	联机信号	
M1132	运行信号	

表 8-2-5　装配站（3号站）数据位及作用

供料单元位地址	作　用	备　注
M1192	初始态	
M1193	联机信号	
M1194	运行信号	
M1195	零件不足	
M1196	零件没有	
M1197	装配完成	

表 8-2-6　分拣站（4号站）数据位及作用

供料单元位地址	作　用	备　注
M1256	初始态	
M1257	分拣完成	
M1258	分拣联机	
M1259	分拣运行	

用于通信的数值型数据只有一个，即来自触摸屏的频率指令数据，它被传送到输送单元后，由输送单元发送至网络上，供分拣单元使用。该数据被写入到字数据存储区的 D0 单元内。

2. 从站单元控制程序的编制

YL-335B 生产线各工作单元在单站运行时的编程思路，在前面各项目中均做了介绍。在联机运行情况下，由任务中的各从站工艺过程基本是固定的，原单站程序中工艺控制程序基本变动不大。在单站程序的基础上修改、编制联机运行程序，实现起来并不太困难。下面以供料单元的联机编程为例说明。

联机运行情况下的主要变动有两点：一是在运行条件上有所不同，主令信号来自系统，并通过网络传递的信号；二是各工作单元之间通过网络不断交换信号，由此确定各站的程序流向和运行条件。

对于前者，首先须明确工作站当前的工作模式，以此确定当前有效的主令信号。任务中明确地规定了工作模式切换的条件，目的是避免误操作的发生，确保系统可靠运行。工作模式切换条件的逻辑判断在通电初始化（M8002 ON）后进行。图 8-2-13 是从站 1 初始化和工作方式确定的梯形图程序。

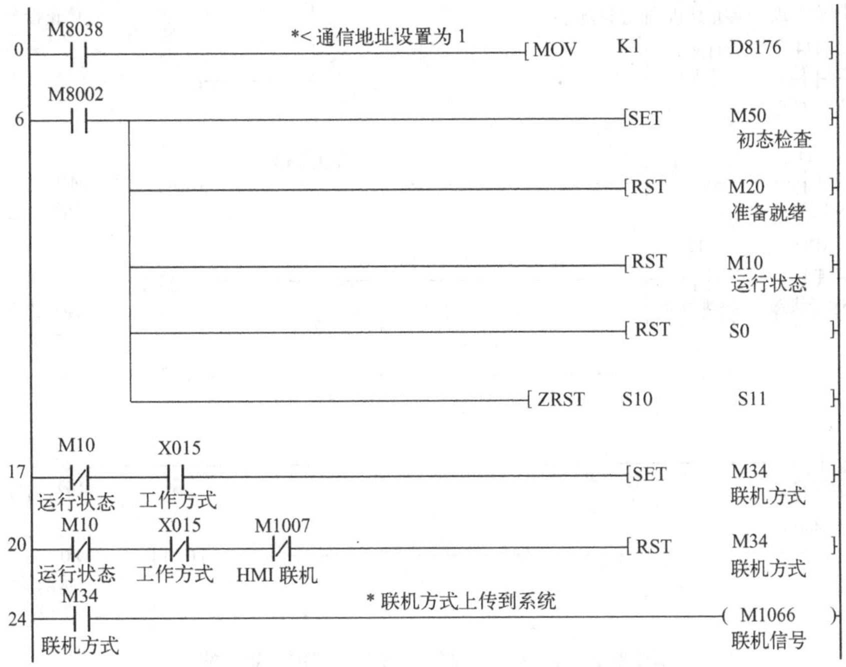

图 8-2-13　从站 1 初始化和工作方式确定的梯形图程序

接下来的工作与前面单站时类似，即：

① 进行初始状态检查，判别工作站是否准备就绪。

② 若准备就绪，则收到全线运行信号或本站起动信号后投入运行状态。

③ 在运行状态下，不断监视停止命令是否到来，一旦到来即置位停止指令，待工作站的工艺过程完成一个工作周期后，使工作站停止工作。从站 1 联机工作主程序的梯形图如图 8-2-14 所示。

下一步就进入工作站的工艺控制过程了，即从初始步 S0 开始的步进顺序控制过程。这一步进程序与前面单站情况基本相同，只是增加了写网络变量向系统报告工作状态的工作。其他从站的编程方法与供料单元基本类似，此处不再详述。建议读者对照各工作单元单站例程和联机例程，加以比较和分析。

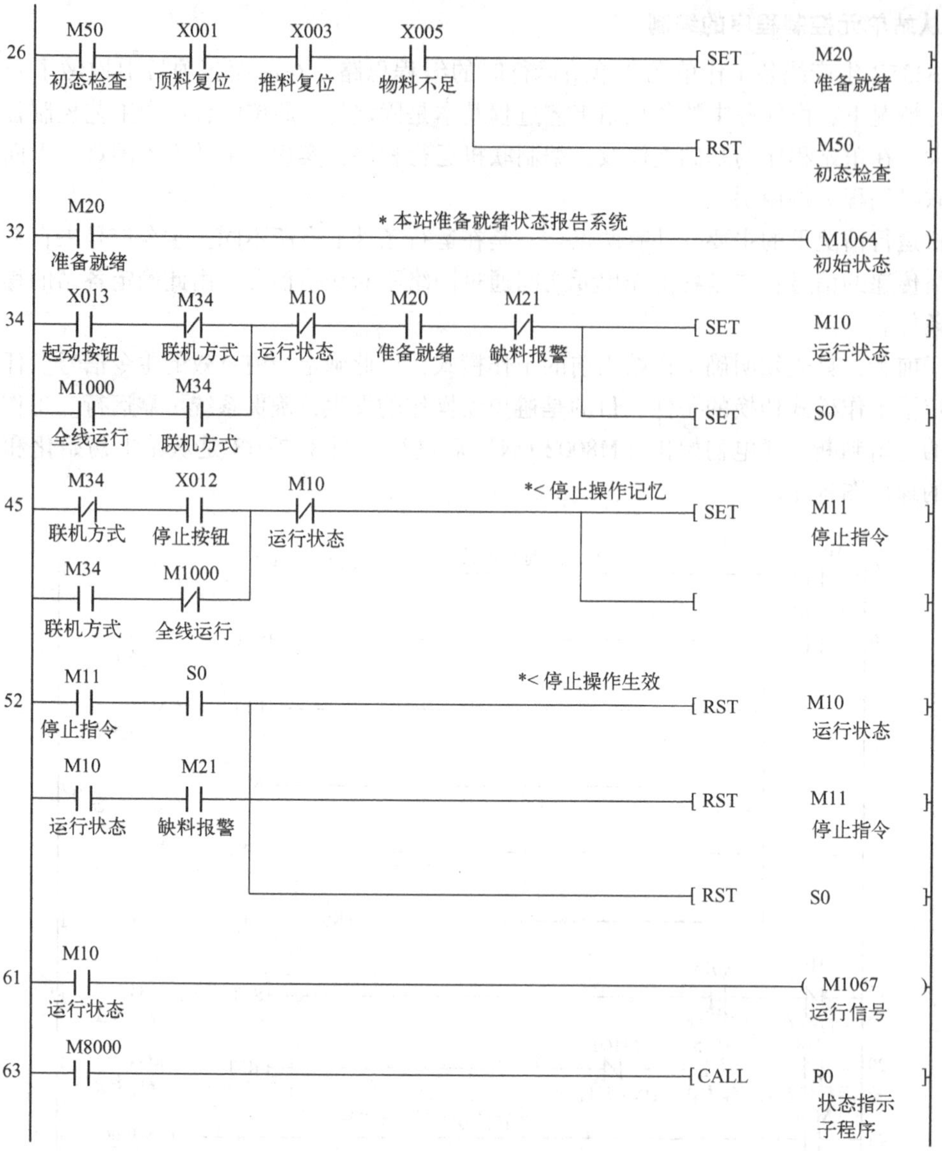

图 8-2-14 从站 1 联机工作主程序的梯形图

3. 主站单元控制程序的编制

输送单元是 YL-335B 生产线中最为重要的、同时也是承担任务最为繁重的工作单元。其主要体现在：①输送单元 PLC 与触摸屏相连接，接收来自触摸屏的主令信号，同时把系统状态信息反馈到触摸屏；②作为网络的主站，要进行大量的网络信息处理；③需完成本单元联机方式下的工艺生产任务，与单站运行时略有差异。因此，把输送单元的单站控制程序修改为联机控制，工作量要大一些。下面着重介绍编程中应予以注意的问题和有关编程思路。

（1）内存的配置

为了使程序更为清晰合理，编写程序前需详细地规划所需使用的内存。前面已经规划了供网络变量使用的内存和存储区的地址范围。在人机界面组态中，也规划了人机界面与 PLC 连接变量的设备通道，并整理成表格形式。三菱系列 PLC 参考表 8-2-1（其通道号见表 8-2-5），西门子系列 PLC 参考表 8-2-7。

表 8-2-7　西门子系列人机界面与 PLC 连接变量的设备通道

序号	连接变量	通道名称	序号	连接变量	通道名称
1	越程故障_输送	M0.7（只读）	14	单机/全线_供料	V1020.4（只读）
2	运行状态_输送	M1.0（只读）	15	运行状态_供料	V1020.5（只读）
3	单机/全线_输送	M3.4（只读）	16	工件不足_供料	V1020.6（只读）
4	单机/全线_全线	M3.5（只读）	17	工件没有_供料	V1020.7（只读）
5	复位按钮_全线	M6.0（只写）	18	单机/全线_加工	V1030.4（只读）
6	停止按钮_全线	M6.1（只写）	19	运行状态_加工	V1030.5（只读）
7	起动按钮_全线	M6.2（只写）	20	单机/全线_装配	V1040.4（只读）
8	方式切换_全线	M6.3（读写）	21	运行状态_装配	V1040.5（只读）
9	网络正常_全线	M7.0（只读）	22	工件不足_装配	V1040.6（只读）
10	网络故障_全线	M7.1（只读）	23	工件没有_装配	V1040.7（只读）
11	运行状态_全线	V1000.0（只读）	24	单机/全线_分拣	V1050.4（只读）
12	急停状态_输送	V1000.2（只读）	25	运行状态_分拣	V1050.5（只读）
13	输入频率_全线	VW1002（读写）	26	手爪位置_输送	VD2000（只读）

只有配置了上面所提及的内存和存储区后，才能考虑编程中所需用到的其他中间变量。避免非法访问内存和存储区，是编程中必须注意的问题。

（2）主程序结构

由于输送单元承担的任务较多，联机运行时主程序有较大的变动：

1）每一个扫描周期，须调用网络读/写子程序和通信子程序。

2）完成系统工作模式的逻辑判断，除了输送单元本身要处于联机方式外，所有从站必须都处于联机方式。

3）联机方式下，系统复位的主令信号由 HMI 发出。在初始状态检查中，系统准备就绪的条件，除输送单元本身要就绪外，所有从站均应准备就绪。因此，在初态检查复位子程序中，除了完成输送单元初始状态检查和复位操作外，还要通过网络读取各从站准备就绪的信息。

4）整体运行过程仍是按初态检查→准备就绪，等待起动→投入运行等几个阶段逐步进行，但阶段的开始或结束的条件要发生变化。

5）为了实现急停功能，程序主体控制部分需要放在主控指令中执行，即放在 MC（主控）和 MCR（主控复位）指令间。当顺控指令断开时，顺控程序中软元件保持现状的有：累计定时器、计数器、用置位和复位指令驱动的元件；顺控程序中软元件变成断开的有：非累计定时器、用 OUT 指令驱动的元件。MC、MCR 指令的具体使用方法和注意事项参考 FX_{1N} 编程手册。

以上是主程序编程思路，下面给出主程序清单，如图 8-2-15~图 8-2-21 所示。

（3）“运行控制”子程序

输送单元联机的工艺过程与单站过程略有不同，主要有如下几点：

1）在 8.1 工作任务中，输送单元单站运行时传送功能测试子程序中在初始步就开始执行机械手前往供料单元物料台抓取工件的操作，而联机方式下，初始步的操作应为：通过网络向供料单元请求供料，收到供料单元供料完成信号后，如果没有停止指令，则转移至下一步执行

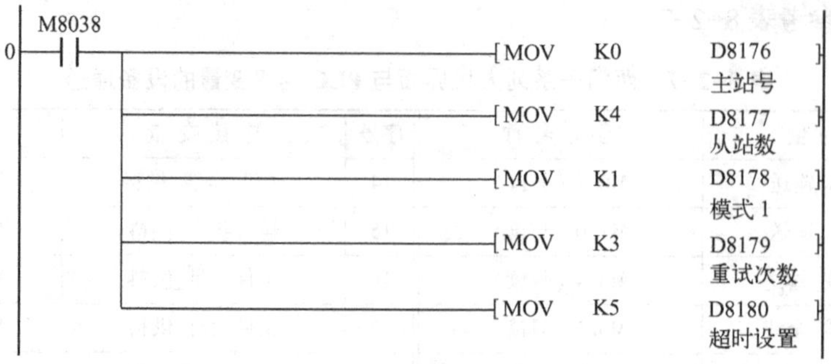

图 8-2-15 通信参数设置

图 8-2-16 通信诊断

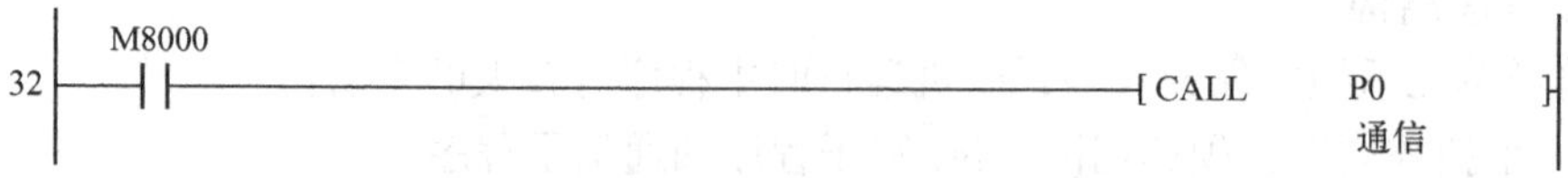

图 8-2-17 调用通信子程序

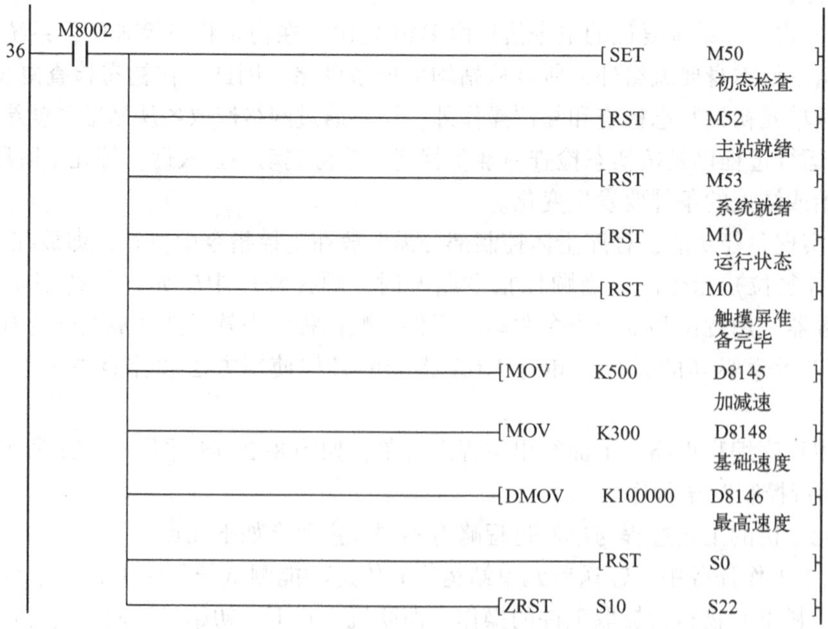

图 8-2-18 标志位复位的脉冲参数的设置

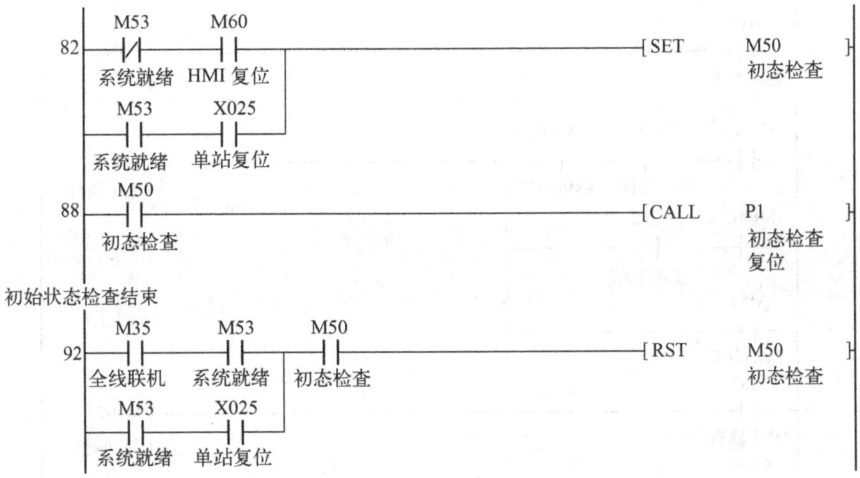

图 8-2-19 初态检测

注：初态检查包括主站初始状态检查及复位操作，以及各从站初始状态的检查。

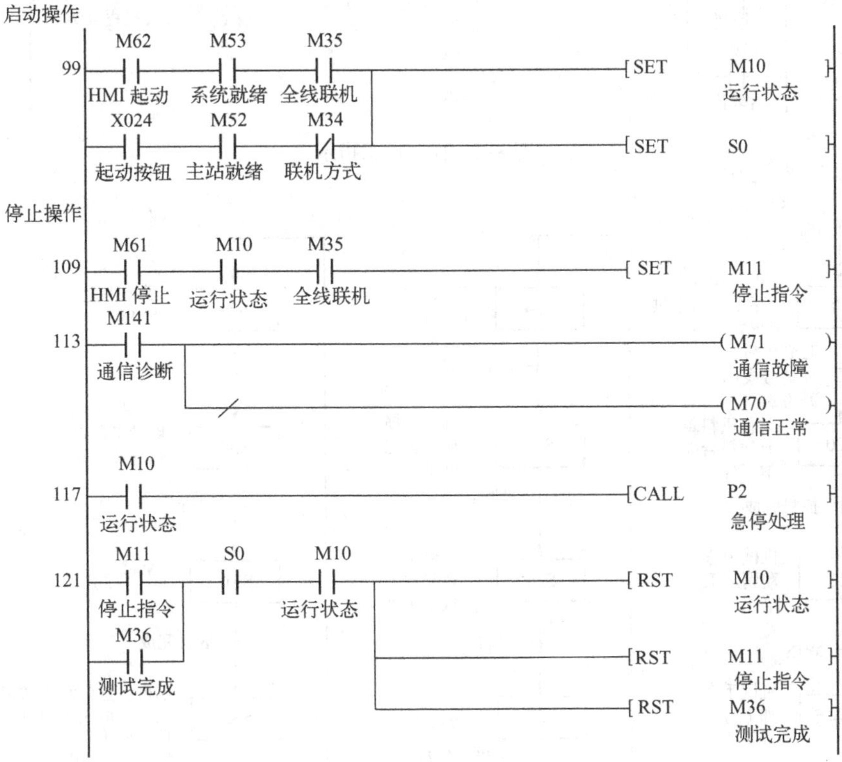

图 8-2-20 起停控制和急停处理

抓取工件。

2）单站运行时，机械手前往加工单元加工台放下工件，等待 2 s 取回工件，而联机方式下，取回工件的条件是收到来自网络的加工完成信号。装配站的情况相似。

3）单站运行时，测试过程结束即退出运行状态。联机方式下，一个工作周期完成后，返回初始步，如果没有停止指令，则开始下一工作周期。

由此，在传送功能测试子程序基础上修改的运行控制子程序流程如图 8-2-22 所示。

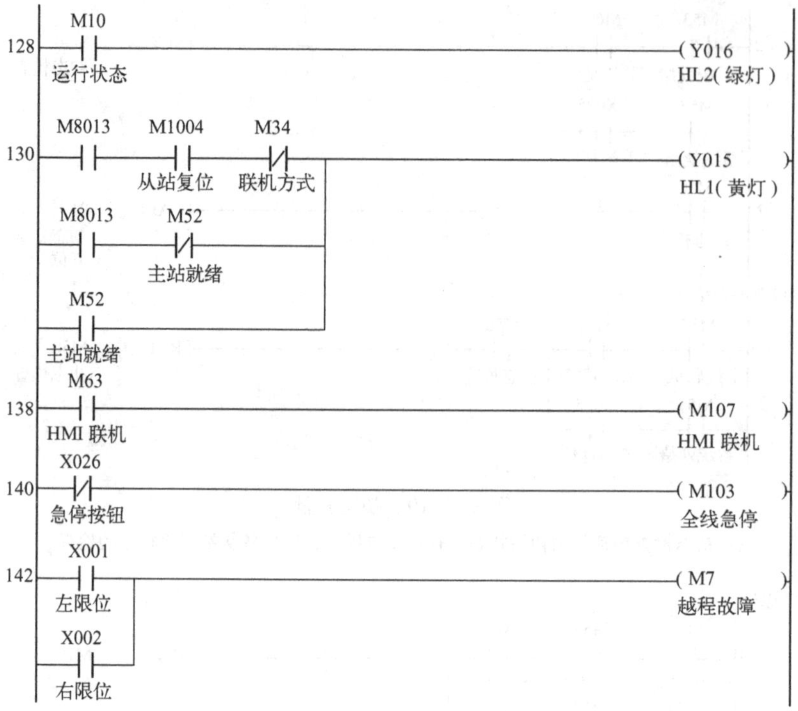

图 8-2-21 状态指示

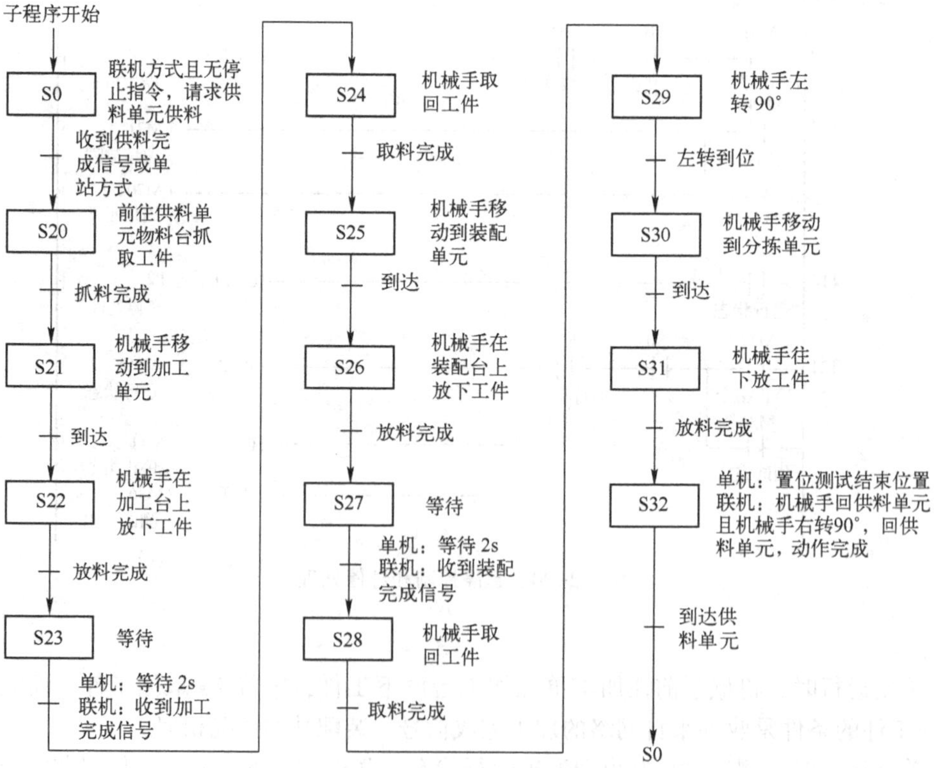

图 8-2-22 运行控制子程序流程

(4)“通信”子程序

“通信”子程序的功能包括对从站报警信号处理和转发（从站间、向 HMI）、向 HMI 提供输送单元机械手当前位置信息。主程序在每一个扫描周期都调用这一子程序。

1）报警信号的处理和转发包括：

① 将供料单元“工件不足”和“工件没有”的报警信号转发至装配单元，为警示灯工作提供信息；

② 处理供料单元“工件没有”或装配单元“零件没有”的报警信号；

③ 向 HMI 提供网络正常/故障信息。

2）向 HMI 提供输送单元机械手当前位置信息。

① 在每一个扫描周期把脉冲累计数表示的当前位置转换为长度信息（mm），转发给 HMI 的连接变量 VD2000。

② 当机械手运动方向改变时，相应改变高速计数器 HC0 的计数方式（增或减计数）。

③ 每当返回原点动作完成后，脉冲累计数被清零。

任务 8.3 联网总控虚实联调

在供料单元、分拣单元和输送单元虚实联调的基础上，增加对这三个单元联网总控的虚实联调，可以按照以下步骤实施。

1）系统通电，N∶N 网络正常后按起动按钮起动系统；

2）供料单元的运行：系统起动后，若供料单元的物料台上没有工件，则应把工件推到物料台上。将工件推到物料台上后，向输送单元发送物料台上有工件信号。物料台上的工件被输送单元机械手取出后，若系统仍然需要推出工件进行分拣，则进行下一次推出工件操作；

3）输送单元运行：当收到物料台上有工件信号且输送站机械手在原点时，输送单元机械手装置应执行抓取供料单元工件的操作。动作完成后，伺服电动机驱动机械手装置移动到分拣单元，分拣单元传送带上方入料口后把工件放下，然后执行返回原点的操作，等待下一次供料单元向输送站发送物料台上有工件的信号；

4）输送单元机械手装置放下工件并缩回到位后，分拣单元变频器起动，驱动传送电动机以 30 Hz 的频率对应的速度将工件带入分拣区进行分拣。工件分拣原则为：

- 如果金属工件上的小圆柱形工件为白色芯件，则该工件到达 1 号滑槽中间，传送带停止，工件对被推到 1 号槽中；
- 如果塑料工件上的小圆柱形工件为白色芯件，则该工件到达 2 号滑槽中间，传送带停止，工件对被推到 2 号槽中；
- 如果金属、塑料外壳工件上的小圆柱形工件为黑色芯件，则该工件对到达 3 号滑槽中间，传送带停止，工件对被推到 3 号槽中。

当分拣气缸活塞杆推出工件并返回后，向系统发出分拣完成信号。

5）当分拣单元分拣工作完成，且输送单元机械手装置回到原点，系统的一个工作周期才算完成。如果在工作周期内没有按下停止按钮，则系统可开始下一周期工作。如果工作周期内按下停止按钮，则系统工作结束。

8.3.1 在虚拟服务器环境下建立逻辑关系符号表并编程

根据项目 5 的内容，在三个站中分别创建如表 8-3-1 所示的信号及连接。

表 8-3-1 虚拟服务器环境下建立逻辑关系符号表

名　称	Adapter	数据类型	I/O	状态	信号连接名
虚分拣停	分拣传送带	bool	Output	FALSE	分拣传送带_虚分拣停_虚分拣单元停止
实分拣停	分拣传送带	bool	Input	FALSE	分拣传送带_实分拣停_实分拣单元运动到位
虚分拣有料	分拣有料	bool	Output	FALSE	分拣有料_虚分拣有料_虚分拣单元物料有无
实分拣有料	分拣有料	bool	Input	FALSE	分拣有料_实分拣有料_实分拣单元物料有无
虚供料台无料	供料起动	bool	Output	FALSE	供料起动_虚供料台无料_虚供料单元外料台物料有无
供料起动按钮	供料起动	bool	Input	FALSE	供料起动_供料起动按钮_全站起动信号
实供料台无料	供料起动	bool	Input	FALSE	供料起动_实供料台无料_实供料单元外料台物料有无
虚输送原点	输送虚给实	bool	Output	FALSE	输送虚给实_虚输送原点_虚输送单元运动到原点信号 m431
虚输送终点	输送虚给实	bool	Output	FALSE	输送虚给实_虚输送终点_虚输送单元运动到终点信号 m430
虚输送左旋	输送虚给实	bool	Output	FALSE	输送虚给实_虚输送左旋_虚输送单元左旋到位信号 m432
虚输送右旋	输送虚给实	bool	Output	FALSE	输送虚给实_虚输送右旋_虚输送单元右旋到位信号 m433
虚输送供料缩回	输送虚给实	bool	Output	FALSE	输送虚给实_虚输送供料缩回_虚输送单元供料缩回信号 m428
虚输送分拣缩回	输送虚给实	bool	Output	FALSE	输送虚给实_虚输送分拣缩回_虚输送单元分拣缩回信号 m429
实输送供料缩回	输送实给虚	bool	Input	FALSE	输送实给虚_实输送供料缩回_实输送单元供料缩回 m422
实输送分拣缩回	输送实给虚	bool	Input	FALSE	输送实给虚_实输送分拣缩回_实输送单元分拣缩回 m423
实输送原点	输送实给虚	bool	Input	FALSE	输送实给虚_实输送原点_实输送单元运动到原点信号 m425
实输送终点	输送实给虚	bool	Input	FALSE	输送实给虚_实输送终点_实输送单元运动到终点信号 m424
实输送左旋	输送实给虚	bool	Input	FALSE	输送实给虚_实输送左旋_实输送单元左旋信号 m426
实输送右旋	输送实给虚	bool	Input	FALSE	输送实给虚_实输送右旋_实输送单元右旋信号 m427

8.3.2 与外部真实 PLC 设备建立信号连接并导入符号表

与外部真实 PLC 设备建立信号连接并导入符号表，将 PLC 的输入/输出及信号在 PLC 中与 OPC 对应位点的辅助继电器 M 对应接通。表 8-3-2 为 PLC 输入/输出与 OPC 软件位点对应表。

表 8-3-2 PLC 输入/输出与 OPC 软件位点对应表

操　作	OPC 位点	PLC 输入/输出	N:N 位元件
供料单元气缸部分			
供料单元顶料气缸伸出	M201	Y0+	M1064
供料单元顶料气缸缩回	M202	Y0-	M1065
供料单元推料气缸伸出	M203	Y1+	M1066
供料单元推料气缸缩回	M204	Y1-	M1067
分拣单元气缸部分			
分拣单元气缸 1 伸出	M211	Y4+	M1128
分拣单元气缸 1 缩回	M212	Y4-	M1129
分拣单元气缸 2 伸出	M213	Y5+	M1130
分拣单元气缸 2 缩回	M214	Y5-	M1131
分拣单元气缸 3 伸出	M215	Y6+	M1132
分拣单元气缸 3 缩回	M216	Y6-	M1133
传输带起动	M217	Y0	M1134
输送单元气缸部分			

（续）

操　　作	OPC 位点	PLC 输入/输出	N:N 位元件
实输送单元开始运动信号	M421	M1	
实输送单元供料缩回	M422	M51	
实输送单元分拣缩回	M423	M62	
实输送单元运动到终点信号	M424	M2、M8029	
实输送单元运动到原点信号	M425	d8340 = 0	
实输送单元左旋信号	M426	Y4	
实输送单元右旋信号	M427	Y5	
气缸传感器部分			
供料单元顶料气缸伸出到位	M301	X0	M1070
供料单元顶料气缸缩回到位	M302	X1	M1071
供料单元推料气缸伸出到位	M303	X2	M1072
供料单元推料气缸缩回到位	M304	X3	M1073
气缸传感器部分			
分拣单元气缸 1 伸出到位	M311	T0	M1140
分拣单元气缸 1 缩回到位	M312	T1	M1141
分拣单元气缸 2 伸出到位	M313	T2	M1142
分拣单元气缸 2 缩回到位	M314	T3	M1143
分拣单元气缸 3 伸出到位	M315	T4	M1144
分拣单元气缸 3 缩回到位	M316	T5	M1145
气缸传感器部分			
灯输送单元手爪夹紧到位	M321	X11+	
灯输送单元手爪松开到位	M322	X11-	
灯输送单元手爪伸出到位	M323	X7	
灯输送单元手爪缩回到位	M324	X10	
灯输送单元上升到位	M325	X4	
灯输送单元下降到位	M326	X3	
灯实输送单元左旋到位	M327	X5	
灯实输送单元右旋到位	M328	X6	
信号传感器部分			
供料单元料仓中物料足够	M401	X5	M1080
供料单元料仓底部物料有无	M402	X6	M1081
实供料单元外料台物料有无	M403	X4	M1082
信号传感器部分			
实分拣单元物料有无	M411	X3	M1150
分拣单元光纤检测	M412	X5	M1151
分拣单元金属检测	M413	X4	M1152
分拣单元物料有无灯	M414	X3	M1153
实分拣单元运动到位	M415	c251	M1154
虚拟仿真信号部分			
虚供料单元外料台物料有无 M404	M404		M1010

（续）

操 作	OPC 位点	PLC 输入/输出	N:N 位元件
虚分拣单元物料有无	M414		M1020
虚分拣单元停止	M417		M1021
虚输送单元供料缩回信号	M428		
虚输送单元分拣缩回信号	M429		
虚输送单元跑动到终点信号	M430		
虚输送单元跑动到原点信号	M431		
虚输送单元左旋到位信号	M432		
虚输送单元右旋到位信号	M433		

上表的输入/输出与对应站的电路图中的输入/输出相同，虚拟仿真信号部分则与从虚拟软件中输出的信号对应。然后在 GX Work 2 中编程，使输入/输出和 N:N 位元件与 OPC 位点分别对应。

定义上述符号后，按照 5.1.3 小节介绍的方法测试 PLC、OPC、MCD 三者信号的通断。

8.3.3 根据工艺要求建立仿真设备的虚拟调试

打开 NX-MCD 软件，进行下列操作。

1）创建 NX-MCD 全线模型，包括供料单元、分拣单元和输送单元，如图 8-3-1 所示。

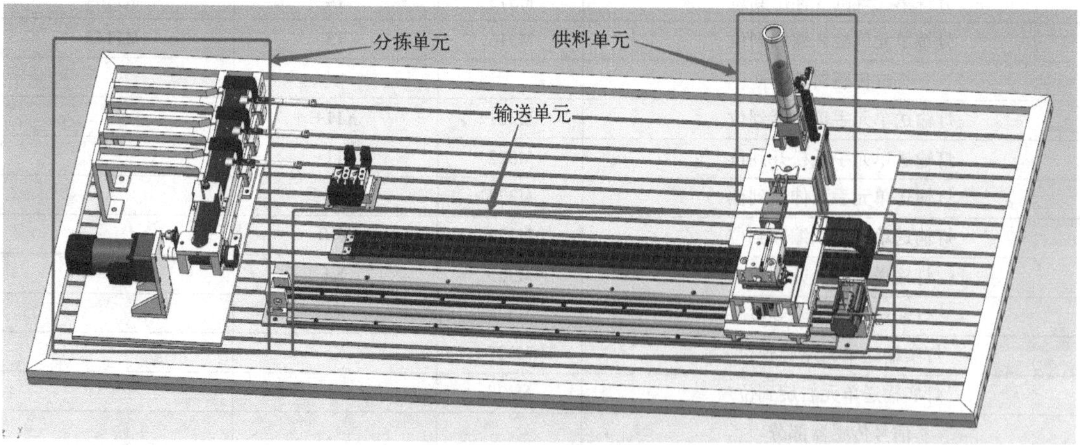

图 8-3-1 3 个单元的全线模型

2）设置三个单元的基本机电对象、运动副与约束、传感器和执行器。

该内容与单站虚拟仿真相同，单站虚拟仿真的参数可以延续使用。

3）根据工作任务流程，添加仿真序列。联网总控仿真序列汇总如图 8-3-2 所示。

4）单击“播放”按钮，播放动画。

8.3.4 真实设备模型与软件端虚拟模型的虚实同步调试

真实设备模型与软件端虚拟模型的虚实同步调试需要同时打开三个单元虚实模型。

1. MX-OPC 主要操作步骤

1）按照 8.3.2 节中 PLC 与 MX-OPC 位点对应表（表 8-3-2）建立 MX-OPC 中的信号

连接。

2）单击“开始”按钮，开始进行 NX-MCD、MX-OPC、PLC 之间信号的传输，如图 8-3-3 所示。

3）单击“监视”按钮，进行信号传输是否成功的监视。

图 8-3-2　联网总控仿真序列

2. NX-MCD 主要操作步骤

1）添加外部信号配置。

2）完成信号映射。

3）用“播放”按钮查看动画效果。

4）等待 MX-OPC 信号的传输控制。

3. 设备端模型主要操作步骤

1）上电，打开快速气路开关。

2）按复位按钮，令机械手装置回到原点位置。

3）机械手回到原点位置后，按下起动按钮 SB1，设备起动。

4）供料单元起动，推出物料。

5）机械手夹取工件后移动到分拣单元放下工件。

6）分拣单元将工件分拣至工件应到达的槽位。

7）移动回原点，一个工作周期结束。

8）若没有停止信号，则继续开始重复性的周期工作。

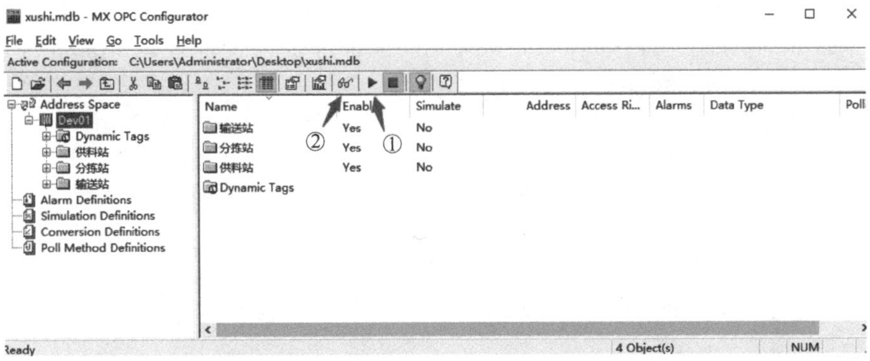

图 8-3-3　数据传输

二维码 8-1
三站联网总控
NX-MCD 运行

二维码 8-2
三站联网总控
虚实联调运行

参 考 文 献

[1] 亚龙科技集团有限公司. YL-335B 实训指导书（FX 系列）[Z]. 2015.
[2] 张同苏，李志梅. 自动化生产线安装与调试实训和备赛指导 [M]. 北京：中国铁道出版社，2015.
[3] 吕景泉. 自动化生产线安装与调试 [M]. 3 版. 北京：中国铁道出版社，2017.
[4] 张同苏，徐月华. 自动化生产线安装与调试：三菱 FX 系列 [M]. 2 版. 北京：中国铁道出版社，2017.
[5] 北京昆仑通态自动化软件科技有限公司. MCGS 嵌入版说明书 [Z]. 2019.
[6] 侍寿永，史宜巧. FX3U 系列 PLC 技术及应用 [M]. 北京：机械工业出版社，2021.
[7] 梁森，王侃夫，黄杭美. 自动检测与转换技术 [M]. 4 版. 北京：机械工业出版社，2019.
[8] 黄文汉，陈斌. 机电概念设计（MCD）应用实例教程 [M]. 北京：中国水利水电出版社，2020.
[9] 郑维明. 智能制造数字化孪生机电一体化工程与虚拟调试 [M]. 北京：机械工业出版社，2020.
[10] 孟庆波. 生产线数字化设计与仿真：NX MCD [M]. 北京：机械工业出版社，2020.